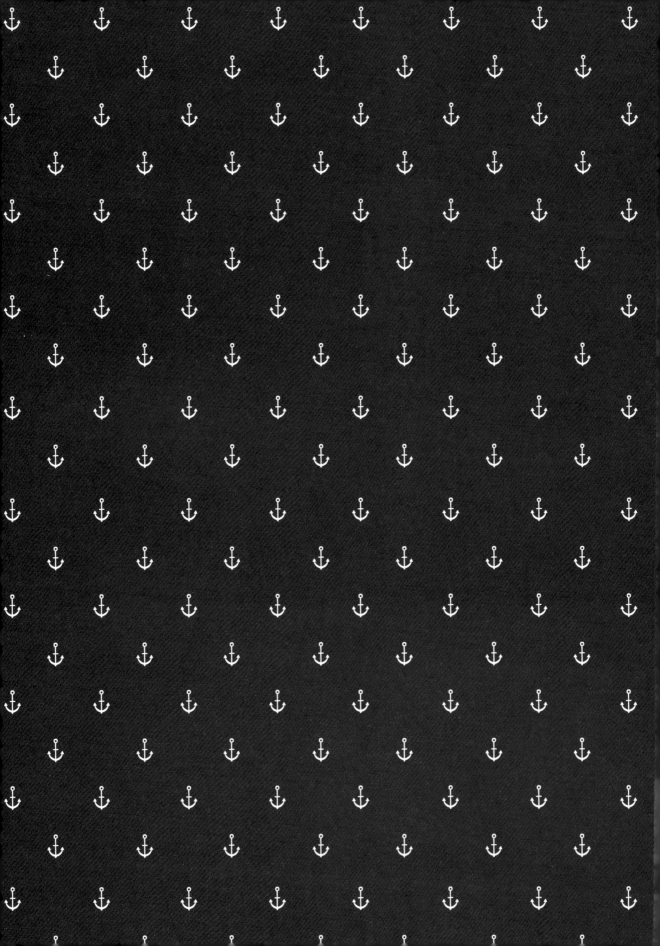

Marina
& Marine Tourism

경제와 복지를 실현하는 미래 성장동력 – 마리나

마리나와 해양관광산업

김천중 저

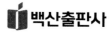
백산출판사

머리말

2009년은 한국 해양산업의 눈부신 발전으로 인하여 역사에 기록될 전망이다. 해양수산부가 한반도의 마지막 자원인 삼면의 해안선과 수많은 섬들을 새로운 가치로 변화시킬 수 있는 기회를 여는 "마리나 항만의 조성 및 관리 등에 관한 법률"을 제정·공포하였기 때문이다. 다목적의 소규모 항구를 의미하는 '마리나'는 한반도에 여러 가지로 깊은 의미를 함축하고 있다.

산업혁명 이후 여러 실험을 거친 서구의 선진 해양국가들은 항구적인 발전의 기틀을 바다와 해안에서 찾아야 한다는 것을 깨닫고 마리나를 통한 발전전략을 시행하여 오고 있다. 즉, 자립형 해양도시의 발전이 경제와 문화와 복지를 이상적으로 실현시키는 가장 좋은 방법임을 깨닫고 수많은 마리나를 발전시켜 온 것이다.

이와 비교하여 한국은 조선왕조 500여 년간 강대국으로부터 국체를 보존하기 위하여 바다로의 교통을 제한하였고, 이후에도 일본에 의한 강점기와 전쟁과 분단의 비극 속에서 해양의 이용에 제한적인 정책을 시행할 수밖에 없었다.

따라서 600여 년 이상을 바다로의 접근에 제한적이었던 것으로 말미암아 우리 국민은 바다에 관하여 심리적인 쇄국주의적 시각에서 탈피하지 못한 결과로 해양국가 국민의 특성과 형질을 잃어버리고 있었다. 진정한 해양부국은 평범한 국민의 바다에 대한 사랑과 지식을 기반으로 발전하여 왔으며, 이러한 기회를 주는 중요한 시설의 하나가 바로 마리나이다.

우리가 마리나를 통하여 미래의 성장동력을 이끌어내고, 경제와 복지를 실현하려고 하는 것은 세계적인 흐름에 맞추어 비정상적인 상태에서 정상화를 이루려는 것이라고 할 수 있다.

동북아시아의 경쟁적 환경은 이러한 정책을 더 이상 늦추면 만시지탄의 우를 범할 것임을 극명하게 보여주고 있다.

한반도는 자원대국 중국과 경제대국 일본 사이에 위치하여, 세계적인 양질의 시장을 지척에 둔 입지적 장점을 살리기만 한다면 어떠한 시도도 성공할 수 있는 천혜의 환경에 있으나, 정책의 부재로 말미암아 이러한 장점을 충분히 살리지 못하고 있다.

바다를 통한 교통로의 확보는 풍부하고 아름다운 해안선과 섬들을 가치 있게 탈바꿈시켜 동북아시아뿐만 아니라 전 세계의 요트인들을 유인할 수 있는 기회가 될 것이다.

또한 마리나를 통한 삼면의 자족형, 자립형 도시의 건설은 수도권과 지방의 균형적 발전을 도모할 수 있는 최선의 방법이 될 것이다.

오늘날의 마리나는 작은 항구의 개념을 벗어나 숙박시설, 식음료시설 등의 편의시설과 요트와 보트의 생산시설, 정박시설, 부품산업과 차터요트, 펜션, 레저시설, 장비임대업 등 크고 작은 수많은 중소기업과 각종 직업을 창출하는 고용효과가 큰 감자뿌리와 같은 복합시설이라고 할 수 있다.

해양산업은 전통적으로 해양운송과 수산업 중심으로 발전하여 왔으나 세계적인 추세는 요트와 보트의 생산시장과 소비시장을 육성하기 위한 해양관광자원으로서의 해양산업의 발전에 주력하고 있다. 즉, 요트와 보트의 정박시설인 마리나와 생산시설의 하드웨어적인 외형을 아름다운 편의시설로 포장하여, 즐기면서 생산하는 미래형 산업구조의 형태를 갖추어 가고 있다.

지금은 학문융합의 시대라고 할 정도로 학문의 영역이 날로 통합적이고, 다학제적인 연구를 하고 있다. 이러한 시도를 해야 하는 대표적 분야 중 하나가 관광과 해양 관련분야이다.

따라서 본서는 이러한 관점에서 중요한 의미가 있으며, 관광학의 관점에서 출발하였으나 해양공학, 조선, 토목, 건축, 해양레저에 이르기까지 다양한 분야의 전문가들의 조력이 필요하였다.

또한 전체적으로 마리나항의 개발과 경영에 관한 관점에 중점을 두었으나, 한국의 미래목표의 하나로서 슈퍼요트에 대한 관심을 도모하기 위하여 마지막 장에 슈퍼요트에 대해서도 소개하였다. 모쪼록 각 분야의 전문가가 모든 역량을 집중하고, 실험하는 장이 되기를 소망하고, 정책당국은 이 점에 있어서 모든 분야의 전문가가 협력할 수 있는 기회를 제공하는 데 노력하여야 할 것이다.

이제까지 최고의 자원이나 상품은 전통과 명예로움을 갖추어야 성공할 수 있었다. 또한, 세계적으로 인정받는 관광상품은 고급문화의 상업화 작업에서 탄생하곤 하였다.

마리나에 관한 한 한국이 후발국가이지만 이러한 대원칙과 기본을 지키면서 노력한다면, 우리의 경험과 자신감을 통하여 세계적인 해양부국이 실현될 것임을 확신하는 바이다.

연구과정에서 조력을 다해준 사랑하는 제자들 송민표, 최일권, 임수빈, 유승환, 이정균 연구원의 조력에 고마움을 표하면서 이 분야의 발전이 그들의 앞날에 등불이 될 수 있기를 소망하면서, 본 저서의 출판을 위하여 노심초사하신 백산출판사 진욱상 사장님을 비롯하여 편집부 여러분들의 노고와 조력에 깊은 감사를 드린다.

한국 크루즈 & 요트마리나 연구소에서
저자 김 천 중

차 례

제1장 마리나의 이해와 효과

제2장 해양관광과 해양스포츠

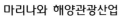
제3장 한국과 세계의 마리나 현황

제4장 마리나의 분류와 경영

제5장 마리나의 디자인과 설계

제6장 슈퍼요트

제1장 마리나의 이해와 효과

제1절 마리나의 의의

1. 마리나의 의의

1.1 마리나의 개념

이탈리아어인 'Marina'는 작은 항구라는 뜻에서 유래되었다. 이러한 마리나가 1930~1940년대에는 주로 부유층이 여가활용형 보트를 즐기는 시설을 지칭하였다. 1950년대 중반 기존의 전통적인 마리나시설의 정의를 변경해야 하는 주요한 변화를 겪게 되었다. 전후세대의 경제수익의 증가와 생활수준의 향상에 따른 여가수요 증가는 새로운 욕구를 수용하여야 하는 계기가 되었다. 따라서 마리나는 보트의 정박뿐만 아니라 식당, 보트의 판매, 보트수리, 쇼핑상가, 극장, 나이트클럽 등의 시설이 필요하게 되었다(Tobiasson, Bruce O. P.E., & Kollmeyer, Ronald C. Ph.D., MARINAS, pp. 10-15).

오늘날 마리나는 요트 및 보트의 생산, 판매, 보관, 정비, 임대요트, 레스토랑, 숙박시설 등 각종 서비스시설이 갖추어진 규모의 항구를 의미하며, 종합리조트의 성격을 갖추는 형태로 발전하고 있다.

따라서 마리나는 해양관련 파생산업을 발전시키는 견인차의 역할을 하는 가장 중요한 기반시설(Infra-structure)의 의미를 갖고 있으며, 해양관광사업의 핵심시설로서 중요한 의의를 가지고 있다.

1.2 마리나의 의의

한반도는 이탈리아와 같은 반도국가로 국토 전체가 대륙에 연결된 거대한 부두의 모습을 한 천혜의 해양국가 지형이다. 또한 사계절이 뚜렷한 기후조건과 섬나라 일본의 천연적인 방파제 역할 및 제주특별자치도의 위치로 인하여, 세계의 다른 국가에 비해 태풍 등의 자연 재해로부터도 안전한 곳에 위치해 있어 하늘이 내린 최고의 입지조건을 가지고 있다.

특히 삼면이 바다이므로 아름다운 해안선과 수많은 섬들이 있어서 앞으로 해양자원의 효과적인 활용 및 개발여부에 따라 한국 발전의 새로운 견인차가 될 것으로 보인다.

그러나 기술과 자본 면에서 앞서간 일본과 풍부한 자원과 인구대국 중국 사이에 위치한 한국은 미래에 대한 혁신적인 발전의 플랜을 지속적으로 실행하지 않으면 급속한 쇠퇴의 길을 걸을 수도 있다는 점을 심각하게 고려하여야 한다.

반도체, 자동차, 조선업, 중화학공업 등 그간의 한국의 기간산업분야도 중국의 추격으로 다음 세기를 기약할 수 없다는 징후가 여러 가지 증거로 나타나고 있다.

또한 이러한 거대산업들은 이익의 기회도 많지만 위험성도 높아서 그 피해가 일순간에 관련 산업에 영향을 줄 수 있다.

이러한 관점에서 선진 국가들은 기반이 탄탄하고, 위험도도 낮은 고기술의 중소기업형 산업의 발전에 치중하여 왔고, 이러한 노력의 결과가 요트와 보트를 중심으로 하는 산업분야에서 성과가 나타나고 있다.

또한 이러한 분야는 개인의 자유로움과 적절한 여가생활을 중시하는 선진형 복지국가의 목표와도 부합하면서 더욱 그 빛을 발하고 있다.

해양산업은 선박의 생산과 선박을 이용한 물류의 운송분야가 중심을 이루고 있으며, 전통적인 수산업분야는 날로 그 비중이 낮아질 수밖에 없는 것이 세계적인 추세이며, 이러한 간격을 소형선박의 생산, 판매와 해양관광산업으로 전환시키고 있는 것이 세계적인 추세이며 이상적인 발전방향이라고 단언할 수 있다.

이러한 점으로 보아 한반도에서 해양관광산업은 크루즈관광사업과 요트산업이 양축을 이루면서 발전하는 것이 이상적이다. 이와 더불어 시설의 효율성과 경제적 성과를 유인하기 위해서 카누, 카약, 모터보트 등 모든 해양레저산업의 동반 발전을 도모하여야 한다. 이러한 모든 관련산업을 발전시키기 위한 시설의 총체가 마리나이며, 이러한 가치의 극대화를 위해서 관련 정책의 입안 초기에 '마리나'에 관한 정책적인 고려를 하는 것이 필수적이다.

이러한 점에서 '마리나'는 해양관광산업의 발전을 위한 출발점이며, '마리나'가 없는 해양관광산업의 발전은 생각할 수 없는 필수적인 기반시설이다.

1.3 해양관광산업과 마리나

가. 한국 해양관광산업의 의의

세계관광기구(WTO)에서는 향후 국제관광객 수가 2010년 10억 5천여 만 명, 2020년 16억여 명으로 연평균 4%의 성장을 전망하고 있으며, 현재 세계 관광객의 70%가 해양관광객으로 추정되고 있다. 우리나라의 해양관광산업의 참여인구 또한 전체 관광 참여인구의 약 30%를 차지한다.

21세기는 문화관광, 생태관광, 레저스포츠, 해양 크루즈관광 등으로 관광형태가 변화할 것으로 예측된다. 우리나라의 관광형태 역시 스키, 골프, 해양관광으로 그 비중이 변모되는 과정에 있다. 그중 해양레저관광은 문화, 레저, 체험, 스포츠를 종합적으로 누릴 수 있다는 장점을 가지고 급속도로 발전해 가는 분야라고 할 수 있다.

우리나라는 약 12,800km에 이르는 해안선, 2,660여 개의 크고 작은 항구, 3,200여 개의 섬과 수심 20m 내외의 해역이 국토의 3분의 1이라는 점 또한 해양관광에 적합한 자연조건이라 할 수 있다.

한국의 대표적인 관광자원은 아름다운 해안선과 연안항해를 통하여 느낄 수 있는 도서지역의 아름다운 바다라고 단언할 수 있다.

삼면이 바다인 한국은 해양관광산업의 무궁한 잠재적 자원을 가지고 있으며, 마리나는 이러한 자원을 효과적으로 이용할 수 있게 하는 필수시설이다.

특히 요트는 풍력을 주로 이용하는 이유로 고유가시대에 주5일 근무제로 인하여 증가된 국민의 여가욕구를 자원절약형으로 충족시킬 수 있다. 또한 장기체류형 고부가가치를 가지는 외국인 관광객들을 해양관광을 통하여 유치할 수 있어서 정체상태의 한국 관광산업에 새로운 활력을 충전하여 관광수익증대에 기여할 수 있다.

한국은 이러한 관점에서 세계의 어느 나라에도 뒤지지 않는 아름다운 해양자원을 보유하고 있으나 방법 면에서 거의 무지에 가까운 실정이라고 할 수 있다.

어로자원의 고갈은 어촌경제를 절망에 빠지게 하고 있으며, 이를 개선하기 위해서는 물고기를 남획하던 종래의 방법을 개선해야만 하는 실정이다. 따라서 요트관광사업은 요트 마리나를 통한 새로운 경제적 가치를 창출함으로써 어촌경제의 구조개선에 절대적 기여를 할 수 있을 것이다.

관광, 마리나, 식음료, 숙박, 부품산업, 요트 및 보트산업의 발전 등 각종 분야에 파급효과가 막대한 해양관광산업은 한국의 미래에 새로운 활력을 일거에 불러일으킬 수 있는 미래의 선도산업이 될 수 있어서, 한반도의 명운을 돌려놓을 수 있는 중요한 중추산업이 될 것이다.

한국은 세계에서 조선선진국으로 인정받을 정도로 조선분야에서 강력한 기술을 보유하고 있고, 관광산업의 노하우를 고루 발전시켜 온 국가이다. 따라서 해양관광산업은 관광과 해양기술과 인력과 미래를 융합하여, 관광산업 전 분야에 걸쳐 새로운 선도산업으로 고른 발전을 선도할 수 있는 미래형 국가발전의 비책이 될 수 있을 것이다.

나. 마리나의 효과

마리나는 해양 여가활동의 기지로서 다양한 기능을 보유하고 있어 여가용 보트의 안전한 이용에 기여하는 것을 시작으로 하여 마리나의 개발운영에 따르는 각종 효과를 낳는다.

예를 들면 마리나 개발의 효과로서 다음과 같은 것을 이야기할 수 있다.

- 해양 여가활동을 진흥하는 것에 의해 풍부한 자연과의 만남을 통한 청소년 교육, 국민의 건강증진과 체력향상 그리고 해양문화의 육성과 해양사상의 보급을 촉진할 수 있다.
- 여가용 보트의 질서 있는 활동이 이루어지고, 해상교통 등의 해양공간을 이용한 활동과의 조정이 이루어지는 등 해양공간의 이용이 촉진된다.
- 마리나가 가진 친수성과 양호한 경관이 있는 항만, 해안에 아름답고 번창한 공간의 조성이 도모된다.
- 마리나를 거점으로 관광자원개발과 자급, 자립형 경제규모를 갖춘 지방도시를 위한 생활환경의 조성이 촉진되는 것에 의해 지역발전을 도모할 수 있다.
- 마리나의 건설투자 및 관련 산업으로의 파급효과와 이용자의 관광지출 등에 의한 내수의 확대가 도모된다.
- 유휴(遊休)화한 조선소, 어항 등의 시설을 활용하여 조선업이나 어항 등의 쇠퇴에 대비하여, 마리나업으로의 전환이 가능하여 산업구조의 전환에 기여한다.

마리나의 효과는 그 입지조건이나 규모, 성격 등에 의해 달라지지만 일반적으로는 레크리에이션 진흥, 지역환경 정비, 지역진흥 등의 효과가 기대된다. 시가지나 그 근교에 있어서는 해양 레크리에이션 장소의 제공과 매력 있는 경관의 제공을 통하여 효과를 확대할 수 있다. 또, 리조트의 경우는 관광·레크리에이션 개발의 거점이 되어 관련시설 정비나 관련산업으로의 파급을 통하여 지역발전책의 하나로서의 효과가 기대된다.

또, 마리나 등 보관장소의 부족 등에 따라 발생하는 이른바 방치정에 대해서는 마리나의 정비에 의해 거점화, 집약화를 기대할 수 있어 수역의 안전하고 적절한 이용이라고 하는 점에서 효과가 있다.

다. 지역경제효과의 검토

마리나를 중심으로 한 해양리조트거점의 지역경제효과를 검토한 일본의 조사 예를 소개한다.

설정된 리조트거점의 구상은 수도권과 2~3시간의 거리에 위치하고 리조트형의 1,000척 수용의 마리나를 중심으로 하여 호텔 등의 숙박시설이나 스포츠광장, 해수욕장 등의 레크리에이션시설을 보유한 마리나리조트의 사례이다.

본 마리나의 건설효과는 경제효과와 사회·문화효과로 크게 분류할 수 있다. 여기에서는 경제효과 안에서 건설 시 건설투자의 효과를 제외하고 건설 후의 마리나 이용과 소비에 따르는 경제효과의 산출 예를 나타낸다.

〈표 1.3.1〉 마리나 리조트의 규모

존		규모	주요시설		추정 사업비
마리나존		103천m²	크루저 모터보트 딩기요트 계	600척 200척 200척 1,000척 수용	60억 엔
배후지공간	해수욕 존	237천m²	모래사장 등 12,500인 수용		83억 엔
	중심시설 존		호텔 리조트맨션 레스토랑 등 선구점 이벤트광장	1동(200인 수용) 3동(200인 수용) 3~5점포 30점포 정도	
	숙박 레크리에이션 시설 존		리조트맨션 잔디광장 사이클링도로 보양소 오토캠핑장		
계		340천m²			143억 엔

자료 : 染谷昭夫 외 공저(1992), 마리나의 계획

1) 관광산업의 연간매상액

관광객이 본 마리나를 이용할 경우 소비의 총비용은 연간 입장객 수와 1인당 소비액으로 구할 수 있다. 1인당 총 여행비용은 숙박비, 교통비, 그 외(식대, 시설이용비 등)의 것을 포함하여 그 지역 외에서의 소비가 중심이 되는 교통비를 제외하여 설정한다. 연간 입장객 수는 수용력과 이동률 등도 고려하여 숙박자 약 13만 인, 당일방문자 약 34만 인으로 추정되어 관광산업의 지역 내 연간매상고는 약 37억 엔이 된다.

2) 관광산업의 부가가치

지역 내 연간매상고가 가져오는 부가가치는 관광관련 산업의 산업관련에서 연간매상고의 그 업종의 경비의 구조를 근거로 산출한다. 관광산업의 지역 내 연간매상고가 그 지역 내에 가져오는 간접부가가치는 고용자소득, 영업잉여 등에서 약 11억 엔으로 산출되었다.

3) 일차소비파급효과

연간매상고에서 차지하는 원재료 등의 매입이 지역 내 각 산업에 어떻게 영향을 미치는지는 중간투입(매입액)과 역내산업관련으로 산출할 수 있다. 제1단계의 투입에 있어서 전 업종 합계의 일차파급의 산출액은 31억 엔, 일차파급의 간접 부가가치액은 약 16억 엔이었다.

일차파급효과가 현저히 나타난 업종은 그 외 식료품가공(전 산출액의 28%)이나 상업(전 산출액의 16%) 등이 많았고, 어업관련 가공이 성행한 이 지역의 특징에서 비롯되고 있다.

4) 소비파급에 의한 산업관련효과

제1단계의 소비를 받아 파급이 미치는 최종단계까지 파급효과를 구해보면, 전 업종합계의 산출액은 약 61억 엔, 간접부가가치 약 32억 엔이 된다. 이 약 32억 엔이 관광산업의 매상에 의한 지역 내의 소득이 되는 것을 알 수 있다.

산업관련효과가 큰 업종은 서비스(전 산출액의 19%), 그 외 식료품(전 산출액의 17%), 상업(전 산출액의 15%), 전기, 가스, 운송, 통신, 건설, 금융, 보험, 부동산, 농업, 수산업 등도 있어 제1차 파급효과에서는 일부 업종에만 그 파급이 미치지 않았으나 최종 단계에서는 여러 가지 업종 및 특히 제3차산업으로의 파급이 크게 미쳐 약 50%를 차지하고 있다.

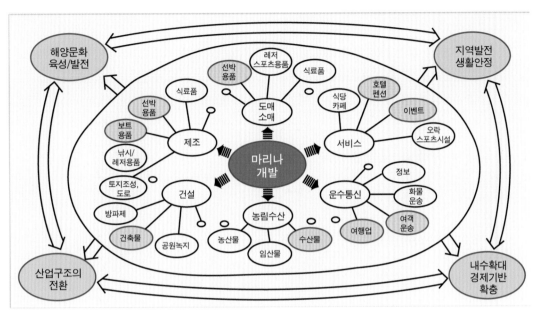

자료 : 染谷昭夫 외 공저(1992), 마리나의 계획

[그림 1.3.1] 소비파급에 의한 산업관련효과

5) 승수효과

관광소비가 지역의 산업에 미치는 영향을 승수로 표현하면 다음과 같다.

산출액 측면에서는

(37억 엔+61억 엔)/37억 엔 = 2.6

(연간매상고)(최종산출액)

총 부가가치 측면에서는

(11억 엔+32억 엔)/11억 엔 = 3.9

본 마리나 리조트를 포함한 지역은 수산업, 그 외 식료품, 서비스 등의 산업축적이 큰 것에서부터 역내 자급률이 높고 승수도 다른 사례에 비교하여 높다고 할 수 있다.

지역으로의 파급효과를 크게 하기 위해서는 부가가치율(각 부문, 시설의 인건비 등)을 내리는 한편, 지역 내 자급률을 높이는 방법이 있다. 거기에는 본 리조트의 개발을 계기로 지역 내 및 주변지역에 관광산업과 직, 간접으로 연결된 지역산업을 육성, 강화해 가는 방법이 있다. 또, 관광산업 자체의 지역 내 자본의 강화, 지역 외 자본의 현지로의 환원, 현지고용의 증대 등도 지역으로의 파급효과를 높이는 중요한 것이다.

또, 건설단계에서 투자에 의한 경제파급효과도 매우 큰 것으로 예상된다.

6) 신규산업 유인효과

본 거점정비에 따르는 육상교통망의 충실함이나 관련산업의 육성, 강화, 더욱이 본 지역의 이미지상승 등을 배경으로 바이오테크놀러지 등의 연구거점이나 첨단기술산업의 유도, 보양을 겸한 연수거점의 유도 가능성도 발생할 것으로 예측할 수 있다.

2. 마리나의 구조와 관련선박의 이해

2.1 마리나의 구조와 시설

마리나는 해양 여가활동을 위한 각종 서비스를 제공하는 종합체로서 그 기능은 다방면에 걸쳐 있다.

마리나가 가지는 기능은 계류, 보관, 수리, 점검, 청결, 보급, 정보제공, 식사, 숙박·휴식, 연수·교육, 안전관리, 용품판매, 그 외의 서비스 등 다방면에 걸쳐 있다.

가. 계류기능

마리나기능의 가장 근간을 이루는 것으로 평온한 수역과 보트를 고정하기 위한 시설(계류시설)을 필요로 한다. 평온한 수역을 확보하기 위해서는 천연항 등을 이용하는 것이 가장 경제적이지만, 자유롭게 시설을 배치할 수 있다는 점에서 방파제를 건설하여 평온한 수역을 확보하는 경우가 대다수이다. 계류시설로서는 안벽, 잔교, 브이 등이 이용되고 있으나 조위차에 대한 대응, 승·하선의 편리성과 안전성, 각각의 선형(船型)에 대한 적응유연성, 정비비용 등의 관점에서 부잔교가 이용되는 경우가 많다. 또한 딩기요트만 있는 마리나의 경우에 계류시설을 소유하고 있지 않은 경우도 많다.

나. 보관기능

마리나기능의 본질을 이루는 것으로 보관형태로는 수면보관과 육상보관이 있다. 수면보관은 부잔교 등의 계류시설에 보트를 계류한 채로 보관하는 것이고 육상보관은 육상에 보트를 끌어올려 보트야드나 보트보관소에 보관하는 것이다. 대형 모터보트나 크루저요트 등은 수면보관이 일반적이고 소형 모터보트나 딩기요트는 육상보관이 대부분이다.

다. 상하가기능

육상보관의 경우 출입하려고 하는 보트를 수면에서 상하가할 필요가 있다. 또 수면보관의 경우에도 수리·보수·점검을 위해 상하가가 필요하게 된다. 상하가에는 경사로, 포크리프트(fork lift), 크레인 등이 이용된다.

상하가시설의 형식·규모는 취급 보트의 선형(船型)종류에 따라 달라지는데 상하가시설의 불량은 마리나 출입항의 능력을 결정하는 중요한 요인이 되기 때문에 상하가시설의 선정 시 신중해야 한다.

라. 수리·점검기능

보팅의 안전 확보를 위해서는 보트의 적정한 수리·점검이 불가피하다. 마리나에서 정비되는 수리시설에는 간편한 수리만 하는 것에서부터 본격적인 수리를 하는 공장까지 매우 다양하다.

마. 보급·청소기능

마리나에 있어서 보관선박 또는 방문객의 선박을 위해 물, 연료, 식음료 등을 보급해야 한다. 특히 장거리 항해가 성행하고 있다는 점에서 마리나의 보급기지로서의 중요성이 높아지고 있다. 또, 이러한 시점에서 쓰레기, 폐유 등의 폐기물 처리를 위한 시설을 완비하여, 양호한 주변 환경을 유지해야 할 필요성도 있다. 더욱이 보트를 청결하고 쾌적하게 유지하기 위해 세정시설 등의 청소시설이 필요하다.

이외에도 대부분의 마리나에서는 선박용품을 판매하기 위한 선구점을 갖추고 있어서, 안전하고 쾌적한 보팅을 위해 필요한 각종 용품을 제공하고 있다.

바. 정보제공기능

최근에는 해양 여가활동이 세계적으로 다양화함에 따라 마리나에 있어서도 기상·해상 등의 안전상 필요한 정보에서부터 이벤트 등의 정보까지 다양한 정보의 제공이 요구되고 있다. 이후, 항해술의 보급과 마리나의 네트워크화가 진행된다면 해양 여가활동에 관한 정보의 제공은 더더욱 중요하게 될 것이다.

한편, 경비·구조 활동의 일환으로서도 마리나로의 무선통신시설의 설치가 계속 이루어질 것이다.

사. 숙박·휴식시설

마리나에는 이용자의 휴식을 위한 시설이 불가피하여 샤워 등의 시설을 포함한 화장실은 대다수의 마리나에 갖춰져 있다. 또 근년에 들어 해양 여가활동이 장기적이고 체류형으로 변화하는 경향이 있어, 마리나에 있어서도 호텔 등의 숙박시설로서의 기능이 요구되고 있다. 현재 공공·민간을 포함하여 숙박시설의 수준은 아직 낮지만 이후 종합적 마리나에서는 필요한 시설로 그 건설은 점점 더 증가하고 있는 추세이다.

또, 이용자가 식사를 하는 레스토랑의 경우 어느 정도의 수익성을 기대할 수 있다.

아. 연수·교육기능

요트, 그중에서도 딩기요트는 레저로서보다 오히려 스포츠로서의 색채가 짙어 요트스쿨, 강습회 등이 많이 열리고 있다. 마리나가 주최하는 강습회 등도 많아 앞으로 이용자층의 확대를 위해서는 이와 같은 기회가 더욱 늘어나야 할 것이다. 이를 위해서는 연수시설이 필요하며 연수를 효율적으로 진행시키기 위해 숙박시설이 완비되는 것이 바람직하다. 또, 연수시설의 일환으로서 임대요트의 요청이 높아지고 있어 이후에도 임대요트는 증대할 것이다.

자. 안전관리기능

마리나는 외양을 항해하는 레저보트의 피난·휴식 등의 안전 확보를 위한 기능·역할을 하므로 이를 위해서도 마리나의 네트워크 형성이 필요하다.

더욱이 마리나의 관리·운영에 있어서 가장 중요한 점은 이용자의 안전 확보이다. 마리나 관리자는 마리나 내부의 안전뿐만 아니라 이용자가 외양에서 항해할 때의 안전대책에 대해서도 배려하지 않으면 안된다. 또, 어업자와의 문제방지에도 유의해야 한다.

이 때문에 마리나에 있어 출입항 신고 등에서 이용자의 동향을 파악함과 동시에 요트가 항해하기 위한 지역의 지도, 전망시설에서의 감시, 구조정 등에 의한 경비 등을 실시하는 경우가 많다.

차. 문화교류기능

마리나는 해양 여가활동의 기지인 동시에 이것을 통한 지역문화 양성과 교류를 촉진하는 경우도 많아 근년 들어 지역개발의 관점에서도 그러한 기능을 갖춘 종합적인 마리나의 정비를 중요하게 여기고 있다. 이를 위해 마리나에 박물관, 도서관 등의 문화학술시설이나 이벤트 광장, 집회장 등의 교류시설의 완비가 요구되고 있다.

이상으로 서술한 마리나의 기능을 달성하기 위해서 필요한 시설을 체계적으로 정리하면, 〈표 2.1.1〉과 같이 마리나의 기본적 기능인 레저보트의 수용 및 이용에 관한 시설과 마리나의 이용을 촉진하기 위한 서비스 시설, 다기능적인 마리나 공간을 형성하기 위한 관련시설의 3종류로 크게 구분할 수 있다.

〈표 2.1.1〉 마리나의 주요시설

(1) 요트 및 보트의 수용 및 이용에 관한 시설		
• 기본시설	외곽시설	방파제, 호안
	수역시설	항로, 정박, 배를 돌리는 장소
	계류시설	계선안, 잔교, 부잔교, 계선파일, 계선부표 등
• 상하가시설		경사로, 크레인, 렌털램프, 포크리프트(fork lift), 보트리프터
• 소형선박 업무용 시설		급유, 급수시설, 수리공장, 보관시설(배 보관소, 보트야드)
• 관리운영시설	클럽하우스	관리사무소, 로비, 홀, 휴식시설, 안전구호시설, 감시실, 정보제공시설, 무선통신실, 식당, 선구용품 판매점
	연수시설	연수실, 회의실, 전시실, 숙박시설
• 임항교통시설		도로, 주차장, 교량 등
• 환경정비시설		녹지, 광장, 체육시설
• 안전시설		구조정 등
(2) 서비스 시설		
• 숙박시설		호텔, 펜션, 별장, 리조트맨션
• 상업시설		레스토랑, 쇼핑센터
(3) 관련시설		
• 관련 레크리에이션 시설		인공해변, 낚시시설, 캠핑장, 수영장, 유원지
• 문화・학술시설		수족관, 해양박물관, 해양도서관

자료 : 染谷昭夫 외 공저(1992), 마리나의 계획

위와 같이 마리나가 충족시키는 기능은 다방면에 걸쳐 있으나 반드시 모든 시설을 갖출 필요 없이 각각의 필요한 시설을 실정에 맞게 건설해야 한다.

한편, 이용자를 위한 편의시설인 숙박시설, 식당, 매점, 선구점 등도 건설되는 비율이 낮다. 이것은 특히 공공마리나에 있어서 현저히 나타난다. 이러한 시설은 마리나의 규모나 성격에 맞추어 건설되어야 하며 반드시 획일적으로 건설할 필요는 없지만 이러한 편의시설이 정비되지 않는다면 공공마리나가 불편하고 사용하기 어렵다는 불만이 나올 수 있다. 이러한 시설의 건설 및 관리운영에 대해서는 공공보다도 오히려 민간마리나가 적합하여 공공마리나 건설의 일부나 관리 운영에는 민간 또는 제3섹터를 적극적으로 도입하여 건설을 촉진할 필요가 있다.

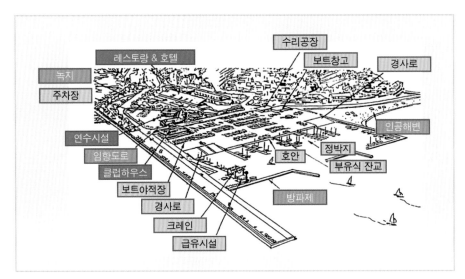

자료 : 染谷昭夫 외 공저(1992), 마리나의 계획

[그림 2.1.1] 마리나시설 배치도

2.2 관련선박의 이해

가. 표준선박의 형태

마리나 계획의 정책을 세울 때에는 먼저 마리나의 설치 목적에 따라 마리나의 성격을 정해야 한다. 마리나의 성격을 설정할 때에는 마리나를 이용하거나 보관해야 할 대상선박을 결정하는 것이 시설계획의 주요한 첫 걸음이 된다.

대상선박을 결정하기 위해서는 마리나 계획지역 주변의 레저보트 보유상황 및 장래의 동향을 충분히 조사검토한 후에 시설계획 입안을 위한 대상선박을 설정해야 한다.

대상선박의 제원(諸元)이 불명확한 경우 계획 대상선박의 형태를 결정하는 데 〈표 2.2.1~3〉에 나타난 표준선박 각 제원의 수치를 참고할 수 있다. 이들 수치는 현재 활동하고 있는 각 선박의 종류를 샘플링하여 클래스마다 평균적인 수치를 구한 것이다. 이에 따라서 마리나의 성격을 딩기요트를 대상으로 할 것인지 아니면 크루저요트를 중심으로 할 것인지, 계획입안자의 선택에 따라 표준선박의 형태를 이용하면 좋다.

[그림 2.2.1]에 나타낸 것은 NAEBM자료(National Association of Engine and Boat

Manufacturers ; 미국 엔진보트제조업협회)에 의해 작성된 표준선박의 형태이다. 요트와 보트의 표준선박의 형태는 기본적으로 변화하는 것이 아니라 앞에 서술한 표준선박의 형태와 겸하여 이후의 마리나 계획 입안 시 참고가 될 것이다.

나. 요트와 보트의 종류 및 선박의 형태

요트나 보트의 분류방법에는 여러 가지가 있지만 여기에서는 마리나의 보관기능에 특히 관계가 있다고 생각되는 보트의 형태 면에서 분류해 보았다.

〈표 2.2.1〉 딩기요트 표준제원　〈표 2.2.2〉 크루저요트 표준제원　〈표 2.2.3〉 모터보트 표준제원

(평균)

전체길이 (m)	폭 (m)	흘수 (m)
~4	1.3	0.75
4~6	1.7	1.00

(평균)

전체길이 (m)	폭 (m)	흘수 (m)
4~6	2.2	1.1
6~8	2.5	1.4
8~10	3.1	1.6
10~12	3.5	1.8
12~14	3.9	2.0
14~	4.3	2.2

(평균)

전체길이 (m)	폭 (m)	흘수 (m)
2~4	1.4	0.4
4~6	2.0	0.9
6~8	2.5	1.2
8~10	3.2	1.3
10~12	3.6	1.4
12~14	4.2	1.5
14~	5.1	2.2

자료 : 染谷昭夫 외 공저, 마리나의 계획, 1992

2.3 요트와 보트의 각종 분류

가. 요트와 보트의 의의

해양스포츠와 마리나에서 이용되는 장비는 요트와 보트가 대표적이다.

요트와 보트의 용어는 선박의 건조기술과 각종 용도에 따른 부속장비의 빠른 변화에 따라 극도로 혼용하여 쓰이고 있어서, 각국에서는 엄밀한 구별보다는 관습적으로 상황에 따라서 적절히 혼합하여 쓰이고 있는 실정이다.

파생된 용어로 요트나 보트의 소유자 혹은 즐기는 사람을 'Yachtsmen, Boaters'라고 하고, 즐기는 행위를 'Sailing, Yachting, Cruising, Boating' 등으로 사용하고 있다.

현재도 전통적인 조직의 명칭(로열요트 스쿼드론, 뉴욕요트클럽)이나, 슈퍼요트 등의 명칭에서와 같이 유럽이나 전통적인 조직의 명칭에서는 요트를 많이 쓰고, 최근의 조직은 보트를

많이 쓰는 경향이 있으나, 상황에 따라서 혼용하여 쓰는 것이 일반적이다.

현재는 미국을 중심으로 'Charles F. Chapman' 등의 노력으로 보트라는 용어가 널리 쓰이고 있다.

1) 보트의 개념과 구조

보트는 특별히 사전에 정의되어 사용되지는 않았고, 지붕 없는 작은 배를 뜻하면서 모터보트나 세일보트와 같이 다른 용어의 접미어로 사용되어 왔다. 보트라는 용어는 영국의 브리태니커 백과사전에 1771년 처음 수록되었다(Vigor, p. 30).

보트의 기술적 정의는 미국의 항법에 따라서 65 혹은 65.6피트(20m) 이하의 작은 동력선박으로 규정하고 있다(Maloney, p. 14).

산업혁명 이후 선박엔진이 발전하면서 작은 선박에 사용되는 엔진의 출현으로 엔진의 비중이 높아지면서 보트라는 용어가 제2차 세계대전 이후 일반화되기 시작하였다.

보트의 용어는 아래의 범위에 해당하는 것으로 정의할 수 있다(Maloney, p. 61).

🎲 주로 비상업적인 목적으로 사용되기 위하여 건조된 선박
- 비상업적인 용도로 다른 사람에게 임대된 선박
- 연방보트안전법(FBSA/71)에서는 길이의 상한선이 없으며, 단지 하한선만 20피트(6.1m)를 규정하고 있다.

🎲 미국의 MBA/40(모터보트 법규 : Motorboat 1940)은 모든 모터보트의 선체길이를 기준으로 4단계로 분류하고 있다. 이것은 선체의 전체길이(LOA : 전장)를 의미하는 것으로 아래의 표와 같다.

〈표 2.3.1〉 Class 구분 기준

구분	선체길이
Class A	16피트(4.9m) 이하
Class 1	16피트 이상~26피트(7.9m) 이하
Class 2	26피트 이상~40피트(12.2m) 이하
Class 3	40피트 이상~65피트(19.8m) 이상을 넘지 않을 것

자료 : Maloney, p. 62

〈표 2.3.2〉 해양레저에서 이용되는 보트의 종류

레저선박의 종류			특 징
Leisure Boat	Motor Boat	Power boat	모터보트와 동의어이며 20m 이하의 동력선으로 선실은 없고, 빠른 속도를 위주로 발전되고 있다.
		Cruiser	원거리 항해가 가능한 장비와 선실을 갖추고 있는 80피트(24m) 이하의 동력 선박
		Super yacht	80피트(24m) 이상 500피트(150m) 이하의 동력 선박으로 크루즈선보다는 적은 승선인원으로 원거리 항해를 할 수 있는 대형 모터보트형 선박
	Sail Boat	Dinghy	전장 3~6m, 1개 마스트와 1~2개의 세일로 구성되는 소형 Yacht로 올림픽경기 등에서 이용
		Cruiser	거주설비 등을 갖추고 대양항해 등에 사용되는 Yacht
	Row Boat	Canoe	통나무를 파서 만든 배로 신석기시대에 마제석기(磨製石器)가 발달하면서부터 세계 각지에서 만들어졌다. 통나무로 만든 배라고는 하지만 범위를 넓혀 아이누·아메리카 인디언들 사이에서 볼 수 있는 나무껍질배, 에스키모의 카약(kayak)과 같이 짐승가죽을 둘러싼 스킨카누[皮舟] 등의 가죽배도 포함된다.
		Kayak	대개 1인승으로 여름철 바다 수렵에 쓰인다. 길이 7m, 너비 50cm 정도로 선체의 뼈대는 나무로 만들어졌고, 거기에 털을 없앤 바다표범 가죽을 붙여서 만든다.
	New Boat	House boat	크루저보다 생활공간이 넓은 선박으로 트레일러 주택이나 이동형 주거시설로부터 발전된 형태의 선박
		Hydrofoil boat	비행기의 날개와 같은 형태의 'Foil'을 장치한 구조의 보트로 빠른 속도로 운행할 경우 수면 위를 부양하여 항해할 수 있다.
		Inflatable boat	보통 10피트(3m) 이하의 작은 선박이지만 더 큰 것도 있다. 작은 공간에서 공기를 수축할 수 있으며, 노보다는 작은 엔진으로 추진된다.
		RIB	Rigid-Hull 인플레이터블 보트로 전통적인 파워보트와 인플레이터블 보트를 결합한 형태로 높은 안전성과 고속운항의 장점이 있다.
		PWC	개인용 수상선박(Personal Water Crafts). 13피트(4m) 이하의 선박으로 제트스키 등 생산자 상표로 불리기도 한다. 제트보트는 발전된 형태로 4명까지 탑승이 가능하며 제트드라이브는 더 큰 크기의 파워보트 형태이다.
		Dinghy	큰 선박에 싣고 다닐 수 있는 노나 돛 혹은 소형엔진으로 추진되는 소형보트로 'Tender'나 'Pram'으로 분류하기도 한다.
		Sailboard	마스트와 작은 돛이 장치된 대형 서프보드

자료 : 김천중(2008), 요트항해 입문(참고 재작성)

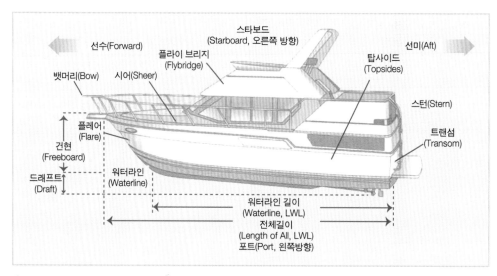

자료 : Maloney, p. 18

[그림 2.3.1] 보트의 구조

2) 요트의 개념과 구조

'요트'는 작고 빠른 배를 의미하는 네덜란드어 'jaght or joghte'에서 유래하였고, 1599년 더치-라틴 사전에 처음 수록되었다(Johnson, pp. 10-11).

요트란 보트보다 일찍 쓰인 용어로 작고 빠른 배를 의미하는 범용적인 용어이다.

모터보트와 구별이 필요할 경우 요트는 마스트가 장치되어 있고, 비교적 풍력의존도가 높은 선박을 의미한다.

〈표 2.3.3〉 해양레저에서 이용되는 요트의 종류

레저선박의 종류			특 징
Yacht	근해용 요트	딩기	전장 3~6m, 1개 마스트와 1~2개의 세일로 구성되는 소형 Yacht로 올림픽 경기 등에서 이용
		데이 세일러	25피트 이하의 크기로 딩기보다는 캐빈시설이 갖추어져 있으나 장기숙식은 불가능한 근해용 요트
		킬 보트	균형추 역할을 겸하는 무거운 킬이 부착된 20~30피트(6~9m)의 요트, 간이 캐빈시설이 갖추어진 연안 레이스용 요트
		스포츠 요트	킬 보트와 혼용하여 쓰기도 하나 크기에서는 킬 보트보다 큰 길이의 아메리카스 컵과 같은 대형 레이스용 요트. 최소한의 캐빈설비로 속도는 빠르나 원거리 숙박항해는 어려운 요트

레저선박의 종류			특 징
Yacht	원해용 요트	크루저	원해용의 표준적인 크기를 36피트(11m) 이상이라고도 하며, 숙식시설이 갖추어진 요트. 일반적으로 요트를 지칭할 때 대표적인 요트. 때때로 레이서용 크루저와 구별하기도 한다.
	슈퍼 요트	스포츠 크루저	일반적인 모터보트보다 크나 80피트 이하의 슈퍼요트보다 작은 대형 모터보트
		메가요트	슈퍼요트의 크기가 대형화되면서 쓰이기 시작한 대형 슈퍼요트
		기가요트	크루즈선에 육박하는 크기로 대형화, 고급화된 슈퍼요트
	멀티헐	카타마란	선체가 양쪽으로 두 개이고, 중간에 선실이 갖추어진 형태의 요트. 킬이 없거나 짧아서 얕은 수심에도 항해 가능
		트리마란	선체가 3개인 형태로 안전성과 선실면적을 넓게 확보할 수 있는 장점이 있다.

자료 : 김천중(2008), 요트항해 입문(참고 재작성)

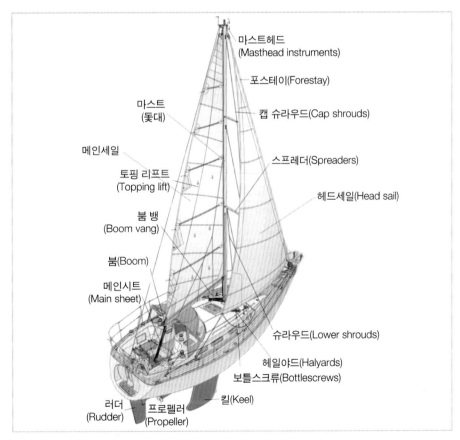

자료 : 김천중(2007), 요트의 이해와 항해술

[그림 2.3.2] 요트의 구조

나. 요트와 모터보트의 분류

1) 캐빈

요트 안에서의 취사 및 숙박을 위한 캐빈시설의 유무에 의해 분류되며, 딩기요트의 훈련은 장거리 크루저요트의 항해를 위한 기본교육을 위하여 중요하다.

〈표 2.3.4〉 캐빈에 의한 분류

1. 딩기	소형 오픈보트
2. 데이 세일러	하프 데크 또는 하프 캐빈을 가진 1~2일 정도의 항해가 가능한 것
3. 크루저	장기간 선상에서 생활하고 항해가 가능한 것

2) 돛과 돛대

일반적으로 돛대(mast)의 수와 돛(sail)의 모양과 이용되는 돛의 수에 의하여 분류되며, 슬루프가 가장 일반적인 형태이다.

〈표 2.3.5〉 돛에 의한 분류

1. cat	하나의 돛을 가진 것
2. sloop	가장 일반적인 범장으로 메인세일과 헤드세일을 가진 것
3. cutter	전방의 두 포스테이에 두 개의 헤드세일을 설치한 것
4. yawl	돛대가 두 개로 후방의 돛대가 틸러의 후방에 있어 그것에 붙은 돛이 비교적 작다.
5. ketch	돛대가 두 개로 후방의 돛대가 틸러 전방에 있어 전방의 돛대는 후방의 돛대보다 높다.
6. schooner	두 개 이상의 돛대를 가지며 돛대의 높이는 같거나 후방의 것이 높다.

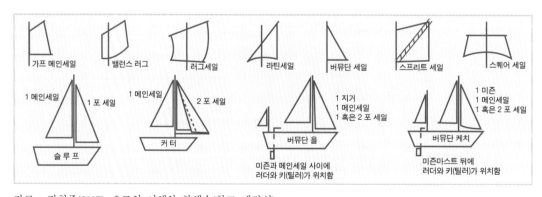

자료 : 김천중(2007), 요트의 이해와 항해술(참고 재작성)

[그림 2.3.3] 돛과 마스트에 의한 분류

3) 선체의 수

선체의 수에 의해 분류되며, 종류 및 형태는 아래와 같다. 하나의 선체인 싱글헐이 일반적이다.

〈표 2.3.6〉 선체에 의한 분류

1. single hull	하나의 선체를 가진 가장 일반적인 것이다. 초기복원성이 낮아서 이것을 보충하기 위한 ballast를 설치하거나 승무원에 의한 밸런스가 필요하다. 소형보트에서는 승선할 때 경사가 있으므로 주의를 요한다.
2. outrigger	가늘고 긴 메인 선체에서 밖으로 달아놓은 가로로 댄 나무에 설치한 작은 부체에 의해 복원력을 얻는다.
3. catamaran	같은 크기의 선체를 두 개의 평행으로 연결한 것으로 전체의 폭이 크고 넓어 데크의 면적을 얻을 수 있다. 일정 이상의 경사가 있으면 급속도로 복원력이 감소한다. 대형의 것은 주거용으로 좋다.
4. trimaran	메인 중앙에 있는 선체의 양 날개에 두 개의 작은 선체를 가지며 데크의 면적은 매우 크며 대형의 것은 주거용으로 좋다. catamaran과 같은 특성이 있다.

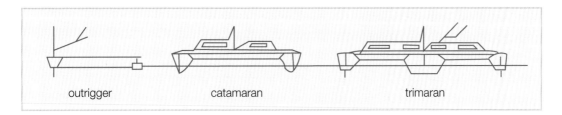

[그림 2.3.4] 선체의 형태

4) 선형(船型)

선형의 경우 선박의 안전성이나 속도에 큰 영향을 주며, 요트나 보트의 경우 라운드 타입이 일반적이다.

〈표 2.3.7〉 선형에 의한 분류

1. flat bottom	밑바닥이 평평하다.
2. dory	밑바닥은 평평하고 측면은 flat bottom의 것보다 바깥쪽으로 경사가 기울어져 있다.
3. arc	밑바닥은 둥그렇게 움푹 들어가 있다.
4. V-V bottom	밑바닥이 V자 형이다.
5. round	밑바닥, 옆면이 전체적으로 둥그렇게 원호의 형태로 형성되어 있다.

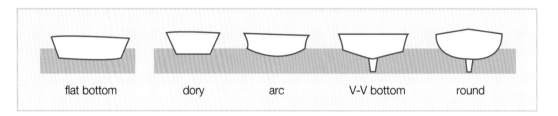

[그림 2.3.5] 선형의 종류

5) 킬

킬의 형태가 어떠하든 통상적인 킬은 두 가지 목적에서 사용되고 있다. 리웨이(leeway : 조류에 밀리는 힘)에 저항하기 위함과 요트의 안정성을 제공하기 위함이다. 이와 마찬가지로 키의 기본적인 역할은 요트의 조종과 리웨이 현상에 저항하는 킬을 돕는 것이다. 최근의 경주용 요트 설계는 안정성을 제공해 주는 캔팅 킬과 조종의 편리함과 풍하에 저항할 수 있는 기능을 갖춘 트윈포일 개념을 발전시켜 전통적인 킬의 기능과 구분짓는다.

중량이 많이 나가는 킬은 대부분 요트에 안정성을 제공해 준다. 킬의 유효성은 킬의 무게와 무게중심의 깊이에 달려 있다. 무게중심이 낮을수록 더 큰 안정성을 얻을 수 있다.

최근의 킬에 사용되는 자재는 경주용 요트 설계에 있어서 킬을 매우 깊고 킬의 아랫부분에 어뢰 같은 구근모양으로 무게를 실을 수 있는 좁은 핀킬의 형태로 제작하고 있다. 리웨이를 잘 견딜 수 있는 경주용 킬은 효율성이 좋고 심지어 높은 종횡비를 갖고 있기 때문에 효과가 매우 높다.

경주용으로 사용되는 최근의 요트는 안정성과 리웨이의 저항기능을 줄이기 위하여 깊고 좁은 핀킬을 사용한다. 그러나 좁고 긴 킬은 얕은 물에서의 항해를 어렵게 하는 원인이 된다.

① 센터보드

센터보드같이 들어 올릴 수 있는 킬은 수심이 아주 낮은 지역에서 항해를 가능하게 해준다. 이러한 지역에서 항해할 경우 센터보드 케이스와 좀더 복잡함이 요구되지만 좋은 해결책이 될 수 있다.

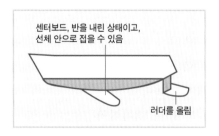

[그림 2.3.6] 센터보드

② 핀킬

핀킬은 일반적으로 길이에 비하여 아주 넓고 간단하게 만들어진다. 어떤 크루징 핀킬은 매우 짧지만 킬 아랫부분에 무거운 구근을 달고 있어서 수심이 얕은 곳에서의 긁힘을 최소화시켜 준다.

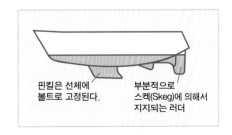

[그림 2.3.7] 핀킬

③ 캔팅 킬

캔팅 킬은 요트의 직선 움직임을 위하여 비스듬히 기울어진 얇은 킬의 끝부분에 무거운 구근을 달고 있다.

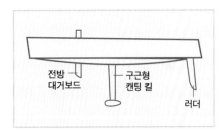

[그림 2.3.8] 캔팅 킬

④ 롱 킬

전통적인 요트의 롱 킬은 나무 재질의 선체 때문에 강하게 제작되었다. 롱 킬은 일반적으로 요트길이의 절반에서 3/4만큼의 길이로 만들었다. 키는 일반적으로 킬의 뒤편에 걸려 있게 하였다.

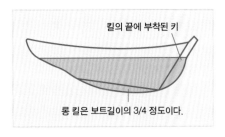

[그림 2.3.9] 롱 킬

⑤ 빌지 킬

트윈 킬로 알려진 빌지 킬은 요트가 육지에 있을 때에도 똑바로 설 수 있게 도와준다. 빌지 킬은 핀킬보다 덜 효과적이지만 센터보드를 설치할 때 더욱 간편하다.

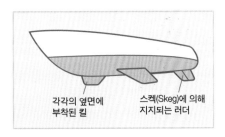

[그림 2.3.10] 빌지 킬

29

6) 엔진

세일 보트의 경우에도 항만 출입의 안전 등을 위해서 중형 이상의 크루저에는 엔진이 탑재되어 있지만 이것은 거의 인보드엔진으로 요트에서 엔진에 의한 분류는 가솔린인지 디젤인지로 구분하는 방법밖에 없다. 소형요트에 대해서는 아웃보드엔진(선외기)을 탑재하는 경우가 있다.

즉, 아웃보드엔진은 인보드엔진에 비하여 탈·부착이 쉬우며, 인보드엔진은 대형보트나 요트에, 아웃보드엔진은 소형보트에 이용된다.

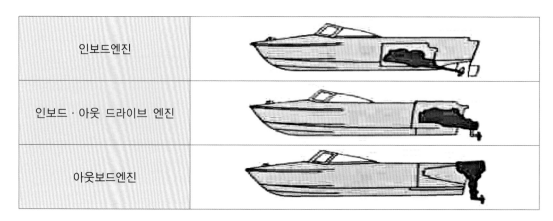

인보드엔진	
인보드 · 아웃 드라이브 엔진	
아웃보드엔진	

[그림 2.3.11] 엔진의 종류

7) 용도

[그림 2.3.12] 전통적인 크루저요트

① **전통적인 크루저요트**
    (TRADITIONAL CRUISERS)

전통적인 크루저요트라 칭하는 요트는 무거운 톤수의 요트를 의미한다. 오래된 요트는 나무로 제작되는 반면 최근의 요트는 유리섬유 또는 강철로 건조된다.

② 트레일러 이동용 요트
(TRAILER SAILERS)

트레일러에 견인할 수 있는 크기와 의장으로 건조된 소형요트로 트레일러요트는 트레일러에 결합할 때 무게에 대한 안전성을 유지하기 위해서 들어 올릴 수 있는 센터보드(center board)나 대거보드(dagger board)가 있다.

[그림 2.3.13] 트레일러 이동용 요트

③ 대량 생산형 요트
(PRODUCTION CRUISERS)

대부분의 현대식 요트는 유리섬유로 제작되고 있으며, 소수의 요트는 수심이 얕은 곳에서 항해하기 위해서 설계되고, 빌지 킬(bilge keel) 또는 센터보드(center board)를 이용하여 설계된다.

[그림 2.3.14] 대량 생산형 요트

④ 장거리 항해용 요트
(LONG-DISTANCE CRUISERS)

장거리 항해를 원하는 항해자들은 요트 제작에 있어서 제한된 선택을 할 수밖에 없다.

그러나 강철이나 알루미늄으로 제작되는 요트는 일반적으로 제작되는 유리섬유의 요트보다 항해지역의 거친 환경에서 더 잘 견뎌낼 수 있다.

[그림 2.3.15] 장거리 항해용 요트

[그림 2.3.16] 경주용 요트

⑤ 경주용 요트(CRUISER-RACERS)

최신의 요트는 조종이 쉽고 경주에 적합한 속도를 낼 수 있어야 한다. 이러한 요트는 일반 요트와 비교하여 좀더 가볍게 설계되어야 하고, 일반 요트보다 더 효과적인 버뮤단 슬루프와 짧은 오버행, 큰 의장, 효과적인 킬과 키가 사용된다.

자료 : 김천중(2008), 요트항해입문

[그림 2.3.17] 복수선형식 요트

⑥ 복수선형식 요트(MULTI HULLS)

요트의 멀티헐은 일반적으로 트리마란(trimaran ; 3개의 선체가 결합된 형태)보다는 요트경주에 사용되는 카타마란(catamaran ; 2개의 선체가 결합된 형태)이 주로 사용된다.

멀티헐은 요트의 속도가 빠르고, 수직항해가 가능하도록 해준다. 또한 카타마란은 갑판의 넓은 공간을 제공해 주고 갑판 아래쪽에는 편의시설이 마련되어 있다.

2.4 이용 선박의 고려사항

마리나시설의 설계를 보다 쉽게 하기 위해서는 선박에 대한 고려가 반드시 이루어져야 한다. 선박의 크기와 형태는 잔교의 디자인, 정박의 필요조건, 항로의 범위, 잔교의 깊이, 그리고 실용적인 시설 표준에 영향을 미친다.

또한, 보트는 속도, 안락성, 보트에서의 주거 적합성에 관한 소비자들의 수요를 받쳐주기 위하여 평균적인 선폭, 길이, 측면 높이의 치수를 증가시켜 왔다. 이렇게 변화하는 한계변수들은 마리나 디자인에서 정박위치설계의 고려와 서비스의 요구에 영향을 미친다.

가. 보트 디자인

지난 20년 동안 연안지역의 작은 보트시장에서 이용되었던 보트의 크기는 평균 20~35피트에서 30~45피트의 길이로 증가되었다.

뗏목이나 아우트리거와 같은 현대판 고대 보트 디자인 형식의 배들은 전형적인 마리나 잔교구조에서의 정박에 적지 않은 어려움을 보인다. 그렇기 때문에 현지 보트시장과 미래 보트 디자인의 추세가 어떨지를 예상하는 것이 중요하다.

나. 보트의 길이

연안지역의 소형보트는 평균 30~45피트 정도인 것으로 나타난다. 수많은 보트 정박지 역시 50~85피트의 보트들을 위한 시설들에 대한 수요가 지속적으로 증가하는 것을 직접적으로 체험하고 있다. 보편적으로 일시적인 잔교 사용료나 85~200피트 길이의 메가요트를 위한 모항에 대한 수요 역시 늘고 있다.

적절한 마리나 디자인을 위하여 보트 길이가 제조자가 지정한 총 길이(LOA)인지, 전체 길이가 보트 자체의 길이에 플랫폼, 뱃머리 사형, 조종석, 배 후미의 전등을 포함하는 것인지 보트 설계자로부터 정보를 확인하여, 마리나 개발자에게 확실히 전달해야 한다.

마리나는 장소와 시장에 따라 달라지므로 배 길이의 기준에 따라 하나의 정해진 방법으로 디자인을 할 수는 없다. 그렇기 때문에 제안된 마리나의 실질적인 시장성을 구축하기 위해서는 설계자들과 개발자들의 상호 협력이 중요하다.

그리고 시장 경향의 변화가 있을 미래에 크기가 다양한 선박들을 수용하기 위해 디자인을 기반으로 한 마리나 설계가 어떻게 개선될 것인지 고려하는 것 역시 설계자들에게 중요한 사항이다.

마리나 발전에 있어서의 모든 요소들이 갖추어진 상태라면, 종종 황무지에서 시장이 형성되는 것과 같이 마리나 또한 허허벌판에서부터 발전해 나가기도 한다.

메가 요트들이 들르지 않는 도시의 마리나가 하나의 예가 될 수 있는데 좋은 시설과 마케팅으로 만들어진 메가 요트 마리나는 이전의 불만족스러웠던 서비스로 인해 방문하지 않았던 요트들을 불러모으게 될 것이다. 이처럼 연구, 창의성, 그리고 디자인의 유연성들은 좋은 마리나 설계의 중요한 요소들이다.

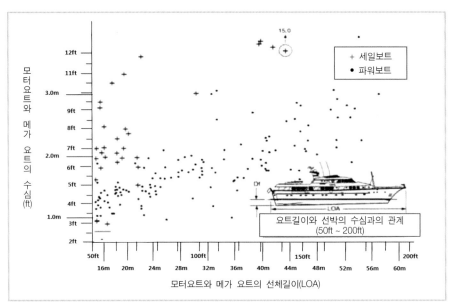

자료 : Bruce O. Tobiasson 등 공저, "MARINAS and smallcraft harbors", 2003

[그림 2.4.1] 모터 & 메가 요트의 선체길이와 수심의 관계

다. 보트의 폭

또한, 보트의 주어진 길이에서 배의 최대한의 공간에 대한 요구를 조절하기 위하여, 보트 설계자들은 선폭 길이 비율에 대한 보트 디자인의 원리를 존중하면서 선폭을 최대한계까지 증가시켜 왔다.

핑거 도크 간의 정확한 너비를 위한 디자인을 구상할 때 배의 입출항과 배 본체를 보호하는 펜더(fender)를 위해 추가적으로 2~4피트 정도의 길이가 각각의 핑거보트 폭마다 추가되어야 한다.

만약 최소 4피트 정도가 가능하다면 이 정도 길이가 추가 보트 선폭으로 권장된다.

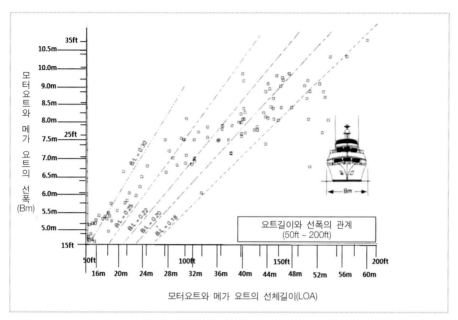

자료 : Bruce O. Tobiasson 등 공저, "MARINAS and smallcraft harbors", 2003

[그림 2.4.2] 모터 & 메가 요트 선체길이와 선폭의 관계

라. 보트의 높이와 선체(Windage)

선체가 바람에 노출되는 면은 모든 마리나가 해결해야 할 문제점이다.

특정 마리나지역의 지속적인 바람의 속도, 바람이 지나는 표면의 지질에 의한 바람 속력의 감소, 다양한 각으로 맞아지는 배의 모양, 배에 실린 적재물과 도크로 수송하는 관계가 문제가 되는 부분들이다.

바람과 파도의 노출 정도와 이것이 마리나에 정박한 배들에 어떤 영향을 주는지 충분히 이해하는 것이 매우 중요하다.

바람의 속력과 방향에 관한 바람노출 분석, 지질범주, 보트프로파일 구역, 배의 항력계수, 보호효과가 선체의 바람에 대한 노출의 문제점을 이해하기 위한 사항들이 된다.

마. 보트의 무게

선박의 무게는 디자인에 있어 매우 중요한 사항이기에 선박 출하작업 시 끌어당기거나 들어올리는 장치가 적재물의 무게를 감당할 수 있는지를 확인할 때 선박의 무게 또한 확인해야 한다.

또한 선박의 무게는 선박을 도로에서부터 선박 보관장소까지의 이동을 용이하게 하기 위

한 이유 때문에 중요하게 여겨지기도 한다. 양방향 도르래와 통로는 선박과 돛대 게양장치와 함께 다루어져야 하고, 이는 해양철도, 수직리프트, 선박 지게차와 선박 트레일러에도 해당된다. 마리나 설계자들은 선박무게를 잔교구조의 적하물의 관계를 결정하는 데에도 사용하고 있다.

바. 건현(Freeboard)

보트의 건현 디자인 역시 중요하다. 보트에서 사람이 밖으로 떨어져 나가거나 잔교의 가동 중에 이러한 일이 정기적으로 일어나게 되면 보트를 처음 즐기려는 사람들에게 거부감을 줄 수도 있다. 이러한 이유로 많은 마리나들이 부유식 잔교시스템에 사람들이 쉽게 바다로 접근할 수 있도록 사다리나 발판을 설치해 두었다.

보트와 잔교 사이에 위치하는 방호물 역시 보트 건현의 영향을 받을 것이다. 보트 건현 전체와 필수적인 방호물의 배치를 위해 잔교 디자인은 심사숙고되어야 한다.

사. 돛대 높이

선박들이 다리 혹은 고가 전선을 지날 때 높이 제한이 있을 수 있는 상황들이 발생할 수 있기 때문에 수직거리 확보는 매우 중요한 사항이다. 그림은 범선의 돛대 높이와 길이의 관계를 나타내고 있다.

전형적인 유형의 범선이 데이터로 사용되긴 하였지만 배의 매개변수는 항상 변한다는 것을 염두에 두어야 한다.

또한, 부가적인 돛대 높이의 범위는 해수면과 지상 사이의 거리, 흘수선과 트레일러의 높이가 조절되어야 한다. 이러한 측정결과는 돛대 정상의 실제적인 높이에 몇 피트를 더 추가해야 할 수도 있다.

해수면과 지표 사이의 거리를 위해 치수에 부가적으로 높이를 추가하는 것이 강조된다. 만일 범선이 마리나 주변으로 여유 있게 움직여진다면 이러한 움직임이 땅 아래에 위치한 장애물 혹은 보트나 홀 아웃 장치와의 접촉으로부터 보호될 것이다.

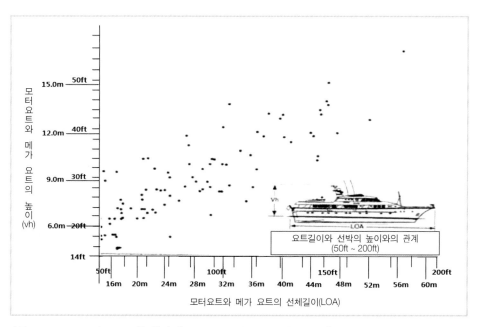

자료 : Bruce O. Tobiasson 등 공저, "MARINAS and smallcraft harbors", 2003

[그림 2.4.3] 모터 & 메가 요트 선체길이와 높이의 관계

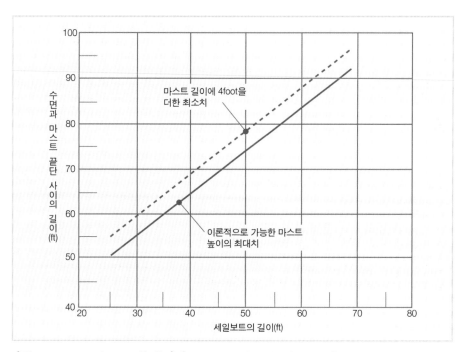

자료 : Bruce O. Tobiasson 등 공저, "MARINAS and smallcraft harbors", 2003

[그림 2.4.4] 범선의 돛대 높이와 길이의 관계

아. 다선체선

다선체선에 대한 이러한 사항들 때문에 일반적으로 대부분의 다선체선들은 해변에 정박시키도록 한다. 이렇게 하는 것이 다선체선에 가장 적합한 방법일 것으로 예상된다.

만약 다선체선이 마리나를 사용하게 되면 상당히 넓은 정박지가 설비시설 설계에 첨가되어야 하거나 배의 소유주가 이중의 정박지에 대해 2배의 가격을 지불해야 한다.

자. 메가 요트

80피트 이상의 배의 선폭은 그림에 제시되어 있다. 80피트나 그 이상 큰 배들의 데이터에 관한 자료는 선폭을 명확히 나타내는 데 있어서 완벽하지 않은데다가, 일반적으로 요구되는 메가 요트 평균 선폭을 확실히 알기 위하여 좀더 많은 자료와 시간이 요구된다.

[그림 2.4.2]는 모터요트와 메가 요트 선체의 총 길이에 대한 선폭의 길이를 나타내고 있다. 마리나 설계자들은 보트 선폭을 길이비율(B/L)에 따라 나누어진 선폭의 규정 길이에 대한 직접적인 영향을 고려하여야 한다.

보트 길이와 선폭 비율로 예상되는 B/L=0.30 공식이 대부분의 모터요트와 메가 요트 정박에 안정적인 비율로 추천된다. 슬립 공간의 너비의 결정을 위하여 이 자료를 이용할 때 안전을 위한 추가적인 너비가 펜더와 선박의 측면 공간을 위해 반드시 제공되어야 한다.

자료 : 두바이호

[그림 2.4.5] 메가 요트

제2절 마리나 각종 시설의 이해

1. 외곽시설

마리나라고 불리는 것 중에는 수면계류를 하지 않는 것도 있지만, 대부분의 마리나는 수면계류를 위한 시설이 있어야 한다.

수면계류를 하지 않는 마리나는 상상하기 어렵고 창고와 같은 느낌을 받아 친근감도 없을 뿐더러 여러 가지의 즐거움을 누릴 수가 없다.

레저보트의 정박, 계류, 보관, 상하가를 위해서는 조용한 수면의 확보가 필수적이다. 호수나 늪지, 하천 또는 내륙의 만 등과 같이 천연 그대로에서의 수면이 비교적 온화한 경우에는 수면에서 항시 계류보관을 하지 않으면 방파제를 건설하지 않더라도 플레저보트에 대한 바다의 게이트로서의 기능을 하는 것이 가능하여 소규모 민간 마리나에서도 이러한 경우는 자주 찾아볼 수 있다.

항구의 안쪽에서는 모래사장을 그대로 경사로 이용하는 경우도 있는데 일반적으로는 호안·안벽을 가진 방파제에 의해 수역을 둘러싸고 조용한 정박지를 건설하여 각종 선박의 계류와 상하가를 행하고 있다.

이제까지 천연의 조용한 수면을 보유하고 있는 경우에는 방파제를 설치하지 않고 정박지로서 이용해 왔다. 하지만 이러한 천연의 좋은 항은 모두 어항 또는 일반적인 항만으로 이용되는 경우가 많아 도시 근처에서 이것을 확보하기가 현재로서는 매우 어렵다. 천연의 좋은 항이 아닌 경우 수면에 양륙이 어려운 대형요트나 모터보트를 보관하려 하는 경우 외해로부터의 파랑을 차단하여 조용한 수역을 얻기 위해서 방파제 등의 설치가 불가피할 것이다.

또, 육상 보관선박이나 클럽하우스 등의 시설을 태풍 등에 의한 파랑으로부터 보호하기 위해서는 방파호안이 일반적으로 필요하게 된다. 이 방파제와 방파호안 및 정박지 내의 호안을 모두 합쳐서 외곽시설이라고 부른다.

1.1 방파제의 위치와 형태

방파제는 외해의 파랑으로부터 마리나를 지키는 중요한 기본시설인 한편 그 시설이 주변 환경조건(조류·수질 등)에 영향을 받고 있다는 것과 표사(漂砂)에 의해 항내의 매몰 등을 발생시킬 우려가 있고, 건설위치의 해저형태나 지질에 따라 건설비가 크게 좌우된다고 하는 점에서 그 건설지점의 위치(수심)와 관련법의 영향을 사전에 신중히 검토할 필요가 있다.

방파제를 중심으로 하는 외곽시설의 배치에 대해서는 마리나시설의 효과적인 이용과 장래의 발전을 배려하면서 안전성·효율성을 확보하도록 형태를 결정하는 것이 중요하고, 외곽시설의 건설에 의해 주변수역 및 해안에 미치는 영향에 대해서도 충분히 배려할 필요가 있다. 또한 마리나는 비교적 수심이 얕고 모래의 이동이 가장 큰 장소에 설치되는 경우가 많다는 점에서 표사(漂砂)에 의한 항구 입구나 항구 내 토사의 매립에 대한 충분한 주의가 요구된다.

　　또, 방파제의 형태에 대해서는 항구지역의 파도가 선박의 조종에 미치는 영향이 크다는 점에서 방파제에 의한 파도 등이 항구 부근에 다다르지 않도록 배려함과 동시에 방파제의 구조 자체도 반사되는 파도를 발생시키지 않도록 검토함으로써 정박지 내에서 일정하고 조용한 파도를 확보하는 것이 중요하다.

　　안전성의 측면에서 마리나는 일반 항만에 비해 기후 급변 시 선박이 집중되어 귀항하는 경우가 있다는 점에서 선박이 안전하게 귀항하여 피난하기 쉬운 형태나 수역의 넓이를 확보할 수 있도록 배려하는 것도 중요하다.

가. 주변부 보호대책

　　파도의 변화, 항적, 해류, 결빙여부를 포함하는 기초적인 입지조건 분석이 끝나면, 대부분의 입지들은 주변부 보호대책의 필요성이 나타나게 된다.

　　보트 항적에 의한 파도의 분석과 함께 태풍의 상태를 연구하는 것은 연중 파도의 조건에서 안전한 요트 정박이 가능할 정도의 시설수준이 필요하다는 것을 말한다.

　　그러므로 주변부 보호대책은 현존하는 자연적인 방파제로 인한 자연적인 파도와 항적에 보호될 수 있도록 만들어져야 한다.

　　두 번째 보호대책이 필요한 경우도 있다. 마리나에 들어오는 파도는 감소시켰지만, 준설의 문제가 새로 발생하는 경우도 있다. 이러한 공학적 설계는 마리나지역 내에서의 침전물과, 마리나에 대한 장, 단기 영향과 해안선과 수로에 대한 연구를 통해서 실험되어야 한다.

　　효과적인 주변부 보호시설로 석벽, 외부 스크린, 버티컬 배리어 등이나 부유식 파도 감소시설 등이 있다.

　　마지막으로 최종적으로 제기되는 시스템으로는 이러한 시설들을 조합하는 것이다. 이러한 시설들에는 각기 특별한 기능과 특징적인 문제들이 존재한다. 예를 들어 석벽은 단가가 높으나 영구적이고, 수심이 얕지만 않다면 요긴하게 사용될 수 있다.

　　강철이나 콘크리트 원형 파일들은 돌로 된 방파제와 같이 사용될 수 있다. 이러한 시설들은 파도를 막는 기능이 있으나, 경관을 해치고, 장기간 보수 유지가 필요하거나, 파도를 반사시킬 수 있는 문제를 야기하기도 한다. 또한, 제품이나 설치비용이 증가하는 문제를 가져오기도 한다.

파일과 목재를 사용한 외부 스크린 혹은 외부보드가 쓰이기도 한다. 그러나 태풍상황에서 파도가 높은 경우 이러한 시설을 사용하는 것은 내구성 측면에서 특별한 고려가 필요하다.

자료 : 일본 가고시마항 방파제

[그림 1.1.1] 방파제

자료 : 뉴질랜드

[그림 1.1.2] 강철/콘크리트 원형파일

1) 파도 보호장치의 개념

파도를 막을 것인가, 파도를 감소시킬 것인가 하는 측면에서 고려되어야 한다. 우리는 파도를 막고자 하지만 한편으론 마리나시설에 대한 침해로부터 보호를 받기 위함이다.

기본적으로 파도 에너지로부터 고정된 구조물을 사용하여 파도를 막을 만한 시설을 갖고자 한다. 파도를 막는 장비는 크고 강해야 하며, 수면 위로 올라가 있어야 한다.

반면에, 부유식 파도 감소장치는 이러한 점을 고려한 시설들이다. 효과적인 부유식 파도 감소장치는 넓고 낮은 경사의 해안선의 모래와 사력층으로 만들어진다.

효과적인 파도 방지장치는 모든 종류의 파도를 흡수할 수 있어야 하고, 파도의 힘에 저항할 수 있어야 한다.

2) 보호시스템의 작업방법

파도 방지시스템은 파도의 영향, 파도의 파괴력, 부분적 완화, 급속한 방향전환 등에 대응할 수 있게 건설된다. 모든 파도 보호시스템을 시험하는 데 있어서 어떻게 무슨 이유로 작동되는지를 이해하는 것이 중요하다. 이것은 파도 보호장치시스템을 구입하려 할 경우 아주 중요한 사항이다.

● 파도의 영향

파도의 힘이 진행되는 쪽으로의 파도 보호장치는 에너지를 변화시키고 방향을 바꾼다는 것을 의미한다. 파도의 반응각도는 도착하는 각도의 거울과 같은 이미지가 될 것이다. 만일 도착하는 각도가 90도라면 그 반응은 방파제의 뒤쪽 정면에 반응한다.

● 방파

파도가 생성하는 모든 면에서의 방파제는 파도가 부딪치고 방향이 바뀌는 원인이 된다. 보다 높고 긴 주기의 파도가 원래의 파도가 아닌 다른 장치에 의해서 감소될 수 있도록 보다 낮고 짧은 주기의 파도로 변화시키는 것이 방파시설이다. 특별한 장소에서는 그에 적당한 파도 감소장치를 선택해야 한다.

● 폭풍우의 혼란과 해소

파도의 부분적인 힘의 분산은 매우 어렵다. 예를 들어 10ft 높이와 150ft 길이의 파도의 힘은 표면에서부터 75ft 깊이까지 영향을 준다. 유체역학에서 오래전부터 내려오는 얘기로 파도의 힘을 분산시키는 과정을 설명하는 내용이 있다.

점도에 따라서 큰 소용돌이는 작은 소용돌이가 되고, 작은 소용돌이는 보다 더 작은 소용돌이가 된다. 이러한 생각은 강한 파도의 에너지를 떨어뜨림으로써 큰 파도의 힘을 약하게 하는 것을 의미한다. 일반적으로 여러 가지 방파제의 재료에 의해서 파도의 힘을 분산시킬 수 있다. 금속 파편이나 크고 작은 파일, 와이어 등에 의해서 이를 실현할 수 있다. 이러한 원리로 파도의 힘을 혁신적으로 감소시킬 수 있는 장치를 개발할 수 있을 것이다.

3) 파도 보호시설

[그림 1.1.3] 쇄석방파제

📍 **쇄석방파제**

돌과 잡석을 이용한 방파제는 훌륭한 태풍 보호시설이다. 파도의 힘은 거친 돌들의 표면에 의해서 약해질 것이다.

🔹 입체수직방파제

입체수직방파제는 내부결박 박판파일, 방틀에 채운 돌, 콘크리트 혹은 금속 원통 파일 혹은 목재나 판자 방파제의 형태를 띠고 있다.

[그림 1.1.4] 입체수직방파제

🔹 널판과 펜스방파제

널판과 펜스방파제는 외부 스크린이라고도 한다. 이러한 방법은 파도를 가라앉히기 위한 수직방파제를 만들지 않고, 물의 흐름이나 파도의 힘을 완화시키기 위해서 널판지 사이 간격을 남겨두고 건설하는 방법이다.

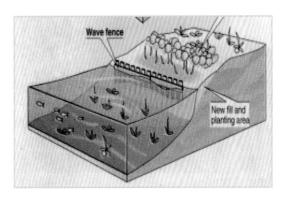

[그림 1.1.5] 널판과 펜스방파제

🔹 부유식 파도 완화장치

부유식 파도 완화장치는 크기, 설계와 재료의 선택이 다양하다는 점에 장점이 있다. 이러한 파도 완화장치는 여름파도와 보트의 항적으로부터 강한 파도로부터의 마리나의 보호 정도를 감안하여 채택할 수 있다.

[그림 1.1.6] 부유식 파도 완화장치

4) 보호시설의 내구성

쇄석보호장치는 심한 파도에 대응할 수 있는 강점을 가지고 있다. 부유식 파도 완화장치의 경우에도 실패가 일어날 수 있다. 이러한 부유식 장치는 단순히 배를 정박시켜서는 안되고, 이러할 경우에도 결박재료에 따라 제한이 있다. 케이블 혹은 체인으로 결박된 시스템은 내구성이 증가된다.

1.2 항구부분의 방향

항구부분의 방향은 선박의 계류나 상하가 및 출입항 시 선박의 안전을 위해 정박지 내의 안전도를 확보해 나가는 것이 중요하다.
항구부분의 방향을 결정하는 조건으로는 다음과 같은 점이 있다.

- 외해로부터의 파랑·굽이침, 또는 조류 등이 직접적으로 침입하지 않을 것
- 표사(漂砂) 등에 의한 항구부분의 폐쇄가 발생하지 않을 것
- 선박의 출입이 안전하고 용이할 것
- 바람은 가능한 한 일정 방향에서 부는 항상풍(恒風)일 것

현실에서 이 조건을 완전히 갖춘 장소는 거의 없으며 그 다음에는 비교의 문제라고 할 수 있는데 마리나 대상선박의 제원 등을 종합적으로 고려하여 결정된다.

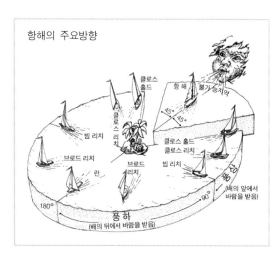

엔진이 장비되어 있는 크루저요트나 모터보트의 경우와 비교하여 소형요트의 경우 선박을 조종하는 것은 오로지 바람의 힘에 의해 행해지는 것으로 바람을 향해 항해 가능한 방향이 한정되어 있기 때문에 항해 및 안전성 확보의 관점에서 특히 풍향과의 관계가 중시된다. 이 경우 이상적인 것은 항풍(恒風)방향에 대해 45도의 각도를 잡으면 좋으며 45~90도의 각도를 가지도록 해야 한다.

[그림 1.2.1] 여러 가지 항해상태

1.3 항구부분의 넓이와 수

정박지 내의 평온한 상태를 유지하기 위해서는 앞에서 서술한 것처럼 외양의 파랑이나 굽이침 등이 직접적으로 영향을 미치지 않도록 방파제 개구부의 폭은 가능한 좁게 하는 편이 좋지만 한편으로 귀항 시나 레이스 출정 시 등에 집중하는 선박의 출입이 용이하고 안전해야 된다는 점도 고려해야 한다. 따라서 보관선박이나 방문객선박의 종류와 크기, 척수, 마리나의 사용법 등을 고려하여 정할 필요가 있다. 그 외, 긴급상황에 대비하여 구조선박의 출입도 고려해 두는 편이 좋다.

파도나 바람에 크게 영향을 받지 않고 어느 정도 자유롭게 조작하여 출입항을 이동하는 것이 가능한 엔진을 사용하는 모터보트나 요트의 경우 항구의 폭은 거의 필요하지 않다.

한편, 딩기요트의 경우 항해 시 바람이나 파도의 영향을 직접 받아 맞바람의 항해일 경우 항로를 지그재그로 항해하는 것으로 되어 항구 폭은 이에 대응할 필요가 있다.

항구의 입구부분은 일반적으로 다음과 같은 규모를 표준으로 한다.

- 엔진 추진선박의 경우, 가장 큰 선박의 폭 4배 정도
- 요트의 경우는 20~25m 정도

수용척수 500척을 넘는 대규모 마리나에서 크고 작은 여러 가지 요트나 모터보트가 혼재하는 마리나의 경우 성능이 다른 모터보트와 요트를 구별하여 정박지와 항구를 분리해야 안전을 지키고 문제를 일으키지 않기 위한 좋은 방법이라고 할 수 있다.

항구부분의 면적은 현재의 보트 크기뿐만 아니라 미래에 보트가 커지는 것도 고려해야 하며 더욱이 마리나 자체의 확장 등도 고려해서 충분히 검토하고 결정할 필요가 있다.

1.4 외곽시설의 천단고(天端高 : 방파제 마루높이)

방파제의 천단고는 바람과 시야의 방해가 없도록 최대한 낮게 억제하여 평온함을 유지하는 높이로 할 필요가 있다.

항내의 평온함은 대상선박이 소형이기 때문에 더욱 엄하고 세심하게 요구된다. 따라서 방파제의 천단고는 설계 시 파도가 넘어오지 않는 높이로 만들 필요가 있다. 단, 천단고가 너무 높으면 소형요트가 바람을 받지 못해 항해가 불가능하거나 시야가 막혀서 위험하게 되는 경우가 있기 때문에 최대한 낮게 할 수 있는 구조를 검토해야 한다.

방파호안의 천단고에 대해서는 배후에 지켜야만 할 시설의 중요도에 대응하며 월파를 고려하여 결정하게 된다.

2. 수역시설

2.1 정박지

레저보트의 안전한 계류·정박·수면보관 및 원활한 선박의 조종을 가능하게 하기 위해 평온하고 충분한 수심과 면적을 소유하는 수면을 확보할 필요가 있다.

한편 방파제로 둘러싸인 정박지의 형태나 넓이는 보관선박의 종류나 크기, 계류방법과 밀접하게 관련되며 건설비와도 관련되기 때문에 계획단계에서 수요동향 등을 충분히 검토해야 함은 물론이고 그 후의 관리를 원활하게 하기 위해 레이아웃에 대해서도 충분히 검토하는 것이 바람직하다.

가. 정박지 내의 평온한 정도

정박지 내의 파고는 통상 사용상태의 경우 조종하는 선박의 위, 계류한 선박의 위에서부터 30cm 이하, 이상해상 시의 경우 수면 보관선박 등의 안전상으로부터 50cm 이하로 이들의 파고가 되는 파도 정박지 내의 출현율은 아래 표의 수치를 확보하는 것이 바람직하다. 단, 이상해상 시의 50cm 이하에 대해서는 악천후 시 또는 전 선박의 육상보관이 가능한 경우는 달라진다.

〈표 2.1.1〉 정박지 내의 기본조건

	정박지 내의 파고(H1/3)	조 건
평상시	30cm 이하를 확보	시즌 내의 출현율 97.5%
이상해상 시	50cm 이하를 확보	구조물 설계 시에 출현

또, 보트의 동요를 방지하기 위해 항내부진동이 일어나지 않도록 수역형태를 잡아야 하며 수역을 둘러싼 구조물의 형태는 가능한 반사되는 파도를 방지하도록 배려하는 것이 바람직하다.

나. 정박지의 넓이

정박지의 공간 이용방법을 크게 구분하면 다음과 같다.

- 수면계류용 공간

- 육상 보관선박을 위한 양륙장소의 공간
- 정박지 내 항로의 공간
- 출발, 도착 시의 준비 및 방문객 정도를 포함한 정박공간
- 급유 등의 서비스를 위한 공간
- 수리 등을 위해 사용하는 크레인 앞부분의 수면공간
- 기타

여기에는 어느 정도 공통으로 이용가능한 공간이 있으므로 이들 공간을 전부 더하여 정박지의 공간으로 할 필요는 없지만 원칙적으로는 이들의 이용목적에 대해서 종합적인 검토를 해야 한다.

수면계류 보관선박의 1척 선박당 필요면적은 계류방식에 따라 달라진다.

브이의 경우 선박을 서로 붙들어 매는 로프의 여유분과 보트가 움직이므로 그것에 소용될 면적이 많이 필요하다.

또, 계선파일의 경우에도 로프로 묶기 때문에 브이의 경우보다는 보트의 이동은 적지만 역시 여유공간이 필요하다.

잔교(대부분 부잔교)를 이용하는 경우 1선박당 면적도 상대적으로 적게 끝난다.

요트의 경우 모터보트와 같이 자유롭게 움직일 수 없으므로 면적도 다소 넓게 잡을 필요가 있다.

부잔교에 계류 보관하는 보트 1척당 필요면적은 다음과 같이 산정할 수 있다.

- 30피트(약 10m) 선박의 경우

    4척분의 공간을 생각하면

    $(10m+2m+10m) \times (8m+1m) = 198m^2$

    $\therefore$ 1척당 $198m^2 \div 4 \fallingdotseq 50m^2$

- 24피트(약 7.5m) 선박의 경우

    4척분의 공간을 생각하면

    $(8m+2m+8m) \times (7m+1m) = 144m^2$

    $\therefore$ 1척당 $144m^2 \div 4 \fallingdotseq 36m^2$

    (단, 항로 등의 공통부분은 포함되어 있지 않다.)

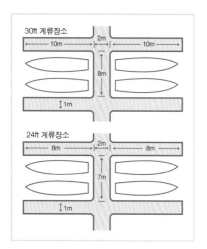

[그림 2.1.1] 부잔교 설계의 예

이것에 잔교나 수로, 그 외의 공간을 더하면 수면 보관선박 1척당 필요면적은 150m² 전후가 된다([그림 2.1.1] 참조).

이외에 앞서 말한 것처럼 양륙장소의 주변, 항로, 폰툰, 해상 급유장소, 크레인 앞부분 등의 공간이 필요하다. 하지만 계산으로 모든 것이 적절하게 되었다고 한정짓기는 어렵기에 계획조건에 맞는 디자인을 정할 필요가 있다.

또, 장래의 발전, 확장에 대해서도 사전에 충분히 고려해야 한다.

다. 레이아웃

정박지 내 레이아웃의 기본은 선박의 보관과 이동의 안전을 유지하면서 얼마나 사용하기 편리하고 효율이 좋은 것을 하는가에 달려 있다. 보관선박 및 방문객 선박의 종류와 크기, 척수, 보관, 계류의 방법, 육상 보관선박의 양륙방법, 그 외 급유 등의 서비스 방법과도 밀접한 관련이 있다.

정박지의 레이아웃에 기본적으로 유의해야 할 점은 다음과 같다.

- 보관선박 안에 수면보관 시 비율의 설정이 있지만 이것은 1/3 정도로 알려져 있다. 하지만 이것은 계획 대상선박 및 계획지의 조건(수심, 파랑, 배후지의 크기 등)에 의해 좌우된다.
- 요트와 모터보트는 표준선박의 제원에서도 알 수 있듯이 그 성질 및 성능이 현저히 다르기 때문에 정박지 등의 사용수역이 되도록 혼재되지 않게 분리하는 방법을 연구하는 것이 중요하다. 또 가능하다면 정박지와 겸용하여 항구도 분리하는 것이 충돌, 전복 등의 문제를 방지하는 데 바람직하다.
- 장래의 발전이 예상되는 입지조건의 경우 되도록 수역부분은 장래의 수요와 예상계획을 세울 필요가 있다.
- 슬로프에서 10m 이내 양륙기계에서 15m 이내는 안전성을 생각하여 부유식 잔교 등은 만들지 않는 편이 좋지만 근처에 의장(艤裝) 등을 위한 잔교는 필요하다.

2.2 항로

항내의 항로는 항풍(恒風)방향과의 관계를 고려하여 선박의 이동을 위해 평온하고 충분한 수심과 폭을 소유한 수면을 확보할 필요가 있다.

항로의 폭은 엔진부착 선박의 경우에는 선박길이의 2배 이상, 엔진이 없는 경우에는 5배 이상의 폭이 확보되도록 하는 것이 바람직하다. 특히 레이스 등의 개최를 고려하는 마리나에서는 다수의 선박이 동시에 항해 가능하도록 배려할 필요가 있다.

또, 큰 항만의 항의 끝부분을 시작으로 하여 화물선, 어선 등 일반 선박이 모여드는 해역에 마리나가 위치하는 경우 레저보트의 활동수역에 이르는 안전한 교통수단이 있는 항로의 확보가 중요하여 해사관계자나 관련행정기관과 충분히 협의, 조정하여 이용자의 안전 확보를 위한 주의를 기울여야 한다.

2.3 항로ㆍ정박지의 수심

선박의 최하단에서 수면까지의 높이를 흘수라고 하는데 이것은 선박의 종류와 크기에 따라 달라진다. 특히 요트와 모터보트는 크게 달라져 [그림 2.3.1]에서 서술한 표준선박의 형태를 참조하면 잘 알 수 있는데 요트의 흘수가 모터보트보다 크다. 따라서 모터보트만을 보관하는 마리나의 경우 모터보트의 크기에 따라 수심을 결정하면 되지만 모터보트 외에 요트도 보관하는 경우 요트의 흘수에 따라 정박지의 수심을 결정해야 한다.

항로, 정박지의 필요 수심은 보관하려고 하는 선박(계획 대상선박)의 흘수 외에 파랑 등에 따르는 상가 이동에 대응한 안전을 위해 여유수심을 확보할 필요가 있고 여유수심으로 약 1m 정도를 생각하는 것이 좋다.

조선소나 설계자에 의해 선박의 형태는 달라지지만 평균적으로는 표준선박의 형태의 항목에서 서술한 대로이며 일반적으로 잘 이용되고 있는 대형 요트는 35피트 정도까지 있으므로 요트를 대상으로 하는 마리나의 경우 그 필요수심은 안전성을 가미하여 L.W.L에서 2.5~3.0m이면 충분하다.

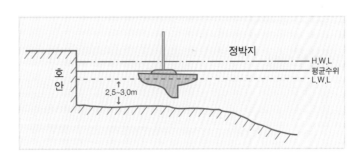

자료 : 染谷昭夫 외 공저, 마리나의 계획, 1992

[그림 2.3.1] 정박지와 수심

2.4 활동수역

마리나의 건설계획에 있어서 선박의 종류와 대응하여 선박항해, 어업 등의 수역이용을 감안하여 선박의 활동에 필요한 넓이의 수역을 확보하도록 유의할 필요가 있다.

오늘날과 같이 여가활동에 의한 정신적인 충족을 보다 강하게 구하는 시대에는 기존의 수역이용에 더하여 레저보트에 의한 수역의 이용 등 새로운 공간이용의 요청에 적극적으로 대응하여 어업 등 다른 수역이용과 재조정을 함으로써 레저보트가 안심하고 활동할 수 있는 수역을 확보해야 한다.

가. 딩기요트의 활동범위

딩기요트의 즐거움은 자연의 힘을 이용하여 광대한 구역을 자유롭게 항해할 수 있다는 것으로 활동수역을 설정할 때 가능한 이 점을 만족할 수 있도록 해역을 확보해야 한다.

행동범위는 평균적으로 해안선에서 5km 이내(약 1시간 이동범위)이다.

나. 딩기요트의 활동면적

1척당 활동수역의 단위는 0.11ha/척 이상의 면적을 필요로 하는데 쾌적성을 고려한다면 가능한 2.5~3ha/척을 확보하는 것이 바람직하다.

활동수역면적은 레이스 수면에서는 단체급에서 직경 약 1.6~3.0km, 올림픽에서 직경 약 3.6km의 원형수역을 필요로 하는데 레이스의 형태, 참가선박 수, 수역의 상황에 부응하여 소요수역의 확보를 검토할 필요가 있다.

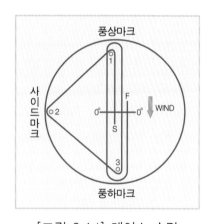

[그림 2.4.1] 레이스 수면

3. 계류시설

계류시설은 크게 구분하여 순수하게 해상에서 레저보트를 계류 보관하는 목적과 육상 보관선박을 해상에 내릴 때의 출항준비 등의 일시 작업 및 점심을 먹기 위해 귀항하거나 방문객 선박의 계류에 대응할 목적 등의 2가지로 나누어진다.

이제까지는 요트의 크기도 딩기 클래스가 주류를 이루었으며 모터보트도 소형이 주류를 이루었으나 최근에는 크루저급 요트가 증가하면서 모터보트도 대형화되고 있다.

딩기요트의 보관은 육상의 야드 또는 선반식 보관시설 등으로 계류시설은 먼저 제2의 목적으로 사용할 수밖에 없다. 한편 크루저요트 및 모터보트는 대형화, 고급화할수록 육상보관이 곤란해지면서 마리나에 와서 바로 탈 수 있거나 선상파티를 여는 등, 고급 서비스를 제공하는 관점에서 계류보관이 되는 경향으로 굳어지고 있다.

해양 여가활동의 연장과 질의 고급화라는 경향으로 항해가 성행하고 있어 방문객용 버스의 필요성이 높아져 이후 마리나에 있어 계류시설은 이와 같은 배경을 근거로 점점 더 중요한 위치를 차지할 것으로 생각된다.

3.1 계류시설의 선정

계류시설의 형식 및 규모는 선박의 종류, 조위 차, 계류의 목적에 따라 적절히 선정할 필요가 있다.

정박지 내에 보트를 계류보관하거나 정박시키는 경우, 현재 행하는 주된 방법으로 다음과 같은 것이 있다.

- 안벽·호안 등에 선두와 선미를 로프로 묶어두는 방법이나, 선미는 앵커 등으로 고정하는 방법
- 잔교에 고정하여 계류하거나 선미를 앵커, 브이, 계선파일 등으로 고정하는 방법
- 계선파일 사이를 로프로 고정하거나, 선미를 앵커 브이로 묶는 방법
- 브이 사이를 로프로 고정하거나 선미를 앵커로 묶는 방법
- 앵커만으로 계류하는 방법

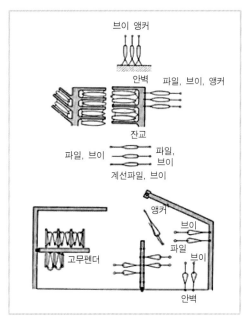

[그림 3.1.1] 계류시설의 종류와 계류방법

이들 중에서 최근에는 수면보관용 계류시설로서 잔교형식이 일반적이라고 할 수 있다.

이 중에서 어느 방법을 채용하는가는 선박의 종류, 크기, 자연조건, 계선기간 등을 고려하여 결정짓는다. 실제로 어느 것 하나의 방법만을 선택하는 것이 아니라 선박의 종류나 크기 등을 충분히 검토하여 안전하고 관리하기 쉬운 계선시설의 조합을 생각하는 것이 바람직하다고 할 수 있겠다.

가. 안벽의 계류용 설비

주된 안벽의 계선용 설비로는 계선파일, 계선환이 있다. 안벽으로의 계선은 일반적으로 일시적이거나 임시적인 경우가 많다. 또, 안벽에 접촉하여 선박을 상처 입힐 가능성도 있으므로 충분한 펜더(fender)를 설치할 필요가 있다.

나. 잔교

잔교는 선박의 일시적이거나 임시적인 계류 또는 수면계류보관을 위해 제공되는 주요 설비로 구조·기능·형태 등 각각의 면에서 다음과 같이 분류할 수 있다.

〈표 3.1.1〉 잔교의 분류

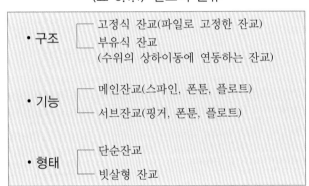

1) 고정식 잔교

간만의 차가 적은 수역이나 늪지 등에서 사용되는 예가 많다.

간만의 차는 20~30cm 이내가 적당하다고 생각한다. 하지만 파도가 높은 경우 파도와 동조하지 않으므로 잔교로의 충격이 크기 때문에 재질, 구조가 견고한 것이 필요하다. 따라서 정박지 내의 파고도 30cm 이내로의 사용이 바람직하다고 할 수 있다.

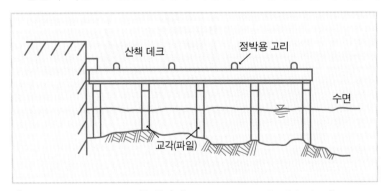

자료 : Bruce O. Tobiasson 등 공저, "MARINAS and smallcraft harbors", 2003

[그림 3.1.2] 고정식 잔교의 입면도

또, 사용되는 재질로는 목재, 콘크리트, 철제 등의 여러 가지가 있지만 이 중 콘크리트가 가장 많이 사용되는데 이는 반영구적으로 사용 가능하여, 시설의 유지, 보수 시에도 매우 경제적이라 할 수 있다.

[그림 3.1.3] 고정식 잔교

2) 부유식 잔교

간만의 차가 큰 바다나 호수, 늪지에서도 사용되며 비교적 파고가 높은 곳에서도 파도와 동조하므로 적합하여(현재, 파고 1.5m 정도의 조건에서도 견딜 수 있는 것이 사용되고 있다), 레저보트의 계류에 이점이 많아 계류시설의 주류로서 이용되고 있다.

부유식 잔교의 종류에는 다음과 같은 것이 있다.

① 분리형

주잔교와 부잔교를 분리하여 부착한 것으로 비교적 간단하게 시공할 수 있지만 플로트를 사용하기 위해 단위당 부력은 다음에 서술할 일체형보다 적다.

② 일체형

주잔교와 부잔교가 일체구조로 되어 있는 것으로 단위체적당 부력이 높다는 점에서 안전성이 좋으며, 좁은 수역에서 사용할 시 효과적이다. 일반적으로는 대형선박의 계류에 잘 사용되고 있다. 지중해 지역에서는 모나코 타입이라고도 한다.

③ 소단위 일체형

주잔교와 부잔교의 한 단위를 일체로 한 부품을 연결하는 것으로 부품 자체가 소형·경량이기 때문에 운반이 용이하고 설치·제거도 간단하다. 구조상, 파고가 낮은 곳에서 소형선박의 계류에 적합하다.

[그림 3.1.4] 부유식 잔교

다. 고정식 잔교와 부유식 잔교의 겸용

메인잔교는 고정하고 계류하기 위한 부분을 부유식 잔교로서 조합하고 있는 예가 많아 보다 안정도가 높은 시설이 된다.

이용자의 보행이나 짐 운반에는 고정식 잔교가 좋고, 선박의 안정에는 부유식 잔교가 좋은 것으로 알려져 있다.

라. 브이 및 파일계류

종래보다 레저보트에 한정되지 않고 일시적인 선박의 계류에 사용되는 방법으로 간만의 차가 적은 자연항, 호수, 늪지 등의 계류에 적합하다.

장소에 따라 정박지 내 선박의 항해나 유효한 이용을 방해하는 경우도 있기 때문에 항풍(恒風)의 방향에 일치시켜 설치할 필요가 있다.

또, 시설비용은 상대적으로 저렴하지만 안전성이나 승·하선 시의 불편을 생각하면 일반적으로는 보조적으로 사용될 것이다.

안벽 및 잔교와 겸용하여 사용하면 경제적인 시설 및 계류방법이 된다.

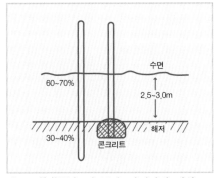

자료 : 染谷昭夫 외 공저, 마리나의 계획, 1992

[그림 3.1.5] 계선파일의 설치방법   [그림 3.1.6] 브이의 설치방법

4. 상하가시설

마리나에서 육상에 보관하는 선박을 정박지와 육상 보관시설을 오가며 양륙·이동하는 시설이나 설비를 말한다.

육지에서 수면으로, 수면에서 육지로 그리고 보관장소에서 양륙시설, 급유나 수리창고 등으로 이동하게 된다. 또, 계류선박(대형선박)의 수리 등을 할 경우에도 양륙선박이 필요하므로 능률적인 선박의 상하가시설을 설치하는 것이 좋다.

마리나의 자연조건·입지조건 등을 고려하여 가장 적합한 기종이나 상하가 시스템을 선정할 필요가 있다.

4.1 상하가시설의 분류

마리나의 상하가시설의 기능 및 시설을 아래와 같이 분류할 수 있다. 또, 마리나에 있어서 상하가시설을 둘러싼 작업수순의 도식을 아래에 나타낸다.

각 종류의 적성은 〈표 4.1.1〉에서 참조할 수 있다.

<표 4.1.1> 상하가시설의 종류

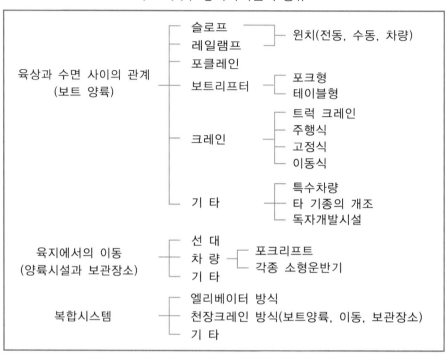

자료 : 染谷昭夫 외 공저, 마리나의 계획, 1992

4.2 슬로프(경사로, 슬립, 램프)

슬로프는 주로 딩기 등 소형선박의 양륙에 이용되며 킬이 있는 요트 이외의 보트라면 상당한 대형선박까지 대차(臺車)와 윈치나 포크리프트를 조합한 것에 의해 양륙이 가능하다.

슬로프의 경사각도와 폭은 공간과 양륙방법(인력, 동력) 및 선박의 종류(요트, 모터보트)에 의해 달라지지만 경사각도는 1 : 6~1 : 12가 적당하고, 이 이상이 되면 인력에 의한 양륙은 극히 소형의 선박이 아니면 어려울 수 있다.

슬로프의 폭은 육지에 두는 소·중형 선박의 수나 그 이용밀도에 의한 이용효율을 주기 위해 한번에 2척 이상이 양륙 가능하게 해야 한다. 그를 위해서는 최저 10m 정도는 필요할 것이다. 또, 소형요트가 주류가 되는 공공마리나 등에서는 레이스 개최 등도 많이 예상되기 때문에 슬로프의 폭은 가능한 한 넓고 2면 이상으로 나누어져 있는 편이 좋다. 레이아웃과 공간이 가능하다면 육지에 보관해 놓은 선박의 총 척수의 5분의 1의 척수가 동시에 양륙 가능한 면적이 있는 것이 가장 바람직하다.

〈표 4.2.1〉 마리나 작업수순의 예

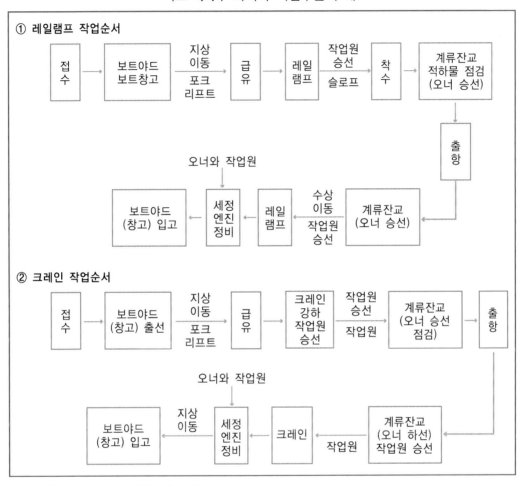

자료 : 染谷昭夫 외 공저, 마리나의 계획, 1992

　슬로프의 위치는 자연조건이나 연못의 형태, 보트야드의 위치, 관련시설의 위치 등에서 동선을 생각하여 전체적인 레이아웃에서 적절한 위치를 선택할 필요가 있다. 슬로프 선단의 수중부분은 조석에 의한 수위의 상하가 있는 경우 L.W.L보다 더욱 깊게 만들지 않으면 안된다. 소형선박이나 포크리프트 등의 중량을 생각하여 슬로프의 콘크리트는 충분한 내구성을 가진 것이 필요하며 그 두께는 최저 15cm, 가능한 30cm 정도는 있는 것이 바람직하다.

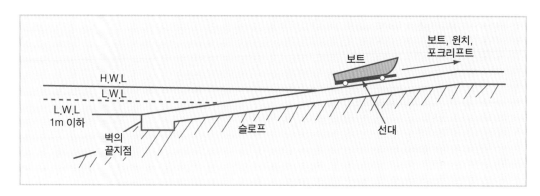

[그림 4.2.1] 슬로프경사 · 벽 끝부분의 천단고(방파제 마루높이)

〈표 4.2.2〉 상하가시설 적성비교표

구분		설치장소	대상선박의 종류	보관규모	보관형태	능력	경제성
슬로프	모터보트	호안	소형 및 중형 모터보트, 놀이선	100척 미만/대	육지, 래크, 배 보관소	약 7분/척 (최고 5분~ 최저 10분)	설비비는 비교적 저렴하다.
	요트	호안	소형요트에 최적	슬로프규모에 의해 보관 척수는 대규모로 가능	육지, 래크, 배 보관소	이용자 자신의 수작업으로 이루어진다.	설비비, 유지비 모두 경제적
레일램프	모터보트	호안	중형~대형 모터보트	100척 미만/대	육지보관 및 계류	약 10분/척 (최고 6분~ 최저 15분)	설비비, 유지비 모두 경제적
	요트	호안	대형요트	100척 미만/대	육상계류 및 계류	약 10분/척 (최고 6분~ 최저 15분)	설비비, 유지비 모두 경제적
포크리프트	모터보트	호안	소형~중형 모터보트	50척 미만/대	육지, 래크, 선박보관소	약 7분/척 (최고 6분~ 최저 10분)	설비비, 유지비 모두 경제적
	요트	호안	소형요트	100척 미만/대	육지, 래크, 선박보관소	약 7분/척 (최고 6분~ 최저 10분)	소형요트 전용기에는 불필요
보트리프터	모터보트	호안 (양륙공간이 적은 곳도 적합하다)	중~대형 모터보트	100척 미만/대	육상계류 및 계류	약 7분/척 (최고 5분~ 최저 10분)	설비비 및 유지비는 비교적 가격이 높다.
	요트	호안 (양륙공간이 적은 곳도 적합하다)	대형요트	100척 미만/대	육상계류 및 계류	약 7분/척 (최고 5분~ 최저 10분)	

구분		설치장소	대상선박의 종류	보관규모	보관형태	능력	경제성
주행식 크레인	모터 보트	호안 (자연 및 장애물이 있어도 됨)	소형~중형 모터 보트, 놀이선에 최적	150척 미만/대	육상계류	약 9분/척 (최고 3분~ 최저 20분)	현지 철공소 등에서의 시공설비가 가능하여 모터보트의 육지보관이 많은 우리나라의 마리나에서 가장 일반적인 양륙시설이다.
	요트	돛대, 밸러스트의 관계로 불가					
이동식 크레인	모터 보트	호안	중~대형 모터보트	100척 미만/대	육상계류	약 9분/척 (최고 3분~ 최저 20분)	전국적으로 15~20t 클래스의 크레인 설비를 가진 마리나는 적고, 설비비는 상당히 고액이 된다.
	요트	호안	대형 요트에 최적	100척 미만/대	육상계류	약 9분/척 (최고 3분~ 최저 20분)	
고정식 크레인	모터 보트	호안 (자연 및 장애물이 있어도 됨)	대형 모터보트	50척 미만/대	계류	약 14분/척 (최고 3분~ 최저 30분)	수리, 선 밑바닥 청소, 도장용의 양륙전용기로서 설치하면 비교적 경제적이다.
	요트	호안 (자연 및 장애물이 있어도 됨)	대형요트	50척 미만/대	계류	약 14분/척 (최고 3분~ 최저 30분)	

자료 : 染谷昭夫 외 공저, 마리나의 계획, 1992

단, 이 양륙설비 외에 이동용 설비로서의 포크리프트 등이 있을 수 있으므로 그들의 능력도 가산하여 종합적으로 판단하며, 슬로프에 해초가 붙어 미끄러지기 쉬우므로 도랑을 설치하는 등 안전대책이 필요하다.

조석 간만의 차가 큰 경우 1 : 6~1 : 12의 경사각도로는 슬로프가 길어져서 페이스를 맞추지 못하기 때문에 그에 대한 대책도 필요할 것이다.

또한, 슬로프에는 굽이침이나 파도 등이 있으므로 그것의 효과를 고려한 위치에 슬로프를 만들도록 권장된다.

파도의 굽이침의 침입을 막기 어려운 경우 가능한 항구의 근처에 슬로프를 설치하여 파도의 에너지를 흡수시켜 감소시킬 필요가 있으며, 정박지가 넓은 경우 정박지 내에 발생하는 풍랑이나 선박의 항내 항해에 따르는 항로 파도를 없애도록 슬로프의 위치를 고려할 필요도 있다.

5. 육상보관시설

5.1 보트야드(옥외 평면보관)

보트야드는 매립에 의한 토지구성을 제외하고 넓은 토지가 있는 경우엔 비교적 공사비가 저렴하고 선박의 출입, 이동, 유지, 보수 등이 용이하지만 상당한 점유면적을 필요로 하고, 옥외하고 하는 조건은 선박의 보존보관상 다소의 문제가 있다.

하지만 항만구조물은 비교적 고액의 건설비를 필요로 하므로 정박지의 규모도 작게 한정되는 경우가 많아 보트야드의 확보가 필요하다. 특히, 레저보트의 대형화가 진행되고 있어 보다 넓은 야드의 면적이 요구되고 있다.

보관선박 1척당 필요면적은 선박의 크기나 계류방법, 양륙시설로의 이동방법이나 서브통로의 취급방법에 따라 달라지지만 이동용 공간(포크리프트 등에 의한 이동통로 등)을 포함한 1척당 필요공간은 선박 종류의 실질적인 필요장소 면적의 2배 정도의 공간을 필요로 한다.

기존의 마리나 자료를 참고하면 1척당 필요면적은 〈표 5.1.1〉에 나타나 있다.

〈표 5.1.1〉 1척당 육상보관 면적

선박의 종류	선박의 수치(폭×길이)	통로를 포함한 필요면적
소형선박(3m 이상~5m 미만, 주로 딩기)	2×5m	20~25m²
중형선박(5m 이상~8m 미만)	3×8m	30~50m²
대형선박(8m 이상~10m 미만)	4×10m	60~80m²

자료 : 染谷昭夫 외 공저, 마리나의 계획, 1992

보트야드의 레이아웃 시 넓은 면적의 보트야드를 계획하여 다수 선박의 종류를 보관하는 경우에는 먼저 선박의 종류별(요트, 모터보트) 보관장소를 구분하고 선박의 길이별로도 구분하여 각각에 적합한 양륙시설을 설치하고, 양륙시설에서 가까운 거리에 대형선박을 배치하고, 순차적으로 이동하기 쉬운 선박을 끝부분에 배치하는 것이 기본 레이아웃이다.

이렇게 하여 선박을 효율적으로 보관하는 것이 이동 시의 안정성으로도 연결된다.

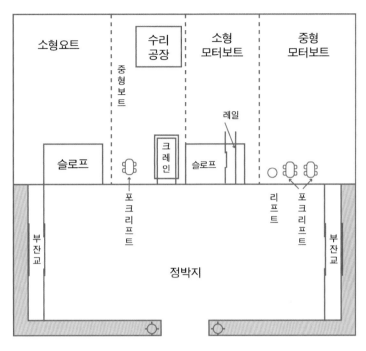

[그림 5.1.1] 보트야드 배치의 기본 예

선박의 배치에 있어 선박의 출입, 이동용 통로의 폭도 중요한 요소가 된다. 통로의 폭 역시 선박의 크기와 보관, 이동용 차량(포크리프트 등) 등의 크기, 보트야드의 형태(수제에 대한 가로, 세로 길이, 정방형 등)에 의해서도 달라진다. 일반적으로 사람의 힘으로 통로를 내어 거기에서 차량 등으로 양륙시설까지 끌어가는 경우에는 선박의 길이와 폭, 포크리프트의 경우는 포크리프트의 회전반경을 여유분으로 잡을 필요가 있고, 옆으로 보관하는 경우 사

[그림 5.1.2] 보트야드

람의 힘은 그다지 변하지 않지만 세로로 보관하는 경우에는 선박길이에 포크리프트의 회전반경분을 고려한 공간이 필요하게 된다. 또, 통로를 좁게 하면 선박의 출입이나 이동 시의 안전성이나 효율성에 문제를 발생시킬 수 있다.

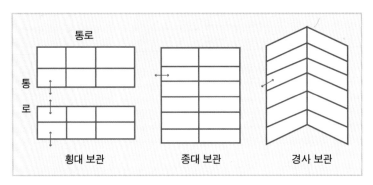

자료 : 染谷昭夫 외 공저, 마리나의 계획, 1992

[그림 5.1.3] 보트의 보관방법

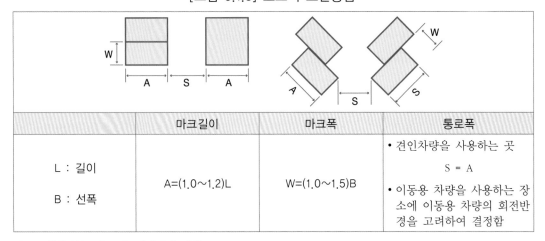

	마크길이	마크폭	통로폭
L : 길이 B : 선폭	A=(1.0~1.2)L	W=(1.0~1.5)B	• 견인차량을 사용하는 곳 $\qquad$ S = A • 이동용 차량을 사용하는 장소에 이동용 차량의 회전반경을 고려하여 결정함

자료 : 染谷昭夫 외 공저, 마리나의 계획, 1992

[그림 5.1.4] 보트야드의 제원

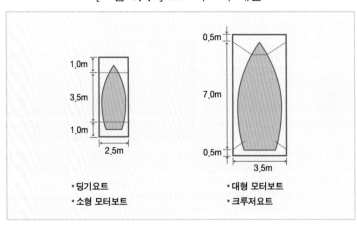

• 딩기요트
• 소형 모터보트

• 대형 모터보트
• 크루저요트

자료 : 染谷昭夫 외 공저, 마리나의 계획, 1992

[그림 5.1.5] 육상계선 위치도(예)

또, 보트야드의 레이아웃상, 양륙시설까지의 동선의 중요성과 운반의 안전성을 생각하여 특히 선박의 경우는 직선이 1회 정도의 굴곡으로 양륙시설에 도달하도록 계획하는 것이 바람직하다.

보트야드에 있어서 보관 시에는 선박의 방향을 항상풍 방향과 일치시키도록 하는 것이 바람직하다.

5.2 드라이 스택

드라이 스택(실내 선박보관소)은 반드시 필요한 시설은 아니지만 옥외보다 옥내의 보존상태가 좋기 때문에 모터보트의 경우 선박 보관을 원하는 이용자가 많다. 또, 보트야드가 좁은 경우 계단식으로 해야 보관척수를 많이 수용하게 되어 보관요금을 높일 수 있다.

또, 딩기가 주체가 되는 공공마리나에서는 대회 등을 위한 공공단체가 준비하도록 레이스용 선박, 임대요트, 목제에 니스칠을 한 선박 등에는 선박 보관소가 필요하다.

현재, 공공마리나에 있어서 선박 보관소의 취급은 클럽하우스(관리동)와 일체로 처리하는 방법이 많아 선박 보관소에 클럽하우스를 설치하여 여분의 공간에 감시탑, 기상계기, 조명, 방송설비 등의 부대설비를 효율적으로 배치하는 예가 많다.

선박 보관소는 원칙적으로 창고식을 말하며, 각각의 평면(1층)식, 계단식이 있지만 대부분이 포크리프트나 엘리베이터를 이용한 계단식이 많고 각 단이 층으로 되어 있는 것과 선박을 일정공간으로 나눈 장소에 쌓아올리는 조립식 래크(rack)가 있는 경우도 있다.

자료 : 미국 로드아일랜드

[그림 5.2.1] 드라이 스택

[그림 5.2.2] 드라이 스택 내부

5.3 래크

[그림 5.3.1] 래크-1

래크 보관방식은 실외 혹은 실외에 간이시설 등을 건설하여 선반식 보관을 하는 방법이며, 모터보트 혹은 딩기요트의 보관에 많이 쓰인다.

선박 보관소에 비하여 건설비도 저렴하고, 소·중형 요트, 보트를 좁은 부지에 다수 보관하는 데 적합하다.

특히 최근 11~12피트 클래스의 보트가 증가하고, 스포츠 세일링을 위한 간이 마리나가 점차 증가함에 따라 저렴한 파이프 래크를 채용하고 있는 마리나도 적지 않다.

또, 모터보트의 경우 하단에는 비교적 중·대형 선박을 넣고 상단으로 갈수록 소형선박을 적재하여 포크리프트 또는 포크리프트와 소형 크레인을 사용하여 50척분의 선박을 효율적으로 보관할 수 있다.

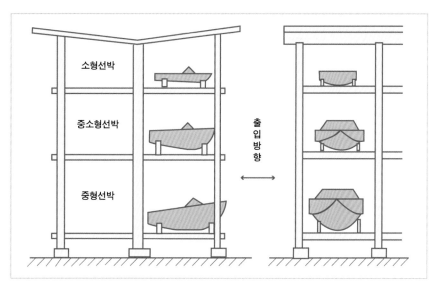

자료 : 染谷昭夫 외 공저, 마리나의 계획, 1992

[그림 5.3.2] 래크-2

6. 관리운영시설

6.1 관리운영시설

관리운영시설은, 이용자에 대하여 양질의 충분한 서비스를 제공함과 동시에 인명 및 선박의 안전을 확보할 수 있도록 계획을 세울 필요가 있다. 관리운영시설은 일반적으로 클럽하우스로서 그 기능이 집약되어 있다.

클럽하우스의 형태는 마리나의 성격에 따라 각각의 타입이 있는데 공통적인 기본기능은 〈표 6.1.1〉의 3가지 기능으로 크게 분류된다.

〈표 6.1.1〉 클럽하우스의 기능

기능	시설·설비	비고
1) 마리나시설 및 이용자의 관리기능	프런트, 관리사무실, 하버사무실, 응접실, 당직실, 화장실, 로비	마리나 고유의 것
2) 항해자 및 오너에 대한 서비스기능	탈의실, 샤워실, 욕실, 선구라커, 세면실, 마린shop, 클럽룸, 연구실(회의실)	마리나 고유의 것
3) 항해 후 선원 및 방문자에 대한 서비스기능	찻집, 레스토랑, 매점, 숙박시설, 연수실(기업연수 등)	제3자에 의한 영업도 가능

자료 : 染谷昭夫 외 공저, 마리나의 계획, 1992

6.2 클럽하우스의 공간배분

기본적으로 클럽하우스는 이용자의 공간과 관리자의 공간으로 구성되어 있다.

이용자의 공간은, 접수(프런트), 로비, 라커룸, 샤워실, 욕실, 화장실, 선구라커, 클럽룸, 마린shop, 연수실(음식, 숙박) 등으로 되어 있으며, 관리자 공간은, 접수(프런트), 사무실, 하버 사무실, 응접실, 회의실, 당직실 등으로 되어 있다.

이용자의 공간을 영업공간과 오너 등의 서비스 공간으로 하여 이것에 관리자의 공간을 더한 세 개로 크게 분류해 보면 어느 마리나든지 영업공간이 가장 넓게 잡혀 있고 다른 두 개의 공간은 매우 좁음을 알 수 있다. 클럽하우스를 계획하는 경우 이 3개의 공간을 1/3씩 균등배분하는 정도의 여유를 가지고 생각할 필요가 있다.

또, 물에 젖은 옷이나 수영복차림으로 로비나 프런트 앞을 지나지 않으면 라커룸, 샤워실, 화장실 등에 갈 수 없는 등, 동선상의 문제도 크게 지적되고 있어 클럽하우스 내의 동선도 앞서 말한 것처럼 이용자의 동선과 관리자의 동선으로 분리하여 각각 독립되어 있으면서도 능률적으로 연결되도록 고려하여 계획해야 한다.

제2장 해양관광과 해양스포츠

제1절 해양관광과 해양시장

1. 해양관광

1.1 해양관광산업의 의의

세계관광기구(WTO)에서는 향후 국제 관광객 수가 2010년 10억 5천여 만 명, 2020년 16억여 명으로 연평균 4%의 성장을 전망하고 있으며, 현재 세계 관광객의 70%가 해양관광객으로 추정되고 있다. 우리나라 해양관광산업의 참여인구 또한 전체 관광 참여인구의 약 30%를 차지한다.

21세기는 문화관광, 생태관광, 레저스포츠, 해양레저관광, 크루즈관광 등으로 관광형태가 변화할 것으로 예측된다. 우리나라의 관광형태 역시 스키, 골프, 해양관광으로 그 비중이 변모해 가고 있다. 그중 해양레저관광은 문화, 레저, 체험, 스포츠를 종합적으로 누릴 수 있다는 장점을 가지고 급속도로 발전해 가는 분야라고 할 수 있다.

우리나라는 약 12,800km에 이르는 해안선, 3,200여 개의 섬과 수심 20m 내외의 해역이 국토의 3분의 1이라는 점 또한 해양관광에 적합한 자연조건이라 할 수 있다.

삼면이 바다인 한국은 해양관광산업의 무궁한 잠재적 자원을 가지고 있으며, 마리나는 이러한 자원을 효과적으로 이용할 수 있게 하는 필수시설이며, 특히 요트는 풍력을 주로 이용하는 이유로 고유가 시대에 주5일 근무제로 인하여 증가된 국민의 여가욕구를 자원절약형으로 충족시킬 수 있다.

또한 장기체류형 고부가가치를 가지는 외국인 관광객들을 해양관광을 통하여 유치할 수 있어서 정체상태의 한국관광산업에 새로운 활력을 충전하여 관광수익증대에 기여할 수 있다.

해양관광산업은 관광과 해양기술과 해양자원을 융합하여, 관광산업 전 분야에 걸쳐 새로운 산업으로 고른 발전을 선도할 수 있는 미래형 국가 발전의 비책이 될 수 있을 것이다.

1.2 세계 해양관광시장의 규모와 파급효과

가. 해양관광시장의 규모

해양관광분야는 요트 등 해상스포츠, 다이빙, 수중잠수 등 해양관련 관광을 포괄하며 20개 해양산업분야에서 2위를 나타내고 있다. 2005년 대비 2010년 성장률은 18%로 예상되며, 2010년 기준 예상 산업비중은 204,614백만 유로(약 20BN유로)이다.

레저보트분야는 2005년 대비 2010년 성장률이 무려 43%로 20개 해양산업분야에서 해양에너지 및 보안분야에 이어 세 번째로 높은 성장률이 예상되며 2010년 기준 예상 산업비중은 17,303백만 유로이다. 세계의 레저선박분야는 미국이 약 80%를 차지하고 있으며, 이탈리아, 프랑스, 영국이 그 뒤를 따르고 있다.

독일은 이탈리아와 더불어 슈퍼요트를 많이 건조하고 있으며, 호주와 뉴질랜드도 비교적 큰 규모의 자체 레저선박 수요시장이 있다. 아시아권에서는 일본이 야마하, 혼다 등 레저선박 엔진을 비롯하여 PWC(Personal Water Crafts : 개인용 수상 레저기구)시장에 세계적인 명성을 유지하고 있으며 중국은 고무보트의 대량생산체계를 갖춤은 물론 아메리카스컵 참가 등을 통해 보트산업 육성에 박차를 가하고 있다.

대만은 세계 5위권의 슈퍼요트 생산국으로 기술 면에서 상당한 비교우위를 점하고 있다. 레저보트분야에 포함되는 마리나산업은 미국이 점차 그 규모를 축소해 나가고 있으며 유럽, 중동, 아시아권역에서는 지속적 성장이 예상된다. 특히 중동국가 중 UAE와 중국, 한국은 폭발적인 증가세가 예상된다.

레저보트분야의 총 생산액(173억 유로)과 한국이 세계시장을 주도하고 있는 조선분야의 생산액(302억 유로)을 비교해 볼 때 약 57%에 육박하고 있어 조선강국 1위인 우리나라에서 레저보트분야를 새로운 산업으로 육성할 필요성이 있다.

크루즈산업분야의 2005년 대비 2010년 성장률은 28%로 예상되며, 2010년 기준 예상 산업비중은 15,501백만 유로이다. 크루저분야도 레저보트분야와 마찬가지로 미국이 세계시장의 70%를 점유하고 있으며, 나머지는 유럽시장이 차지하고 있다. 유럽 크루즈협회에 따르면 2003년 기준 약 2.7백만 명의 유럽인이 크루즈여행을 하였다.

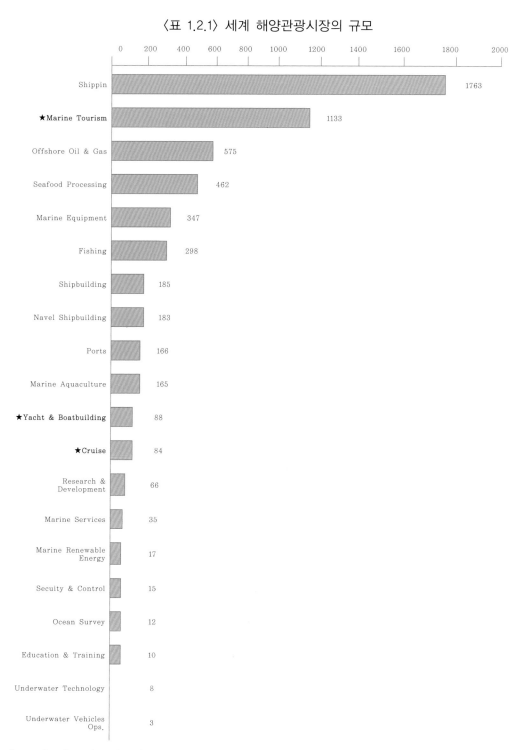

〈표 1.2.1〉 세계 해양관광시장의 규모

자료 : 더글라스 웨스트우드사(2005), 세계 해양시장 분석

나. 해양관광시장의 파급효과

해양관광산업의 핵심적인 파생산업은 요트와 모터보트 등 소형선박의 생산이나 판매 등과 관련된 산업과 부품판매와 정비 등에 관련된 산업으로 전통적인 관광산업을 결합하여야만 효과적인 동반발전을 할 수가 있다.

- 1차 핵심사업 : 슈퍼요트, 임대요트사업(Charter yacht), 요트 및 모터보트 생산, 중고 요트 및 모터보트 매매, 부품산업, 정비사업 등
- 2차 부대사업 : 호텔, 레스토랑, 카지노, 예식장, 피트니스, 연회시설, 카페, 극장 등

슈퍼요트는 움직이는 작은 고급호텔의 개념을 가지고 있으며, 일차적으로는 임대요트회사 들에 의해서 운영, 관리되고 확산될 것이다.

선진 요트생산 국가들은 슈퍼요트의 생산과 판매에 주력하고 있으며, 호주의 경우 주정부 가 슈퍼요트의 생산과 대외판매에 직접 관여하여 발전시키고 있다.

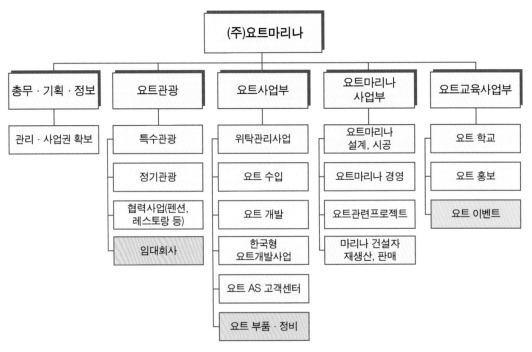

자료 : 김천중(2008), 요트관광의 이해

[그림 1.2.1] 연관산업의 범위

2. 해양관광 현황분석

2.1 해양레저/스포츠 경험 수준

해양레저/스포츠 경험조사에서 해수욕이 가장 높은 비중을 차지하고 있으며, 철새/갯벌 관찰체험, 관광유람선, 바다낚시, 모터보트/수상스키, 스킨스쿠버/스노클링, 요트, 윈드서핑 의 순으로 나타나 있다.

해양레저활동에서 해수욕이 51.2% 수준으로 나타나 아직까지 해양을 이용한 레저활동이 다양화되어 있지 않음을 알 수 있다.

해양레저/스포츠 경험조사에서 나타난 결과처럼 스포츠활동 경험의 비중이 전체의 6.1% 수준이어서 스포츠활동의 대중화가 필요한 것으로 조사되었다.

〈표 2.1.1〉 해양레저/스포츠 경험

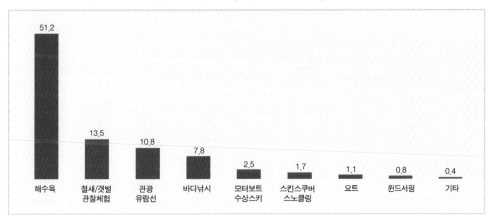

자료 : 국토해양부(2008), 마리나 개발 기본 계획

2.2 향후 경험하고 싶은 해양레저/스포츠

향후 해안지역에서 경험하고 싶은 활동에서는 갯벌/바다 관찰체험이 가장 높은 비중으로 나타났으며, 바다낚시, 스킨스쿠버/스노클링, 모터보트/수상스키의 순으로 나타나 있다.

해양레저 스포츠의 인식과 장비의 보급과 함께 비용이 저렴해지면서 수요에 대한 비중이 높게 나타남을 알 수 있다.

<표 2.2.1> 향후 경험하고 싶은 활동

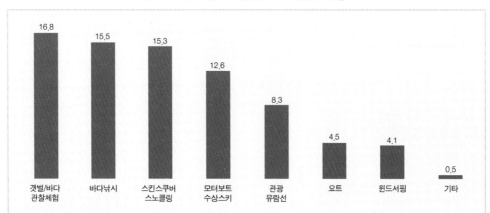

자료 : 국토해양부(2008), 마리나 개발 기본 계획

　　현재 해양레저·스포츠 활동 경험자의 향후 희망활동을 조사한 결과, 바다낚시, 스킨스쿠버, 윈드서핑, 관광유람선, 조개줍기활동은 향후에도 동일 활동을 희망하는 것으로 조사되었다.

　　해수욕장의 경우 현재 가장 많은 해양레저활동으로 조사되었지만 향후 희망활동에서는 제외되는 결과를 나타내고 있다. 이것은 현재 우리나라의 해양레저 스포츠가 대중화되지 못하고 인식수준 자체와 장비부족 등 여러 가지 조건이 미흡해서 나타난 결과로 활동의 단조로움을 보여주고 있다.

<표 2.2.2> 해양레저·스포츠 활동 경험자의 향후 희망활동

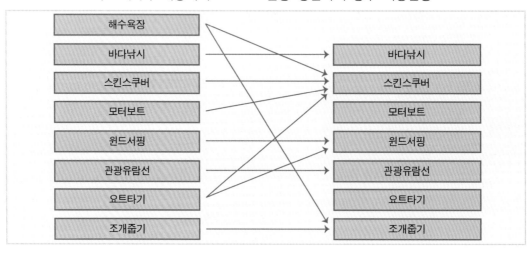

자료 : 국토해양부(2008), 마리나 개발 기본 계획

3. 해양관광레저산업의 전망

〈표 3.1〉 해양관광레저산업의 범위

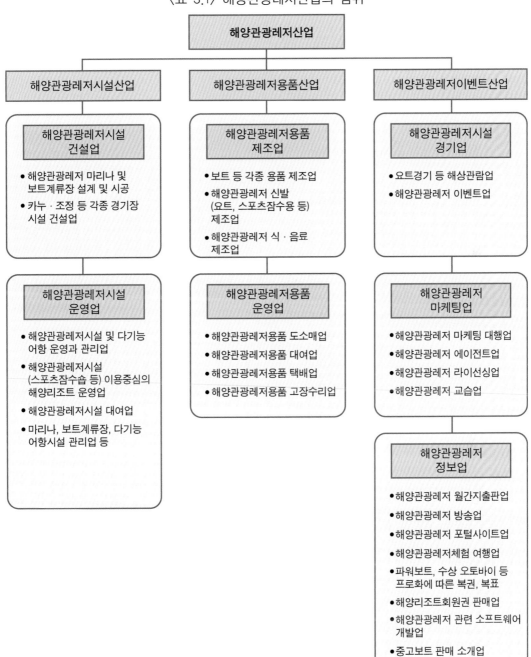

자료 : 국토해양부(2008) 참고 재작성

3.1 해양레저산업의 발전효과

- 세계 해양시장의 총량은 1,232억 BN유로로 예상된다(2010년).
- 해양레저산업의 규모는 광의로 해양관광, 크루즈관광, 요트/보트산업을 포함하여 232억 BN유로로 추정할 수 있다.
- 해양레저산업의 가장 중추적인 기반시설은 마리나로서 이 분야발전에 결정적인 필수시설이다.

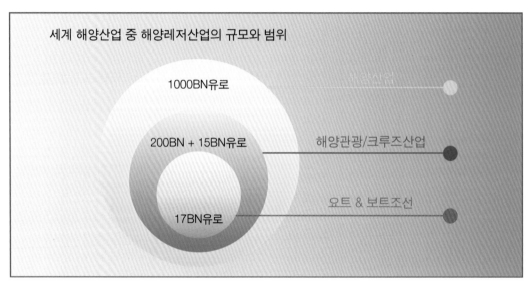

자료 : 저자 작성

[그림 3.1.1] 해양산업 중 해양레저산업의 규모

3.2 해양레저장비산업 발전효과

가. 국내레저 선박업 현황

1) 국내현황

- 모터보트분야의 생산주체는 대부분 중소형 조선소이며, 한국조선공업협동조합 회원사를 기준으로 국내 중소형 조선소는 2006년 현재 105개사이다.

〈표 3.2.1〉 우리나라 지역별 중소형 조선소 현황

지 역	조 선 선 수		계(비중)
	강선조선소	FRP선 조선소	
부산지역	11	4	15(14.3%)
인천지역	6	2	8(7.6%)
충남, 군산지역	11(4)	8	15(14.3%)
목포지역	12(10)	15	17(16.2%)
여수지역	8(3)	6	11(10.5%)
통영지역	16	6	22(21.0%)
마산, 진해지역	1	4	5(4.8%)
울산, 경북지역	2	2	4(3.8%)
강원, 제주지역	3(1)	6	8(7.6%)
계	51	34	105(100%)

자료 : 한국조선공업협동조합(2006) 기준 : 산업연구원(2006), 레저 및 스포츠용 모터보트 시장현황 분석 및 전망에서 재인용

주 : 18개사는 경금속선, 2개사는 목선업체

● 국내오락·경기용 보트류의 생산은 1991년 약 14억 원에서 2004년 117억 원 규모로 증가하여 연평균 18.0%의 증가율을 보이고 있다.

〈표 3.2.2〉 국내의 오락·경기용 보트류 생산추이

(단위 : 백만 원, %)

구 분	1991년	1995년	1998년	2000년	2004년	연평균 증가율 (1991~2004)
생 산	1,361	8,656	11,355	12,002	11,707	18.0

자료 : 통계청, 광공업통계조사보고서 : 산업연구원(2006), 레저 및 스포츠용 모터보트 시장현황 분석 및 전망에서 재인용

나. 해양레저장비업 현황과 기술비교

● 해양레저장비산업은 구분이 어려우나 국내 해양레저장비 생산업체는 '07년 50개사로, 약 700여 명을 고용하는 것으로 파악된다.

- 해양레저장비는 해상에서 즐기는 모든 장비를 포괄하는 신생어로서, 한국표준산업 분류상 오락 및 경기용 보트에 해당되지만, 전업 업체가 적어 산업에 대한 구분이 어려운 실정이다.

● 생산업체 대부분이 외국기술과 기자재에 의존할 정도로 레저선박분야에 특화된 전문 기술인력 및 기자재업체가 부족하다.

● 국내수요 대부분은 미국 및 유럽산 수입제품으로 충당되고 있으며 Inflatable Boat의 OEM생산·수출만 비교적 활발하다.

〈표 3.2.3〉 해양레저장비 기술비교

세부기술분야	기술수준	최고기술보유국	세부기술분야	기술수준	최고기술 보유국
제품개발	45	유럽	요트용 마스트 제작	47.5	뉴질랜드
견적·기본설계	40	유럽	워터제트 설계/제작	50	일본
상세설계	35	유럽	레저선박용 기자재	33.3	유럽
선형설계	50	유럽	마리나 설계기술	55	미국
고속선박용 엔진	43	유럽	유체성능 해석기술	73.3	미국
FRP 가공기술	82	유럽	생산관리	70	일본
신설설계 및 내부 인테리어	53	유럽	원가관리	70	일본

자료 : 국토해양부(2010)

4. 해양관광 수요전망

4.1 관광환경의 변화

현대의 관광활동은 국가 간, 지역 간 인적·문화적 교류 및 경제 활성화, 고용창출 등 다양한 파급효과를 나타내며 21C 성장사업으로 부각되고 있다.

우리나라의 경우 국민의 생활여건 향상 및 여가시간의 증대에 따라 관광에 대한 관심이 고조되고 있는 실정이다.

2001년 한국관광연구원에서 실시한 「주5일 근무제 도입에 따른 관광정책 대응방안」의 조사결과를 토대로 할 때, 주5일 근무제 도입에 따라 당일 관광은 감소하고(66.8%→16%), 1박 2일 관광은 증가하는(28.2%→51%) 것으로 조사되었다.

또한, 주5일 근무제 도입에 따라 유흥·오락·쇼핑공간 등의 비교적 단순한 관광활동의 비중은 감소하는 반면 레저·스포츠관광, 위락·휴양관광에 대한 선호도는 상대적으로 크게 증가하는 것으로 나타났다.

<표 4.1.1> 주5일 근무제 도입에 따른 여행형태 비교

구 분	평소 여행형태(A)	'주5일 근무제' 도입 시(B)	분석(B-A)
합 계	- (100)	- (100)	
자연명승 및 경관감상	40.7(21.2)	31.9(16.5)	-4.7
문화유적 · 사적지 방문	22.2(11.6)	27.3(14.1)	2.5
농어촌체험관광	4.2(2.2)	7.3(4.3)	2.1
전시시설 및 예술관람	16.7(8.7)	15.3(7.9)	-0.8
레저 · 스포츠관광	20.8(10.8)	42.6(22.0)	11.2
위락 · 휴양관광	25.9(13.5)	37.0(19.1)	5.6
도시 · 산업관광	1.4(0.7)	3.7(1.9)	1.2
쇼핑관광	22.7(11.8)	12.0(6.2)	-5.6
유흥/오락	28.2(14.7)	10.6(5.5)	-9.2
기 타	9.3(4.8)	4.6(2.4)	-2.4

자료 : 한국관광연구원, '주5일 근무제 도입에 따른 관광여행 변화 전망' 설문조사

4.2 해양관광 수요전망

삼면이 바다로 둘러싸인 환경적 여건과 더불어 주5일 근무제의 정착, 국민소득의 증가 등 제반여건의 변화로 인해 향후 해양스포츠를 중심으로 해양관광의 참여도는 매우 급격하게 증가할 것으로 예상된다.

또한 국내 국민관광 증가율은 5.8%임에 반해 해양관광 증가율은 7.0로 전망되고 있으며, 국민관광규모 중 38%선(2010년 기준)이 될 것으로 예측된다.

해양경찰청(2006)의 「해양경찰백서」에 의하면 우리나라 해양관광 참여인구는 2010년 116,431천 명, 2020년 160,149천 명, 2030년에는 205,249천 명에 이를 것으로 전망하고 있다.

총 관광 참여횟수 대비 해양관광 참여횟수에 대한 비율은 1997년 23.4%에서 2000년 25.9%, 2003년 26.8%로 점점 증가하고 있고, 2010년에는 31.4%에 이를 것으로 전망된다.

해양관광 참여활동에서 해수욕을 즐기는 인원이 가장 높은 것으로 나타났으며, 비율은 1997년 76.3%, 2000년 75.4%, 2003년 74.7%, 2010년 71.4%의 수준으로 점점 줄어드는 추세를 보이고 있다. 해양스포츠를 즐기는 인원은 1997년 1,034명(1.4%), 2000년 1,574명(1.9%), 2003년 2,394명(2.6%)으로 조사되었고, 2010년에는 6,368명(5.5%)으로 증가할 것으로 예상된다.

<표 4.2.1> 해양관광 수요전망

구 분		1997년	1999년	2001년	2004년	2005년	2008년	2011년	2013년	증가율
국민 관광	관광대상인구 (천 명)	35,837	36,352	37,563	37,938	39,088	40,272	41,492	42,242	-
	1인당 참가일수	9.6	7.6	8.7	10.67	12.98	13.33	14.60	15.22	-
	관광총량 (천명·일)	344,176	272,607	327,929	404,648	507,436	536,876	605,968	642,893	5.8%
해양 관광	해양관광총량 (천명·일)	-	95,412 (추정치)	114,775	141,627	187,751	198,644	236,327	257,157	7.0%

자료 : 해양수산부(2006), 해양관광 기반시설 조성연구용역

<표 4.2.2> 우리나라 국민의 해양관광 수요 전망

구 분	1997년	1998년	2000년	2003년	2010년
인구(천 명)	45,991	46,430	47,280	48,430	50,620
1인당 연평균 관광 12 참여횟수	6.9	6.5	6.9	7.1	7.3
총 관광 참여횟수(천 명)	317,337	301,795	326,232	343,853	369,526
해양관광 총 참여횟수(천 명)	74,143	72,129	84,404	92,060	116,431
총 관광대비 해양관광 비율(%)	23.4	23.9	25.9	26.8	31.4
해수욕	56,579	55,042	63,643	68,741	83,080
바다낚시	5,200	5,059	5,849	6,578	8,658
해양스포츠	1,034	1,006	1,574	2,394	6,368
해양연관형(도시, 어촌관광 등)	11,330	11,022	13,338	14,347	18,325

자료 : 해양수산부 연안해운과(2007)

5. 해양관광 개발현황

5.1 해양관광단지 개발현황

2006년 현재 총 15개의 관광단지가 지정되어 있으며, 해양 중심의 관광단지는 5곳, 해안관광자원과 연계하여 개발 중인 곳은 1곳이다. 제주중문관광단지는 제주특별자치도의 독특한 자연경관과 지리적 조건을 활용한 국제적인 수준의 휴양지 개발사업이다.

해남화원관광단지는 전 국토의 균형발전을 도모하고 서남해안의 해상관광자원을 활용한 대단위 휴식공간을 조성하며, 한·중 수교에 따른 서해안시대 개막에 대비하여 국제적 수준

의 거점관광단지로 조성하고자 개발하는 사업이며, 동부산관광단지는 남해안 관광벨트의 중추적인 기능을 수행하는 관광거점으로서 해운대 관광특구와 연계한 사계절 체류형 관광단지를 조성하고자 국책사업으로 추진되고 있다.

또한 화양관광단지는 다도해의 아름다운 해안과 섬들을 한눈에 내려다볼 수 있는 전남 여수시에 위치하여 남해안의 풍부한 해양자원과 연계된 해양리조트 및 복합 관광단지로 개발될 예정이다.

평창봉평관광단지는 산악자원과 동해안 해안관광자원의 연계가 가능한 입지조건 및 지역특색을 살려 외국인 관광객 및 국민여가행태 변화에 따른 지역관광거점기능을 수행하고자 민간자본에 의해 개발되고 있다.

〈표 5.1.1〉 해양관광단지 지정 및 개발현황

관광단지명		위 치	규모(㎢)	사업비(억 원)	개발주체
①	제주중문	제주 서귀포시 중문동, 색달동 일원	3.562	19,279	한국관광공사
②	해남 오시아노	전남 해남군 화원면 주광·화봉리 일원	5.073	11,809	한국관광공사
③	감포	경북 경주시 감포읍 대본리, 나정리 일원	4.019	8,500	경상북도 관광공사
④	동부산	부산 기장군 기장읍 시랑리 일원	3.638	11,266	부산도시공사
⑤	화양	전남 여수시 화양면 장수·화동·안포리	9.989	14,435	일상해양 산업(주)
⑥	성산포 해양	제주 서귀포시 성산읍 고성리 27-1,-2번지 일원	0.748	3,870	(주)보광제주 (주)제주해양과학관
⑦	여수경도 해양	전남 여수시 경호동 대경도 일원	2.165	4,292	(재)전남개발공사
⑧	창원구산 해양	경남 창원시 마산합포구 구산면 구복·심리 일원	3.808	9,831	창원시

자료 : 문화체육관광부(2013), 관광동향에 관한 연차보고서

5.2 해양관광특구 지정현황

관광특구는 외국인 관광객의 유치 촉진을 위하여 관광활동과 관련된 관계법령의 적용이 배제되거나 완화되고, 관광활동과 서비스·안내체계 및 홍보 등 관광여건을 집중적으로 조성할 필요가 있는 지역으로 관광진흥법에 의하여 지정된 곳이다.

2006년 6월 현재 13개 시·도 24곳 중 해양과 관련된 관광특구는 5곳이다.

〈표 5.2.1〉 해양관광특구 지정 현황

	시도	특구명	지정지역	면적 (km²)	지정 시기	비 고
①	부산	해운대	부산 우동, 중동, 송정동, 재송동 일원	6.22	94.8.31	관광지, 해수욕장, 온천, 공원
②	인천	월 미	인천 중구 신포동, 연안동, 신흥동, 북성동, 동인천동	3.00	00.6.26	월미도 문화거리, 차이나타운, 자유공원, 신포시장
③	충남	보령 해수욕장	충남 보령시	2.52	97.1.18	대천, 무창포 지역, 죽도
④	경남	미륵도	경남 통영시 일원	32.90	97.1.18	미륵도, 오비도, 월명도
⑤	제주	제주특별 자치도	제주특별자치도 전역 (부속도서 제외)	1,809.56	94.8.31	3개 관광단지, 10 관광지구

자료 : 문화체육관광부(2008), 관광동향에 관한 연차보고서

5.3 광역권 해양 관광개발 현황

- 남해안 관광벨트 개발 : 남해안의 수려한 자연자원과 다양한 문화유적자원을 관광자원으로 연계 개발하고, 국제적 수준의 관광거점지역으로 육성하며, 새로운 해양지향적 국토개발축 형성을 통해 국토의 균형개발을 유도하기 위함이다.
- 서해안 관광벨트 개발 : 서해안지역의 새로운 관광수요 증가에 부응하는 관광인프라 구축 및 생태·해양관광의 개발, 서해안지역을 연계 개발하여 동북아의 주요 관광목적지로 부각시킴으로써 국토의 균형개발 및 지역경제 활성화 도모를 위한 개발이 추진되고 있다.
- 동해안 관광벨트 개발 : 강원지역의 산악·해양자원을 활용하여 관광시설을 확충하고 지역경제 활성화를 도모하기 위하여 계획과정에서 다양한 이해관계자가 참여할 수 있는 인문학적 연구방법이 추진되고 있다.

5.4 해양주제 문화관광축제 현황

문화체육관광부는 외래관광객 유치확대 및 지역관광 활성화를 위해 전국 축제 중 관광상품성이 큰 축제를 대상으로 지원·육성하고 있으며, 2006년 기준 문화관광축제로는 최우수축제 5개, 우수축제 9개, 유망축제 13개, 예비축제 25개가 있다.

그중 해양을 주제로 한 문화관광축제에는 총 6개의 지역축제가 있다.

〈표 5.4.1〉 해양주제 문화관광축제 현황

지정구분	축제명	기 간	주요 행사내용
최우수축제	보령머드축제	7.15~7.21	• 거리퍼레이드, 요트퍼레이드, 머드슬라이딩, 머드탕, 머드씨름, 머드마사지, 갯벌마라톤
우수축제	부산 자갈치축제	10.18~10.22	• 생선요리경연대회, 맨손활어잡기, 장어문어 이어달리기, 멍게던지기, 낙지 속 진주 찾기, 수산물 비교전시
예비축제	부산 광안리 어빙축제	4.8~4.11	• 수영민속문화전, 맨손고기잡기, 어방그물 끌기, 베틀체험, 좌수영어방놀이공연, 촛불기원제, 진두어화
예비축제	진도 신비의 바닷길축제	8.10~8.12	• 바닷길체험, 진도민요민속공연, 만가행렬, 예향진도체험
예비축제	한산대첩축제 (통영)	8.10~8.14	• 남해안별신굿, 통영오광대, 승전무공연, 풍등 띄우기, 통제영무과시험, 통영공유적지순례, 한산해전재현
예비축제	서귀포 칠십리축제	9.29~10.2	• 십이동마당놀이, 칠십리대행진, 서복제례칠십리민속공연, 칠십리음악회, 제주민속체험관, 바다체험

자료 : 문화체육관광부(2008), 관광동향에 관한 연차보고서

6. 세계 해양시장의 규모와 성장전망

해양산업분야에서 시장규모 중 가장 큰 비중을 차지하고 있는 분야는 해양운송과 해양관광분야이며, 이 중 우리나라가 눈여겨보아야 할 해양산업분야는 조선, 항만, 레저보트 분야라고 할 수 있다.

특히 우리나라는 세계조선분야에서 1위 자리를 유지해 오고 있으나 신흥 조선강국인 중국의 견제를 받고 있으며 다음의 〈표 6.1〉에서도 나타난 바와 같이 향후 세계 조선산업이 2005년 대비 2010년 성장률이 마이너스 8%로 예상되는 등 조선시장이 낙관할 정도는 아니다.

우리나라가 해양강국의 면모를 유지해 나가기 위해서는 조선산업을 대체할 새로운 해양산업 발굴이 필요하며, 그 산업이 바로 레저보트산업이다. 위의 통계에서 보듯이 레저보트산업의 2005년 대비 2010년 성장률은 무려 43%로 예상되어, 이러한 성장추세가 지속된다면 몇 년 후에는 레저보트산업이 조선산업을 앞지를 것으로 전망된다.

우리나라는 2006년부터 주5일 근무제가 도입되었고 원화가치 상승과 경제성장으로 인해 1인당 국민소득 2만 달러 달성이 가시화되면서 레저보트 등 해양스포츠 수요의 증가가 예상되고 있다.

<표 6.1> 세계 해양산업분야별 성장전망

(단위 : 100만 유로)

분야	2004년	2005년	2006년	2008년	2010년	2005~2010년 성장률
해양운송	344,368	287,748	275,466	290,885	325,826	13%
해양관광	168,189	173,739	179,487	191,606	204,614	18%
연안 원유 및 가스	91,146	88,237	93,544	98,011	99,057	12%
어류식품가공	79,563	75,544	76,083	77,294	78,644	4%
해양장비	64,246	57,474	58,761	55,603	60,346	5%
어업	55,688	50,713	50,259	49,326	48,478	-4%
조선	37,746	32,744	33,141	28,716	30,272	-8%
방위조선	28,862	27,358	28,410	30,775	34,414	26%
항만	25,017	24,827	26,068	28,196	30,496	23%
바다양식	23,876	24,831	25,824	27,931	30,166	21%
레저보트	12,486	12,109	13,017	15,043	17,303	43%
크루즈여행	12,090	12,091	12,909	14,363	15,501	28%
연구개발	10,629	10,346	10,757	11,010	11,624	12%
해양서비스	6,840	5,742	5,497	5,805	6,502	13%
해양에너지	128	514	1,365	2,857	4,704	815%
보안 및 통제	0	877	1,822	4,577	2,320	164%
해양조사	2,013	1,925	1,964	2,802	2,209	15%
교육훈련	1,537	1,514	1,546	1,655	1,790	18%
해저기술	1,312	1,275	1,323	1,363	1,438	13%
해저굴착장비운영	479	479	506	537	545	14%

자료 : 더글라스 웨스트우드사(2005), 세계해양시장분석

6.1 국내의 해양시장

국내의 해양산업분야에서 해양관광분야에 국내외적으로 이목이 집중되면서 해양레저산업은 미래형 고부가가치산업으로 국민 삶의 질과 경제성장을 함께 이뤄낼 수 있는 중요한 신성장동력이 되고 있다.

해양레저산업에 활용이 가능한 세계 최고의 조선기술과 자동차 엔진·IT기술 등 연관산업의 우수한 경쟁력을 바탕으로 국내 해양레저산업이 글로벌 플레이어로 도약하기 위한 노력을 기울여야 한다.

해양레저산업은 여가생활에 대한 관심제고 등으로 지속적으로 시장 확대가 예상되는 유망 전략산업이며, 국내에서도 그 수요가 점차 증가하고 있는 만큼 해양레저산업이 국내 경제성장과 고용창출을 선도할 수 있도록 국내 해양레저산업을 적극 육성해야 한다.

6.2 국내 해양레저장비산업

해양레저장비산업은 구분이 어려우나 국내 해양레저장비 생산업체는 '07년 50개사로, 약 700여 명을 고용하는 것으로 파악되고 있으며, 해양레저장비는 해상에서 즐기는 모든 장비를 포괄하는 신생어로서, 한국표준산업분류상 오락 및 경기용 보트에 해당되지만, 전업업체가 적어 산업에 대한 구분이 어렵다.

생산업체 대부분이 외국기술과 기자재에 의존할 정도로 레저선박분야에 특화된 전문기술인력 및 기자재업체가 부족하여, 국내수요 대부분은 미국 및 유럽산 수입제품으로 충당되고 있으며 Inflatable Boat의 OEM생산·수출만 비교적 활발하다.

〈표 6.2.1〉 국내 해양레저장비산업 수출입 현황

(단위 : 천 달러)

구 분	수 출			수 입		
	2008년	2007년	2006년	2008년	2007년	2006년
인플레이터블보트	7,794	10,166	10,810	1,522	828	559
범 선	150	-	-	1,097	528	6,496
모터보트	66	55	43	15,568	11,454	6,636
아웃보드보트	35	20	16	1,794	1,472	732

자료 : 관세청 HS코드

제2절 해양스포츠와 선박의 분류

1. 해양스포츠 현황

1.1 해양스포츠의 의의와 분류

가. 해양스포츠의 의의

해양스포츠란 해양에서 이루어지는 모든 스포츠활동을 의미한다. 해양스포츠의 특징은 육지에서 이루어지는 대부분의 활동에 비하여 일정한 수준의 기구나 장비가 필요하다는 점이다. 이것은 해양의 기후적 특성에 기인한 것으로 파도나 풍속, 해일이나 태풍 등 자연조건이 육지에 비하여 험난하고 변화가 많기 때문이다.

또한 경쟁을 위주로 하는 전문스포츠에 비하여 여가활동의 일환으로 즐기면서 경기하는 요소가 강한 레저스포츠활동 위주로 진행되고 있는 것이 일반적이다.

해양스포츠를 즐길 수 있는 해양공간은 자연적 조건에 민감하여 기온이나 풍속, 수심, 해안선 등의 자연적 조건이 적합하여야 한다. 이러한 점에서 삼면이 바다인 한국은 해양스포츠를 즐기기 위한 자연적 호조건을 가지고 있으나 해상양식장, 연안어업 등으로 인한 해상그물이나 남북 간의 군사적 긴장관계에 의해 제약을 받는 경우도 있다.

해양스포츠란 바다, 강, 호수에서 동력과 무동력의 각종 장비를 이용하여 이루어지는 경쟁적·취미적 또는 체계적(제도화)·비체계적(비제도화)인 스포츠형의 해양스포츠와 레저형 해양스포츠를 포괄하는 광의의 개념이다(지삼업, 해양스포츠자원론, 2006).

- 스포츠형 해양스포츠 : 규정과 규칙을 지키는 가운데 상대와 겨루는 기능스포츠
- 레저형 해양스포츠 : 인간이 자연에 도전 혹은 순응하거나 극복하기 위해 어려움을 이겨내는 극복스포츠

나. 해양스포츠의 분류

1) 장비에 의한 분류

장비를 기준으로 해양스포츠를 분류해 보면 모터보트 등 동력기관을 장착한 레저기구를 이용하는 동력 해양스포츠, 동력기관 없이 노 혹은 바람으로 움직이는 레저기구를 이용하는 무동력 해양스포츠, 그리고 동력 레저기구가 견인하여 즐기는 피견인 해양스포츠가 있다.

〈표 1.1.1〉 장비에 의한 분류

구 분	유 형
동력 해양스포츠 기구	모터보트, 수상오토바이, 고무보트, 호버크래프트, 스쿠터
무동력 해양스포츠 기구	딩기요트, 조정, 카약, 카누, 수상자전거, 윈드서핑, 노보트
피견인 해양스포츠 기구	수상스키, 워터슬라이드, 패러글라이딩
복합 해양스포츠 기구	유틸리티 보트, 스포츠요트, 크루저요트

자료 : 해양수산부(2006), 해양관광 기반시설 조성 연구용역(참고 재작성)

2) 인원 및 장소에 의한 분류

마리나의 경우 주요 스포츠분야는 요트와 모터보트이며, 근해 및 원해를 활동장소로 이용한다.

〈표 1.1.2〉 인원 및 장소에 의한 분류

	해변형	근해형	원해용
개인용	• 샌드서핑 • 수영 • 낚시 • 카이트 샌드보드	• 카이트 서핑 • 윈드서핑 • 스쿠터 • 수상오토바이 • 스킨스쿠버 • 수상스키 • 패러세일링 • 카누 • 서핑보드	• 심해잠수
단체용		• 호버크래프트 • 드래곤보트	
혼합형		• 딩기요트 • 모터보트 • 요트 (데이세일러, 스포츠요트) • 조정 • 노보트 • 선상낚시	• 크루저요트 • 스포츠낚시

자료 : 해양수산부(2006), 해양관광 기반시설 조성 연구용역(참고 재작성)

2. 해양스포츠의 규모와 전망

2.1 해양스포츠 입지조건

해양스포츠 활동은 그 특성에 따라 요구되는 입지가 조금씩 차이를 보인다. 또한 활동에 따라서 파도가 일어나야 활동이 가능한 것, 파도가 없는 지역에서 가능한 것 등 해양에서 일어나는 활동이라는 공통점 외에 조금씩 차이점이 존재한다.

따라서 해양스포츠의 활동별 입지요건을 파악하여야 한다.

〈표 2.1.1〉 해양스포츠 활동 특성 및 입지요건

구 분	특 성	입 지 요 건
스쿠버다이빙	• 수중장비를 이용하여 자연의 신비로움과 아름다움을 체험할 수 있음	• 급경사, 바위, 계곡 등이 골고루 분포되어 있고, 바람과 물이 잔잔하며 수중경치와 어족이 풍부한 곳
수상오토바이	• 바다 위에서 질주하면서 파동의 스릴을 느낄 수 있음	• 바다, 강, 호수 등 수심 30cm 이상의 물이 있는 곳
수 상 스 키	• 물 위로 하얗게 물보라를 일으키는 여름 레포츠의 꽃으로 안전하여 누구나 쉽게 배우고 즐길 수 있음	• 흐름이 완만한 강이나 호수로 물깊이는 1.5m 이상인 곳
윈 드 서 핑	• 보드로 파도를 타는 서핑과 돛을 달아 바람을 이용하여 물살을 헤치는 요트의 장점으로만 만든 수상레포츠로 바람의 세기에 영향을 받음	• 강, 호수, 바다 등 물과 바람이 있는 곳
스 노 클 링	• 간단한 장비만으로 수심 10m 미만의 얕은 지역을 잠수하여 수중세계를 구경할 수 있음	• 해수욕장이 있는 곳이라면 어디서나 즐길 수 있음. 특히 동해와 남해는 시야가 좋고 볼 것이 풍부함
모 터 보 트	• 물살을 가로지르며 스트레스를 해소할 수 있고, 수상스키, 낚시 등에 이용	• 모터보트를 즐기려면 계류장이 있어야 하며, 특히 수상스키와 연계하여 입지를 선정할 필요가 있음
패러세일링	• 모터보트나 지프에 견인줄을 연결하고 그 끝에 낙하산을 매달아 손쉽고 편안하게 하늘을 날 수 있음	• 바다, 호수 등 가능한 넓게 트이고 안전하고 장애물로부터 멀리 떨어져 위험이 없는 장소(장소는 줄길이의 최소 10~20배가 되어야 함)
워터슬라이드	• 모터보트에 매달려 달리기 때문에 수상스키와 유사하고, 스피드를 즐기며 균형 감각이 요구된다는 면에서 래프팅과 유사한 레포츠	• 강, 호수, 바다 등 물이 있는 곳에서 가능함
요 트	• 보트 위에 돛을 달아 바람을 이용하여 물 위를 헤쳐 나감	• 강, 호수, 바다에서 가능함

구 분	특 성	입 지 요 건
카약·카누	• 흔들림이 적고 물결의 흐름이 완만한 곳에서 안전하게 자연을 즐길 수 있는 카누와는 달리 카약은 거친 물살을 가르며, 스릴과 박진감을 맛볼 수 있음	• 강, 호수, 바다에서 가능함
호버크래프트	• 수륙양용으로 물과 육지를 넘나들며 스피드와 스릴을 즐길 수 있으며, 물 위를 떠서 비행하는 기분을 느낄 수 있음	• 바다, 강, 호수 등 어디서든 가능함

자료 : 한국해양수산개발원(1988), 해양21세기 : 생활체육 안전(2000)(참고 재작성)

2.2 해양레저 금지구역

우리나라는 수상레저안전법에서 안전관리를 목적으로 수상레저활동의 안전을 위하여 필요하다고 인정하는 때에는 수상레저활동 금지구역을 지정할 수 있다.

- 수상레저기구의 탑승(수상레저기구에 의하여 밀리거나 끌리는 경우를 포함) 인원의 제한 또는 조종자의 교체
- 수상레저활동의 일시정지
- 수상레저기구의 개선 및 교체

2006년 현재 해양레저 금지구역 지정 현황을 살펴보면 2001년 이후 점차 늘어나 2004년에 157개 지역으로 급속도로 증가하였다가 2005년에는 133개로 감소, 다시 2006년에 152개로 늘어났으며, 해양레저 금지구역으로 지정된 곳 중에서 해수욕장이 월등히 많고, 유원지, 협수로, 어항, 일반해역이 몇 곳으로 지정되어 있다.

〈표 2.2.1〉 해양레저 금지구역 지정 현황

구 분	2005년	2006년	2007년	2008년	2009년	2010년	2011년	2012년
계	133	152	154	153	164	172	174	182
해수욕장	126	145	146	142	152	158	156	164
기 타	7	7	8	11	12	14	18	18

자료 : 해양경찰청(2008), 해양경찰백서

2.3 해양레저 허가구역

해양레저활동 허가는 항로 등의 보전을 위해 개항질서법상 개항, 지정항, 항만법상 항만의

수역 또는 어항법상 어항의 수역에 국한되어 있고, 기타 해양에서는 자유로운 레저활동이 가능하며, 항로보전을 위한 장소에 마을공동어장, 양식장 등이 포함되어 있을 경우 어민들의 민원을 고려하여 허가를 제한하는 경우도 있다.

허가대상 구역 내에서 레저활동을 하기 위해서는 구명설비 등 안전에 필요한 장비를 갖추고 허가신청서를 제출하여야 하며, 허가신청서는 레저활동을 하고자 하는 지역 해양경찰서 민원실(또는 해상안전과), 각 항·포구에 위치한 해양경찰지서 및 선박출입항 신고기관에서 신청서를 작성 제출하면 해상교통안전 장애여부 및 해상교통여건을 고려하여 허가서(증)를 교부한다.

2.4 해양스포츠 이용현황

해양스포츠 장비 이용객들의 현황을 살펴보면 조사지역 중 통영시가 140,375명으로 가장 많은 인원이 이용하는 것으로 조사되었다.

특정 활동에 편중현상이 나타나고 고비용의 요트는 제주를 제외한 다른 지역에서는 이용객 현황이 전무한 실정이다.

또한, 워터슬라이드가 전 지역에 고르게 가장 많은 빈도를 나타내고 있고, 래프팅보트, 모터보트, 수상오토바이 등의 활동 빈도가 높아 안전성 문제와 장비의 저렴화가 이용현황에 영향을 미치는 것으로 간주할 수 있다.

〈표 2.4.1〉 지역별 해양스포츠 사업장의 이용객 현황

(단위 : 명, %)

구분 지역	부산	통영	완도	태안	속초	제주
모터보트	5,404 (13.3)	20,173 (14.4)	749 (38.3)	14,800 (19.4)	47,911 (51.2)	1,677 (17.2)
요 트	0 (0)	0 (0)	0 (0)	0 (0)	0 (0)	9 (0.09)
수상오토바이	728 (1.8)	6,931 (4.9)	37 (1.9)	5,980 (7.9)	1,490 (1.6)	1,506 (15.4)
고무보트	6 (0.01)	0 (0)	0 (0)	1,000 (1.3)	0 (0)	868 (8.9)
수상스키	70 (0.2)	1,624 (1.2)	0 (0)	7,390 (9.7)	2,523 (2.7)	177 (1.8)
패러세일링	0 (0)	50 (0.04)	0 (0)	190 (0.2)	0 (0)	139 (1.4)
카 약	0 (0)	0 (0)	0 (0)	4,240 (5.6)	602 (0.6)	272 (2.8)

지역 \ 구분	부산	통영	완도	태안	속초	제주
워터슬라이드	14,153 (34.9)	17,804 (12.7)	1,168 (59.8)	18,170 (23.9)	15,395 (16.4)	5,078 (52.1)
노 보 트	9,772 (24.1)	27,353 (19.5)	0 (0)	11,680 (15.3)	0 (0)	23 (0.2)
래프팅보트	10,459 (25.8)	66,440 (47.3)	0 (0)	12,680 (16.7)	25,681 (27.4)	0 (0)
계	40,592 (100)	140,375 (100)	1,954 (100)	76,140 (100)	93,602 (100)	9,749 (100)

자료 : 해양경찰청(2004)

가. 낚시현황

- 최근 주 40시간 근무제의 확산과 노령화 등으로 비교적 서민형 레저활동인 낚시인구가 증가할 것으로 추정('04년 기준 573만 명/갤럽)

※ 서구 유럽은 국민의 4% 내외, 일본은 약 5천만 명 수준

⟨표 2.4.2⟩ 낚시인구 변동 추이

(단위 : 만 명)

구분	2007년	2008년	2009년	2010년	2011년	2012년
인구	184	193	201	185	191	176

자료 : 해양경찰청, 해경백서

낚시어선 이용객 현황을 살펴보면 1997년 477,480명에서 2000년 667,340명, 2003년 1,442,209명으로 점점 늘어나는 추세에 있다.

1997년 전국 낚시어선 이용객 수가 477,480명이었지만, 2003년도 이용객 수는 이보다 202.1% 증가한 1,442,209명으로, 1997년부터 2003년까지 전국 낚시어선 이용객 수의 연평균 증가율은 20.2%로 이용객 수가 크게 증가하고 있다는 것을 알 수 있다.

2003년에 낚시어선을 가장 많이 이용한 광역지방자치단체는 경상남도로서 충청남도의 이용객 수 385,212명보다 29.7% 많은 499,604명이며, 울산광역시의 낚시어선 이용객 수가 가장 적고(5,891명), 그 다음이 경상북도로 39,409명이 낚시어선을 이용하였다.

<표 2.4.3> 연도별 시·도별 낚시어선 이용객 수

(단위 : 명)

도별 시도별	1997년	1998년	1999년	2000년	2001년	2002년	2003년
계	477,480	328,165	585,800	667,340	784,265	1,014,469	1,442,209
부 산	68,927	8,172	13,755	18,460	24,262	37,890	45,888
인 천	1,595	10,221	9,715	59,366	16,103	45,558	76,088
울 산	816	655	222	136	445	9,750	5,891
경 기	1,159	2,518	5,661	13,019	38,895	35,541	57,256
강 원	93,113	30,139	92,794	116,069	106,890	106,696	99,870
충 남	98,262	73,271	226,578	250,402	201,567	271,817	385,212
전 북	16,960	5,324	5,535	7,523	18,348	34,952	55,840
전 남	68,839	56,383	79,492	43,610	111,536	120,748	90,448
경 북	1,061	603	681	2,239	4,287	19,783	39,409
경 남	47,863	64,877	79,492	82,254	167,902	243,925	499,604
제 주	78,885	46,002	71,872	74,262	94,030	87,809	86,703

자료 : 해양수산부 내부자료

등록된 낚시어선도 2002년 4,401척, 2003년 4,423척, 2006년 5,115척으로 늘어난 것으로 집계되었다.

<표 2.4.4> 낚시선박 등록현황

(단위 : 척)

구분	2007년	2008년	2009년	2010년	2011년	2012년
선박	4,625	4,201	4,452	4,756	4,818	4,504

자료 : 해양경찰청, 해경백서

1997년 낚시어선업 신고척수는 2,825척이며, 2003년의 낚시어선업 신고척수는 이보다 56.6% 증가한 4,423척이고, 1997년부터 2003년까지 전국 낚시어선업 신고척수의 연평균 증가율은 7.8%로 높은 편이며, 2003년도 충청남도 낚시어선업 신고척수는 1,109척으로 전국 낚시어선업 신고척수의 25.1%를 차지하고 있다.

경상남도가 충청남도 다음으로 낚시어선업 신고척수가 802척으로 많으며, 울산광역시의 2003년 낚시어선업 신고척수는 66건에 불과한 실정이다.

<표 2.4.5> 연도별 시·도별 낚시어선업 신고척수

(단위 : 척)

시도별 \ 연도별	1997년	1998년	1999년	2000년	2001년	2002년	2003년
계	2,825	2,628	3,637	4,000	4,240	4,401	4,423
부 산	220	163	153	182	187	171	183
인 천	39	82	126	233	238	217	260
울 산	51	30	25	29	28	29	66
경 기	23	29	43	96	125	156	134
강 원	811	673	873	843	818	773	752
충 남	606	657	1,132	1,133	1,186	1,262	1,109
전 북	70	94	125	163	181	163	191
전 남	326	252	500	565	549	616	639
경 북	9	26	31	48	61	84	79
경 남	436	366	391	527	654	699	802
제 주	234	256	238	181	213	231	208

자료 : 해양수산부 내부자료

나. 수상레저기구 현황

수상레저사업자 등록현황은 2002년부터 2006년까지 증가추세에 있으며, 사업장 수요 수상레저기구의 수가 함께 늘어나는 추세에 있다.

수상레저안전법의 시행으로 2000년부터 수상레저사업자가 보유하고 있는 수상레저보트에 대한 공식적인 집계가 이루어짐으로써 2000년 수상레저보트 수는 총 2,799척이며, 5년이 지난 2006년에는 7,518척으로 약 2.5배 증가하였고, 2006년 기준 수상레저보트별 보유비중을 살펴보면, 래프팅보트가 49.2%로 가장 많고, 다음으로 모터보트가 15.6%, 노보트가 12.0%로 비중이 크다.

마리나시설이 필요한 요트와 모터보트의 비중은 16.0%로 나타났다.

<표 2.4.6> 수상레저기구 및 사업등록 현황

(단위 : 척)

구 분			2008년	2009년	2010년	2011년	2012년
사업장(개소)			887	837	864	862	914
수상레저기구(척)	동력	모터보트	1,419	1,280	1,386	1,343	1,282
		요 트	31	56	58	94	199
		수상오토바이	313	308	288	277	287
		고무보트	130	144	113	151	128
		스 쿠 터	11	-	-	-	0
	무동력	수상스키	772	599	815	1,012	899
		패러세일링	12	18	16	13	78
		카 약	209	284	276	350	674
		카 누	27	23	49	71	85
		워터슬라이드	1,397	1,312	1,485	1,382	1,460
		수상자전거	384	400	566	595	729
		서프보드	55	34	43	50	171
		래프팅보트	3,237	2,744	3,382	3,291	3,330
		노 보 트	1,155	1,881	1,221	1,233	1,128
합 계			4,705	4,424	5,052	5,288	5,821

자료 : 해양경찰청, 해경백서

다. 해양스포츠 동호인 현황

낚시는 클럽 수 1,576, 회원 수 42,410명으로 가장 많은 인원을 확보하고 있으며, 수영이 클럽 수는 1,030개이지만 회원 수는 43,432명으로 가장 많다.

요트는 12개의 클럽과 220명의 회원 수를 보유하고 있으며, 카누가 클럽 수 3개, 회원 수 18명으로 가장 적은 현실이다.

<표 2.4.7> 종목별 생활체육동호인 현황

종 목	클럽 수	회원 수	종 목	클럽 수	회원 수
낚 시	1,577	39,528	카 누	11	215
수상스키	70	3,352	스쿠버다이빙	52	1,481
수 영	1,292	52,335	스킨스쿠버	458	16,612
요 트	15	313	윈드서핑	194	4,052

자료 : 문화체육관광부(2008), 체육백서

라. 해양스포츠 활동 사고현황

2000년 수상레저안전법 제정으로 금지구역 지정, 인명구조장치 착용의무화, 기상불량 시 운항금지 등이 규정되어 법 시행 이전 연간 50~90건이 발생하던 수상레저활동 안전사고가 연평균 10~20여 건으로 크게 감소되었다. 또한 2005년에는 총 10건이 발생하여 크게 감소하였고, 수상오토바이, 래프팅 사고는 한 건도 발생하지 않고 있다.

〈표 2.4.8〉 해양레저기구 사고발생 현황

(단위 : 건수/명수)

구 분	2008년	2009년	2010년	2011년	2012년
총 계	9/11	20/20	32/32	23/26	30/35
모터보트	3/6	7/7	9/6	6/5	10/13
고무보트	1/1	-	3/2	3/5	6/5
수상오토바이	-	-	4/7	3/4	3/5
요 트	1/0	4/2	1/0	2/0	1/0
래프팅 고무보트	1/1	2/2	2/2	-	-
워터슬라이드	2/2	6/8	11/14	4/7	8/11
수상스키	-	-	-	-	-
기타	1/1	1/1	4/3	5/5	2/1

자료 : 해양경찰청, 해경백서

마. 해양스포츠 세계조직 및 국제대회

우리나라 해양스포츠의 역사는 앞서 살펴보았듯이 짧고 미비한 수준이다.

아직까지 우리나라에서는 해양스포츠의 대중화가 이루어지지 않고 있는 실정이지만 세계적으로는 활발한 활동이 진행되고 있다.

〈표 2.4.9〉 해양스포츠 종목별 세계조직 및 국제대회

종 목	세계화 조 직	조직결성연도 및 본부	국제대회
카 누 (canoe)	ICF	1924(스웨덴)	• 세계카누레이싱선수권대회, 세계슬라움 경기선수권대회, 세계와일드 워터 경기선수권대회
서 핑 (surfing)	ISA	1951(영 국)	• 월드콘테스트, 세계선수권대회
수상스키 (water skiing)	WWSU	1946(스위스)	• 세계수상스키선수권대회, 마스터즈 토너먼트, 점프클래식, 문버대회

종 목	세계화 조 직	조직결성연도 및 본부	국제대회
스포츠 잠수 (skin diving)	CMAS	1959(프랑스)	• 세계수중올림픽(Blue Olympic)
바다낚시 (game fishing)	IGFA	1959(미 국)	• 국제바다낚시대회
조 정 (rowing)	FISA	1892(스위스)	• 세계선수권대회
윈드서핑 (wind surfing)	IBA	1963(미 국)	• 울산컵 PWA세계윈드서핑대회
모터보트 (motorboat race)	UIM	1922(벨기에)	• (서킷)골드컵 레이스
요 트 (yacht)	IYRU	1907(영 국)	• 세계선수권대회, 골드컵레이스, 극동요트선수권대 회, 볼보컵, 아메리카스컵대회

자료 : 지삼업(1999), 한국해양스포츠 진흥을 위한 제도화에 관한 연구(동아대학교 박사학위논문 참고 재작성)

바. 조종면허시험

모터보트나 요트 등의 레저선박을 이용하려면 5마력급 이상은 다음 표와 같이 수상레저안전법에 따라 선박조종면허를 취득하여야 한다.

〈표 2.4.10〉 면허에 따른 선박조종면허의 종류

면허종류	대 상 자	필기시험과목	실기시험
일반조종면허 1급	• 조종면허 시험대행기관 및 지도자 • 수상레저 사업자 또는 종사자	수상레저안전(20%), 운항 및 운용(20%), 기관(10%), 법규(50%)	코스시험 (조종능력 평가)
일반조종면허 2급	• 수상레저사업 종사자 • 5마력 이상의 동력수상레저 기구 조종자		
요트조종면허	• 요트조종면허 시험 대행기관 및 시험관 • 기타 요트를 조종하고자 하는 자	요트활동개요(10%), 요트(20%), 항해 및 범주(20%), 법규(50%)	코스시험 (조종능력 평가)

자료 : 해양경찰청(2008), 해양경찰백서

- 실제로 이러한 법률에 의거하여 레저선박조종면허를 획득한 인원은 2005년 5월까지 약 3만 8,659명으로 나타났다.

〈표 2.4.11〉 조종면허증 교부현황(2012년 기준)

(단위 : 명)

면허종별 연도별	계	일반 1급	일반 2급	요트
2008	9,205	3,077	5,700	428
2009	12,055	4,134	7,170	751
2010	11,500	3,933	6,814	753
2011	13,413	4,243	7,707	1,463
2012	14,233	4,884	8,108	1,241

주 : 1) 일반조종면허 1급 : 시험대행기관의 시험관이 취득하여야 하는 면허
   2) 일반조종면허 2급 : 요트를 제외한 동력수상레저기구를 조정하는 자가 취득하여야 하는 면허
   3) 요트 : 요트조정시험대행기관의 시험관 및 요트를 조정하는 자가 취득해야 하는 면허
자료 : 해양경찰청, 해경백서

사. 해양스포츠용품 수출입현황

국내에서 경정용 보트 제작업체인 어드밴스드 마린테크와 대동기계가 컨소시엄으로 보트용 모터를 개발하였으나 소형고속엔진에 대해서는 국내 수요가 충분히 형성되어 있지 않은 실정이다.

우리나라 요트·모터보트류의 수출입은 인플레이터블 보트의 OEM 수출이 많아 무역수지 흑자상태로 나타나고 있고, 요트·모터보트류의 수출은 1991년 약 520만 달러에서 2005년 약 1,153만 달러로 증가하여 연평균 증가율이 5.9%로 나타나고 있다.

수입은 1991년 약 184만 달러에서 2005년 988만 달러로 크게 늘어 연평균 증가율이 12.8%로 수출 증가율을 상회하고 있다.

〈표 2.4.12〉 우리나라 요트 · 모터보트류의 수출입 추이

(단위 : 천 달러, %)

구 분	1991년	1995년	1998년	2000년	2002년	2005년	연평균 증가율 (1991~2005년)
수 출	5,197	10,551	10,283	12,169	10,491	11,527	5.9
수 입	1,840	4,872	793	3,405	5,917	9,882	12.8

자료 : 한국무역협회 산업연구원(2006), 레저 및 스포츠용 모터보트 시장현황분석 및 전망(재인용)

2004년을 기준으로 봤을 때, 낚시용품과 요트 등은 수입증가 추세이며, 수상용품은 수입 감소 품목에 포함되어 있고, 수상용품은 수상스키, 파도타기널판 등을 포함한다. 또한 요트 등은 요트, 유람선, 보트, 카누, 모터보트 등을 포함한다.

<표 2.4.13> 해양레저스포츠용품 수입현황

(단위 : 천 달러)

구 분	2002년 (1~12월)	2003년 (1~12월)	증감률(%)	2003년 (1~10월)	2004년 (1~10월)	증감률(%)
낚시용품	41,686	37,583	▽10	31,271	36,359	16
요트 등	5,917	4,893	▽17	4,303	6,477	51
수상용품	4,979	4,386	▽12	3,840	2,596	▽32

자료 : 관세청, 2004년 보도자료

3. 선박의 개념과 분류

3.1 선박의 개념과 범위

가. 선박의 개념

선박이란 물에 떠서 사람·가축·물자를 싣고 물 위로 이동할 수 있는 구조물을 통칭하는 용어로 넓게는 물 위의 교통기관을 총칭하지만, 단순히 목재나 대나무 등을 엮어 묶은 것을 뗏목이라 하여 구별한다. 길이가 짧은 몇 m의 소형선은 주·정·단정 등으로 부르고, 그보다 큰 것은 배·선박이라 부른다. '박'이라는 글자는 거선을 의미한다. 군사용 배는 군함이라 하고, 크고 작은 군함을 총칭하는 경우는 함정이라고 한다. 영어의 'ship'은 대형선을 의미하고, 영어의 'vessel'은 용기라는 뜻이며, 크기에 관계없이 모든 배의 총칭으로 사용된다.

나. 선박의 범위

한국에서는 현재 법규상 총톤수 5톤 이상의 것을 선박으로 취급하고 있으나, 세계적으로는 영국선급협회(Lloyd's Register of Shipping)가 배의 통계자료로 채택하고 있는 총톤수 100톤 이상의 강선(鋼船)을 선박으로 취급하고 있다.

3.2 용도에 의한 분류

가. 유람선

유람선(遊覽船)은 관광 또는 유람을 목적으로 하는 선박으로 자연경관이나 관광명소가 있는 강·호수·만(灣)·연안 등을 주유하는 소형선을 의미하나, 항해지역·크기·운항방법 등 그 이외의 분류방법이 구체적으로 정해지지 않은 개념으로 사용되고 있다. 따라서 크루즈선박을 '관광유람선'이라 칭하기도 하지만, 이는 개념의 범위가 서로 일치하지 않는 용어이다.

[그림 3.2.1] 유람선

나. 여객선

여객선(旅客船, Passenger ship)은 여객 운송을 총칭하는 선박으로 법규상 13인 이상의 여객을 태울 수 있는 선박으로 규정하고 있다. 여객선은 정기여객선과 주유(周遊)여객선이 있다. 정기여객선은 항상 같은 구간을 공시된 시간표에 따라 항해하는 선박이고, 주유여객선은 세계의 관광수역을 주유하며 항해의 출발점과 도착점이 같은 것으로 크루즈선박과 유사한 개념이라고 할 수 있다. 따라서 여객선의 개념에 크루즈선박이 포함된다고 할 수 있으며, 크루즈선박과 구분되는 페리선도 여객선에 포함된다고 할 수 있다.

[그림 3.2.2] 여객선

97

다. 상선

[그림 3.2.3] 상선

상선(商船, merchant ship)은 여객선·화물선·화객선 등 상업상의 목적에 사용되는 선박으로 운임을 받고 여객이나 화물을 수송하거나 서비스를 제공하는 배를 말한다. 선박을 사용목적에 따라 구분하면 여객이나 화물을 운송함으로써 그 운임수입을 목적으로 하는 상선, 전쟁행위를 목적으로 하는 군함, 어로에 종사하는 어선 및 특수업무의 수행을 목적으로 하는 특수선 등이다. 여객선은 주로 여객만을 운송하는 상선이며, 사람 외에 부수적으로 소량의 특수화물과 우편물을 적재하는 설비를 갖추고 있는 것이 보통이다. 여객선은 주로 정기선이며, 여객의 안전과 신속한 운송에 중점을 두므로 여객설비뿐만 아니라 이중(二重店)·수밀격벽(水密隔壁) 등의 구조와 방화설비·화재경보장치·소화설비 등 선체의 안전과 인명안전을 위하여 비여객선보다도 높은 기준의 선체구조와 설비가 필요하다. 즉, 운송의 주대상이 사람이기 때문에 그 구조나 설비는 물론, 선박검사에도 다른 선박보다 높은 수준이 요구된다. 화객선은 여객과 화물을 함께 운반하는 선박이며, 수면부분 이하의 선창에는 화물을 적재하고, 그 이상의 갑판 및 상갑판의 선루(船樓)에는 여객용 설비를 갖추어 여객을 탑승시키는 선박이다.

라. 화객선

[그림 3.2.4] 화객선

화객선(貨客船, cargo-passenger ship)은 화물과 여객을 동시에 운반하는 선박으로, 여객용 공간은 상·중 갑판과 그 위에 있는 상부구조에 충당되고, 여객설비는 대체로 대형의 전용여객선에 비하여 호화스러움보다 편안함을 위주로 하며, 여객용 공간의 전후가 화물창(貨物艙)으로 되어 있는 것이 보통이다.

화객선이라 하여도 화물수송이 운항의 주목적으로 세계의 각 해역을 계획을 짜서 항해하는 정기선으로 취항하고 있다. 객선 및 화객선은 항구에서 우선적으로 부두를 사용할 수 있기 때문에 남아메리카・아프리카 등의 배들이 혼잡을 이루는 항로에는 화객선을 운항하여 정기항로를 유지하는 선박회사도 있다.

최근에는 컨테이너 화물선에 전용부두가 정비되는 반면, 해상여객이 감소되어 세계적으로 화객선의 수가 줄고 있다. 오늘날 대표적인 화객선은 여객정원 125명으로 캐나다 서해안 기점(起點)의 남아메리카대륙 일주항로에 취항한 미국의 산타마그다레이너형 4척이다.

마. 카페리

카페리(car ferry)는 여객과 자동차를 싣고 운항하는 선박으로 자동차의 항송(航送)을 목적으로 하는 선박이다. 차량갑판과 램프(육상에서 선박으로 가는 자동차 연락통로)를 설비하고, 자동차를 배에 싣고 내리는 것은 운전자가 한다. 자동차교통의 발달로 보급된 것으로, 미국・유럽에서 해협・만구(灣口)・하천 등의 도선에 일찍부터 도입되었다. 트럭수송의 장거리화에 따른 장거리

[그림 3.2.5] 카페리

페리가 나와 선박이 지니는 대량수송성・저렴성과 자동차가 지니는 신속성・기동성을 조화시킨 수송형태를 실현시켰다. 이에 따라 배의 형태도 대형화하여 장거리 페리는 일반적으로 5,000톤 이상이다. 현재 한국-일본 간 및 부산-제주 간에 카페리가 운항되고 있다.

바. 정기선

정기선(定期船, liner)은 정해진 항로・기항지・출항 및 기항시간・운항횟수에 따라 정기적으로 운항하는 선박이다. 이에 반해 항로・기일 등이 정해지지 않고 화물의 출하량에 따라 여러 곳에 배선되는 배를 부정기선이라고 한다. 여객선・화객선(貨客船)의 대부분은 정기선이고, 최근에는 일반화물선도 유조선・광석선・컨테이너선을 포함하여 정기선으로 운항한다. 정기선의 적하(積

[그림 3.2.6] 정기선

荷)는 잡화가 많고, 부정기선은 비교적 염가인 대량화물이 많다. 세계의 주요항로에는 고속 정기선이 많으며, 각국의 배는 주요항구에서 서로 연결되어 있다. 한국을 중심으로 한 정기 선항로에는 미주·유럽·중동·동남아시아 등이 있다.

사. 범 선

[그림 3.2.7] 범선

범선(帆船, sailing ship)은 선체 위에 세운 돛에 바람을 받게 하여 풍력을 이용해 진행하는 선박으로, 단순한 돛을 가진 작은 범선은 돛단배 또는 돛배라고도 한다. 그러나 범선이라고 해서 반드시 돛만 가지는 것은 아니고 돛과 기관을 함께 갖추고 있는 것도 있는데, 이와 같은 선박을 기범선(機帆船)이라 하며, 이러한 기범선도 돛으로 바람에 의해 항진할 경우에는 항법상 범선과 동일한 취급을 받는다. 오늘날 소형 어선과 요트 등을 제외한 대부분의 범선은 돛과 보조용 동력기관을 갖춘 기범선이며, 순풍에만 돛을 이용하고, 그 외는 동력으로 항주(航走)한다.

아. 보 트

[그림 3.2.8] 보트

보트(boat)는 갑판이 없는 소형 배로 추진동력이나 기구(器具)에 따라 여러 종류가 있는데, 인력에 의해 노·상앗대로 추진하는 것은 단정(短艇)이라 하고, 풍력에 의해 추진하는 작은 범선은 요트라고 한다. 기계력에 의해 추진하는 것에는 증기기관에 의한 기정(汽艇)과 내연기관에 의한 모터보트가 있는데, 용도에 따라 종류가 많다. 일반적으로 보트라고 하면 본선과 부두 사이에서 사람·짐을 나르거나 군함에 탑재하는 작은 배, 유람용·경기용의 작은 배를 가리킨다. 보트는 외항선(外航船)을 가리키는 경우도 있으나, 일반적으로 모터보트(motor boat) 등과 같이 합성어로 사용한다.

자. 외항선

외항선(外航船, oceangoing ship)은 외국과의 무역을 위해 왕래하는 선박으로 항구를 출입할 때 항만법·항칙(港則)의 규제를 받으며, 검역·관세 등 법정수속을 밟아야 한다. 외항선이 출입할 수 있는 항구는 관세법으로 지정된 개항(開港)에 한정되고, 그 밖의 항구에 입항할 때는 세관의 허가를 미리 받아야 한다. 이와 같이 기항(寄港)이 제한될 뿐만 아니라 내항화물(內航貨物)을 운반하는 것도 금지된다. 외항선이 내항에 종사하고자 할 때는 자격변경의 수속을 거쳐야 한다. 외항선은 막대한 무역외 수입을 가져오기 때문에 정부는 그 건조를 장려하고 해운산업육성법에 의해 재정·금융지원을 한다.

[그림 3.2.9] 외항선

차. 내항선

자기 나라 연안을 운항하는 선박으로 내항선(內航船, coastal ship)은 연안선(沿岸船, coastal ship)이라고도 하며, 외항선에 대응하는 말이다. 내항선은 여객선과 화물선으로 분류되는데, 화물선에는 일반화물선과 유조선이 있다. 일반적으로 여객선은 정기적으로 운항되고, 화물선은 부정기적으로 운항된다. 선진국에서는 고속도로의 정비와 도로포장률의 향상 등에 의한 육상교통의 발달로 인해 여객수송이

[그림 3.2.10] 내항선

나 화물수송에 있어서 육상교통에 밀리는 경향이 있다.

3.3 법규에 의한 분류

선박에 관하여는 선박안전법, 해상교통안전법, 수상레저안전법 등에서 정의하고 있다.
선박안전법과 해상교통안전법에서는 주로 규모 이상의 선박에 관한 속도 선체길이 등을
기준으로 정의하고 있으며, 수상레저안전법에서는 소규모 선박에 관한 규정을 하고 있다.

〈표 3.3.1〉 법규에 의한 분류

	정 의	관 련 법	비 고
여객선	13인 이상의 여객을 운송할 수 있는 선박을 말한다.	선박안전법 제2조 10항	
소형선박	선박의 길이가 12미터 미만인 선박을 말한다.	선박안전법 제2조 11항	세계일주 가능한 크루저요트의 전장은 최소 11m (33ft) 이상임
선박	수상 또는 수중에서 항해용으로 사용하거나 사용될 수 있는 것(선외기를 장착한 것을 포함한다)과 이동식 시추선·수상호텔 등 국토해양부령이 정하는 부유식 해상구조물을 말한다.	선박안전법 제2조(정의)	
	물에서 항행수단으로 사용하거나 사용할 수 있는 모든 종류의 배(물 위에서 이동할 수 있는 수상항공기와 수면비행선박을 포함한다)	해상교통안전법 제2조(정의)	
부선	다른 선박에 의하여 끌려가거나 밀려서 항해하는 선박을 말한다.	선박안전법 제2조 12항	
예인선	다른 선박을 끌거나 밀어서 이동시키는 선박을 말한다.	선박안전법 제2조 13항	
컨테이너	선박에 의한 화물의 운송에 반복적으로 사용되고, 기계를 사용한 하역 및 겹침방식의 적재(摘載)가 가능하며, 선박 또는 다른 컨테이너에 고정시키는 장구가 부착된 것으로서 밑부분이 직사각형인 기구를 말한다.	선박안전법 제2조 14항	
동력선	기관을 사용하여 추진(推進)하는 선박을 말한다. 다만, 돛을 설치한 선박이라도 주로 기관을 사용하여 추진하는 경우는 동력선으로 본다.	해상교통안전법 제2조 4항	
범선	돛을 사용하여 추진하는 선박을 말한다. 다만, 기관을 설치한 선박이라도 주로 돛을 사용하여 추진하는 경우는 범선으로 본다.	해상교통안전법 제2조 5항	
거대선	길이 200미터 이상의 선박을 말한다.	해상교통안전법 제2조 32항	슈퍼요트의 최대 전장은 150m (500ft) 이하
고속여객선	시속 15노트 이상으로 항행하는 여객선을 말한다.	해상교통안전법 제2조 34항	
수면비행 선박	표면효과작용을 이용하여 수면에 근접하여 비행하는 선박을 말한다.	해상교통안전법 제2조 35항	

	정 의	관 련 법	비 고
수상레저 기구	수상스키, 패러세일링, 조정, 카약, 카누, 워터슬라이드, 수상자전거, 서프보드, 노보트, 그 밖에 제1호부터 제15호까지의 수상레저기구와 비슷한 구조·형태 및 운전방식을 가진 것으로서 국토해양부령으로 정하는 것	수상레저안전법 제2조 3항	
동력수상 레저기구	모터보트, 요트, 수상오토바이, 고무보트, 스쿠터, 호버크래프트	수상레저안전법 제2조 4항	

자료 : 저자 작성

3.4 해양스포츠와 관광 및 레저용 선박의 분류

관광 및 레저용 선박은 아래와 같이 선장(LOA : 선수에서 선미까지의 전체 길이)에 따라 아래의 순서로 설명할 수 있다.

가. 크루즈선

● 150m 이상의 관광객을 위한 편의시설을 갖춘 선박으로 최대 크기의 크루즈선으로는 22만 톤급의 '제너시스호'가 2009년에 진수되었다. MOPAS에서 제시한 경제성을 고려한 표준형 크루즈선의 제원은 총톤수 2만 톤 이상, 선체길이 150~ 200m, 승선인원 600명 이하, 속력 20노트 전후를 제시하고 있다.

나. 슈퍼요트

● 24m 이상 150m 이하의 모터엔진 및 킬과 마스트가 장치된 대형모터보트 혹은 요트로서 승객 편의시설이 갖추어져 있고, 크기에 따라 슈퍼요트, 메가요트, 기가요트로 분류하기도 한다.

다. Boat

- 'Ship'보다 작은 수상수송용 선박, 특별히 정의된 용어는 없으며, 'Craft'와 동의어로 쓰인다.
- 미국의 항법에 관한 규정에 따라 65.6ft(20m) 이하의 선박을 지칭하기도 한다. 보트는 아래와 같이 세부적으로 분류하기도 한다.

1) Motor Boat

- 모터보트는 모터를 주기관으로 사용하여 추진하는 소형 선박으로 주정(舟艇)의 일종으로 기동정(機動艇)·발동기정(發動機艇)이라고도 함
- 1885년 독일의 코트리브 다임러가 자신이 직접 설계한 고속엔진을 보트에 부설한 것으로 그 뒤 여러 번의 개량을 거쳐 1903년 아일랜드에서 제1회 해임즈워스배 경기가 열린 것을 계기로 모터보트가 성행하게 되었음
- 우리나라는 1988년 올림픽 이후 비로소 레저스포츠가 활성화되기 시작하였으며, 모터보트의 역사 또한 짧지만 점차 단체 및 가족 레포츠로 즐기는 사람들이 늘어나고 있는 추세임
- 모터보트는 수상레저안전법상 동력수상레저기구에 속하므로 제1급 조종면허 또는 제2급 조종면허를 발급받아야 즐길 수 있음

2) Sail Boats

- 엔진 혹은 세일과 엔진으로 추진되는 보트. 엔진이 없는 작은 세일보트는 'Daysailers'로 불리기도 한다.

3) Row Boats

● 노를 사용하여 추진하는 모든 선박을 의미하며 협의의 의미로는 카누와 카약이 해당된다.

라. Yacht

● 돛이 장치되어 있고, 요트의 구조와 유사한 장비는 요트의 범위에 포함됨

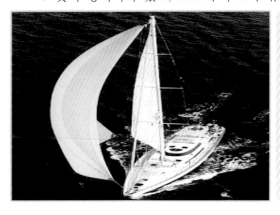

● 작업을 위한 용도의 선박에 대한 반대의미로서 여가활동이나 즐거움을 위한 용도의 엔진추진 혹은 세일을 장비한 모든 선박을 의미한다. 흔히 일정 수준 이상의 숙소시설을 갖춘 보트를 지칭한다.

1) Motorsailer

● 세일이 사용되는 보트이지만 엔진의 효율성이 떨어진다. 모터보트보다는 엔진효율이 떨어지지만 세일보트보다는 세일의 효율성이 떨어지는 경향이 있다.

2) Cruiser

- 최소한의 숙소와 야간항해시설을 갖춘 형태의 보트. 추진기관의 형태에 따라 아웃보드(Out-board)크루저, 인보드(In-board)크루저 등으로 분류한다.

3) 딩기요트(Dinghy Yacht)

- 동력이 없는 소형요트로서 요트항해의 기초교육을 위한 용도나 올림픽 등 경기용 요트로 쓰인다.
- 큰 선박에 싣고 다닐 수 있는 노나 돛 혹은 소형 엔진으로 추진되는 소형보트를 Dinghy, Tender 혹은 Pram으로 지칭하기도 한다.

4) Hydrofoil Boat

- 비행기의 날개와 같은 형태의 'Foil'을 장치한 구조의 보트로 빠른 속도로 운행할 경우 수면 위를 부양하여 항해할 수 있다.

5) Sailboard

● 마스트와 작은 돛이 장치된 대형 서프보드

6) Multi-hulls

● 선체가 양쪽으로 두 개이거나 선실을 포함 3개
의 선체가 결합된 형태의 선박으로 카타마란(쌍
동선)과 트리마란(삼동선)이 있다.

마. House Boats

● 크루저보다 생활공간이 넓은 선박으로 트레일러
주택이나 이동형 주거시설로부터 발전된 형태의
선박

바. Inflatable Boats

● 보통 10ft(3m) 이하의 작은 선박이지만 더 큰 것도 있다. 작은 공간에서 공기를 수축할 수 있는 장점이 있다. 파도에 약하여 대부분 노보다는 작은 엔진으로 추진된다.

사. RIB(Rigid-Hull Inflatable Boats)

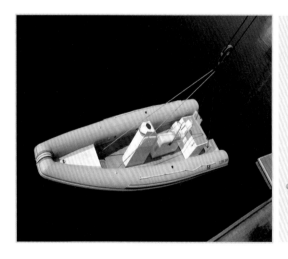

● 대부분 4m 이하의 크기이며, 선체 양쪽이 공기를 주입한 형태의 레저용 보트로 전통적인 파워 보트와 인플레이터블 보트를 결합한 형태로 높은 안전성과 고속운항의 장점이 있다.

아. PWC(Personal Water Crafts)

- 수상오토바이는 물 제트 추진방식으로 수면 위를 보통의 오토바이처럼 자유롭게 움직일 수 있는 레저용 기구
  - 13ft(4m) 이하의 선박으로 가끔 생산자 상표를 따서 'Jet Ski', 'Wave Runner', 'See Doo' 등으로 불린다. 제트보트(Jet Boat)는 PWC에서 발전된 것으로 4명까지 탑승이 가능한 선박이다. 제트 드라이브(Jet Drive)는 더 큰 크기의 파워보트 형태이다.
- 일본 가와사키사에서 '제트스키(jetski)'라는 상품을 생산 보급하여 제트스키로 알려져 있으나 국제적 명칭은 'Personal Water Crafts'임
- 수심 30m 이상의 바다, 강, 호수 등 어디에서나 활동이 가능함
- 레이스용, 생활체육용, 낚시용, 수영미숙자 구조용 등 다양한 측면에서 활용되고 있음
- 흘수선이 낮아 해변까지 접근이 가능하므로 연안 활동을 행하는 사람들과 상충성이 발생할 수 있고 위험함

자. 수상스키

- 수상스키는 양 발에 스키를 신고 모터보트에 끌려 물 위를 활주하는 레저스포츠로 1924년 미국의 RALPH SAMUELSON이라는 소년이 창안하여 유럽 각지에 보급됨
- 한국전쟁 이후 미군들이 한강에서 시범경기를 가짐으로써 우리나라에 소개되었고, 1963년 문교부가 대학생 특수체육종목으로 채택 / 실시함으로써 급격한 붐을 일으킴
- 1946년 세계수상스키연맹이 유럽을 중심으로 창설되면서 국가 간의 조직 및 규칙이 급속도로 발전하여 여름이 짧은 지역에서도 수상스키를 즐길 수 있게 되었음
- 수상스키의 종류는 대회전용의 싱글스키, 초보자를 위한 저속스키, 어린이를 위한 짧은 스키, 묘기를 부리는 회전용 스키, 수상썰매 등이 있음

차. 패러세일링

- 패러세일링은 호수나 바닷가, 강변 등 장애물이 없으며 넓게 트인 곳에서 모터보트나 지프에 견인줄을 연결하고 그 끝에 낙하산을 매달아 가장 손쉽고 편안하게 하늘을 날 수 있는 기구
- 패러세일링의 유래는 1950년대 프랑스에서 공수부대 훈련용으로 개발한 것이 영국으로 넘어가 스포츠로 발전함. 1960년대 미국에서 도입되어 대중화되었으며, 우리나라에는 1980년대 중반에 도입
- 스포츠 카이트[연] 방식으로 사전 교육이나 강습을 받지 않고, 큰 비행기술이 없어도 조작이 간편해 1시간 정도 훈련하면 초급자도 쉽게 익힐 수 있는 레저스포츠

4. 아메리카스컵 요트 경기

4.1. 아메리카스컵 요트 경기의 탄생과 효과

아메리카스컵은 해양강국들이 최첨단 크루저급 요트를 제작해 자신의 해양기술을 뽐내는 대회로서 1851년 런던 만국박람회 개최를 기념하기 위해 영국이 창설했다. 그러나 첫 대회에서 영국은 미국에 치욕의 패배를 당했고, 이후 대회 명칭은 아메리카스컵으로 바뀌었다. 이렇게 시작된 대회는 160년의 역사를 가지고 있다.

28번의 대회가 열릴 동안 미국이 이 컵을 뺏긴 것은 단 한 번이었다. 미국만큼 요트를 즐기기에 좋은 환경을 가진 호주가 1983년 우승하여 컵을 가지고 갔지만, 두 번의 실수는 용납하지 않은 미국의 정신에 힘입어 4년 후에는 제자리로 다시 돌아오게 되었다. 미국의 자리를 또다시 넘보는 것은 도저히 불가능한 것처럼 보였다.

그러나 1995년 샌프란시스코 앞 바다에서 열린 경기에서 인구가 샌프란시스코 주민수보다 적은 뉴질랜드의 블랙 매직(Black Magic)팀에게 5연패로 미국이 지고 말았다. 1988년 처음 참가한 신참인 자기 나라가 설마 우승까지야 하겠냐고 생각하면서 경기를 지켜보던 키위들이 광란의 도가니에 빠졌음은 당연한 일이다. 미국은 144년 역사상 두 번째로 우승컵을 해외로 넘겨주는 수모를 당했고, 뉴질랜드는 도전 3번째 만에 우승이라는 쾌거를 이루게 된다.

평생토록 샌프란시스코 바다에서만 경기를 하려는 생각에서였는지 대회는 우승국 바다에서 개최한다는 규정을 만들었는데, 미국은 이것 때문에 스스로의 발목이 잡히고 말았다. 미국을 꺾기 위해 랑기토토(Rangitoto) 섬과 왕가파라오아(Whangaparaoa) 반도를 잇는 동쪽 해안을 경기 코스로 지정하고 비아덕트 해변(Viaduct Basin)을 기지삼아 이를 악물고 훈련에 매달렸다.

이윽고 오클랜드 앞 바다에서 열린 2000년 30회 대회에서는 샌프란시스코 바다에만 익숙한 미국이 결승에도 오르지 못하고 탈락하고 말았다. 아메리카스컵 역사상 미국이 결승에도 오르지 못한 것은 처음이었다. 뉴질랜드의 블랙 매직 팀은 미국을 누르고 올라온 이탈리아의 루나 로싸(Luna Rossa)팀을 9연전에 5연승으로 여유 있게 눌러 버리면서 대회 2연패를 이루었다. 아프가니스탄 탈레반 정권의 대변인이 어디 있는지조차도 모르는 조그만 나라에서 한 번도 아니고 두 번씩이나 초강대국 미국을 꺾고 우승을 한 것이다. 대회 역사상 미국 이외의 국가에서 2회 연속 우승한 것은 뉴질랜드가 처음이다.

최첨단 신기술의 적용은 기본이고 엄청난 돈을 들여 배를 만든 후 30명의 팀원들이 4년 동안 모든 것을 전폐하고 끊임없이 연습을 해도 변변한 성적조차 거두기 힘든 대회에서 미국을 비롯한 유럽, 호주의 쟁쟁한 경쟁자를 물리치고 2회 연속 우승을 거두었다는 것은 대단한 의미를 지닌다.

미국은 항공우주국(NASA)까지 동원하여 총력을 기울여 경주함으로써 1983년 호주에 우승컵을 내 줄 때까지 132년 동안 우승을 독차지하였다. 또한 2003년 3월 2일 내륙 국가인 스위스가 유럽 팀으로는 처음으로 아메리카스컵 요트대회에서 우승을 차지하는 대이변이 일어났다. 그러나 스위스는 해군은 있어도 바다가 없는 국가이다. 따라서 2003년 11월 26일 스위스 제네바에서 아메리카스컵 개최지를 스페인 발렌시아에서 개최하였다. 이에 발렌시아 시의회에서는 32회 아메리카스컵을 위해 기반시설을 확충하였으며, 비용은 총 5억 유로 정도가 소요되었으며, 이는 1유로 당 1,400원으로 해도 한화로 7,000억에 이르는 엄청난 금액이었다. 경기 개최시의 수익은 15억 유로(한화 2조 1천억원) 정도였으며, 이에 따른 고용창출 효과는 약 10,000명 정도였다.

요트는 월드컵과 올림픽의 수익에 버금가는 세계 3대 스포츠 중 하나인 것이다. 제32회 대회기간동안 스페인 발렌시아에는 6백만 명의 방문객이 모여들었고, 이 경기를 지켜본 시청자는 40억 명에 이르렀다.

2007년 제32회 아메리카스컵은 스위스의 알링히팀이 뉴질랜드를 간발의 차로 따돌리며 우승하였으며, 이에 제33회를 위해 필사적으로 다음 대회를 준비한 미국은 2010년 2월에 우승하며 명예를 되찾았다. 제34회 대회 또한 미국이 우승하였다.

제35회 대회는 2017년 버뮤다에서 열린다.

[그림 4.1.1] 제35회 아메리카스컵 개최지 버뮤다

〈표 4.1.1〉 아메리카스컵의 역대 경기

년도	회차	경기장소		방어팀		도전팀	우승
2017	35	Bermuda	🇺🇸	Oracle			
2013	34	San Francisco (USA)	🇺🇸	Oracle	🏴	Emirates	🇺🇸
2010	33	Valencia (ESP)	🇨🇭	Alinghi	🇺🇸	오라클	🇺🇸
2007	32	Valencia (ESP)	🇨🇭	Alinghi	🏴	Team New Zealand	🇨🇭
2003	31	Auckland (NZL)	🏴	Team New Zealand	🇨🇭	Alinghi	🇨🇭
2000	30	Auckland (NZL)	🏴	Team New Zealand	🏴	Luna Rossa	🏴
1995	29	San Diego (USA)	🇺🇸	Young America	🏴	Black Magic	🏴
1992	28	San Diego (USA)	🇺🇸	America3	🏴	Il Moro di Venezia	🇺🇸
1988	27	San Diego (USA)	🇺🇸	Stars and Stripes	🏴	New Zealand	🇺🇸
1987	26	Fremantle (AUS)	🏴	Kookaburra III	🇺🇸	Stars and Stripes	🇺🇸
1983	25	Newport (USA)	🇺🇸	Liberty	🏴	Australia II	🏴
1980	24	Newport (USA)	🇺🇸	Freedom	🏴	Australia	🇺🇸
1977	23	Newport (USA)	🇺🇸	Courageous	🏴	Australia	🇺🇸
1974	22	Newport (USA)	🇺🇸	Courageous	🏴	Southern Cross	🇺🇸
1970	21	Newport (USA)	🇺🇸	Intrepid	🏴	Gretel II	🇺🇸
1967	20	Newport (USA)	🇺🇸	Intrepid	🏴	Dame Pattie	🇺🇸
1964	19	Newport (USA)	🇺🇸	Constellation	🇬🇧	Sovereign	🇺🇸

년도	회차	경기장소		방어팀		도전팀	우승
1962	18	Newport (USA)		Weatherly		Gretel	
1958	17	Newport (USA)		Columbia		Sceptre	
1937	16	Newport (USA)		Ranger		Endeavour II	
1934	15	Newport (USA)		Rainbow		Endeavour	
1930	14	Newport (USA)		Entreprise		Shamrock V	
1920	13	New York (USA)		Resolute		Shamrock IV	
1903	12	New York (USA)		Reliance		Shamrock III	
1901	11	New York (USA)		Columbia		Shamrock II	
1899	10	New York (USA)		Columbia		Shamrock	
1895	9	New York (USA)		Defender		Valkyrie III	
1893	8	New York (USA)		Vigilant		Valkyrie II	
1887	7	New York (USA)		Volunteer		Thistle	
1886	6	New York (USA)		Mayflower		Galatea	
1885	5	New York (USA)		Puritan		Genesta	
1881	4	New York (USA)		Mischief		Atalanta	
1876	3	New York (USA)		Madeleine		Countess of Dufferin	
1871	2	New York (USA)		Columbia		Livonia	
1870	1	New York (USA)		Magic		Cambria	
1851	-	Isle of Wight(ENG)		Aurora vs		America	

〈표 4.1.2〉 아메리카스컵 규격 및 대회 일정

아메리카스컵 요트 규격

- 선체 길이 최대 22m
- 요트 무게(엔진, 크루 등 제외) 4,000~4,200kg
- 전체 무게 7,200~7,400kg
- 날개형 돛 높이 43.8~44m(기준 수면부터)
- 크루 11명(평균 95kg)
- 제작 및 운영 자본 100억~200억원

아메리카스컵 대회 일정

- 2015, 2016년에 8-10번의 예선 레이스가 있으며, 예선 개최지는 아직 미정
- 결선 2팀(예선 우승팀 vs 이전대회 우승팀) 2017년 6월

제3장 한국과 세계의 마리나 현황

제1절 한국의 마리나 현황

1. 한국의 마리나 계획

1.1 조사개요

현재 국내의 마리나 항만은 기개발된 마리나 총 11개소, 개발 중인 마리나 총 5개소, 계획 중인 마리나 27개소로 총 43개소(개발규모 5,681척)로 조사되었으며, 기개발 및 개발 중인 마리나 16개소의 총 계류능력은 약 1,600척 규모로 조사되었으나 대부분 육상 계류방식이거나 소형선박 위주로 개발 중에 있어서, 선진국에 비해 매우 열악한 수준이다.

기개발된 마리나는 대체로 육상기반시설이나 편의시설이 미약한 상태이며 또한 보령, 거제, 소호는 육상계류장 형태로 운영 중에 있다.

1.2 마리나 항만 개발 대상지 현황

2009년 현재 다음의 그림과 같이 16개소의 마리나가 기개발되었거나 건설 중에 있다. 특히 2010년부터 27개소의 마리나 예정지가 추가로 순차적으로 개발되어 총 43개소의 시범적인 마리나가 개발될 예정이다.

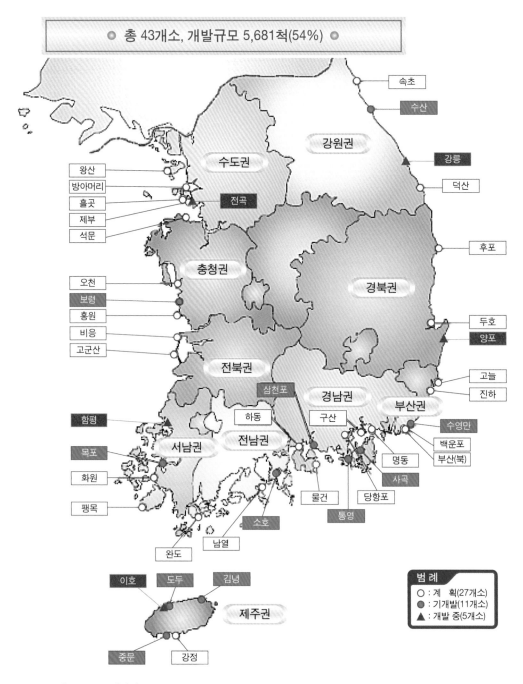

총 43개소, 개발규모 5,681척(54%)

속초
수산
강원권
수도권
강릉
왕산
방아머리
흘곳
제부
석문
전곡
덕산
충청권
후포
오천
보령
홍원
비응
고군산
경북권
두호
양포
전북권
삼천포
경남권
부산권
고늘
진하
함평
하동
구산
수영만
백운포
부산(북)
목포
서남권
전남권
명동
화원
사곡
팽목
물건
당항포
소호
통영
남열
완도

이호
도두
김녕
제주권
중문
강정

범례
○ : 계 획(27개소)
● : 기개발(11개소)
▲ : 개발 중(5개소)

자료 : 국토해양부(2009)

[그림 1.2.1] 마리나 항만 개발 대상지 현황

116

〈표 1.2.1〉 마리나 항만 개발 대상지 현황

(단위 : 척)

권 역	마리나명	개발규모		권 역	마리나명	개발규모	
수도권 (5개소)	왕산	1,500 (49%)	300	경남권 (8개소)	구산	552 (57%)	100
	방아머리		300		당항포		100
	제부		300		물건		100
	흘곳		300		하동		100
	전곡		300		진해(명동)		50
충청권 (4개소)	석문	600 (50%)	400		삼천포		42
	오천		100		거제		-
	홍원		100		통영		60
	보령		-	경북권 (5개소)	양포	800 (49%)	100
전북권 (2개소)	고군산	300 (62%)	200		두호		200
	비응		100		후포		300
서남권 (4개소)	함평	277 (61%)	20		고늘		100
	목포		57		진하		100
	화원		100	강원권 (4개소)	강릉	360 (57%)	100
	팽목		100		속초		100
전남권 (3개소)	완도	300 (55%)	100		삼척(덕산)		100
	남열		100		수산		60
	소호		100	제주권 (5개소)	강정	344 (82%)	100
부산권 (3개소)	부산(북)	648 (61%)	100		김녕		10
	수영만		448		도두		4
	백운포		100		중문		150
					이호		80

자료 : 국토해양부(2009)

2. 기개발 국내 마리나 현황

2.1 조사개요

국내의 기개발 마리나는 보령, 목포, 소호, 수영만, 삼천포, 거제, 통영, 수산, 김녕, 도두, 중문 등 11개소이다.

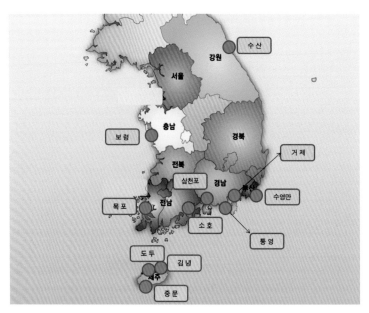

자료 : 국토해양부(2009)

[그림 2.1.1] 기개발 국내 마리나 현황

〈표 2.1.1〉 기개발 국내 마리나 현황

	마리나명	시설규모	개발구역	개발유형	개발 / 운영주체	개장연도
①	수영만 마리나	해상 : 364척 육상 : 400척	기타 연안	일반형	부산시/ 체육시설관리사업소	1986. 4
②	통영 마리나	해상 : 45척 육상 : 15척	무 역 항	리조트형	금호/금호	1994. 7
③	수산 마리나	해상 : 60척	기타 연안	-	양양군/양양군	2009. 11
④	삼천포 마리나	해상 : 22척 육상 : 20척	기타 연안	일반형	(주)삼천포/(주)삼천포	2006
⑤	중문 마리나	해상 : 50척 육상 : 100척	기타 연안	일반형	로얄마린/퍼시픽랜드	2005
⑥	소호 마리나	육상 : 100척	기타 연안	일반형	여수시/전남요트협회	1987
⑦	거제 마리나	-	기타 연안	일반형	부산시/경남요트협회	-
⑧	보령 마리나	-	기타 연안	일반형	보령시/보령시	-
⑨	도두 마리나	해상 : 2척	국가어항	레포츠형	제주한라대학/ 제주한라대학	-
⑩	목포 마리나	해상 : 32척	기타 연안	일반형	목포시/목포시	2009. 7
⑪	김녕 마리나	해상 : 10척	국가어항	레포츠형	크라운/크라운 예정	-

자료 : 국토해양부(2009)

2.2 현황조사

가. 수영만 마리나

육 상 계 류 장	상 하 가 시 설

[그림 2.2.1] 수영만 마리나 현황

〈표 2.2.1〉 수영만 마리나 현황

구 분	조 사 내 용		
개발/운영주체	• 부산광역시/체육시설관리사업소		
투자주체	• 국비 + 지방비		
개발근거	• 공유수면매립법		
개발구역/분류	• 기타 연안/도시 근교형		
시설규모	• 해상 364척, 육상 400척		
개발 사업비	• 개발 사업비 : 246억 원(육·해상 계류시설)		
주요시설	해상시설	육상시설	배후권 연계시설
	• 계류시설 : 부잔교 (8열 954m) • 외곽시설 : 방파제	• 상하가시설 : 크레인 3조 • 급유, 급수, 급전시설, 무인등대(4개소), 광장, 슬립웨이 등	• 부산 해운대·광안리 일대의 상업시설, 숙박시설
이용시기 및 현황	• 사계절 이용(6~8월 피크), 연간 이용객 : 4,000~5,000명		

사 용 료	구 분		일시사용(1일)	상시사용(1월)
	계류비	전장 5m 미만	6,000원	100,000원
		전장 5~7m 미만	10,000원	160,000원
		전장 7~9m 미만	16,000원	240,000원
		전장 9m 미만	24,000원	360,000원

나. 통영 마리나

육상계류장	상하가시설

[그림 2.2.2] 통영 마리나 전경

〈표 2.2.2〉 통영 마리나 현황

구 분	조 사 내 용		
개발/운영주체	• 금호그룹/금호그룹		
투자주체	• 민간(100%)		
개발근거	• 공유수면매립법		
개발구역/분류	• 무역항/리조트형		
시설규모	• 해상 45척, 육상 15척		
개발 사업비	• 개발 사업비 : 약 200억 원(해상계류시설)		
주요시설	**해상시설**	**육상시설**	**배후권 연계시설**
	• 계류시설 : 부잔교 (1열 40m) • 외곽시설 : 방파제	• 상하가시설 : 20, 25ton 크레인 각 1조 • 급유, 급수, 급전시설, 수리소, 적치장 등	• 금호리조트(콘도 포함)
이용시기 및 현황	• 사계절 이용(6~8월 피크), 회원권 분양(약 200명 회원 보유)		
사 용 료	구 분	일시사용(1일)	상시사용(1월)
	계류비 31~35ft	36만 원	253만 원
	36~40ft	40만 원	279만 원

다. 수산 마리나

해 상 계 류 장 전 경	배 후 지 측 전 경

[그림 2.2.3] 수산 마리나 전경

〈표 2.2.3〉 수산 마리나 현황

구 분	조 사 내 용
개발/운영주체	• 양양군/민간
시설규모	• 해상 60척
개발구역/분류	• 국가어항/레포츠형
주요시설	• 계류시설 : 부잔교(1열 78m 시공됨) • 연결호안 : 사석경사제 338m(1차 30m 시공됨) • 수리시설, 보관시설, 클럽하우스 등
특기사항	• 현재 호안 30m, 폰툰 78m 시공 완료, 2008년 호안 잔여구간 완료

라. 삼천포 마리나

해 상 계 류 장	배 후 지 전 경

[그림 2.2.4] 삼천포 마리나 전경

〈표 2.2.4〉 삼천포 마리나 현황

구 분	조 사 내 용		
개발/운영주체	• (주)삼천포마리나/(주)삼천포마리나		
투자주체	• 민간(100%)		
개발근거	• 어촌어항법		
개발구역/분류	• 기타 연안/일상형		
시설규모	• 해상 22척, 육상 20척		
개발 사업비	• 개발 사업비 : 6억 원		
주요시설	해상시설	육상시설	배후권 연계시설
	• 계류시설 : 부잔교 (2열 60m) • 외곽시설 : 방파제	• 급전, 급수시설 등	• 없음
이용시기 및 현황	• 사계절 이용		
사 용 료	• 렌털 영업만 하고 있음		

마. 중문 마리나

해 상 계 류 장	배 후 지 전 경

[그림 2.2.5] 중문 마리나 전경

〈표 2.2.5〉 중문 마리나 현황

구 분	조 사 내 용		
개발/운영주체	• (주)로얄마린/(주)퍼시픽랜드		
투자주체	• 민간(100%)		
개발근거	• 공유수면매립법		
개발구역/분류	• 기타 연안/리조트형		
시설규모	• 해상 50척, 육상 100척		
개발 사업비	• 개발 사업비 : 150억 원		
주요시설	해상시설	육상시설	배후권 연계시설
	• 계류시설 : 부잔교 (2열 30m) • 외곽시설 : 방파제	• 상하가시설 : 20ton 크레인 1조 • 급유, 급수, 급전시설, 등대 1개소, 광장, 슬립 웨이 등	• 제주 일원
이용시기 및 현황	• 사계절 이용		
사 용 료	• 렌털 영업만 하고 있음		

바. 소호 마리나

육 상 계 류 장	해 상 계 류 시 설

[그림 2.2.6] 소호 마리나 전경

〈표 2.2.6〉 소호 마리나 현황

구 분	조 사 내 용		
개발/운영주체	• 여수시/전남요트협회		
투자주체	• 국비 + 지방비		
개발근거	• 공유수면매립법		
개발구역/분류	• 기타 연안/레포츠형		
시설규모	• 육상 100척		
개발 사업비	• 개발 사업비 : 5억 원		
주요시설	해상시설	육상시설	배후권 연계시설
	• 계류시설 : 부잔교	• 관리사무소 • 육상보관시설 • 슬립웨이 등	• 없음
이용시기 및 현황	• 사계절 이용(6~8월 피크), 연간 이용객 : 약 30,000명		
사 용 료	• 요트경기장으로 육상보관시설을 상시 사용하고 있지 않음		

사. 거제 마리나

전 면 해 상 전 경	배 후 지 측 전 경

[그림 2.2.7] 거제 마리나 전경

〈표 2.2.7〉 거제 마리나 현황

구 분	조 사 내 용		
개발/운영주체	• 거제시/경남요트협회		
투자주체	• 국비 + 지방비		
개발근거	• 공유수면매립법		
개발구역/분류	• 기타 연안/레포츠형		
시설규모	• 육·해상 계류시설 없음. 고무보트 및 윈드서핑만 운영		
개발 사업비	• 개발 사업비 : 7억 원		
주요시설	해상시설	육상시설	배후권 연계시설
	• 주요시설 없음	• 슬립웨이 • 육상보관시설	• 없음
이용시기 및 현황	• 사계절 이용		
사 용 료	• 요트경기장으로 육상보관시설을 상시 사용하고 있지 않음		

아. 보령 마리나

| 전 면 해 상 전 경 | 배 후 지 측 전 경 |

[그림 2.2.8] 보령 마리나 전경

〈표 2.2.8〉 보령 마리나 현황

구 분	조 사 내 용		
개발/운영주체	• 보령시/보령시		
투자주체	• 국비 + 지방비		
개발근거	• 공유수면매립법		
개발구역/분류	• 기타 연안/레포츠형		
시설규모	• 해상 계류시설 없음. 경기용 요트 육상 보관		
개발 사업비	• 개발 사업비 : 20억 원		
주요시설	해상시설	육상시설	배후권 연계시설
	• 주요시설 없음	• 사무소, 합숙소 • 육상보관시설	• 없음
이용시기 및 현황	• 사계절 이용		
사 용 료	• 요트경기장으로 육상보관시설을 상시 사용하고 있지 않음		

자. 도두 마리나

해 상 계 류 장 전 경	배 후 지 측 전 경

[그림 2.2.9] 도두 마리나 전경

〈표 2.2.9〉 도두 마리나 현황

구 분	조 사 내 용
개발/운영주체	• 제주한라대학/제주한라대학
시설규모	• 해상 2척
개발구역/분류	• 국가어항/레포츠형
주요시설	• 계류시설 : 부잔교(타일시공 중)
특기사항	• 현재 해상계류장 시공 중이며, (주)제주유람선과의 간섭이 예상됨

차. 목포 마리나

| 해 상 계 류 장 | 배 후 지 측 전 경 |

[그림 2.2.10] 목포 마리나 전경

〈표 2.2.10〉 목포 마리나 현황

구 분	조 사 내 용		
개발/운영주체	• 목포시		
투자주체	• 지방비		
개발근거	• 어촌어항법		
개발구역/분류	• 기타 연안/도심지개발형		
시설규모	• 해상 24척		
개발 사업비	• 개발 사업비 : 70억 원		
주요시설	해상시설	육상시설	배후권 연계시설
	• 계류시설 : 부잔교 (50ft급 8척, 26ft급 16척)	• 상하가시설 : 요트인양기 • 클럽하우스, 레포츠 교육장, 육상적치장, 주차장	• 해양박물관 등
이용 시기 및 현황	• 사계절 이용		
사 용 료	• 논의 중		

카. 김녕 마리나

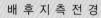

| 해상시공전경 | 배후지측전경 |

[그림 2.2.11] 김녕 마리나 전경

〈표 2.2.11〉 김녕 마리나 현황

구 분	조 사 내 용
개발/운영주체	• (주)크라운/(주)크라운
시설규모	• 해상 10척
개발구역/분류	• 국가어항/레포츠형
주요시설	• 계류시설 : 부잔교(파일시공 중) • 배후지 공원, 골프장 등
특기사항	• 현재 해상계류장 시공 중. 배후 묘봉산관광지구 골프장과 연계

3. 개발 중인 국내 마리나 현황

3.1 조사개요

국내에서 개발 중인 마리나는 강릉, 양포, 함평, 이호, 전곡항 등의 5개소이다.

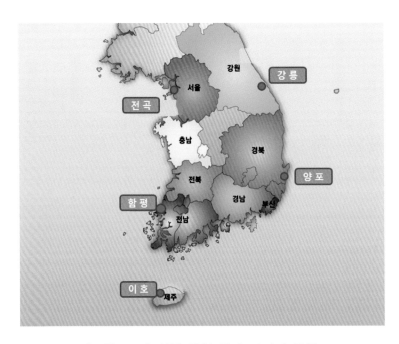

[그림 3.1.1] 시공 중인 국내 마리나 현황

〈표 3.1.1〉 시공 중인 국내 마리나 현황

	마리나명	시설규모	개발구역	개발유형	개발/운영주체
①	강 릉 마리나	해상 : 20척	국가어항	레포츠형	(주)마스터/ (주)마스터 예정
②	함 평 마리나	해상 : 20척	기타 연안	레포츠형	함평군/민간 예정
③	양 포 마리나	해상 : 50척 육상 : 50척	국가어항	레포츠형	포항시/포항시
④	이 호 마리나	해상 : 180척	기타 연안	리조트형	이호랜드/ 이호랜드 예정
⑤	전 곡 마리나	해상 : 60척 육상 : 53척	민간 예정	리조트형	화성시/화성시

3.2 현황조사

가. 강릉 마리나

해 상 계 류 장 전 경	배 후 지 측 전 경

[그림 3.2.1] 강릉 마리나 전경

〈표 3.2.1〉 강릉 마리나 현황

구 분	조 사 내 용
개발/운영주체	• (주) 마스터/(주) 마스터 예정
시설규모	• 해상 20척
개발구역/분류	• 국가어항/레포츠형
주요시설	• 해상계류장 : 20척 • 6층 규모의 클럽하우스
개발 사업비	• 700억 원 예상(민자 유치)

나. 함평 마리나

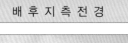

| 전 면 해 상 전 경 | 배 후 지 측 전 경 |

[그림 3.2.2] 함평 마리나 전경

〈표 3.2.2〉 함평 마리나 현황

구 분	조 사 내 용
개발/운영주체	• 함평군/민간 예정
시설규모	• 해상 20척
개발구역/분류	• 기타 연안/레포츠형
주요시설	• 계류시설 : 부유식 함체(해상 20척 계류 가능) • 연결도교 : 파일식 • 관리동, 부대시설 등
특기사항	• 현재 진입도로 시공 중

다. 양포 마리나

해 상 계 류 장	배 후 지 측 전 경

[그림 3.2.3] 양포 마리나 전경

〈표 3.2.3〉 양포 마리나 현황

구 분	조 사 내 용
개발/운영주체	• 포항시/포항시청 예정
시설규모	• 미정
개발구역/분류	• 국가어항/리조트형
주요시설	• 해상계류장 • 클럽하우스
특기사항	• 다기능어항

라. 이호 마리나

해 상 시 공 전 경	배 후 지 측 전 경

[그림 3.2.4] 이호 마리나 전경

〈표 3.2.4〉 이호 마리나 현황

구 분	조 사 내 용
개발/운영주체	• (주)이호랜드/(주)이호랜드 예정
시설규모	• 해상 180척
개발구역/분류	• 기타 연안/리조트형
주요시설	• 계류시설 : 부잔교 • 상하가시설, 수리소, 주차장 등 • 이호유원지 내 호텔, 워터파크, 아쿠아리움, 컨벤션센터 등 계획
특기사항	• 현재 외곽시설 시공 중

마. 전곡 마리나

전 면 해 상 전 경	배 후 지 측 전 경

[그림 3.2.5] 전곡 마리나 전경

〈표 3.2.5〉 전곡 마리나 현황

구 분	조 사 내 용		
개발/운영주체	• 화성시/화성시		
투자주체	• 국비 + 지방비		
개발근거	• 공유수면매립법		
개발구역/분류	• 기타 연안/리조트형		
시설규모	• 경기용 요트 육상 보관		
개발 사업비	• 개발 사업비 : 200억 원		
주요시설	해상시설	육상시설	배후권 연계시설
	• 60척	• 사무소, 합숙소 • 육상보관시설	• 없음
이용 시기 및 현황	• 사계절 이용		
사 용 료	• 소형 : 20만 원(20ft 이하), 중형 : 40만 원(40ft 이상)		

4. 국내 마리나의 발전방향

4.1 요트마리나의 현황과 과제

한국은 약 3,170여 개의 섬과 2,660여 개의 항구, 360개의 해수욕장, 12,000km의 긴 해안선을 갖고 있는 삼면이 바다로 둘러싸인 해양국가이다. 특히 중국이나 일본과의 거리가 비행거리로 1시간 30분 정도로 가까워 세계에서 유래 없는 천혜의 교통로에 위치한 관계로 관광산업 측면에서 성공가능성이 월등한 지리적 장점을 보유하고 있다.

그러나 이제까지 한반도는 남북분단의 정치적 상황과 조선산업과 수산업 중심의 해양정책으로 인하여 해양관광에 관한 인식이나 투자가 서구의 해양국가에 비하여 현저한 차이를 보이고 있는 것이 현실이다.

해양관광의 가장 기본적인 기반시설은 마리나로서 '마리나'는 '작은 항구'라는 의미로 현대에 와서는 모든 해양관광이나 해양 레저스포츠를 위한 편의시설이 완비된 항구시설을 의미한다. 따라서 마리나의 존재는 해양관광산업이나 요트산업의 존재나 규모를 측정하는 기준이 되며 요트산업의 발전을 위한 필수불가결한 시설이라고 할 수 있다.

한국의 경우 국제적 수준의 요트 마리나로 평가하기는 부족하지만 올림픽경기를 위한 용도로 건설된 요트계류장인 부산의 수영만요트장과 함께 통영의 금호마리나, 진해 등이 육상 및 해상계류시설을 갖춘 마리나로 존재하고 있으며 그 밖에 완전한 시설은 아니지만 7개소의 간이형태의 요트 마리나가 건설되어 있다.

그러나 대부분 요트관련 시설과 서비스시설이 계획적으로 완비된 것이 아니고, 국제적으로 홍보되고 있는 마리나가 아닌 이유로 외국의 요트항해자나 내국인들에게까지도 잘 알려져 있지 않아서 제 기능을 다하고 있지 못하고 있는 실정이다. 이들 마리나의 시설현황은 다음의 표와 같다.

〈표 4.1.1〉 소형 마리나 현황(7개소)

소재지	시설명	소유기관	관리주체	부지 면적(m²)	건축 면적(m²)	연면적 (m²)	준공연도
서울	난지요트장	서울시	서울시	320	110	120	2001
경기	평택호 요트훈련장	평택시	평택시	138,561	8,990	13,612	1986
인천	왕산요트장	인천시	시 체육시설 관리과	13,211	411	322	2001
강원	사천요트장	강릉시	강릉시	593	296	296	1997
충북	충주 요트경기장	충주시	충주시	14,333	316	404	2004
전북	부안변산요트경기장	부안군	부안군 직영	7,852	427	427	2003
경북	경북요트장	경상북도	후포군	1,881	605	1,351	1992

자료 : 해양수산부 자료참고 저자 작성(2008년 현재, 시공 중 마리나 제외)

4.2 향후 마리나 개발계획

가. 마리나항만 개발수요

1) 추정절차

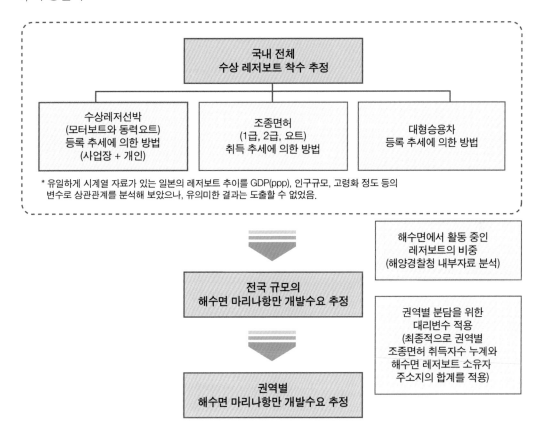

[그림 4.2.1] 마리나항만 개발수요 추정절차

2) 추정수요

📊 마리나항만 개발수요 추정방법

● (1단계) 전국 단위의 레저선박 척수를 추정
전국 수상레저선박등록 데이터, 수상레저기구 조종면허 취득자 데이터 및 대형자동
차등록 데이터를 이용하여 추정

● (2단계) 마리나항만 개발수요 추정

해수면 마리나항만 개발수요는 전체 레저선박척수에 해수면 활동 비중을 적용하여 추정함

● (3단계) 권역별 마리나항만 개발수요 추정

권역별 마리나항만 개발수요는 전체 마리나항만 개발수요에 권역별 분담률을 적용하여 추정함

〈표 4.2.1〉 마리나항만 개발수요 추정 결과

(단위 : 척)

구 분		2013년	2019년	2024년	2029년
추 정 결 과	전체 수상레저선박 추정 척수	9,126	14,310	18,591	22,701
	해수면 : 내수면	65.7% : 34.3%(가정)			
	해수면 마리나항만 개발수요 (해양레저선박)	5,996	9,402	12,214	14,915
적 용		6,000	9,400	12,220	14,920

주 1) 2013년의 레저선박 척수 그리고 해수면·내수면 비중은 해양경찰청 내부 자료임

〈표 4.2.2〉 권역별 수요분담 추정결과

(단위 : 척)

구분	2019년	2024년	2029년	비 고 (최종 분담율)
수도권	2,479	3,223	3,935	26.4
충청권	820	1,066	1,302	8.7
전북권	216	281	343	2.3
전남권	1,092	1,420	1,733	11.6
경남권	1,692	2,199	2,685	18.0
부울권	1,152	1,498	1,829	12.3
경북권	832	1,081	1,320	8.8
강원권	574	746	911	6.1
제주권	543	706	862	5.8
합계	9,400	12,220	14,920	100.0

주 1) 전국 대비 수도권에 월등히 많은 대형승용차의 비중을 포함시키면, 수도권 중심으로 과다한 개발수요
가 집중될 수밖에 없으므로, 이를 제외하고 조종면허(누계)취득자 비중과 해수면 요·보트 소유자 비
중의 평균값을 적용하였음

나. 마리나항만 개발 대상지 선정기준

기본방향

- 입지지표에 의한 마리나항만 예정구역 선정기준 마련, 전체 해수면 연안에 적용, 최종 9권역 58개소의 마리나항만 개발 대상항만 선정

- 인문사회 자연적 조건을 토대로 7개 평가지표 23개 세부평가 요소

〈표 4.2.3〉 마리나항만 예정구역 선정기준

평가항목	평가지표	세부평가 요소
인문사회 여건	접근성	• 접근수단의 다양성(철도, 항공, 도로 등)
		• 진입도로(개설 및 관련계획 포함)
		• 지역 광역시에서의 근접도
	시장성	• 직접세력권 및 간접세력권 인구분포
		• 해당지역 연간 관광객 방문객 수
		• 관광레저시설 개발 관련 현황
	이용성	• 국제적 이용성
		• 지역적 이용성
		• 수산업 양식 등 1차 산업 생산 활동에의 지장 여부
		• 보상이나 간섭이 되는 어업권 존재 여부
	사업추진 용이성	• 규제 및 간섭여부
		• 지역별 관련계획
		• 요구되는 기반시설(전력, 교통, 상하수도, 통신 등) 인입 용이성
		• 주변 토지수용 여건
자연환경 여건	해상조건	• 조류 흐름
		• 조위 변화
		• 수심 확보 가능성
		• 파랑 영향에 따른 방파제의 필요성
		• 마리나 항만시설 확보 용이성
	기상조건	• 안개일수, 맑음일수, 강수일수, 폭풍일수
	자연조건	• 개발 사업으로 인한 수산 자원 및 생태계 훼손이나 소멸 가능성
		• 육상배후지 고·저차 및 급경사의 적정성
		• 수려한 자연경관 및 충분한 개발 가능공간 확보

다. 마리나항만구역 및 마리나항만 예정구역(안)

1) 마리나항만구역

〈표 4.2.4〉 마리나항만구역

권역	대 상 항 만	개소
수도권	김포터미널, 제부, 왕산	3
전남권	목포	1
경남권	충무	1
제주권	중문	1
합계	-	6

2) 마리나항만 예정구역

〈표 4.2.5〉 마리나항만 예정구역

권역	대 상 항 만	개소
수도권	전곡, 덕적도, 서울, 인천, 시화호, 영종, 흘곶, 방아머리	8
충청권	홍원, 창리, 왜목, 안흥, 무창포, 장고항, 원산도	7
전북권	고군산, 비응	2
전남권	목포, 소호, 여수엑스포, 웅천, 화원, 계마, 진도, 완도, 광양, 남열	10
경남권	충무, 삼천포, 명동, 당항포, 지세포, 동환, 구산, 하동	8
부울권	부산북항, 진하, 수영만, 운촌, 고늘, 백운포, 동암, 다대포	8
경북권	양포, 후포, 두호, 감포, 강구	5
강원권	수산, 강릉, 속초, 덕산	4
제주권	김녕, 도두, 이호, 신양, 화순, 강정	6
합계	-	58

※ 목포, 충무는 마리나항만구역으로 지정·고시되었으나, 추가 개발예정으로 마리나항만 예정구역에 포함

3) 마리나항만 예정구역 대상지 현황

〈표 4.2.6〉 마리나항만 예정구역 대상지 현황

권역	제1차 마리나항만 기본계획 (47개소)	제1차 마리나항만 기본계획 수정계획 (58개소)
수도권	왕산, 덕적도, 방아머리, 제부, 흘곳, 전곡, 김포	전곡, 덕적도, 서울, 인천, 시화호 영종, 흘곳, 방아머리
충청권	석문, 오천, 보령, 홍원	홍원, 창리, 왜목, 안흥, 무창포 장고항, 원산도
전북권	고군산, 비응	고군산, 비응
전남권	목포, 소호, 여수엑스포, 화원 팽목(진도), 완도, 남열, 함평	목포, 소호, 여수엑스포, 웅천, 화원 계마, 팽목(진도), 완도, 광양, 남열
경남권	구산, 당항포, 물건, 하동, 명동 삼천포, 사곡, 충무	충무, 삼천포, 명동, 당항포, 지세포 동환, 구산, 하동
부울권	부산북항, 백운포, 수영만, 고늘, 진하	부산북항, 수영만, 운촌, 백운포, 동암 다대포, 고늘, 진하
경북권	두호, 후포, 양포	두호, 후포, 양포, 강구
강원권	속초, 덕산, 강릉, 수산	속초, 덕산, 강릉, 수산
제주권	강정, 김녕, 도두, 중문, 이호, 신양	강정, 김녕, 도두, 중문, 이호, 신양, 화순

마리나항만(6개소) 구역 : 김포터미널, 제부, 왕산, 목포, 충무, 중문

라. 국 · 내외 마리나항만 현황

1) 국 내

〈표 4.2.7〉 국내 (운영중) 마리나항만 현황

구분	마리나항만	개발근거	개발구역	개발년도	시설규모		
					해상	육상	계
운영중	서 울	민투법준용(BOT)	하천	'11	60	30	90
	김포터미널	항만법	무역항	'12	136	58	194
	전 곡	어촌어항법	지방어항	'09, '11	145	55	200
	보 령	공유수면매립법	기타	'01	-	50	50
	격 포	어촌어항법	국가어항	'11	37	-	37
	목 포	항만법	무역항	'09	32	25	57
	소 호	공유수면매립법	기타	'87	-	50	50
	완 도	항만법	무역항	'13	9	-	9
	물 건	어촌어항법	국가어항	'11	25	-	25

구분	마리나항만	개발근거	개발구역	개발년도	시설규모		
					해상	육상	계
	삼천포	어촌어항법	기타	'06	22	20	42
	충 무	항만법	무역항	'94	92	40	132
	충무(공공)	항만법		'13	23	-	23
	거제요트학교	어촌어항법	국가어항	'09, '13	20	-	20
	수영만	공유수면매립법	기타	'86	293	155	448
	The bay 101	지역특화발전특구에대한규제특례법	기타	'14	61	-	61
	남 천	공유재산 및 물품관리법	기타	'14	36	-	36
	양 포	어촌어항법	국가어항	'08, '10	36	-	36
	포항 구항	공유수면 점사용	무역항	'10	50	-	50
	오 산	관광진흥법	국가어항	'13	20	10	30
	후포(소규모)	항만법	연안항	'13	7	-	7
	강 릉	어촌어항법	국가어항	'10	40	5	45
	수 산	어촌어항법	국가어항	'09	60	80	140
	속초(공공)	항만법	무역항	'13	30	-	30
	도 두	어촌어항법	국가어항	'08	10	-	10
	한 라			'08	6	-	6
	도두(공공)			'13	9	5	14
	김 녕	어촌어항법	국가어항	'08	4	-	4
	김녕(공공)			'13	15	10	25
	위 미	어촌어항법	국가어항	'08	1	-	1
	중 문	관광진흥법	기타	'91~'11	5	-	5
	대 포	어촌어항법	지방어항	'11	4	-	4
	왕 산	경제자유구역법	기타	'14	266	34	300
소계	해상 : 1,554척, 육상 : 627척, 계 : 2,181척						

(운영중) 마리나항만 32개소, 총 2,181척

⟨표 4.2.8⟩ 국내 (개발중) 마리나항만 현황

구분	마리나항만	개발근거	개발구역	개발년도	시설규모		
					해상	육상	계
개발중	제 부	마리나항만법	기타	'17	176	124	300
	홍 원	어촌어항법	국가어항	'12	50	50	100
	비 봉	어촌어항법	기타	'15.12	24	-	24
	웅천1	산입법	기타	'16.12	60	90	150
	웅천2				56	-	56
	당항포	어촌어항법	기타	'16	50	50	100
	대포·근포	어촌어항법	국가어항	'15	60	40	100
소계	해상 : 476척, 육상 : 354척, 계 : 830척						

(개발중) 마리나항만 7개소, 총 830척

2) 국 외

⟨표 4.2.9⟩ 국외 마리나항만 현황

국가명	척당 인구수(인/척)		마리나항 또는 요트항(개)		정박 및 계류시설(개소)	
	2006년	2013년	2006년	2013년	2006년	2013년
호주	31	13	2,200	450	42,800	75,000
프랑스	85	132	376	370	224,000	200,000
독일	210	159	2,647	2,700	N/A	N/A
이탈리아	68	127	105	429	128,042	156,606
일본	392	433	570	570	69,000	54,000
네덜란드	64	32	1,200	1,135	18,800	200
노르웨이	6	6	300	-	-	-
스웨덴	8	11	1,000	1,500	200,000	100,000
영국	124	116	500	565	225,000	81,304
미국	17	20	12,000	11,000	1,145,000	80,000

자료 : ICOMIA, Boating Industry Statistics(2006)
주 : 일본 마리나항만의 개소는 2003년 자료임

제2절 세계의 마리나 현황

1. 영국

1.1 영국 마리나 현황

영국은 스코틀랜드(Scotland), 웨일스(Wales), 잉글랜드(England), 북아일랜드(Northern Ireland)로 이루어져 있으며, 총 545개소의 마리나가 건설되어 있다.

멕시코 난류와 편서풍의 영향을 받는 해양성 기후로 대체적으로 온난하기 때문에 잉글랜드(England) 남동, 남서, 남중부에 집중되어 있다.

또한 중북부 남동부 내륙지방 사이의 비스턴 운하(Beeston Canal)의 노샘프턴(Northampton) 및 레스터(Leicester) 주에도 집중되어 있다. 요트건조 시장으로 프랑스의 뒤를 이어 3위로(연 3,300척) 유럽의 요트시장을 주도하고 있다.

〈표 1.1.1〉 지역별 대형 마리나 현황

지역	소계	비고
스코틀랜드(Scotland)	12	
웨일스(Wales)	9	
아일랜드 북부(North Ireland)	9	

지역	소계	비고
잉글랜드 남서부(England Southwest)	42	
잉글랜드 남동부(England Southeast)	47	
잉글랜드 남중부(England Coast)	50	
잉글랜드 동북부(England Northeast)	7	동
잉글랜드 서북부(England Northwest)	13	서
채널제도(Channel Islands)	7	
내륙지방 운하(Midlands Waterways)	19	
총계	215	

자료 : http://www.marina-info.com

1.2 지역별 마리나 현황

가. 브라이튼 마리나(Brighton Marina)

- 시설현황 : • 국가로부터 부지를 임대하여 사용 중이며, 극장, 카지노, 쇼핑몰, 호텔 등이 있음
  - • 계류능력은 1,600척으로 육상계류시설은 없고 해상계류장만 조성됨
- 이용현황 : • 마리나 이용률은 평상시 90% 이상이며, 인근 시내 거주자가 25%, 런던(1시간 거리) 50%, 기타 25%로 조사되었음
  - • 요트와 보트의 비중은 요트 40%, 보트 60%이며, 개인용 90%, 영업용 10%로 대부분 개인소유임
- 개발/운영 : • 개인, 은행, 보험사가 공동 투자 개발, '프리미어사' 소속으로 운영을 임대 중임
  - • 개발 시 일반 관광객 및 시민을 위한 상업시설 및 리조트 시설이 필요함

[그림 1.2.1] 브라이튼 마리나 전경 및 현황

개요

브라이튼 마리나는 1,600대 이상의 요트를 정박시킬 수 있는 영국에서 가장 규모가 큰 마리나이다. 위치는 아래의 표와 같다.

〈표 1.2.1〉 브라이튼 마리나 위치 및 세부사항

위도	50°48'33.02″N
경도	0°5'52.97″W
현장 세부사항	해안
연 정박비용	£260.39
24시간 숙박비용	£2.00
조류의 출입	전 방향
최대길이	60m
총 선석 수	1,500

주요 시설 및 서비스

〈표 1.2.2〉 브라이튼 마리나 주요 시설 및 서비스

24시간 연료 주입	24시간 보안
24시간 잠금장치 가동	15톤 예인선
20톤 크레인	60톤의 기중기
보트 갑판청소	보트 주차장
렌터카	캐시 포인트

CCTV	잡화
보트 수리 서비스	가스
항만 안전을 위한 보트 모니터링 시스템	세탁
오수 처리 서비스	재활용서비스
상점	화장실·샤워장
부교 위의 물과 전기	슈퍼마켓
바 및 레스토랑(18개)	영화관(8 screen)
무료 주차장	요트부품상점
카지노	볼링장(26 lane)
요트 중개(×4)	요트차터
무선 인터넷 접속	요트클럽

비용

- 선석 임대가격(Berthing Charges)

  1년 사용료 1,245파운드로 소형보트를 사용할 수 있으며, 배를 정박하기 위해 제한된 간격은 6.5m이다.

- 지불조건

  3% 할인 또는 선불 계약일에 앞서 또는 7½%(미리 10으로 나눈 것의 2개월치를 지불해야 한다. 분할금은 계약된 처음과 마지막 개월을 나타냄)의 분할급 요금으로 월간 예금자를 대신하여 은행계좌에 2개월치를 미리 대리 납부한다.

- 겨울철 조건(Winter Option)

〈표 1.2.3〉 브라이튼 마리나 겨울철 조건 요금표

기간	요금(£)
2006. 10. 1~2007. 3. 31(0~7)	1.60
2006. 10. 1~2007. 3. 31(8~89)	0.70
2006. 10. 1~2007. 3. 31(90 이상)	0.50

- 월 선석 임대(Monthly Berthing) : 4월 1일~9월 30일
- 주간 선석임대(Daily Berthing)

  최대 이틀 밤 동안의 전기요금을 무료로 포함

  미터(m)당 2.25파운드의 요금을 지불해야 한다.

- 단기 선석임대(Short Stay Berthing)

  최대 4시간 사용할 수 있으며 선박당 6.50파운드의 요금을 지불해야 한다.

조선소 요금(Boatyard Charges)

- 보트핸들링(최대 60톤)

〈표 1.2.4〉 브라이튼 마리나 보트핸들링 요금표

(단위 : £)

보트핸들링 서비스	요금
보트를 육상으로부터 계류 세척 후 크레인으로부터 분리	23.50
보트를 육상으로부터 6.5m까지 계류 세척 후 크레인으로부터 분리	77.50
보트를 육상으로부터 계류 세척 후 보트를 진수	14.50
보트를 육상으로부터 진수	15.25
보트를 육상으로부터 6.5m까지 진수	39.00
조선소 트레일러 사용으로 보트를 육상으로부터 계류	22.00
시간당 보트 행거 사용 서비스	87.75
보트의 해안 이동 서비스	14.85
조선 수리의 선가 서비스	35.00

● 보트창고(Storage)

〈표 1.2.5〉 브라이튼 마리나 보트창고 서비스 요금표

(단위 : £)

보트창고 서비스	요금
0~9주 동안 해안창고를 사용	0.75
10주 이상 해안창고를 사용	1.50
요트의 야적용 창고 사용	1.80
창고의 트레일러 사용	1.50

● 돛대 작업(Mastwork)

기중기 사용으로 선체로부터 돛대를 분리한 후 갑판 위 돛대의 상태점검 및 수리 30분간 106.00파운드의 요금을 지불해야 한다.

기타 비용(Other Charges)

● 폰툰 서비스(Pontoon Services)

전기 유료 사용 서비스(부가세 5% 포함) 및 수도를 무료로 제공한다.

● 기타 서비스(Other Services)

〈표 1.2.6〉 브라이튼 마리나 기타 서비스 요금표

(단위 : £)

기타 서비스	요금
30분 동안 소형보트로 견인하거나 도움을 받는다.(부가세 없음)	35.00
보트의 선장은 돛, 연료, 식수를 제공받는다.	27.00
육상으로부터 계류 후 보트의 1회 세척을 제공받는다.	무료
30분 동안 보트 전문가에 의한 조언 및 도움을 받는다.	35.00
30분 동안 기중기를 사용할 수 있다.	50.00
30분 동안 지게차를 사용할 수 있다.	37.00
30분 동안 보트 안의 탱크 안 오물을 펌프로 퍼낼 수 있다.	16.50

나. 치체스터 마리나(Chichester Marina)

치체스터 마리나는 자연적인 조건을 갖춘 남쪽지역에서 가장 아름다운 요트 마리나 중 하나이다.

[그림 1.2.2] 치체스터 마리나 전경

개요

치체스터 마리나는 매년 365일 24시간 내내 초단파 채널 80을 사용한다. 정박위치에서 전기 케이블, 화장실 및 마리나에 관한 정보들이 지급될 것이다. 보트의 출발준비가 되었을 때 초단파 수 채널 80으로 항만 관리인에게 신호를 주면, 관리인의 사인으로부터 항만의 출발지시를 받게 된다.

〈표 1.2.7〉 치체스터 마리나 위치 및 세부사항

위도	50°48'5.97″N
경도	0°49'24.77″W
현장세부사항	해안
연 정박비용	£269.00미터(m)당
24시간 정박비용	£2.00
조류의 출입	HW+5-5
최대길이	20m
총 선석 수	1071

주요 시설 및 서비스

〈표 1.2.8〉 치체스터 마리나 주요 시설 및 서비스

24시간 연료 주입	24시간 보안
24시간 갑문 가동	65톤의 기중기 사용
술집·레스토랑	중개업
무료 주차장	요트용품점
부교와 주기장에서의 전기	연료의 거래
보트 수리 서비스	가스
항만 안전을 위한 보트 감시 시스템	세탁서비스
요트클럽(Yacht Club)	외부 편의시설
하선처리지점	오수 처리 서비스
상점	선대
해안창고	공중전화
화장실·샤워장	트레일러/크래들 창고
일일 기상 정보	무선 인터넷 접속

비용

선석정박비용(Berthing Charges)

1,999파운드로 소형보트를 사용할 수 있으며, 배를 정박하기 위해 제한된 간격은 6.5m이다. 연간 운하 사용료는 선박(최소길이 15.2m)에 한해 245파운드로 사용 가능하다. 트레일러용 보트 및 육상계류도 이용할 수 있다.

〈표 1.2.9〉 치체스터 마리나 요금표

기간	요금(£)
12개월	1,500
6개월	1,000
1개월	215

지불조건(Payment Options)

3% 할인 또는 선불 계약일에 앞서 또는 5%(미리 10으로 나눈 것의 2개월치를 지불해야 한다. 분할금은 계약된 처음과 마지막 개월을 나타냄)의 분할금 요금으로 월간 예금자를 대신하여 은행계좌에 2개월치를 미리 대리 납부한다.

겨울철 조건(Winter Options)

〈표 1.2.10〉 치체스터 마리나 겨울철 조건 요금표

기간	요금(£)
2006. 10. 1~2007. 3. 31(30~89)	0.70
2006. 10. 1~2007. 3. 31(90 이상)	0.45
2007. 3. 1~3. 31	0.75

월 선석 사용료(Monthly Berthing)

2007년 4월 1일~9월 30일까지 조건 가격이 적용된다.

주간선석 임대(Daily Berthing)

전기세 2.50파운드를 포함하며, 1,200시간 동안 미터(m)당 2.15파운드 요금(최소요금 14.50파운드)을 제공해야 한다. 또한 평일(월요일~금요일)은 20% 할인될 수 있다.

단기 정박(Short Stay Berthing)

최대 4시간 정박하며, 미터(m)당 0.90파운드(최소요금 7.20파운드)의 요금을 지불해야 한다.

🎲 기타 요금

● 마리나 서비스

〈표 1.2.11〉 치체스터 마리나 서비스 요금표

(단위 : £)

마리나 서비스	요금
보트 수리 및 진수 서비스	19.00
해안 보관소 트레일러 및 선가 사용 서비스	23.00
30분 동안 소형보트로 견인하거나 도움을 받는다.(부가세 없음)	35.00
30분 동안 보트 전문가에 의한 조언 및 도움	34.00
탱크 안의 물을 펌프로 퍼 올릴 수 있다.	FOC

● 폰툰서비스(Pontoon Services)

전기 유료 사용 서비스(부가세 5% 포함) 및 수도를 무료로 제공한다.

다. 팔머스 마리나(Falmouth Marina)

[그림 1.2.3] 팔머스 마리나 전경

개요

팔머스 마리나는 하루에 24시간 영업을 한다. 리셉션과 접촉하기 위하여, VHF채널 80을 통해 연락을 하거나 직원 누군가를 찾아서 부르면 된다. 또한 VHF 80 또는 01326 316620으로 연락해서 알려주면 마리나 직원으로부터 마리나 코스와 훈련을 받을 수 있다.

또한 크루징을 하기에 가장 이상적인 스타팅 포인트로서 붐비지 않는 바다와 환상적인 해안선을 갖추고 있다.

〈표 1.2.12〉 팔머스 마리나 위치 및 세부사항

위도	50°9'47.70″N
경도	5°4'54.48″W
현장세부사항	해안
연 정박비용	£339.07미터(m)당

24시간 정박비용	£2.30
조류의 출입	전 방향
최대길이	30m
총 선석 수	337

주요시설 및 서비스

〈표 1.2.13〉 팔머스 마리나 주요시설 및 서비스

15톤의 보트 이동	24시간 연료 주입
24시간 보안	25톤 모바일 크레인
30톤의 기중기	바
보트창고	렌터카
주차장	보트용품 상점
부교와 물 위의 전기	무선 인터넷 서비스
가스	연료주입과 수리 서비스
레스토랑	세탁서비스
공중전화	해변 창고
	화장실 및 샤워장

■ 요금

● 정박요금(Berthing Charges)

외부 실(Cill)의 12개월 정박요금은 미터(m)당 375.00파운드이며, 내부 쪽 실(Cill)의 12개월 정박(3시간에 대략 만조의 양쪽에 다가갈 수 있다)요금은 미터(m)당 339.00파운드이다.

● 지불선택 항목(Payment Options)

분할요금으로 월간 예금자를 대신하여 은행계좌에 2개월치를 사전에 대리 납부해야 한다.

● 겨울 선택 항목(Winter Options)

10월 1일부터 다음연도 3월 31일까지 요금은 하루에 미터(m)당 0.60파운드이다.

● 월간 정박(Monthly Berthing)-요청 가격

4월 1일부터 9월 30일까지이고 또한 N.B.요금은 꼭 미리 지불해야 한다. 매일(2일 동안의 무료로 전기요금을 포함한다) 정박 1,200시간 동안 정박 시에는 미터(m)당 2.50파운드를 지불해야 한다(최소요금 ￡22.00).

● 매주 요금(Weekly Rate)

6일(선불로 지불해야 한다)의 가격으로 7일을 이용할 수 있다.

● 단기 선석임대(Short Stay Berthing)

최대 4시간 이용할 수 있으며, 미터(m)당 1.25파운드(최소요금 11.00파운드)요금을 지불해야 한다.

■ 조선소 요금(Boatyard Charges)

● 보트 핸들링(Boat Handling)

상하가는 선박의 수리를 위하여 물에서 끌어 올리는 것이다. 최대 30톤(5.3m 최대길이)까지 가능하며, 미터(m)당 20.00파운드 요금을 지불해야 한다. 또한 보트를 올릴 경우 미터(m)당 15.70파운드 요금을 지불하며, 움직이면서 상하가 시설을 사용할 경우 미터(m)당 15.75요금을 지불해야 한다.

● 해안보관요금(Storage Ashore)

- 보트 미터(m)당 하루에 0.60파운드의 요금을 지불해야 한다.
- 덮개 없이 보관 시 하루에 미터(m)당 1.9파운드의 요금을 지불해야 한다.
- 덮개 사용 시 하루에 미터(m)당 20.00파운드의 요금을 지불해야 한다.
- 트레일러와 진수대 보관 미터(m)당 20.00파운드의 요금을 지불해야 한다.

📷 기타 요금(Other Charges)

● 폰툰 서비스(Pontoon Services)

마리나 서비스 요금은 주간 또는 한 달 동안 필요한 준비나, 필요한 사람과의 연결 그리고 그것들을 고객에게 직접적으로 서비스하고 제공하기 위해 사용된다.

● 기타 서비스(Other Services)

〈표 1.2.14〉 팔머스 마리나 기타 서비스 요금표

(단위 : £)

기타 서비스	요금
시간당 연료 및 급수를 제공	32.00
고압 세척기 사용으로 인한 요트의 세척 서비스	3.50
일주일 동안 진수대를 임대할 수 있다.	17.00
시간당 보트 전문가에 의한 도움 및 조언을 받는다.	32.00

기타 서비스	요금
소형보트로 견인하거나 도움을 받는다.	18.00
내부 팰머스 항구에서 마리나까지 끄는 비용	42.00
외부 팰머스에서 마리나까지 끄는 비용	70.00

라. 포트 솔렌트 마리나

〈표 1.2.15〉 포트 솔렌트 마리나 전경 및 현황

● 시설현황 : • 계류능력은 1,300척으로 해상 380척, 육상 920척임
 • 인근지역 마리나와의 차별화를 위한 리조트시설 구축
● 이용현황 : • 마리나 이용률은 거주자 60%, 런던 10%, 기타(외국) 30%임
 • 요트와 보트의 비중은 40, 60%이며, 개인용 30%, 영업용 70%로 조사됨
● 개발/운영 : • 국가로부터 토지를 임대하여 시설을 축조, '프리미어사' 소속으로 직접 운영 중
 • 건물 등 시설사용권은 개발자에게 있으며, 건물임대, 계류비용으로 수익 창출

마. 오션 빌리지 마리나

〈표 1.2.16〉 오션 빌리지 마리나 전경 및 현황

- 시설현황 : • 총 계류능력은 450척이며, 보관 및 수리시설 등 서비스시설이 부족하여 계류비용이 타 지역보다 싼 편임
- 이용현황 : • 마리나 이용률은 평상시 80~90%이며, 지역거주자 25%, 인근도시 거주자 50%, 외지투자 자 25%임
  - 요트와 보트의 비중은 5 : 5이며, 대부분 개인용으로 조사됨
- 개발/운영 : • 국가로부터 임대하여 시설을 축조, '프리미어샤' 소속으로 직접 운영
  - 운영수익은 계류비, 건물임대, 사무실, 극장 등 시설사용 등임
  - 대상시 선정은 접근성과 이용 편리성이 중요함

2. 프랑스

2.1 프랑스 마리나 현황

프랑스에는 현재 유럽에서 남쪽 60개, 동쪽 47개, 북쪽 15개소 등으로 총 404개소의 대규모 마리나시설이 건설되어 있으며, 요트생산량은 미국의 뒤를 이어 2위(연 7,900척)이며 수출은 4,300척으로 1위를 달리고 있다.

또한 계류·보관방법은 수면계류, 육지보관, 수륙병설 3가지로 나뉘어 있으며, 따뜻한 지중해 연안 남쪽에 집중되어 있다. 프로방스알프코트다쥐르(Provence-Alpes-Cote d'Azur), 랑독루시용(Languedoc-Roussillon) 해안에 집중되어 있으며, 이외에는 푸아투샤랑트(Poitou-Charentes), 페이드라루아르(Pays de la Loire), 아키텐(Aquitaine)에 집중되어 있다.

〈표 2.1.1〉 지역별 대형 마리나 현황

지역	소계	비고
프로방스알프코트다쥐르(Provence-Alpes-Cote d'Azur)	46	
랑독루시용(Languedoc-Roussillon)	14	
푸아투샤랑트(Poitou-Charentes)	14	
페이드라루아르(Pays de la Loire)	24	
아키텐(Aquitaine)	9	
바스-노르망디(Basse-Normandie)	8	
오트-노르망디(Haute-Normandie)	3	
노르-파-드-칼레(Nord-Pad-de-Calais)	4	
총 계	122	

자료 : http://www.marina-info.com

🎲 일반정보

🔵 출입절차(Entry Formalities)

다른 나라로부터 프랑스 항만으로 요트가 들어오려면 등록증과 여권을 검사받아야 한다. 일반적으로 들어올 때에는 등록증이 필요 없다. 그러나 등록증은 항상 휴대해야 한다. 등록증은 선장 또는 소유자가 승선하거나 보트를 정박하는 것을 알게 해주며, 등록증이 없다면 승선 및 정박을 할 수 없다.

프랑스로부터 등록된 특별한 세무관련 처리가 안된 요트는 프랑스 항구에서 하루 요트의 무게(톤)당 3프랑의 부가적인 요금을 내야 한다. 프랑스로부터 이주 시 들어올 때

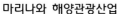

에는 부가적인 요금이 요구된다. 겨울에는 마리나 대부분이 비어 있다.

12개월 중 6개월 동안 프랑스에 보트 소유요금 18%를 의무적으로 지불해야 하며, 남은 6개월은 소유자 또는 요트에 담보가 붙은 차액으로 조선소에 정박할 수 있다. 또한, 프랑스를 떠나게 되어 다시 돌아올 경우 6개월간 지속적으로 정박할 필요가 없다면 3개월 동안 요트를 사용하고 다시 남은 3개월을 이용할 수 있다.

🌀 서류(Documents)

요트는 반드시 등록증(선장자격증 또는 등록증 복사본)을 가지고 있어야 하며, 무선 허가증 증명서와 보험 증명서 역시 소지해야 한다. 하지만 복사본은 허용하지 않는다.

🌀 세금(Taxes)

항구와 마리나에서 여름에는 높은 세금이 지불된다. 그러나 실질적으로 다른 계절에는 그렇지 않다. 만약 요트를 프랑스 국내로 수입하려면 프랑스 부가세 요금 18%를 지불해야 한다. 보트의 소유자는 등록해야 하며, 프랑스로부터 세무관련 처리가 되지 않으면 부가적으로 하루 요트의 무게(톤)당 3프랑의 요금을 지불해야 한다.

🌀 기후와 날씨(Climate and Weather)

여름기후는 전형적인 지중해의 뜨겁고 건조한 기후이다. 그리고 겨울에는 축축하고 온화한 기후가 나타난다.

온화한 겨울기후는 리베리아 지역에서 진행되었다. 서쪽 리베리아 지역은 몇몇 지역의 폭설로 의하여 겨울이 추울 수 있다. 미스트랄 바람에 의해 론 강 계곡의 낮은 기온 때문에 한기가 느껴지며, 여름에 때때로 프랑스 해안 동쪽으로부터 시로코(사하라사막에서 부는 열풍)가 도착하면 불쾌한 습한 기후가 생성된다.

1·2월은 평균적으로 1~11℃(34~54°F)이고 가장 추운 날씨이며, 7·8월은 가장 무더운 날씨이다. 평균적으로 17~29℃(63~84°F)이다.

습기는 적당한 75%(겨울은 80%, 여름은 53%) 정도이고 프랑스는 해풍과 육풍의 변화로 육상으로 바람이 증가하며, 해양의 온도는 2월에 12℃(54°F), 8월에는 23℃(73°)로 바뀐다.

🌀 바람(Winds)

여름에 북서쪽 그리고 남동쪽으로부터 바람이 불며, 리옹 만에 의한 바람은 겨울과 여름 대부분 전체적으로 북서쪽에서 분다. 게다가 동쪽 방향 바람은 지방지형에 의해 바뀌므로 북서쪽과 북동쪽으로부터 바람이 분다. 일반적으로 산들바람이 불어오며, 내륙으로 정오에 시작하여 해질녘에 끝난다. 때때로 질풍이 도달하며 바람의 세기는 4~5 정도이다.

미스트랄은 겨울 북서쪽으로부터 리옹 만으로부터 불어오는 매서운 바람이며 바람의 세기는 보우퍼트 8등급 정도이다. 일반적으로 미스트랄은 3일 동안 불며 때로는 일주일 동안 불 수도 있다. 하늘에 구름이 없고 매우 건조한 대기는 조심해야 한다. 미스트랄을 발견하는 데는 기압계가 작은 도움을 주며 저기압이 프랑스 중심을 가로지를 때 미스트랄은 점점 커진다. 그러므로 미스트랄 발생에 대비하여 안전에 대한 현명한 방법을 찾아내야 한다.

- 산 너머에서 불어오는 미스트랄(Mistral or Tramontane)

리옹 만에 불어오는 북서쪽 바람 미스트랄은 미노르카부터 사르디니아까지 펼쳐지며, 건조한 대기로부터 미스트랄이 발생한다. 리옹 만의 온건한 북서쪽 바람 미스트랄은 간접적인 저기압에 의해 4~6개월 동안 바람이 강해진다.

2.2 지역별 마리나 현황

가. 포트 루카트(Port Leucate)

〈표 2.2.1〉 포트 루카트 마리나 개황

위도	42°52'N
경도	3°03'E
무선	채널 09, 16
선석	최대 1,000척 선석
항법	출입 시 강한 남동쪽 바람으로부터 위험
조선소	모든 선박 수리 가능

전기	사용 가능
크레인	9톤 크레인 사용 가능
편의시설	화장실

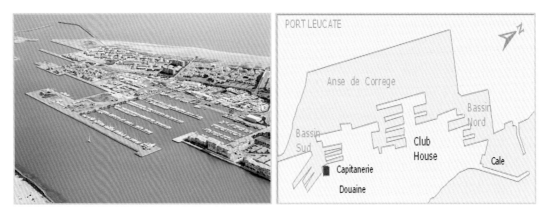

[그림 2.2.1] 포트 루카트 마리나 전경

나. 레 캅 다드(Le Cap d'Agde)

〈표 2.2.2〉 레 캅 다드 마리나 개황

위도	42°52'N
경도	3°03'E
무선	채널 09
선석	최대 2,000척 선석
항법	출입 시 강한 남동쪽 바람으로부터 위험
조선소	모든 선박 수리 가능
전기	사용 가능
크레인	27, 13톤 크레인 사용 가능
요트클럽	이용 가능
편의시설	화장실

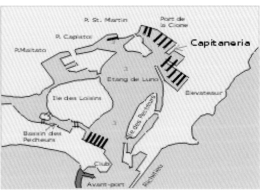

[그림 2.2.2] 레 캅 다드 마리나 전경

다. 포트 드 세테(Port de Sete)

〈표 2.2.3〉 포트 드 세테 마리나 개황

위도	43°33'N
경도	4°05'E
무선	채널 09, 16
선석	최대 220척 선석
항법	출입 시 강한 남동쪽 바람으로 위험
조선소	모든 선박 수리 가능
전기	사용 가능
크레인	200, 25, 8톤 크레인 사용 가능
요트클럽	이용 가능
편의시설	화장실

[그림 2.2.3] 포트 드 세테 마리나 전경

라. 앙티브 마리나

〈표 2.2.4〉 앙티브 마리나 전경 및 현황

- 시설현황 : • 계류능력은 200척이며, 120척의 보트가 계류 가능함
- 이용현황 : • 계류선박은 초대형(300피트), 대형, 중형, 소형 등 다양함
- 개발/운영 : • 현재 프랑스는 2만 척 정도의 마리나 개발을 구상 중임
    • 편의시설 등 수익창출이 가능한 시설위주로 개발 고려

마. 니스 마리나

〈표 2.2.5〉 니스 마리나 전경 및 현황

- 시설현황 : • 계류능력은 해상 500척임
- 이용현황 : • 마리나 이용률은 평상시 55%
  • 이용자구성은 지역거주자는 소형, 타 지역·타 국가의 경우 대형위주 이용
- 개발/운영 : • 계류비보다는 배후지 편의시설의 임대 및 서비스시설로 수익 창출

바. 칸 마리나

[그림 2.2.4] 칸 마리나 전경

사. 모나코 마리나

[그림 2.2.5] 모나코 마리나 전경

3. 스페인

3.1 스페인 마리나 현황

스페인에는 총 74개소의 마리나가 건설되어 있다. 스페인은 17개의 구역으로 나뉘어 있으며, 연간 300일 이상 햇빛을 볼 수 있는 안달루시아(Andalucia) 지방의 코스 델 솔(Costa del

163

Sol)에 집중되어 있다. 따뜻한 지중해와 풍부한 일조량으로 겨울철에도 영상 10도 이상을 유지하여 사계절 내내 요트 관광객들로 북적이는 곳이다. 카탈로니아(Catalonia) 지방의 바르셀로나(Barcelona) 역시 스페인 경제 중심의 한 축으로 많은 요트 관광객들이 즐겨 찾는 곳이다.

<표 3.1.1> 지역별 대표 마리나 현황

지역	소계	비고
갈리시아(Galicia)	3	
바스크(Pais Vasco)	3	
카탈로니아(Catalonia)	11	
Ballearic island	9	
안달루시아(Andalucia)	27	
Murica	14	
발렌시아(Valencia)	7	
총 계	74	

자료 : http://www.marina-info.com

3.2 일반적 정보(General Information)

스페인에 입항하기 전에는 선박을 등록해야 하며 배의 등록은 조합에 여러 도움을 줄 것이다.

여권을 소지해야 하며, 선원이 다른 곳으로 이동할 경우 입국도장이 찍혀 있는 여권이 있다면 어떤 항구에서나 정박할 수 있다. 스페인 선원으로 가입하려면 입국도장이 찍혀 있는 여권이 있어야 한다.

스페인에 입항하려면 특별한 규정이 있다. 트레일러에 의해 2.5m를 초과하지 않아야 하며, 넓은 정박지는 허가증에 의한 상업용 운송수단에 의해서만 가능하다.

일시적인 정박은 오스트레일리아의 경우 6개월간, 그리고 미국은 8개월간 할 수 있다. 항구에 입항하면 반드시 신고를 해야 하며 허락을 받아야 한다. 선박증 및 여권을 제출해야 하며 세관 사무실에 선박에 대한 요금을 지불해야 한다. 6개월 이상 머물 시 무제한 정박을 허락받아야 한다.

무제한 정박은 스페인에 살고 있는 주민들로부터 허락되면 가능하다.

3.3 지역별 마리나 현황

가. 푸에르토 호세 바너스(Puerto Jose Banus)

〈표 3.3.1〉 푸에르토 호세 바너스 마리나 현황

위치	36°29'N 04°57'3W
항법	남, 남서쪽 바람에 의해서 출입이 곤란
초단파	채널 09, 14, 16
대피소	대피소 안전
자료	최대 915선석 및 568관광객 수용 가능, 최대선체 길이 80m, 수심 3~6m
편의시설	물, 220/380V 전력제공, 샤워 및 화장실, 전화, 수상주유, 50톤까지 크레인 가능, 선박 전체 수리 가능

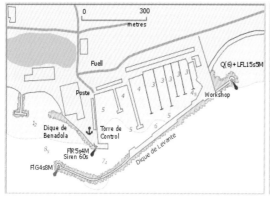 

[그림 3.3.1] 호세 바너스 마리나 전경

나. 푸에르토 베날마데나(Puerto Benalmadena)

〈표 3.3.2〉 푸에르토 베날마데나 마리나 현황

위치	36°35'7N 04°30'7W
항법	암초에 위험이 있어 Bermeja에서 Laja 남쪽으로 들어가야 한다. Bermeja에서 Laja 는 동쪽 등대로부터 정상적으로 표시되어 있다.
초단파	채널 09
대피소	강한 서쪽 바람 때문에 일부 선박이 어려움을 겪는다.
자료	최대 1,000선석 수용 가능, 최대선체 길이 40m, 수심 2~5m
편의시설	물, 220/380V 전력제공, 샤워 및 화장실, 수상주유 50톤까지 크레인 가능, 선박 전체 수리가능, 식료품 제공 및 레스토랑 사용

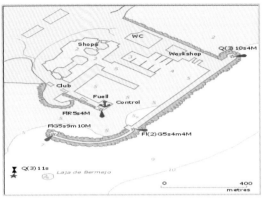

[그림 3.3.2] 푸에르토 베날마데나 마리나 전경

4. 이탈리아

4.1 이탈리아 마리나 현황

이탈리아는 20개의 주로 이루어져 있으며, 삼면이 바다로 둘러싸여 있다. 총 494개의 마리나가 건설되어 있다.

1년 내내 온난한 지중해성 기후이며, 7, 8월의 관광시즌에는 비가 거의 오지 않고 화창한 날씨가 계속되므로, 성수기가 되어 요트 관광객들로 붐빈다.

〈표 4.1.1〉 요트 마리나의 지역별 분포도

지역	소계	비고
트렌티노알토아디제(Trentino-Alto Adige)	1	
베네토(Veneto)	28	
프리울리베네치아줄리아(Friuli-Venezia Giulia)	50	
리구리아(Liguria)	45	
에밀리아로마냐(Emilia-Romagna)	15	
토스카나(Toscana)	61	
마르케(Marche)	13	
라치오(Lazio)	13	
아브루초(Abruzzo)	7	
몰리세(Molise)	5	
캄파니아(Campania)	31	

지역	소계	비고
풀리아(Puglia)	60	
칼라브리아(Calabria)	17	
시칠리아(Sicilia)	92	
사르데냐(Sardegna)	56	
총　계	494	

자료 : http://www.marins.com

4.2 지역별 마리나 현황

가. 마리나 포르토 세르보(Marina Porto Cervo)

〈표 4.2.1〉 마리나 포르토 세르보 개황

위도	41°08'N
경도	9°32'E
무선	채널 16, 09
선석	최대 800척 선석 가능
요트클럽	이용 가능
조선소	모든 선박 수리 가능
전기	사용 가능
크레인	350, 40톤 크레인 사용 가능
편의시설	화장실 및 샤워시설

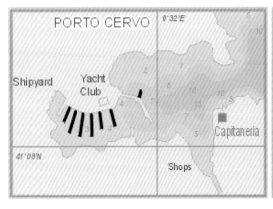 

[그림 4.2.1] 마리나 포르토 세르보 전경

167

나. 마리나 디 푼타 알라(Marina di Punta Ala)

〈표 4.2.2〉 마리나 디 푼타 알라 개황

위도	42°48'N
경도	10°44'E
무선	채널 09
선석	최대 895척 선석 가능
요트클럽	이용 가능
조선소	모든 선박 수리 가능
전기	사용 가능
크레인	80톤 크레인 사용 가능
편의시설	화장실 및 샤워시설

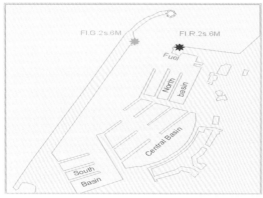

[그림 4.2.2] 마리나 디 푼타 알라 전경

다. 마리나 리바 디 트라이아노(Marina Riva di Traiano)

〈표 4.2.3〉 마리나 리바 디 트라이아노 개황

위도	42°06'N
경도	11°49'E
무선	채널 16, 09
선석	최대 1,054척 선석 가능
요트클럽	이용 가능
조선소	모든 선박 수리 가능
전기	사용 가능
편의시설	화장실 및 샤워시설

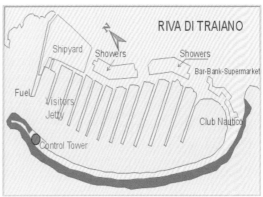

[그림 4.2.3] 마리나 리바 디 트라이아노 전경

5. 호주

5.1 호주 마리나 현황

호주는 6개의 주와 2개의 특별구역으로 나뉘며, 뉴사우스웨일스(New South Wales), 퀸즐랜드(Queensland) 지역에 마리나가 집중적으로 분포되어 있다.

뉴사우스웨일스(New South Wales)의 시드니(Sydney) 지역은 온화한 기후로 유명하다. 총 마리나의 수는 약 2,250개소로 대부분 해상정박이나 소형 마리나가 건설되어 있다.

〈표 5.1.1〉 지역별 대표 마리나 현황

지역	소계	비고
웨스턴오스트레일리아(Western Australia)	1	
사우스오스트레일리아주(South Australia)	2	
빅토리아(Victoria)	7	
뉴사우스웨일스(New South Wales)	24	
퀸즐랜드(Queensland)	30	
총　계	64	

자료 : http://www.marina-info.com

5.2 지역별 마리나 현황

가. 아벨 포인트 마리나(Abel Point Marina)

개요

메르디앙 마리나 아벨 포인트는 퀸즐랜드 북부의 대서양 연안 위에 있는 에얼리 해변타운이다.

에얼리 해변은 브리즈번의 북쪽으로 1,125km이고 카이른스의 남쪽으로 725km 이다.

[그림 5.2.1] 아벨 포인트 마리나 전경

〈표 5.2.1〉 아벨 포인트 마리나 위치 및 세부사항

위도	20°16'S
경도	148°43'E
최저수심	4.75
연 정박비용	AU$600
24시간 비용	AU$3.64
무선단파	9,16
선석 최대길이	60m
총 선석 수	500

시설 및 서비스

〈표 5.2.2〉 아벨 포인트 마리나시설 및 서비스

카페 및 편리한 상점(얼음판매)	음식점 및 술집
조선소	관광상품점
연료 · 가스	통신 및 교통시설
잡화상	. 요트가게
중개업	보수 관리 서비스

📖 요금

〈표 5.2.3〉 아벨 포인트 마리나 요금표

(단위 : $)

선석길이	일일	주일	월별	분기별	6개월	1년
단일선형 11m(36')	50	240	800	2000	3900	7500
복수선형 11m(36')	75	360	1200	3000	5850	11250
단일선형 12m(40')	60	320	1200	3000	5500	9500
복수선형 12m(40')	90	480	1800	4500	8250	14250
단일선형 15m(50')	70	340	1250	3150	5700	10500
복수선형 15m(50')	105	510	1875	4725	8550	15750
단일선형 18m(60')	90	450	1700	4500	8800	17500
복수선형 18m(60')	135	675	2550	6750	13200	26250
단일선형 21m(70')	125	600	2350	5850	10500	20000
복수선형 21m(70')	187.50	900	3525	8775	15750	30000
단일선형 24m(80')	160	800	2950	8000	15000	28000
복수선형 24m(80')	240	1200	4425	12000	22500	42000
단일선형 30m	200	1000	4000	POA	POA	POA
복수선형 30m	300	1500	6000	POA	POA	POA
단일선형 40m	265	1500	6000	POA	POA	POA
복수선형 40m	397.50	2250	9000	-	-	-

[그림 5.2.2] 달보라 마리나 전경

나. 달보라 마리나(d'albora marinas)

달보라 마리나는 호주에서 가장 큰 마리나로 720척의 배를 정박할 수 있는 세계적 시설의 계류장을 운영하고 있다.

다. 넬슨 만(Nelson bay)

시드니 북단에서 차량으로 2시간 거리에 위치하고 있다.

[그림 5.2.3] 넬슨 만 마리나 전경

라. 아쿠나 만(Akuna bay)

오스트레일리아 동쪽 해안에서 가장 좋은 시설 중 하나인 아쿠나 만 마리나이다.

[그림 5.2.4] 아쿠나 만 마리나 전경

[그림 5.2.5] 아쿠나 만 마리나 조선소

마. 러시커터 만(Rushcutters bay)

오스트레일리아의 순항 요트 클럽의 본거지로 유명한 러시커터 만 마리나이다.
호바트 요트 경기가 열리는 곳으로 각국의 유명한 바다 사나이들이 모이는 곳이기도 하다.

[그림 5.2.6] 러시커터 만 마리나 전경

[그림 5.2.7] 갑 마리나 전경

바. 갑(The spit)

광대한 수상 스포츠의 중심부이자 시드니의 유명한 북쪽 해변에 있는 마리나이다.

6. 뉴질랜드

6.1 뉴질랜드 마리나 현황

뉴질랜드는 북섬과 남섬으로 나뉘어 있으며, 서안해양성 기후와 지중해성 기후 둘 다 나타나고 있다.

여름은 비가 거의 오지 않고, 날씨도 아주 좋기 때문에 성수기를 이룬다. 총 29개의 마리나가 건설되어 있으며, 주로 북섬에 집중되어 있다.

요트건조와 함께 뉴질랜드는 요트대회의 경제적 파급효과가 상당한 곳이다. 150년 전통의 아메리카스컵을 개최한 뉴질랜드 오클랜드는 4억 7,000만 달러에 이르는 경제적 수익을 거두고 세계적인 해양관광명소로 급부상하고 있다.

〈표 6.1.1〉 지역별 마리나 현황

지역	소계	비고
뉴질랜드 중부(Central New Zealand)	7	
뉴질랜드 북부(North New Zealand)	22	
뉴질랜드 남부(South New Zealand)	3	
총 계	32	

자료 : http://www.marina-info.com

173

6.2 지역별 마리나 현황

가. 웨스트헤이븐 마리나(Westhaven Marina)

📷 개요

웨스트헤이븐 마리나는 뉴질랜드에서 가장 큰 마리나 중 하나이다. 하버브리지의 동쪽 끝에 위치하고 있으며, 오클랜드 시내에서 2km 정도에 위치한 명소 중 하나이다.

웨스트헤이븐 마리나는 20세기 초에 건설된 뉴질랜드에서 가장 오래된 마리나이다. 1918년 강력한 태풍의 피해를 입고 난 후 보다 안전한 마리나를 웨스트헤이븐에 건설하였다.

웨스트헤이븐 마리나는 세계적 시설을 갖추고 있으며, 모든 종류의 선박이 입·출항할 수 있는 곳이다. 또한 대규모 해양복합단지로서 수분 내에 주변에서 모든 서비스를 받을 수 있으며, 쇼핑몰, 슈퍼마켓, 다양한 카페와 레스토랑이 자리잡고 있다.

📷 주요시설

〈표 6.2.1〉 웨스트헤이븐 마리나 주요시설

주요시설	
1,432개소의 마리나 선석(8~30m)	329개소의 파일 정박시설(8~16m)
53개소의 스윙 정박시설, 8~10m	40개소의 임대용 선석
마스트 크레인과 조류표지	트레일러 보트 야적장
6개의 진수램프	주차장

〈표 6.2.2〉 웨스트헤이븐 마리나 서비스 시설

서비스 시설	
전력 및 식수 공급	샤워 및 세탁시설
폐유처리	양수시설
주유시설(디젤, 휘발유)	24시간 보안시스템 시설
전화, 팩스(Fax), 이메일(e-mail)	드라이우트(수심 : 3m)
은행 및 우체국	보안시설(40개의 카메라, 계약자 PIN 사용)

🎲 렌털가격

〈표 6.2.3〉 웨스트헤이븐 마리나 렌털가격

핑거(8~16m) : 27~53피트	
일	$13~$24.50
월	$403~$759
선상생활	
일	$15.50~$33
월	$480~$1,023

[그림 6.2.1] 웨스트헤이븐 마리나 전경

🎲 기타

홉슨 웨스트 마리나는 오클랜드시가 소유하고 있으며 웨스트헤이븐 마리나 회사에 의하여 위탁경영되고 있다.

나. 타우랑가 브리지 마리나(Tauranga bridge marina)

이 지역은 물이 깊은 지역이기 때문에 대부분의 배들을 수용할 수 있는 여건을 갖추고 있으며 슈퍼급의 배나 요트들도 정박 가능하다. 또한 프랜들리 마리나임을 타이틀로 내세울 정도로 서비스가 좋고 그 종류만 해도 무려 500여 가지가 된다.

[그림 6.2.2] 타우랑가 브리지 마리나 전경

7. 일본

7.1 일본의 마리나 현황

일본에는 현재 570여 개소의 마리나가 정비되어 있다. 그 수용능력은 100척 미만인 것이 217개로 전체의 약 반을 차지하며, 500척 이상인 것은 불과 9개로 전체의 2%에 지나지 않아 마리나의 수용능력은 대부분 소규모이다.

또한 계류·보관 방법은 수면계류, 육지보관, 수륙병설 3가지로 나뉘며 육지보관형이 압도적으로 많으며, 마리나 입지 상황을 보면 정온 수역이 있는 폐쇄성 만에 집중되어 있으며 Tokyo만 이남의 Sagami만, Ise만, Osaka만, Seto 내해에 많고 이것 이외에는 Toyama만, Wakasa만, Biwa호 등에 집중되어 있다.

[그림 7.1.1] 일본의 마리나 분포도

〈표 7.1.1〉 지역별 대표 마리나 현황

지 역	소 계	비 고
홋카이도(北海道)	7	
아오모리(青森縣)	2	
야마가타(山形縣)	1	
이와테(岩手縣)	1	
아키타(秋田縣)	3	
미야기(宮城縣)	3	
후쿠시마(福島縣)	7	
이바라키(茨城縣)	15	
지바(千葉縣)	13	
도쿄(東京都)	7	
사이타마(埼玉縣)	6	

지 역	소 계	비 고
가나가와(神奈川縣)	43	
야마나시(山梨縣)	2	
니가타(新潟縣)	7	
나가노(長野縣)	1	
도야마(富山縣)	2	
이시카와(石川縣)	6	
후쿠이(福井縣)	10	
시즈오카(靜岡縣)	39	
아이치(愛知縣)	25	
미에(三重縣)	11	
시가(滋賀縣)	21	
오사카(大阪府)	19	
교토(京都府)	11	
와카야마(和歌山縣)	11	
효고(兵庫縣)	20	
오카야마(岡山縣)	15	
히로시마(廣島縣)	27	
야마구치(山口縣)	7	
가가와(香川縣)	14	
도쿠시마(德島縣)	6	
고치(高知縣)	6	
에히메(愛媛縣)	9	
후쿠오카(福岡縣)	15	
사가(佐賀縣)	3	
나가사키(長崎縣)	7	
구마모토(熊本縣)	12	
오이타(大分縣)	3	
미야자키(宮崎縣)	2	
가고시마(鹿兒島縣)	1	
오키나와(沖繩縣)	4	
총계	424	

자료 : BOATING GUIDE

7.2 지역별 마리나 현황

가. 신 니시노미야 요트하버(제3섹터)

[그림 7.2.1] 신 니시노미야 요트항 전경

- 수용능력 : 870척(육지 : CY120, MB540, 계류 : CY44, MB : 166), 수역면적 27ha, 육지면적 8ha이다.
- 주요시설 : 센터하우스, 방문객버스, 계류잔교, 서비스공장, 상하가시설, 급수, 급유시설, 주차장(800대)이 있다.
- 정부기관 : 효고현청, 니시노미야시청, 일본기상협회, 제5관해상보안 본부, 해상보안청 수로부, 오사카만 해상교통센터, 일본 세일링연맹, 간사이 요트클럽 등이 있다.
- 민간기업 : 足立요트조선(목조), 135이스트(요트판매), 오카자키요트, 효고도요타마린(면허취득 및 보관수리), 야마하발동기, 야마하보팅시스템, 얀마디젤, 닛산마린 외 다수의 기업이 있다.
- (社)일본선정공업협회(日本舟艇工業協會) 주최로 간사이 국제보트쇼2008을 개최하였다(2008년 3월 21일~23일까지).
- 서(西)일본 최대의 마리나로 요트하버 등의 마린스포츠시설, 레저시설, 리조트, 호텔, 쇼핑센터 설치를 목적으로 마리나 파크시티를 건설하였다.

나. 유메노시마 마리나(夢ノ島マリーナ)

[그림 7.2.2] 유메노시마 요트 마리나 전경

- 수용능력 : 총 659척, 방문객 선석 12척
  - 육지면적 : 5.7ha
  - 수역면적 : 18.0ha
  - 주요시설 : 급수, 급전, 급유시설, 상하가시설, 수리공장, 마린센터, 주차(480대), 주륜 (100대)
- 정부기관 : 도쿄항만국, 해상보안청, 국토교통성
- 민간기업 : (주)스바루, 도쿄만 해상교통센터, 일본해양레저안전진흥협회
- 도심지에 위치한 공공마리나로 전철로 신키바역에서 걸어서 15분 거리에 위치하고 있으며 자가용 이용 시 IC에서 2분거리. 도쿄역과 10분거리에 위치하고 있으며 동경디즈니랜드에서 6분 거리

다. 에노시마 요트하버(江ノ島ヨットハーバー)

- 수용능력 : 총 1,303척(수면계류 : 98, 육상 보관 : 981)
- 요트보관면적 : 28,000m^2
- 주요시설 : 요트하우스, 상하가시설, 딩기용 슬로프, 수리공장, 급수, 급유시설주차장 (300대), 본선안벽, 녹지 등
- 정부기관 : 현하항과(県河港課) 후지사와시청, 제3관구해상보관본부, 요코스카 해상보안부, 후지사와시관광협회

179

- 민간기업 : 가나가와세일링연맹, (사)에노시마요트클럽, 에노시마주니어요트클럽, 후지사와토목사무소, (주)소난나기사파크본사, 곡소해빈(鵠沼海浜)공원스케이트파크

- 관광단지형 마리나로서 (주)소난 나기 사파크에서 가나가와현 후지사와시의 소난해안 및 에노시마를 요트하버를 포함하여 스케이트파크, 테니스공원, 각종 워터스포츠가 가능한 테마형 공원을 각각 도입하여 요트하버와 함께 관광시설로서 운영하고 있다.

[그림 7.2.3] 에노시마 요트 마리나 전경

라. 이데미쓰 마리나(出光マリーナ, 아이치현(愛知県))

시설 및 서비스

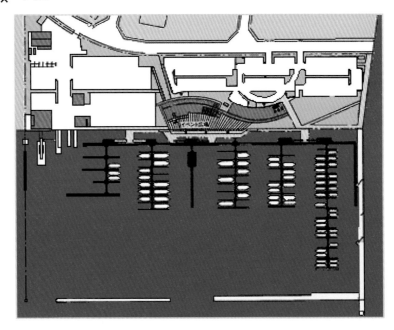

[그림 7.2.4] 이데미쓰 마리나 선석 구획도

● 육상시설

〈표 7.2.1〉 이데미쓰 마리나 육상시설

육 상 시 설	
클럽하우스	레스토랑 및 산장
보트하우스	정비공장, 주정장(駐艇場), 세정장(洗艇場)
세일창고	PWC사무소(PWC : Personal Water Craft)
PWC보관소 및 전용크레인	육상급유소
바비큐(BBQ)광장	주차장

● 해상시설

● A선석
(각 선석에 100볼트의 전원과 수도가 있음)
25피트 이하의 소형정용선석

● B선석
(각 선석에 100볼트 전원과 수도가 있음)
남측 : 30피트 이하의 싱글 선석과 더블 선석
북측 : 35피트 이하의 싱글 선석과 더블 선석

● C선석
(각 선석에 100볼트 전원과 수도가 있음)
남측 : 40피트 이하의 더블 선석
북측 : 40피트 이하의 더블 선석

- D선석
  (각 선석에 100볼트 전원과 수도가 있음)
  남측 : 40피트 이하의 싱글 선석
  북측 : 50피트 이하의 싱글 선석

- 센터피어
  방문자정(艇)의 일시계류
  보관정(保管艇)의 게스트 승선 등에 이용

- F선석
  (각 선석에 100볼트 전원과 수도가 있음)
  남측 : 50피트 이하의 싱글 선석
  북측 : 40피트 이하의 싱글 선석

- G선석
  남측 : 40피트 이하의 싱글 선석
  북측 : 40~60피트의 유틸리티 선석
  급유선석, 오수처리시설

[그림 7.2.5] 이데미쓰 마리나 해상시설

마. 라구나 마리나(ラグナマリナー, 아이치현(愛知県))

■ 시설 및 서비스

● 라구나 마리나 하우스에는 로비와 프런트, 마린살롱, 회의실과 미팅룸이 있다.

[그림 7.2.6] 라구나 마리나 하우스

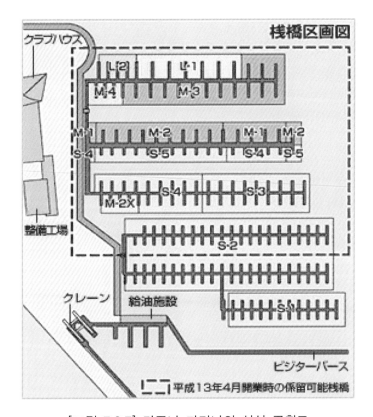

[그림 7.2.7] 라구나 마리나의 선석 구획도

[그림 7.2.8] 라구나 마리나의 각종 시설

정박요금

● 정박요금(연간)

〈표 7.2.2〉 라구나 마리나 연간 정박요금표

(단위 : 엔(시설 이용료 포함))

선 장	선 폭	S-1 더블 선석 주 선석 1.8m 핑거 0.6m 급수만	S-2 더블 선석 주 선석 2.0m 핑거 0.6m 급수만
5m 이상~6m 미만	3.0m 미만	231,000	262,500
6m 이상~7m 미만		304,500	336,000
7m 이상~8m 미만		367,500	420,000

선 장	선 폭	S-3 더블 선석 주 선석 2.0m 핑거 0.6m 급수만	S-4 더블 선석 2.0m 핑거 1.0m 급수만	S-5 더블 선석 주 선석 2.0m 핑거 1.0m 급전·급수
8m 이상~9m 미만	3.8m 미만	441,000	483,000	525,000
9m 이상~10m 미만		525,000	556,500	598,500

선 장	선 폭	M-1 더블 선석 주 선석 2.0m 핑거 1.0m 급수만	M-2 더블 선석 주 선석 2.0m 핑거 1.0m 급전·급수	M-2X 싱글 선석 주 선석 2.0m 핑거 1.0m 급전·급수
10m 이상~11m 미만	4.3m 미만	630,000	714,000	856,800
11m 이상~12m 미만		819,000	903,000	1,083,600
12m 이상~13m 미만		997,500	1,102,500	1,323,000

선 장	선 폭	M-3 더블 선석 주 선석 2.0m 핑거 1.0m 급전·급수	M-4 싱글 선석 주 선석 2.0m 핑거 1.0m 급전·급수
13~15m 미만	4.6m 미만	1,176,000	1,411,200

선 장	선 폭	L-1 더블선석 주 선석 2.0m 펑거 1.5m 급전·급수	L-2 싱글선석 주 선석 2.0m 펑거 1.5m 급전·급수
15m 이상~17m 미만	5.1m 미만	1,312,500	1,575,000

선 장	선 폭	L-3 더블 선석 주 선석 3.0m 펑거 1.5m 급전·급수	L-4 싱글 버스 주 선석 3.0m 펑거 1.5m 급전·급수
17m 이상~20m 미만	5.5m 미만	1,974,000	2,362,500

● 육상 정박요금(연간)

〈표 7.2.3〉 라구나 마리나 연간 육상정박요금표

(단위 : 엔)

선 장	선 폭	요 금
5m 이상~6m 미만	2.6m 미만	252,000
6m 이상~7m 미만	2.8m 미만	325,500
7m 이상~8m 미만	3.0m 미만	399,000
8m 이상~9m 미만	3.6m 미만	472,500
9m 이상~10m 미만	3.8m 미만	546,000
10m 이상~11m 미만	4.0m 미만	630,000
11m 이상~12m 미만	4.1m 미만	735,000
12m 이상~13m 미만	4.3m 미만	1,102,500
13m 이상~14m 미만	4.6m 미만	1,207,500
14m 이상~15m 미만	4.6m 미만	1,365,000

❙ 상하가 요금(왕복)

〈표 7.2.4〉 라구나 마리나 상하가 요금표

(단위 : 엔)

선 장	1회 요금	연간계약요금
탑재정, 부속정 등	5,250	-
8m미만	8,400	109,200
8m 이상~9m 미만	9,450	122,850
9m 이상~10m 미만	10,500	136,500
10m 이상~11m 미만	12,600	163,800
11m 이상~12m 미만	14,700	191,100
12m 이상~13m 미만	16,800	218,400
13m 이상~15m 미만	26,250	341,250
15m 이상~17m 미만	33,600	-
17m 이상~20m 미만	39,900	

● 방문자 선석 이용요금

〈표 7.2.5〉 라구나 마리나 방문자 선석 이용요금표

(단위 : 엔)

선 장	이용요금	선 장	이용요금
6m 미만	2,000(1,000)	14m 미만	6,000(3,000)
7m 미만	2,500(1,250)	15m 미만	6,500(3,250)
8m 미만	3,000(1,500)	16m 미만	7,000(3,500)
9m 미만	3,500(1,750)	17m 미만	7,500(3,750)
10m 미만	4,000(2,000)	18m 미만	8,000(4,000)
11m 미만	4,500(2,250)	19m 미만	8,500(4,250)
12m 미만	5,000(2,500)	20m 미만	9,000(4,500)
13m 미만	5,500(2,750)	( ) 6시간 이내의 이용요금	

바. 나가사키 선셋 마리나

[그림 7.2.9] 나가사키 선셋 마리나 전경

〈표 7.2.6〉 나가사키 선셋 마리나 현황

● **시설현황** : 클럽하우스나 상하가시설을 보유하고 있으며, 육상 100척, 해상 100척으로 최대 200척까지 계류 가능
● **이용현황** : 지역거주자가 90% 이상 이용하고 있으며, 평상시 100척 정도 육상과 해상의 50 : 50 비율로 이용형태를 보이고 있음
● **개발/운영** : 현재 수요정체로 인하여 개발이 거의 이뤄지지 않고 있으며, 운영 수입은 운영사에서 선박 판매, 수리, 교육, 렌탈 등의 종합적인 서비스를 제공하여 운영수익을 취하고 있음

사. 후쿠오카 마리노아시티 마리나

[그림 7.2.10] 후쿠오카 마리노아시티 마리나 전경

〈표 7.2.7〉 후쿠오카 마리노아시티 마리나 현황

- 시설현황 : 육상계류 150척, 해상계류 80척으로 최대 230척까지 계류 가능
- 이용현황 : 개인소유선박 90%, 영업용 10%, 지역거주자 80% 이상의 이용률을 보이고 있으며, 평상시 160척 정도의 선박이 계류시설을 이용하고 있음
- 개발/운영 : 현재 수요정체로 인하여 개발이 이뤄지지 않고 있으며, 정부와 민간업체가 공동으로 운영하고 있음

아. 오사카 와카야마 마리나

[그림 7.2.11] 오사카 와카야마 마리나 전경

〈표 7.2.8〉 오사카 와카야마 마리나 현황

- 시설현황 : 육상계류 70척, 해상계류 150척으로 최대 220척까지 계류 가능
- 이용현황 : 지역거주자가 90% 이상의 이용률을 보이고 있으며, 평상시 140~160척 정도가 계류시설을 이용하고 있음
- 개발/운영 : 수요정체로 인하여 개발계획이 없으며, 공동개발 후 민간에서 운영하여 계류비, 연료비, 물품판매, 수리, 상하가 사용료 등으로 운영수익을 취하고 있음

8. 미국

8.1 미국 마리나 현황

미국은 유럽과 더불어 요트 건조시장을 주도하고 있다.

총 12,100개소의 마리나로 뉴욕(New York), 캘리포니아(California), 플로리다(Florida)주에 집중적으로 분포되어 있으며, 그중 플로리다 반도는 1년 내내 쾌적한 열대성 기후 및 아름다운 해안으로 '세계적 휴양지'로 거듭나고 있다.

〈표 8.1.1〉 지역별 대표 마리나의 현황

지역	소계	지역	소계
앨라배마(Alabama)	10	미시시피(Mississippi)	6
알래스카(Alaska)	2	미주리(Missouri)	8
애리조나(Arizona)	3	몬타나(Montana)	3
아칸소(Arkansas)	8	뉴햄프셔(New Hampshire)	14
캘리포니아(California)	82	뉴저지(New Jersey)	37
콜로라도(Colorado)	3	뉴욕(New York)	98
코네티컷(Connecticut)	20	노스 캐롤라이나(North Carolina)	33
델라웨어(Delaware)	4	오하이오(Ohio)	22
컬럼비아(District of Columbia)	2	오클라호마(Oklahoma)	14
플로리다(Florida)	91	오리건(Oregon)	11
조지아(Georgia)	15	펜실베이니아(Pennsylvania)	10
하와이(Hawaii)	1	로드아일랜드(Rhode Island)	19
일리노이(Illinois)	12	사우스캐롤라이나(South Carolina)	14
인디애나(Indiana)	10	테네시(Tennessee)	14
아이오와(Iowa)	1	텍사스(Texas)	20
켄터키(Kentucky)	23	버몬트(Vermont)	3
루이지애나(Louisiana)	2	버지니아(Virginia)	36
메인(Maine)	28	워싱턴(Washington)	17
메릴랜드(Maryland)	49	웨스트버지니아(West Virginia)	2
매사추세츠(Massachusetts)	20	위스콘신(Wisconsin)	9
미시간(Michigan)	37	총계	824
미네소타(Minnesota)	11		

자료 : http://www.marinamate.com

8.2 지역별 마리나 현황

가. 트레저 아일랜드 마리나(Treasure Island Marina)

[그림 8.2.1] 트레저 아일랜드 마리나 보트
보관소

[그림 8.2.2] 트레저 아일랜드 마리나 전경

🔲 보트 창고 및 마리나 정보

- 트레저 아일랜드 마리나는 북서쪽 플로리다에 위치해 있다.
- 보트 저장고에는 25,000파운드까지 보관 가능하며, 물 또는 전기 공급으로 선박의 세척, 선반작업을 할 수 있다.
- 기중기를 이용한 보트의 이동이 가능하며, 전문가가 매일 점검을 실시한다.

[그림 8.2.3] 트레저 아일랜드 마리나 보트창고 및 마리나 상점

🔲 마리나 부분 서비스 매장

- 트레저 아일랜드 마리나(Treasure Island Marina)에서는 공장에서 인정받은 제품을

판매자로부터 시레이(Sea Ray), 보스턴 웨일러(Boston Whaler), 머크루즈(MerCruise), 머큐리(Mercury), 퀵실버(Quicksilver), 캐터필러(Caterpillar), 야마하(Yamaha), 커민스(Cummins), 콜러(Kohler), 웨스터벡(Westerbeke) 등에 서비스되고 있으며, 회사 또한 경험 있고 믿을 수 있는 전문가를 소개하며, 상점 안에서 다양한 제품을 선택할 수 있다.

[그림 8.2.4] 트레저 아일랜드 마리나 판매 매장

〈표 8.2.1〉 트레저 아일랜드 마리나 서비스 매장시장

서비스 매장시간	
월요일~금요일	7 : 30~4 : 00pm
토요일	8 : 00~4 : 00pm

🧩 마리나 차트

● 아일랜드 타임 세일링 카타마란 크루즈(Island Time Sailing Catamaran Cruises)

카타마란(Catamaran) 항해, 스노클링, 낭만적인 일몰을 감상하면서 요트항해, 돌고래의 모습 등 하루의 짧은 여행으로 아름다운 쉘(Shell) 섬에서의 인상적인 시간을 남겨준다.

● 블루 돌핀 투어(Blue Dolphin Tours)

파나마 시티(Panama City)의 야생 돌고래들을 한곳으로 모이게 하여, 보트에 승선하여 특별한 장소에서 돌고래를 볼 수 있다.

● 쉘 아일랜드 보트 렌털 & 투어

쉘 아일랜드 보트 렌털(Shell Island Boat Rentals) 및 아일랜드 웨이브러너 투어(Island Waverunner Tours)가 성공적으로 경영되고 있으며, 새로운 대형 선박 및 보트 그리고 항해지역 등을 효과적으로 제공하고 있다.

나. 델레이 마리나

[그림 8.2.5] 델레이 마리나 전경

〈표 8.2.2〉 델레이 마리나 정보

- 위치 : 미국 로스앤젤레스 연안
- 면적 : 약 320만m^2(약 97만 평)
- 약 8,400척의 요트 수용 가능(육상 2,000척, 해상 6,400척)
- 활동시설 및 특징
  - 세계적 수준의 마리나시설로서 임해 복합개발형, 공공주도형 개발방식에 의해 개발됨
  - 마리나와 펜션을 중심으로 한 복합적 대규모 임해개발로서 약 6,000호에 이르는 아파트가 숙박지에 근접해 배치되어 주도시를 형성하고 있음. 요트, 낚시, 사이클링, 테니스, 조깅, 롤러스케이트, 윈드 서핑 등 해양스포츠를 종합적으로 경험할 수 있음
  - 기구는 렌탈이 가능하고 각각 지도를 받을 수 있어 초보자도 충분히 스포츠를 즐길 수 있으며, 요트 하버는 약 8,400척을 수용할 수 있고 연중 마린스포츠를 즐길 수 있는 것이 큰 특징임

다. 미션베이파크(Mission Bay Park)

[그림 8.2.6] 미션베이파크 마리나 전경

193

<표 8.2.3> 미션베이파크 마리나 정보

- 위치 : 미국 캘리포니아주 샌디에이고 북서쪽 8km 연안
- 면적 : 1,861만m²(약 560만 평) - 수면적 89만m²(약 27만 평)
- 개발개념 : 세계 최대의 복합적 수상 레크리에이션 기지개발
- 시설구성 및 주요사업
  - 세계 최대급의 요트하버로 요트 1,500척과 보트 2,500척의 동시 계류가 가능하며, 파크 내에는 해수욕장 9개, 녹지공원, 골프장 18홀, 캠프장, SEA WORLD, 호텔 등이 갖추어져 있음
  - 공공사업이면서 수입원을 확보하고 있고, 대도시 근교의 레크리에이션 기지로서 대량 집객이 가능함. 공공기관과 민간업자 간의 이해가 일치하고, 강력한 행정지원과 주제에 일치된 시설이 큰 특징임

9. 캐나다

9.1 캐나다 마리나 현황

캐나다는 총 10개의 주와 3개의 준주가 있으며 총 41개의 마리나가 건설되어 있다.

<표 9.1.1> 요트 마리나 지역별 분포도

지역	소계	비고
브리티시컬럼비아(British Columbia)	3	
노바스코샤(Nova Scotia)	3	
온타리오(Ontario)	29	
Prince Edward Island	1	
퀘벡(Quebec)	5	
총계	41	

자료 : http://marinamate.com

9.2 지역별 마리나 현황

가. 베이 포트 마리나(Bay Port Marina)

<표 9.2.1> 베이 포트 마리나 서비스 및 시설

100피트의 모든 선박을 700척까지 수용
24시간, 일주일, 한 달, 모든 시즌 정박
가스, 디젤, 펌프시설, 식수 및 얼음 등
세탁소(세탁기 및 건조기)

35개의 깨끗하고 개인적인 세면실 및 샤워실(온수 제공)
마리나 사무실, 서비스시설 및 잡화점
선박 50톤까지 기중기 사용 가능, 수력의 트레일러 비치
선박의 거대한 온도를 조정할 수 있는 작업장 서비스
마리나에서 겨울철에 따뜻하게 선박을 보관하는 창고
주일 내내 선박의 광대한 부분(장비) 등을 판매
알루미늄, 스테인리스, 청동으로 이루어진 장비상점
요트중개업
24시간 선박의 보호 및 보안

베이 포트 마리나(Bay Port Marina)의 특징

베이 포트 마리나(Bay Port Marina)에서는 훌륭한 마리나 기술자가 최고의 시설 및 서비스를 제공한다.

마리나 안의 내만은 만 안의 모든 위험한 상황들로부터 보호할 수 있도록 설계되어 있으며, 마리나 안의 수질은 고객이 수영할 수 있을 정도로 깨끗하다.

특히 방파제는 위의 사항들을 충족시킬 수 있는 마리나의 핵심요소 중 하나이다.

요금

〈표 9.2.2〉 베이 포트 마리나 2008~2009년 요금표

선박길이	선폭	요금
25'	12.5'	$1,595.00
25'	12.5'	$2,350.00
25'	12.5'	$2,995.00
30'	16'	$3,750.00
35'	16'	$4,100.00
40	20'	$5,075.00
40'	20'	$5,195.00
50'	20'	$5,995.00
50'	20'	$6,200.00
60'	20'	$7,355.00

요금계획 : 5월 1일 부두 사용료 차액에 의해 11월 1일 $400의 예치금을 지불해야 한다.
모든 요금에 대한 요금 계획에 따라 2008~2009년 동안 서비스를 제공한다.

🔹 위치

베이 포트(Bay Port)는 조지안 베이(Georgian Bay) 남동쪽 코너인 미들랜드 온타리오(Midland, Ontario) 안에 위치해 있다.

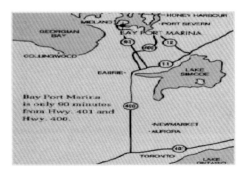

[그림 9.2.1] 베이 포트 마리나 위치

나. 브론테 아우터 하버 마리나
(Bronte Outer Harbour Marina)

브론테 아우터 하버 마리나(Bronte Outer Harbour Marina)는 다양한 서비스를 제공하는 마리나이다.

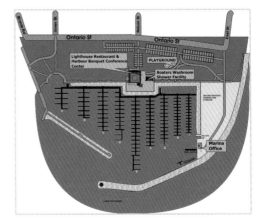

[그림 9.2.2] 브론테 아우터 하버 마리나

〈표 9.2.3〉 브론테 아우터 하버 마리나 사무실 시간표

사무실 시간		
5월 1일 근로자의 날	월요일~금요일	9am~5pm
근로자의 날~4월 30일	월요일~금요일	9am~4 : 30pm

〈표 9.2.4〉 브론테 아우터 하버 마리나 연료 부두 시간

연료 부두 시간		
5월 1일 근로자의 날	9 : 00am~6 : 00pm	월요일~목요일
	8 : 00am~8 : 00pm	금요일~일요일 · 휴일
근로자의 날~10월 14일	9 : 00am~6 : 00pm	7일

[그림 9.2.3] 브론테 아우터 하버 마리나 부두 전경

편의시설

[그림 9.2.4] 브론테 아우터 하버 마리나 수상 위의 피크닉 부두 및 세면시설

〈표 9.2.5〉 브론테 아우터 하버 마리나 편의시설

편의시설	
화장실	샤워시설
15, 30, 50 암페어 전력	식수공급
무료주차시설	연료 및 펌프시설

다. 비콘스필드 요트 클럽(Beaconsfield Yacht Club)

비콘스필드 요트 클럽은 회원요금에 의해 운영되고 있으며, 총 회원 수 260명과 160척의 요트를 수용할 수 있다.

197

[그림 9.2.5] 비콘스필드 요트 클럽 전경

🎲 편의시설

〈표 9.2.6〉 비콘스필드 요트 클럽 편의시설

편의시설	
테라스로 덮여 있는 오락시설	음료 및 간단한 식사 서비스
클럽하우스 안의 샤워시설 및 욕실	잔디밭 피크닉 장소
바비큐(BBQ) 시설	연료 및 펌프시설
배터리(Battery) 교환	요트 정비 및 수리

[그림 9.2.6] 비콘스필드 요트 클럽 전경

10. 중국

10.1 중국의 마리나 현황

중국은 2007년 아메리카스컵에 단일팀으로 출전할 정도로 활발한 항해활동과 마리나 건설을 확장하고 있다. 특히 2008년 북경올림픽을 통하여 요트경기장을 겸하여 건설한 청도마리나는 국제적 수준의 편의시설을 갖추었다.

상해와 인근 도시는 대만의 기술을 받아들여 슈퍼요트 및 레저용 보트의 생산에도 주력하고 있어, 아시아 국가 중 가장 발전 가능성이 높은 국가 중 하나이다.

가. 청도 마리나

중국 동부 연해에 자리잡고 있는 청도는 중요한 항구도시일 뿐만 아니라 경제의 중심이며, 중국의 유명한 역사문화 도시다.

해양성 기후의 특성을 가지고 있어서 겨울에는 따뜻하고 여름에는 시원하기 때문에 중국을 대표하는 요트 마리나로 성장하고 있다.

청도마리나는 중국 북부에서 제일가는 항구 가운데 위치한 마리나로, 산둥반도 남쪽 해안에 있으며 자오저우만 동쪽 입구에 있다. 또한 시내에 즐비한 독일식 붉은 서구풍 건축은 1898년 개항한 뒤에 세워진 것으로 동서양의 조화로운 문화를 경험할 수 있는 독특한 도시이다.

북경올림픽 요트경기장 건설을 위하여 해상에 800선석의 계류장이 설치되었다. 또한 해안 오수유입방지, 적조예보 시스템 설비 등 친환경적인 마리나를 건설하였으며, 선수촌 내에 하얏트호텔 등 관광시설을 겸한 복합마리나로 성과를 높이고 있다.

[그림 10.1.1] 청도 마리나 전경

나. 일조 마리나

산둥성에 위치한 일조시는 청도와 이웃한 도시로서 한국의 평택항과 주3회 여객선이 다닐 정도로 한국과의 관계도 깊은 도시이다.

일조시는 100여 리가 넘는 아름다운 백사장과 해변이 있어서, 중국에서도 해변관광지로 유명한 곳이다. 이곳에는 약 320선석의 폰툰과 6개의 슬립웨이가 갖춰져 있다.

일조 마리나는 북경올림픽 때에는 요트경기 연습장으로 사용되었으며, 날씨가 좋을 때에는 요트와 함께 모터보트, 윈드서핑을 즐기려는 사람들로 북적인다.

[그림 10.1.2] 일조 마리나 전경

10.2 중국의 마리나 건설동향

가. 난사 마리나

난사 마리나는 광둥성 광저우에 위치해 있으며 광저우에서 제일 큰 마리나 시설이다. 총 면적은 225에이커이며 수상선석 350개, 지상선석 120개로 총 470개의 선석을 보유하고 있다. 최대 수심은 5m이다. 카페, 바/라운지, 수영장, 연회실, 중식 레스토랑 등이 있으며, 중국 마리나로는 최초로 영국요트협회에서 선정하는 "5 gold anchor award"를 수상했다.

[그림 10.2.1] 난사 마리나 전경

나. 산야 요트마리나

산야 요트마리나는 하이난섬에 위치해 있으며 총 4개의 구역에 6개 이상의 마리나가 건설 예정이다. 선석의 수는 슈퍼요트(50m)가 접안 가능한 선석을 포함 총 선석 350개이다. 건설 중인 마리나가 완공되면 선석의 수는 2015년까지 3,070개, 2020년까지는 6,090개로 늘릴 예정이다. 리조트 설계는 세계적으로 유명한 채프만 테일러가 맡았으며 2011-2012 볼보레이스 경유지로 선정되었다.

[그림 10.2.2] 산야 마리나 전경

다. 천진

천진은 북경으로 들어가는 관문이라 할 만큼 북경과 제일 근접한 항구도시이다. 중국은 천진항에 아시아 최대규모의 마리나를 건설 예정 중이다. 천진 빈하이 지구에 90㎡의 넓이, 슈퍼요트(300feet) 선석을 포함 총 750개의 선석이 건설될 예정이다. 또한 오성급 호텔, 상업지구, 요트제조 및 수리시설도 건설된다.

[그림 10.2.3] 천진 마리나가 건설예정인 빈하이 지구

〈표 10.2.1〉 중국의 대표적인 마리나

마리나 \ 구분		내 용
칭다오(Qingdao) 마리나	위치	산동성
	접안규모	요트선석 800선석
	기타사항	베이징올림픽 요트경기장으로 이용된 마리나. 해안 오수유입방지, 적조예보 시스템 등을 이용한 친환경적인 마리나임. 마리나 내에 하얏트 호텔 입주
일조(Rizhao) 마리나	위치	산동성
	접안규모	약 320개의 선석과 6개의 슬립웨이가 있음
	기타사항	올림픽 당시 요트경기장으로 이용
난사(Nansha) 마리나	위치	광동성
	접안규모	수상선석 350, 지상선석 120개를 포함한 470선석
	기타사항	영국 요트협회에서 중국 마리나 최초로 "5 gold anchor award"상 수상. 카페, 바/라운지, 수영장, 연회실, 중식 레스토랑 등이 있음
산야(Sanya) 요트마리나	위치	하이난성
	접안규모	슈퍼요트(50m)가 접안 가능한 선석을 포함 총 선석 350선석
	기타사항	2011-2012 볼보레이스 경유지 선정, 채프만 테일러가 마리나 리조트 설계

10.3 홍콩

7개소의 마리나가 건설되어 있으며 대표적 마리나는 아래와 같다.

가. 골드 코스트 요트 & 컨트리클럽(The Gold Coast Yacht and Country Club)

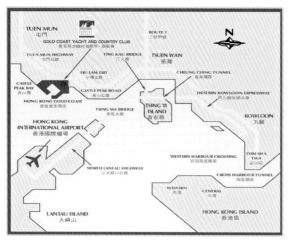

[그림 10.3.1] 골드 코스트 요트 & 컨트리클럽의 위치

위치

골드 코스트 요트 앤드 컨트리클럽은 홍콩을 대표하는 마리나이며, 고급 휴양지로써 최고의 편의시설을 제공한다. 캘리포니아(California) 및 스페인(Spain) 형태의 건축물로 지어졌다.

골드 코스트 요트 앤드 컨트리클럽은 다양한 형태의 교통시설로 도착할 수 있으며, 침사추이(Tsim Sha Tsui)에서 30분거리에 위치해 있다.

편의시설

〈표 10.3.1〉 골드 코스트 요트 & 컨트리클럽의 편의시설

편의시설	
200척 규모 해상 접안시설	대중목욕탕 및 사우나시설
가라오케(Karaoke)시설	마사지시설
연료부두시설	라운지(Lounge) 바
식수 제공	24시간 보안시설
위성티비	전화 및 무선 통신시설
당구장시설	사무실
잡화점	펌프시설

[그림 10.3.2] 골드 코스트 요트 & 컨트리클럽 편의시설

나. 애버딘 마리나 클럽(Aberdeen Marina Club)

🎲 위치

애버딘 마리나 클럽은 1984년 홍콩 남쪽에
건설되었으며, 550,000평방미터의 대규모 마
리나이다.

[그림 10.3.3] 애버딘 마리나 클럽 위치

🎲 애버딘 마리나 클럽 전경

애버딘 마리나 클럽은 홍콩에서 최고의 시설을 제공하며, Club's Marina Pearl 임대요트사
가 있어서 요트항해 여행을 할 수 있다.

국제적으로 최고의 정박시설을 갖추고 있으며, 24시간 기상정보 서비스로 태풍 및 환경재
해로부터 선박을 보호한다.

[그림 10.3.4] 애버딘 마리나 클럽 전경

🎲 편의시설

〈표 10.3.2〉 애버딘 마리나 클럽 편의시설

편의시설	
연회시설	헬스클럽
골프장 및 수영장	테니스코트
유아시설	부두 피크닉시설
레스토랑 및 바	호텔

[그림 10.3.5] 애버딘 마리나 클럽 편의시설

11. 세계의 마리나 분석

11.1 세계의 마리나 환경분석

〈표 11.1.1〉 세계 주요국가의 마리나 수와 대표적 대형 마리나

국가별	인구 (만 명)	마리나 항만	레저기구 보유(천 척)	레저기구 보유비중	국민소득 (GNI기준)	비고(대형 마리나)
미국	30,100	12,100	16,510	척/18명	1위	마리나 델레이(7,000척)
일본	12,778	570	283	척/452명	2위	에노시마(1,003척)
영국	6,021	545	542	척/111명	5위	브라이튼(1,900척)
프랑스	6,154	404	438	척/127명	6위	랑독루시용(8,024척)
호주	1,925	2,250	750	척/25명	15위	퍼스(435척)
스페인	4,049	74	220	척/207명	8위	앰퍼리아브라야 마리나 (7,000척)
뉴질랜드	417	32	420	척/10명	48위	웨스트헤이븐(1,600척)
한국	4,850	11	4	척/11,700명	12위	부산 수영만(448척)

11.2 세계의 주요 지역별 마리나 분석

〈표 11.2.1〉 세계 마리나 분석표

지역별 강·단점	유럽	미주	대양주	일본	시사점 및 유의점
강점	• 기술수준 우수 • 요트 및 보트 건조기술 우수 • 마리나 경영관리능력 우수	• 민간마리나 건설 활발(60%) • 요트 및 보트 건조시장 우수 • 마리나 경영관리능력 우수	• 한국시장 관심도 우수 • 요트 및 슈퍼요트 판매 가능성 주시	• 마리나 시장 활발 • 투자에 신중함	• 마리나 자재, 생산자 및 요트·보트생산자 중심 마케팅 • 특수 수익시설 필요(카지노)
단점	• 거리와 문화적 차이 • 연관시설의 발전 미흡	• 수익성 및 잠재가능성 인식 부족 • 단기수익 불투명	• 투자자본 미흡 • 요트 및 슈퍼요트판매 일변도	• 부품시장 집중 • 중고시장 중심	• 생산마케팅 집중 필요

자료 : 저자 작성

제1절 마리나의 종류와 현황

1. 마리나의 분류

마리나를 경영하는 주체의 형태로 분류할 경우 대부분 처음에는 공공기관에서 경영하지만 효율성 측면에서 장기적으로는 민간회사에 경영권만 이양하고 있다.

계류형태별로 분류할 경우 수문식, 부잔교식, 육상형으로 분류하나 건설비의 경제성과 사용의 편리성에 따라서 부잔교식으로 건설하는 것이 일반적인 형태이며, 장소별로는 도심지 재개발이나 기존 항구나 조선소의 재개발형식으로 건설되고 있고, 민간업자에 의하여 관광지나 도심지 주변형의 마리나가 증가하고 있는 추세이다.

따라서 일반적인 기준에서 마리나를 분류하면 기능 면에서 해양스포츠를 즐기기 위한 일반형 마리나와 복합시설을 갖춘 리조트형 마리나로 구분할 수 있으며, 개발주체 및 경영관리 측면에서 공공형, 민간형, 민관합동형으로 구별할 수 있다.

〈표 1.1〉 마리나의 분류

구분＼분류	유 형	비 고
건설 주체별	항만청(15%), 민간(61%), 리조트(24%), 민관합동(10%)	미국
	공공(44개소), 민간(378개소), 제3섹터(14개소)	일본
경영관리형태별	민간형, 공공형, 공공과 민간합동형(제3섹터형)	제3섹터형이 우세함
계류형태별	수문식, 잔교식, 육상계류식	잔교식이 일반적임
장소별	도시근교 및 도심지 재개발형, 산업단지형, 복합해양관광단지형(리조트형),도서 및 내륙수변형	공공마리나의 경우 여러 가지 목적과 기능 및 편의시설을 갖춘 복합형 마리나가 일반적임

구분 \ 분류	유 형	비 고
지리적 위치별	해항, 하천항, 호항, 운하항	지중해, 일본 : 해항 우세
건설형태별	매립항, 굴입식항, 도크항	• 유럽형 : 굴입식항 • 일본 : 매립항
기능별	일상형 : 마리나 주체형, 리조트형 : 해변리조트, 종합시설형, 레저랜드형	일본해양건설협회, 목적에 따라 일 상형과 리조트형으로 대별
선박별	딩기요트, 크루저요트, 모터보트	• 크루저요트, 모터보트 : 관광지, 도심권 • 딩기요트 : 레포츠항
개발방식	신규개발형, 재래형, 재개발형, 자연조화형	일본해양건설협회, 개발형태별

자료 : 일본해양건설협회(참고 저자 재작성)

2. 마리나의 종류와 개발유형

여기에서는 마리나의 개념을 보다 명확히 하기 위하여 각각의 관점에서 마리나를 분류하고자 한다.

마리나는 다양한 역할과 기능을 함과 동시에 배후의 도시와 밀접한 관련이 있어 역사적, 사회적, 경제적으로 각각 연관성을 가지고 있다. 이것은 오랜 역사를 가진 유럽이나 미국의 마리나에 있어서 특히 현저하게 나타난다. 또, 자연적·지리적 특성에 따라 마리나의 형성과 정도 다양하다. 따라서 마리나의 분류는 각각의 관점에서 다양하게 볼 수 있으며 다음의 분류방식은 주요한 관점을 중심으로 분류한 것이다.

2.1 건설조건이나 지리적 환경조건에 의한 분류

마리나의 건설조건에 의한 분류로는 평온한 배후지 등 천연의 지형에 의존하여 건설한 천연항과 방파제 등의 외곽시설을 정비한 인공항이 있다.

천연항은 하천·호수와 늪지의 마리나 대부분이 여기에 상당하는데 가나가와(神奈川)현의 아부라쓰보(油壺)가 있다. 평온한 배후지에서 요트가 계류되어 있는 것이 자연발생적으로 모여서 마리나를 형성하는 곳도 많다.

한편 인공항은 건설을 할 때 고액의 비용을 필요로 하기 때문에 비교적 그 수가 적고 그 대부분은 공공마리나이다. 토목기술 등의 발전에 의해 험난한 자연조건 아래 있어도 마리나의 건설이 가능하여 해안부에 있어서도 마리나가 계획·건설되고 있다.

지리적 조건으로는 해항(海港), 하천항, 호항(湖港), 운하항 등으로 분류된다. 유럽과 미국에 있어서는 그 지리적 조건에서 하천·호수나 늪지에 건설된 마리나가 다수를 차지하고 있으나 지중해 연안이나 일본의 경우 해항(海港)이 중심이 되어 있다. 특히 일본의 경우, 사방이 바다로 둘러싸인 섬나라로 긴 해안선을 가지고 있다는 것과 일본의 하천은 폭이 좁고 급류이며 계절마다 수량의 차가 커서 요트의 항해에 맞지 않는다는 점에서 하천보다도 해역의 이용조건이 좋다는 것을 알 수 있다.

마리나의 건설형태는 매립항, 굴입식항으로 나누어진다. 프랑스의 랑독루시용 지방은 대부분 이용가치가 없던 늪과 연못지역을 개발한 것으로 여기에서의 '마리나'는 굴입식항의 전형적인 예이다. 일본의 예가 적기는 하지만 하천, 해안 등에는 유용한 방법이라고 말할 수 있다.

하지만 일본 마리나의 대부분은 필요한 용지의 확보로 미리 매립한 것이 많아 배후의 선구점 등의 시설용지를 포함한 대규모의 매립을 행하는 예가 많다. 더욱이 최근에는 부유식 정박 등을 이용한 부잔교식 마리나의 실용화도 검토하고 있다.

2.2 기능 및 역할에 따른 분류

마리나의 기능에 주목한 분류로는 일상형 마리나와 리조트형 마리나가 있다. 일상형 마리나는 지역의 주민이 일상적으로 이용하는 마리나로 도시 근교에 있어서 주말 등의 하루 일정, 또는 단기체재형의 이용에 대응하는 것이다. 일본 마리나의 대다수는 이에 상응한다.

한편, 리조트형 마리나는 관광·레크리에이션의 가능성이 높은 지역에 있어서 숙박체재형의 이용에 가능한 시설을 제공하는 마리나로서 숙박시설을 시작으로 각종 시설을 갖춘 종합레저기지로서의 성격을 띠고 있다.

마리나에 수용되는 주된 대상보트에 주목한다면 딩기요트 중심, 크루저요트 중심, 모터보트 중심의 마리나로 크게 분류할 수 있다. 딩기요트 중심의 마리나는 스포츠를 즐기는 마리나로 최소한의 필요 시설을 갖춘 공공 타입의 것이 많다. 이 안에는 수역시설을 보유하고 있지 않고 수납래크 등의 육상보관시설만을 갖추고 요금을 최소화한 마리나 등도 포함하고 있다.

크루저요트나 대형 모터보트를 중심으로 하는 마리나는 대도시권이나 관광지에 많아 이들의 선박은 요금부담이 크기 때문에 양질의 시설을 갖춘 경우가 많다.

또 소형 모터보트 중심의 마리나는 이들의 보트 대부분이 낚시를 주목적으로 하기 때문에 계류기능 이외의 기능에 대한 요구가 비교적 많지 않고 요금부담이 적기 때문에 간소한 경우가 많다.

일본 해양건설협회의 분류방식을 적용하여 세계의 마리나를 분류하면, 앞의 〈표 1.1〉과 같이 일상형 마리나로서 마리나 주체형과 리조트형으로 해변리조트, 종합시설형, 레저랜드형으로 분류하기도 한다.

2.3 개발 및 관리 운영주체에 따른 분류

개발주체에 목적을 둔 분류에는 공공마리나와 민간마리나가 있다. 공공마리나는 항만관리자 등의 공적 주체가 건설한 마리나로서, 민간마리나는 민간사업자 또는 민간단체가 건설한 마리나이다. 또 양자의 중간 형태로 제3섹터가 건설하는 민관합동형 마리나가 있다. 민관합동형 마리나는 공공성과 편리성을 겸한 것으로 이후 마리나 개발의 새로운 방향을 나타내는 것이라고 할 수 있다.

한편, 관리·운영 측면으로의 분류로서는 공공마리나의 경우 공적 섹터가 관리·운영을 행하는 것과 일부 또는 전부를 민간업체에 위탁하여 관리하는 것이 있다. 또 공적 섹터가 관리와 운영을 행하는 경우에도 설치주체인 항만관리자 등이 직접관리와 운영을 행하는 것과 공사 등을 설치하여 행하는 것이 있다.

미국의 경우 아래의 그림과 같이 정부소유의 마리나가 15%, 개인기업의 형태가 9%, 유한책임회사나 유한책임합자회사가 각각 7%와 13%를 차지하고 있다.

또한 소규모 회사의 형태인 C-Corporation이나 S-Corporation의 형태가 23, 33%를 차지하여 세금이나 주주관리가 편리하고, 미국의 영주권자나 시민권자가 설립한 형태의 회사 구조를 가지고 있는 것이 대부분이다.

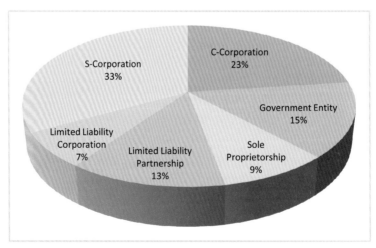

자료 : IMI 보고서(1999)

[그림 2.3.1] 마리나의 소유구조

2.4 공간별 조성방안

가. 마리나 조성공간의 설정

우리나라에서 마리나를 개발하기 위한 조성공간은 크게 항만구역, 어항구역, 일반연안으로 구분할 수 있다. 이들 조성공간은 개발주체와 조성시설 및 투자재원, 개발과정에서의 인허가 및 조성관련 적용법령에 따라 각기 다른 개발유형을 가지게 되었다.

또한 항만구역 내에서의 마리나 개발은 공공과 민간에 관계없이 일차적으로 항만법의 적용을 받게 되며 투자주체에 따라 공공투자와 민간투자로 구분된다. 항만구역 내에서의 개발은 항만계획상에 반영되어야 하며 세부 조성시설은 투자주체(공공 혹은 민간)에 따른 사업방식에 따라 각기 다르게 관리와 운영권을 가지게 되었다.

어항구역 내에서의 마리나 개발은 어촌·어항법의 적용을 받으며 국가/지방어항의 구분에 따라 투자(국가, 자치단체)와 관리주체가 달라진다. 어항구역 내에서의 개발도 어항계획상의 반영이 요구되며 시설의 관리와 운영권도 사업주체 따라 다르게 적용받게 되었다.

〈표 2.4.1〉 마리나 개발공간의 분류

구 분		조성시설	재원	조성 관련법	사업 방식	검토사항
항만 구역	국가/ 지자체 개발	① 기존 기반시설 이용/신규 조성 : 방파제, 호안, 매립 등 ② 기존 기반시설 이용/신규 조성 + 마리나 기본시설 투자 : ①+계류/보관/클럽하우스 등	국비	항만법 • 항만 친수 시설 조성	관리청 사업	• 항만계획 등에 반영하여 관련법 및 절차 간소화 및 의제처리, 항만 홍보 시 공동 홍보, 배후지/주차장 등 기존 항만시설 이용편의 제공 • 항만 접근성 및 배후지의 관광자원 여건
	민간 개발	전체 혹은 일부 시설(②)	민간 투자		비관리청 사업	
어항 구역 (국가어항 지방어항)	국가/ 지자체 개발	① 기존 기반시설 이용/신규 조성 : 방파제, 호안, 매립 등 ② 기존 기반시설 이용/신규 조성 + 마리나 기본시설 투자 : ①+계류/보관/클럽하우스 등	국비	어촌· 어항법 • 어항 편의 시설 조성 • 어촌 관광 구역 설정	지정권자 사업	• 어항계획 등에 반영하여 관련법 및 절차 간소화 및 의제 처리, 항만 홍보 시 공동 홍보, 배후지/주차장 등 기존 어항시설 이용편의 제공 • 어업인과의 협의, 어항구역과의 분리
	민간 개발	전체 혹은 일부 시설(②)	민간 투자		비지정권자 사업	

구 분		조성시설	재원	조성 관련법	사업 방식	검토사항
일반 연안	국가/ 지자체 개발	① 기존 기반시설 이용/신규 조성 : 방파제, 호안, 매립 등 ② 기존 기반시설 이용/신규 조성 + 마리나 기본시설 투자 : ①+계류/보관/클럽하우스 등	국비 지원 균특	공유 수면 매립법 등	-	• 관련법 처리 시 적극 지원(지역 특화특구 지정, 마리나 개발법 제정 등), 배후지 등 기존 공공시설 혹은 인근 공용지 등의 이용편의 제공을 비롯한 인센티브 지원
	민간 개발	전체 혹은 일부 시설(②)	민간 투자		-	

항만구역이나 어항구역이 아닌 일반연안 공간에서의 마리나 개발 또한 국가나 자치단체, 순수 민간개발 등으로 개발주체를 구분할 수 있다. 한편, 일반 연안에서의 마리나 개발은 관광지 개발계획 등의 지구지정에 따라 개발이 이루어지며 일차적으로는 공유수면 매립 및 공유수면 점사용 허가 등의 절차가 수반되어야 한다.

이와 더불어 연안구역 내의 어업권 보상 등의 절차가 수반되어야 하므로 순수 민간투자를 통한 마리나 개발은 외곽시설에 대한 투자비용과 공유수면 매립 및 점사용 허가의 취득과정 등을 고려할 때 많은 장애요인을 가지게 된다.

나. 마리나 조성사례 검토

마리나 조성공간에 따른 개발과 관련하여 실제 개발이 이루어졌거나 진행 중인 사례를 항만구역, 어항구역, 일반연안으로 구분하여 살펴보았다.

우선 항만구역 내에 공공과 민간의 공동투자로 이루어진 충무마리나는 항만법의 적용을 받아 시설이 조성되었으며 연간 1억 원의 공유수면 점사용료를 납부하고 있다. 한편, 충무마리나의 경우 레저보트시설의 운영과 관련하여 사업허가(수상레저안전법과 유도선사업면허 동시취득)와 관련된 사항이 문제점으로 나타나고 있다.

〈표 2.4.2〉 마리나 조성사례

구 분	항만구역	어항구역		일반연안
조 성 지	통영 충무마리나 (도남항 내)	화성 전곡항 (지방어항)	사천 광포항 (정주어항)	서귀포 중문
개발주체	공공+민간	공공	민간	민간
적용법률	항만법	어촌어항법	어촌어항법	항만법

구 분	항만구역	어항구역		일반연안
투자재원	• 항만구역 내에 마리나시설 개발 (기존 외곽시설 이용)	• 순수어항과 관광어항구역을 구분하여 개발	• 어촌정주어항 내에 마리나 계류시설 조성	• 연안지역에 민간개발 후 항만구역을 확대함
조성방법	• 항만구역 내에 마리나시설 개발 (기존 외곽시설 이용)	• 순수어항과 관광어항구역을 구분하여 개발	• 어촌정주어항 내에 마리나 계류시설 조성	• 연안지역에 민간이 개발한 후 항만구역을 확대함
공유수면점 사 용 료	1억 원/년 (금호리조트 전체)	-	무상 사용	1억 4천만 원/년
개발관련 사 항	• 육상의 구역별 용도에 부합하도록 수역 구분	• 어항개발계획 수립, 농림수산 식품부장관 협의 → 공유수면매립 기본계획 변경/ 고시 불필요	• 어항의 일부 구간에 계류시설 설치. 15년 무상사용 후 기부 채납	• 현재 서귀포항만 구역, 준공 허가 후 귀속대상이나 마리나 배후시설의 미비로 준공허가 미취득
문 제 점	• 운영상 수상레저업 면허 및 유도선 면허를 동시에 취득	• 개발계획 진행 중	• 어선과 혼재하여 이용공간 분획 요청	• 국가 귀속에 따른 인센티브 미비, 점사용료 납부

어항구역의 경우 지방어항으로는 화성시 전곡항에 마리나시설이 조성 중에 있고 어촌정주어항으로는 사천시 광포항이 운영 중에 있으며 두 지역 모두 어촌어항법의 적용을 받는다. 한편 화성시 전곡항은 지방자치단체의 공공투자를 통하여 개발이 진행되는 지역으로 향후 개발이 완료될 경우 피셔리나(어항+마리나) 형태의 개발모형이 될 것으로 기대된다.

일반연안에 조성된 마리나시설로는 제주특별자치도 서귀포시의 중문마리나가 사례지역으로 중문마리나의 경우 연안지역에 민간투자를 통하여 마리나시설이 조성되었으며(서귀포 항만구역) 준공허가 이후 국가귀속의 대상이 된다.

2.5 마리나 조성 시 어항 및 연안 구역에 따른 주안점

가. 개발주체의 설정 및 사업구역 지정

공간별 조성방안과 더불어 개발사례에 대한 검토를 바탕으로 항만/어항/일반연안 공간구분에 따른 마리나개발사업의 추진과정을 살펴보도록 한다.

마리나개발사업의 추진은 개발주체, 사업구역 지정, 시설의 조성, 시설완공 및 귀속과 공유수면 점사용, 사업허가 등으로 구분하여 살펴보고 개발에 따른 제약요인과 개선방안 등에 대하여 검토하도록 한다.

항만구역의 개발 주체는 순수 공공투자나 민간투자 혹은 공공+민간의 공동투자로 개발주체를 설정할 수 있다.

항만구역 내 사업구역의 지정은 항만기본계획이나 항만재개발계획상에 포함되어야 사업이 가능하며 민간투자의 경우에는 정부의 고시나 민간의 사업제안으로 참여가 가능하다.

제약요인 및 개선방안으로는 항만구역 내 마리나의 개발에 있어서 우선 항만 기본계획이나 항만 재개발계획에 포함되지 않은 사업(항만친수시설, 각종 지원시설)은 추진이 어렵다.

따라서 항만기본계획의 변경 등 탄력적 운영을 통하여 마리나 항구를 지정하는 방안을 마련해야 한다.

나. 시설의 조성과 완공/귀속

항만구역 내 마리나시설은 크게 기본시설(수역/외곽/계류)과 항만친수시설(해양레저기반시설), 지원시설(클럽하우스, 편의시설)로 구분되어 조성되어야 한다.

한편 기본시설의 경우 국가귀속 대상이며 항만친수시설은 비귀속대상으로 민간투자가 이루어질 경우 항만친수시설 및 배후시설은 민간이 운영하게 되지만 공유수면 점사용료와 더불어 항만친수시설에 대한 사용료를 납부해야 한다.

한편, 제약요인 및 개선방안으로는 시설의 조성과 관련해서는 기본시설(외곽시설)이 조성된 경우에만 개발이 용이하며 기본시설의 신규투자는 초기 투자비가 많이 소요되므로 이를 순수 민간투자를 유도하여 개발하는 데는 한계가 있다.

또한, 민간투자를 통하여 기본시설을 조성하더라도 이는 국가에 귀속해야 하므로 국가귀속에 따른 인센티브가 부족한 실정이다. 그리고 시설의 귀속 이후에도 비관리청사업의 경우에는 공유수면점사용료를 납부한다.

따라서, 민간투자를 유도하기 위해서는 기본시설 중 외곽시설에 대해서는 공공투자 혹은 정부의 지원방안을 마련하도록 한다.

그리고 비관리청사업/민간투자의 경우 귀속에 따른 사업성 확보가 난점으로 작용하게 되므로 공유수면점사용료 등 각종 사용료를 감면시키는 방안과 더불어 배후부지에 조성되는 클럽하우스 및 각종 편의시설 등의 지원시설에 대하여 소유권 혹은 운영권을 부여하는 방안을 검토하도록 한다.

다. 사업허가

항만구역 내 마리나시설의 운영과 관련된 사업허가는 수상레저사업, 유도선사업, 요트장사업 등에 대한 허가가 요구된다.

제약요인 및 개선방안으로 단순 항해 위주의 사업으로는 해양레저관광사업의 활성화 및 사업의 수익성 확보가 어렵다. 또한 레저선박과 관련된 사업은 바다낚시(유어선사업) 등의 연계가 필요하지만 5톤 미만의 선박은 유선사업의 면허가 제한되어 있다.

따라서 소형레저선박도 유선사업/바다낚시업에 참여하는 방안을 모색하도록 해야 한다.

라. 어항구역

1) 개발주체의 설정 및 사업구역 지정

어항구역 내 마리나시설의 개발주체는 순수 공공투자나 민간투자 혹은 공공+민간의 공동투자로 설정할 수 있다. 한편 어항의 경우 국가어항, 지방어항, 어촌정주어항의 구분에 따라 공공투자 및 관리의 주체가 달라진다.

어항구역 내 사업구역의 지정은 어항개발사업계획이나 해양관광자원개발사업 등으로 추진이 가능하며 어항구역 내 어촌관광구역을 설정하여 개발하게 된다.

한편, 제약요인 및 개선방안으로는 어항구역 내 마리나시설의 개발 시 어촌관광구역의 설정으로 조성이 가능하지만 어항구역과 관광구역의 분구에 따른 어업권 및 어항이용의 상충문제가 발생하게 된다.

따라서 어항시설의 이용에 대하여 어업과의 갈등문제를 해소하여 어업인에게도 이익을 줄 수 있도록 하는 것이 가장 중요하다.

2) 시설의 조성과 완공/귀속

어항구역 내 마리나 조성시설은 기본시설(수역/외곽/계류)과 어항편익시설(레저용 기반시설), 배후시설(클럽하우스, 편의시설)로 구분된다. 그리고 민간투자로 이루어진 시설 중 기본시설은 국가귀속대상이며 어항편익시설의 경우 비귀속대상에 속한다.

또한 배후시설의 경우 조성되는 시설의 부지소유 여부에 따라 귀속여부가 결정되고 어항구역 내 순수 민간투자로 시설을 조성할 경우 공유수면 점사용료를 납부하게 된다.

제약요인 및 개선방안으로 어항구역 내 마리나개발과 관련된 가장 큰 제약요인은 우선 기본시설(외곽시설)이 조성된 경우에만 개발이 용이하며 기본시설의 초기투자는 초기 투자비가 과대하게 소요되어 민간투자를 유도하기가 어렵다.

또한, 기본시설의 조성 후 국가귀속에 따른 투자인센티브가 부족하며 시설의 귀속 이후에도 비지정권자사업의 경우에는 어업인이나 어업인단체를 제외하고는 공유수면 점사용료를 납부해야 한다.

따라서, 어항구역 내에서의 마리나개발을 위해서는 어항개발사업(다기능어항사업)이나 해양관광자원개발사업 등으로 기본시설을 조성하여 민간투자를 유도하도록 해야 한다.

그리고 민간투자의 경우 수익성을 확보하기 위하여 일정기간 동안 공유수면점사용료를 면제시키거나 어항배후부지의 사용권을 부여하는 방안 등을 검토하도록 해야 한다.

3) 사업허가

사업허가의 경우 항만구역과 동일하며 수상레저사업, 유도선사업, 요트장사업 등에 대한 허가가 요구된다. 그리고 제약요인 및 개선방안 또한 항만구역과 동일하다.

마. 연안구역

1) 개발주체의 설정 및 사업구역 지정

일반 연안구역에서의 마리나 개발 또한 순수 공공투자나 민간투자 혹은 공공+민간의 공동투자로 투자주체를 설정할 수 있다. 하지만 연안구역의 경우 공공투자보다는 해양리조트개발 등 민간투자(민간자본 유치+정부지원)가 보다 합리적이다.

일반 연안구역에서의 마리나 개발은 관광지개발계획 등의 수립 후 공유수면 매립과 점사용 허가의 취득, 연안구역 내 어업권 관련 각종 보상업무의 추진 등으로 마리나를 개발하게 된다.

제약요인 및 개선방안으로는 민간 단독개발사업의 경우 공유수면매립허가의 취득과 각종 어업보상이 난점으로 작용한다. 따라서 사업구역의 지정 및 인·허가와 관련해서는 공공의 참여(행정지원)가 수반되어야 한다.

2) 시설의 조성과 완공/귀속

연안구역에 조성된 마리나시설의 경우에도 우선 기본시설(수역/외곽/계류)의 경우에는 시설 조성 후 항만구역에 편입되어 국가에 귀속된다. 그리고 항만친수시설(해양레저기반시설) 및 배후시설의 경우에는 부지소유에 따라 소유권이 결정된다.

제약요인 및 개선방안으로는 연안구역에서의 마리나 조성과 관련하여 민간 단독개발의 경우 기본시설에 대한 초기투자비가 막대하게 소요되므로 조성이 용이하지 않으며 해남 화원관광단지의 마리나시설과 같이 조성이 지연되게 된다.

또한, 중문마리나와 같이 국가 귀속여부와 시설운영상의 상업성 판단문제로 시설완공이 지연되기도 하기 때문에 민간단독의 투자는 많은 제약요인이 있다.

따라서, 연안구역에서의 마리나개발은 항만구역의 편입과 기본시설에 대한 국가귀속 등을 고려할 때 공공투자의 지원이 수반되는 것이 바람직하다.

2.6 마리나 개발에 따른 투자방안 검토

가. 공공투자

1) 항만구역 내 투자

- 국가 투자시설
  - 항만구역 내의 방파제 등 기존 기반시설을 이용하거나 기반시설 조성 투자만 하는
    경우(항만투자비로) : 방파제, 호안, 부지 매립 등
    ※ 나머지 시설에 대해서는 지자체 혹은 민간투자로 시행
  - 기존 기반시설 이용 혹은 신규 조성과 마리나 기반시설 투자를 동시에 하는 경우
    : ① + 마리나 계류시설/보관/수리/클럽하우스/주차장 등

- 국가의 역할
  - 항만계획 수립 시 마리나수요를 계획에 반영하고 우선순위를 고려하여 국비로 적극
    추진

- 민간투자 촉진방안
  - 민간투자 촉진 : 항만 계획 등에 반영하여 관계 법 절차 간소화 및 의제 처리 등,
    항만 홍보 시 공동 홍보, 배후지, 주차장 등 기존 항만 관련시설 이용편의 제공

2) 어항 내 투자

- 국가 투자시설
  - 어항 내의 방파제 등 기존 기반시설을 이용하는 경우 혹은 기반시설 조성 투자만
    하는 경우(어항 투자비로) : 방파제, 호안, 부지 매립 등
    ※ 나머지는 지자체 혹은 민간이 시행
  - 기존 기반시설 이용 혹은 신규 조성과 마리나 기반시설 투자를 동시에 하는 경우
    : ① + 마리나 계류시설/보관/수리/클럽하우스/주차장 등

- 국가의 역할
  - 어항계획 수립 시 마리나수요를 계획에 반영하고 우선순위를 고려하여 국비로 적극
    추진

- 민간 투자 촉진
  - 어항 계획 등에 반영하여 관계 법 절차 간소화 및 의제 처리 등, 어항 홍보 시 공동 홍보, 배후지, 주차장 등 기존 어항 관련시설 이용편의 제공 등

3) 항만 및 어항 외 투자 : 국가·지자체는 지원, 지자체·민간이 시행

- 국가 투자시설
  - 기반시설 조성 투자만 하는 경우 : 방파제, 호안, 부지 매립 등(균특예산 등으로)
    ※ 나머지는 지자체 혹은 민간이 시행
  - 기반시설과 마리나 기본시설 투자를 동시에 하는 경우(균특예산 등으로)
    : ① + 마리나 계류시설/보관/수리/클럽하우스/주차장 등

- 국가 및 지자체의 역할
  - 마리나수요를 검토하여 우선순위를 고려하여 균특예산 등으로 적극 추진토록 지원

- 민간투자 촉진방안
  - 관계법 절차 처리 시 공공기관 적극적 처리 지원(지역특화특구 지정, 항만시설 지정, 마리나 개발법 제정 등), 배후지, 주차장 등 기존 공공시설이나 인근 공용지 등의 이용편의 제공 등을 통한 인센티브 지원

나. 민간투자

- 항만구역 : 항만계획 반영, 비관리청 사업으로 전 분야 혹은 일부 분야 투자
- 어항구역 : 어항계획 반영, 비지정권자 사업으로 전 분야 혹은 일부 분야 투자
- 연안구역 : 별도의 단독 계획을 수립하여 추진
- 항만 및 어항 내의 경우 공유수면매립법 및 공유수면점사용법 등의 해결이 용이하나 그 외부인 경우 역시 공유수면 관련법 및 수산업법의 자체적인 해결이 요망되고 수익성이 결여되기 쉽다.

2.7 수입 및 비용구조

가. 임대료 비교

- 전통적으로 마리나는 계절적으로 혹은 연중 운영을 하고 있다. 기후조건이 다양한 곳

에서는 흔히 보팅에 좋은 계절에는 이용률이 높고, 겨울에는 이용률이 떨어진다.

- 일반적인 슬립의 임대비용은 길이에 따라 가격이 결정되며, 오늘날의 마리나들은 서비스 지향적인 성격으로 인하여 서비스에 따라서 평가된다.
- 1980년대에 마리나 소유의 새로운 형태가 출현하여 장기임대나 공동소유형태의 방식이 세계적으로 확산되고 있다. 특히 독코미니엄이나 슬립의 장기임대의 성공은 연방과 주정부의 관심을 끌게 되었다.
- 일부 공공부분의 사용에 제약을 가져와 새로운 규정의 제정이 필요하였으나, 이러한 방법은 독코미니엄 형태의 개발을 촉진하게 하였고, 개발비에 대한 환수를 보다 쉽게 해주는 효과를 가져왔다.

나. 수익의 변화추세

- 전통적인 수익원천은 슬립임대료, 보트보관, 자동주차시설, 세탁서비스, 자동판매기, 일시적인 정박료, 보트 정비료, 보트청소비, 전화기 등의 수익이었다.
- 새로운 수익으로는 보트부품판매, 오락이벤트 티켓, 호텔, 모텔 예약, 항공예약, 쇼핑 등 컨시어지 서비스로 확산되어 가고 있다.

다. 수익원천

- 수익과 현금흐름에 대한 계획은 일반적으로 개항 이후 5년간 등 특정의 시기를 기준으로 실시한다.

3. 세계의 마리나 항만 시설 및 개발유형별 분석

세계의 마리나를 유형별로 분류하면 아래의 표와 같이 마리나 주체형, 해변리조트 주체형, 종합시설형, 레저랜드 주체형 등으로 분류할 수 있다.

개발방식으로 분류할 경우에는 신규개발형, 재래형, 재개발형, 자연조화형으로 분류할 수 있다.

그 밖에 숙박시설의 체재방식이나 기술적 특징 등은 다음의 표와 같다.

〈표 3.1〉 세계 주요 마리나의 유형별 분류

국가명	지구	시설명	시설 분류	개발 방식	체재 방식	개요	기술적 특징	비고
영국	Brighton	Brighton Marina	마리나 주체형	신규 개발형	장기~ 영구 주거형	• 런던에서 1시간 이내에 위치한 호텔. 각종 레저시설, 레스토랑 등을 합친 복합 리조트 시설 • 관광명소인 파레스 피어는 유럽 최대의 마리나	• 하얀 언덕을 깎고, 해안을 매립하여 만든 리조트 • 간만의 차 7m에 대응하기 위한 로크, 부잔교 • 110기의 콘크리트 caisson에 의해 활처럼 굽은 방파제 • 2층식 고정 잔교	• 입체 주차장 1,600대, 영화관 • 대형 슈퍼마켓, 쇼핑, 레스토랑 • 고급 아파트, 호텔, 레저센터, 회의실 • 버스 수 : 1,900척
	Portsmouth	Port Solent	마리나 주체형	신규 개발형	장기~ 영구 주거형	• Portsmouth 하버의 가장 구석에 조수가 괴어 있는 호수를 이용하여 개발된 마리나	• 간만차가 크고 간조가 되면 만에서부터 물이 없어져 버리는 것을 수로를 파냄으로써 극복 • 하버 입구에는 폭 43m의 도크 수문	• 요트 하버(850척) • 버스 부착 주택 330개 • 워터프런트 아파트 280개 • 오피스부, 쇼핑센터 22점포
네덜란드	Den Haag	Scheveningen	해변 리조트 주체형	재래 (在來) 형	중장기형	• Haag의 북쪽으로 이전에는 작은 어촌이었으나 지금은 네덜란드의 대표 고급 리조트가 되었다.	• 인공지반상의 대규모 부두(pier) • 500m의 바다를 향해 구멍을 낸 방파제에 의한 침식방지 • 앞바다의 레저시설	• 궁전 같은 온천휴양지 • 카지노, 유보 잔교, 해안 산책로
	Lisselmeer	Andyk Marina	마리나 주체형	신규 개발형	단기형	• 아이셀 호수와 북해를 구분하는 대제방 부근 • 용지를 충분히 파내고 그곳을 호수나 운하와 연결지어 물을 넣기만 한 마리나	• 컴퓨터에 의한 아이셀 호수와 운하의 수위 조절	• 계류 공간 60척, 동계 시 육상계류 100척
덴마크	Sjaelland	Koge Bugt Strandpark	종합 시설형	신규 개발형	단기형	• 1977년 이래 개발된 코펜하겐 남부 해안에서 해수욕장, 일광욕, 요팅을 위한 마린·레저랜드 등을 갖춘 대규모 해변 리조트	• 140만㎥의 준설 토사의 투입에 의한 인공해변 조성 • 300~400m의 방파제를 1.2~2.4km의 간 폭으로 배치 • 조성한 흘수역을 준설하여(100만㎥), 수심 0.5~1.5m의 인공 염수호를 조성	• 장장 약 7km의 인공 해변 조성 • 뒷부분에 있는 저습지의 홍수 방어 • 마리나 조성에 따르는 주차장
이탈리아	Sardegna	Costa Smeralda	해변 리조트 주체형	신규 개발형	중장기형	• 너무 대중화된 프랑스의 Cote d'Azur 대신에 리조트로서 국제적 위상을 이끌어낸 고급 리조트	• 만구(灣口)가 좁고 내수면이 크다.	• 호텔 4동, 골프장 • 콘도, 별장 • 마리나 버스 수 : 요트 (6.5~55m), 크루즈선 계 650척
그리스	Piraeus	Akti Apolona	마리나 주체형	재래 (在來) 형	단기형	• Piraeus항에서 스니오갑까지 약 70km의 해안 • 근대적인 마린 리조트 지역이 되었다.	• 역사적 건조물과의 공생	• 10 이상의 마리나, 20 이상의 비치 등의 제설비 • Piraeus지역의 기원전 5세기경에 건설된 3개의 항 • 펠로폰네소스 전쟁에서 파손된 해안요새 유적

국가명	지구	시설명	시설 분류	개발 방식	체재 방식	개요	기술적 특징	비고
스웨덴	Stockholm	Vasa Marina & Bulland Island	마리나 주체형	재래 (在來) 형	장기~ 영구 주거형	• Stockholm 부근의 도시형 마리나 • 전통적으로 환경보호적 개발을 행하여 마리나 매상의 2.5%가 환경보호비용으로 사용되고 있다.	• 수질보호대책	• 국민 8명 중 1명이 보트 보유 • 전통적인 건물이 남아 있는 시가지
스위스	L. Leman	Geneve, Nyon, Lausanne	마리나 주체형	재래 (在來) 형	장기~ 영구 주거형	• Leman호안의 온화한 기후와 우수한 경관을 배경으로 별장이나 스포츠시설, 해안공원 등의 리조트기능을 포함한 워터프런트	• 방파제식, 굴입식 등의 중소형 마리나	• 온화한 주변의 넓은 가로수와 호안공원에 대비되는 국제기관 본부, 상업빌딩, 사무 빌딩
모나코	Cote d'Azur	Monte Carlo	마리나 주체형	재개발 형	중장기형	• 갑에 위치한 성벽 아래 마을을 중심으로 발달하여 보양, 환락중심지가 되었다. • 웅장하게 설계된 공원, 정원 및 성곽을 가진 거리풍경과 대형 마리나 시설	• Larvotto Beach(離岸堤, 제방, 기초사석(捨石), 양병(養兵)재료) • 대형 크루즈의 계류시설과 항로수심의 유지 • 깨끗한 해수환경의 유지와 월파(越波)제한장치의 구조 • 좁은 토지를 최대한 이용하고 있는 도로와 호안의 구조	• 마리나 버스 수 : 510척 • 카지노, 나이트클럽, 레스토랑, 점포, 스포츠시설, 문화시설 • 피트니스클럽을 시작으로 하는 각종 스포츠클럽과 해양박물관(지하에는 수족관)
프랑스	Cote d'Azur	Nice	마리나 주체형	재개발 형	중장기형	• 역사가 깃든 거리의 색채가 깊은 파스텔 컬러로 통일되어 있다. • 거리와 대형 마리나가 완성된 미를 보여준다. • 리비에라의 여왕이라 불리는 항구를 재개발	• 이전에는 무역의 중심지였던 항구를 재개발 • 대형 크루즈선의 계류시설과 항로수심의 유지 • 인공해변 조성과 그 재료	• 마리나 버스 수 : 470척 • 카지노는 금지 • 영화제와 프라이버시 비치, 콘서트홀, 미술관, 카니발 • 골프, 테니스 등의 스포츠시설
		Marina Baie Des Anges (천사의 마리나)	마리나 주체형	자연 조화형	중장기형	• 총 면적 20ha 안의 8ha를 녹지로서 확보 • 고층의 주택지를 배제하고 600척 수용 가능한 이 지방에서는 중규모 마리나 • 항을 둘러싸는 것 같은 긴 주거형 건물을 설치하여 배치, 옥상정원	• 항을 지키는 방파제의 구조 • 계선 잔교와 호안의 구조	• 마리나 버스 수 : 587척 • 스포츠 스쿨, 요트클럽, 다이빙 클럽, 피트니스 클럽 • 세계의 409개 시설과 네트워크
		Cannes	마리나 주체형	재개발 형	중장기형	• 해안에는 topless의 여성들이 일광욕을 즐기는 부유층을 위한 리조트 • 1965년 오픈한 프랑스에서 가장 아름다운 하버로 인기, 소규모지만 급유구를 잔교에 설치	• Croisette Beach의 도로확장과 보도와 해변의 확장(양병(養兵)재료와 시트파일식의 제방과 그 배수구조) • 대형 크루즈 계류시설과 호안 • 항로수심의 유지와 그 방법	• 마리나 버스 수 : 1,700척 • 프라이버시 비치와 영화관을 운영하는 컨벤션센터 • 카지노, 나이트클럽, 레스토랑, 점포, 스포츠시설, 문화시설 • 마리나의 어항이 인접하여 상업항으로서의 가치도 높다.

223

국가명	지구	시설명	시설 분류	개발 방식	체재 방식	개요	기술적 특징	비고
프랑스	Cote d'Azur	St-Tropez	해변 리조트 주체형	자연 조화형	중장기형	• 칸 서쪽 75km에 위치한 이질적인 리조트 • 세계 각국의 거대한 크루즈선 정박	• 대형 크루즈선의 계류시설과 호안의 구조 • 항로수심의 유지	• 마리나 버스 수 : 1,046척 • 계선료 : 15,000프랑/년 (12m급), 주변 마리나와 비교해 2배
		Port-Grimaud	마리나 주체형	신규 개발형	영구 주거형	• 침전하는 진흙이 갯벌을 매립하여 아무것도 없는 늪지에서 하나의 마을을 창출 • 콘도에서 직접 요트 어프로치가 가능 • 베네치아풍의 저층주택과 일체형 마리나	• 인접 하천과의 순환에 의한 운하의 수질을 보존 • 경관시설에 의한 주변 마을과의 조화 • 각 주거에서 직접 탈 수 있는 호안, 잔교의 구조	• 마리나 버스 수 : 2,100척 • 계선료 : 8,541 프랑/년 (12m급) • 유사(有史) 이전의 고성 도시의 이미지 • 정비면적은 건설용지로서 75ha, 2,000개의 여러 타입의 주거 • 프랑수아 스포에리(건축가)에 의해 개발
	Provence	Prado Beach	해변 리조트 주체형	재개발형	단기형	• 역사가 깃든 어항과 마리나를 정비한 프랑스 제1의 항구도시 마르세유. 도시개발을 진행한 과정에서 조성된 인공해안 • 장장 2km의 인공해안 북단에 세일링센터, 남단에 마리나를 배치하고 있다.	• 프래드 해안인공해변 (L=1,900m)의 창출 • 인공해변의 대규모 수리 모형 실험 • 비치샌드의 좋은 해변모래는 석회석 (입자 3~6mm)을 사용	• 마리나 버스 수 : 3,200척 • 계선료 : 6,549프랑/년 (12m급)
	Bay of Biscay	La Rochelle	마리나 주체형	재개발형	영구 주거형	• 대조류 시에는 10m의 간만의 차가 있는 부잔교식 구조 • 역사적 문화를 배경으로 한 아름다운 길과 유명한 요트레이스 개최	• 간만의 차에 대응하는 계류시설 및 갑문 있는 도크(1778년)	• 마리나 버스 수 : 3,200척 • 많은 조선소나 부품 메이커가 근처에 있다. • 바다와 하이테크의 마을 • 각종 이벤트, 회의장, 호텔 전문학교, 수족관, 바다의 박물관
	Languedoc-Roussillion 연장(延長) : 180km 나비 : 20km	Port-Camargue	마리나 주체형	신규 개발형	장기~영구 주거형	• 로누천의 퇴적토사가 만들어낸 광대한 대습지대를 가진 크로펑야의 남쪽 변두리로 대규모 플레저보트 전용 항만을 개발했다.	• 습지 대개발 계획, 방법 • 지반개량공법 • 항내의 해수정화방법 및 유지 • 호안과 잔교의 구조	• 마리나 버스 수 : 4,200척, 수심 -5m(외항) • 해양스포츠 학교와 요트 실무교육 • 설상(舌狀)의 토지에 3~4층막의 프레캐스트 사용의 건물을 배치 • 항만본부, 옥외극장, arena
		La Grande Motte	마리나 주체형	신규 개발형	장기~영구 주거형	• 랑독루시용 연안지방 관광개발을 통한 대표적 리조트의 본부가 된 마을이다. • 굴입식항은 최대선장 15m의 계류가 가능한 다소 기이한 피라미드형 건축물	• 굴입식항만의 계획과 그 시공방법 • 지반개량공법 • 항내의 해수정화방법 및 유지 • 최대선장 30m을 받아들일 수 있는 호안과 잔교 및 선로유지	• 마리나 버스 수 : 1,364척 • 계선료 : 10,881 프랑/년 (12m) • [놀람]을 테마로 하는 고층 건축물과 700,000m²에 달하는 식재 • 국제회의장, 수족관, 영화관, 해양스포츠, 카지노 • 테니스, 골프장 개발책임자 : 존 패터도울(건축가)

국가명	지구	시설명	시설 분류	개발 방식	체재 방식	개요	기술적 특징	비고
프랑스	Languedoc-Roussillion 연장(延長) : 180km 너비 : 20km	Cap d'Agde	해변 리조트 주체형	신규 개발형	중장기형	• 이 지방에서 유일한 암초를 가진 해안과 해수욕장을 소유한 리조트로 컬러풀한 마을을 창출했다. • 콘도는 다양한 변화가 있다. • 항내로의 차량 출입은 불가능	• 굴입식항만의 계획과 그 시공방법 (수심-4m(외항)) • 항내의 해수정화방법 및 유지 • 호안과 잔교의 구조	• 마리나 버스 수 : 2,460척 • 계선료 : 8,858 프랑/년 (12m급) • 해상요양센터, 박물관, 고고학센터, 회의장 • 본격적 테니스클럽, 해양스포츠, 아쿠아랜드, 누디스트 마을 • 도시계획책임자 : 존 룩터(건축가)
스페인	Catalunya(Costa Brava)	Barcelonas	마리나 주체형	재개발형	중장기형	• Catalunya의 산업을 지지한 스페인 최대의 무역항 • 거대한 2km 이상의 방파제를 소유 • 요트 마리나는 만의 가장 구석에 있으며 교외에는 가장 긴 모래사장의 해변이 있다.	• 만 구석에서 도시 배수와 그 처리 • 계선잔교나 호안의 구조 • 연장 2km의 대 제방 • 경관, 녹지의 환경보전을 위한 1,000m² 이하의 부지 건축금지	• 남, 북 각각 50개의 마리나 • 계선료 : 2,000엔/1일 (3일 넘으면 3배가 됨) • 마요르카 섬으로 향하는 페리 터미널
		Ampuriabrava Marina	마리나 주체형	신규 개발형	중장기형	• 35km의 수로에 의해 구성된 마리나 • 7,000척 수용 가능한 마리나를 감싸고 있는 총면적 8km²의 부지 내에 제시설은 이용자를 위한 설비	• 개발 콘셉트와 그 시공방법 • 내수로 수심의 유지 • 호안 및 계류잔교의 구조	• 마리나 버스 수 : 7,000척 • 리조트용의 모든 설비 • 심벌 타워, 경사로, 크레인, 클럽하우스 • 관리용 메인 부두
	Andalucia (Costa Del Sole)	Malaga (El Paso Beach)	종합 시설형	자연 조화형	중장기형	• Malaga는 Costa Del Sole의 현관으로 지중해에 접하고 북아메리카 인근 유럽의 피한지로 유명 • 비치는 연장 1.8km, 평균 폭 25m로 3기의 이안제, 1기의 Y자 제방 및 곡선 제방으로 구성	• 제방의 구조와 모래의 유지관리 • 사용한 모래는 석회암을 분쇄한 것	• 마리나 버스 수 : 1,000척(마리나 ; Benalmadena) • 연장 1.7km의 산책로, 65,000m²의 유원지 • 해변 동쪽 끝부분에 마리나 • 골프장, 카지노
캐나다	Toronto	Pod Complex at Ontario Place	종합 시설형	재개발형	중장기형	• Ontario 주정부에 의해 전람회장을 이용하여 대규모 복합 이용 지역으로서 재개발 • 총면적 37ha, 마리나 수용척수 360척, 호수 안 18ha의 인공 섬에 5개의 전시시설을 설치	• 인공 섬(박람회장적지)에 의한 정조수역 형성 • 콘크리트선 침설에 의한 방파제 • 연락잔교상의 전시관건물은 하이테크 철골구조	• 라이프시어터로서 Ontario EXPO'86이 있었음 • 콘크리트 선은 제2차 세계대전 시 제작(3척)
미국	Los Angeles	Marina del Rey	마리나 주체형	신규 개발형	장기~영구 주거형	• 세계 최대 규모의 인공 마리나 • 총면적 320ha, 마리나 수용척수 8,000척, 해양레저주택을 복합한 도시형 워터프런트 개발	• 입수로가 태평양을 향해 개정된 마리나 원형 • 하구습지대를 준설하여 방파제를 건설 • 도시형 마리나로서 정비	• 공공행정 서비스에 충실 • 군 소유 토지의 60년 임대사용 • 마리나, 콘도, 호텔, 레스토랑, 스포츠시설, 공장 등의 복합시설

국가명	지구	시설명	시설 분류	개발 방식	체재 방식	개요	기술적 특징	비고
미국	Baltimore	Inner Harbor	마리나 주체형	재개발형	단기형	• 미국에서도 가장 사람이 많이 모이는 장소 • 개발면적 97.1ha, 마리나 수용척수 160척 • CIMC를 중심으로 관민 공동방식에 의한 재개발 사업	• 조위차가 작은 것을 이용 하여 호안이나 수책(水柵) 을 배치하지 않고 물가 로의 자연 액세스와 개방 감을 가지도록 하고 있다.	• 상업, 레저, 문화, 업무 등의 시설을 쉽게 제휴 가능하도록 배치 • 유람선, 수상택시, 보트 등을 추가한 경관
	San Francisco	San Francisco Water Front	레저 랜드 주체형	재개발형	당일 치기형	• 샌프란시스코항의 상업개 발과 항만기능의 재개발 • 만 면적 10만ha, 마리나 수용척수 600척(Pier 39 內) • 워터프런트 보존을 위한 개발제어(야생동물보호)	• [베이·커미션]에 의한 개 발계획안과 인허가 권의 보유 • Pier 39 내의 리사이클 목 조건물이나 목제 딩기·통로 • aquatic park의 친수성 호안(계단식)	• 마리나, 별장, 쇼핑센터, 유람선, 산책로 등의 시설 • 피셔먼즈·워프, pier 39 등의 시설이 있는 집객력 을 자랑함
	San Diego	San Diego Water Front	마리나 주체형	재개발형	중장기형	• 면적 약 52ha, 마리나 수용척수 4,400척 • sea port village, 하버 섬, 쉘터 섬 3구역으로 구성되어 있다.	• 수로를 준설한 토지를 매 립하여 인공 섬을 조성 • 인공해변의 조성	• 레저시설의 충실(마리나, 요트클럽, 인공해변, 낚 시잔교, 선박회사, 호텔, 레스토랑) • 임대방식에 의한 운영 • 경관이 좋은 항내에 해군 기지와 레저시설이 동거 하고 있다.
	Miami	Bayside Marketplace and Mia Marina	종합 시설형	재개발형	중장기형	• 마을과 워터프런트를 연결한 플레저 하버 • 길이 16m, 마리나 수 18 개 • 기존의 건물이나 설비를 고려한 디자인	• 부두공원에 의해 풍경이 조성된 마리나 • 자연지형과 인공 섬 조성 의 합체	• 개방적인 시설배치(오픈 마켓, 야외극장, 카페, 베 란다 등의 야외공간)
	Chicago	Chicago Lake Front	레저 랜드 주체형	재개발형	당일 치기형	• 미시간 호수의 전람회장 유지 레이크프런트 계획 에서 도시와 자연의 접점 으로서 재정비되고 있다.	• 요트는 호수의 특성을 살 려 수역계류방식(잔교가 없다) • 시카고 천의 배수 일시 저장 목적으로 지하유수 터널을 설치 • 강철 시트 파일 벽의 침 수성 호안 • 잠제에 의한 인공해변의 모래가 흐르는 것을 방지	• 수족관, 자연박물관, 마 리나, 공원, 스케이트장 등 레저시설 • 잔교를 다목적 이용시설 로 재개발한 것으로서 연 간 이용객 수는 800만 명이다.
	Hawaii	Hawaii Marine Resort	해변 리조트 주체형	신규 개발형	중장기형	• 호텔의 프라이버시 비치 로 대표되는 세계적인 마 린 리조트, 하와이제도 전 체 리조트 개발	• 인공 lagoon의 효과적 배치	• 호텔 소유의 프라이버시 비치나 레저시설이 주체 • 콘도, 별장 등의 고급 별 장지, 마린레저시설, 골 프코스, 인공 lagoon 등 을 충실히 하고 있다.
뉴질 랜드	Auckland	Westhaven, etc.	마리나 주체형	재래 (在來)형	단기형	• Auckland는 인구 4분의 1이 워터스포츠와 관련 되어 있어 그 활동을 중 심으로 하는 것이 West- haven이다.	• 자연환경보호와 해양 개 발의 밸런스 • 준설 및 준설토의 처리 방법 • 하수처리 관리	• 수면계류 1,600척 • 플레저 하버 콤플렉스

국가명	지구	시설명	시설 분류	개발 방식	체재 방식	개요	기술적 특징	비고
오스트레일리아	Perth	Peel Harvey Estuary	해변 리조트 주체형	재래 (在來) 형	단기형	• 자연보호구역으로 둘러 싸인 레저 일체형 개발 • 해수의 교환이 나쁜 폐쇄성 수역을 연결수로에 의해 순환시켜 수질정화를 하고 있다.	• 외해와의 연결수로의 건설 • 샌드바이패스에 의한 표사처리 • 스완 하천의 인공해변	• 수로연장 2.5km • 폭 130~200m, 해면 깊이 -4.5~6.5m
		Hillarys Boat Harbor	마리나 주체형	신규 개발형	단기형	• Perth 근처의 해안선에 새로운 방파제를 건설하여 레크리에이션시설을 정비한 마리나 주체 해양레저시설	• 투과식 방파제와 용수에 의한 항내정화 • 앞바다에 산호초에서 리프가 발달하여 큰 파도가 오지 않기 때문에 비교적 소단면의 방파제로 대처 • 특수한 compact 타입의 리조트시설	• 마리나 버스 수 : 435척(內요트클럽 220척) • 호텔 이외 48실의 아파트 • 수족관과 돌고래 쇼 개최 • 1,500대 수용의 주차장 외 예비 주차장 소유
	Gold Coast	Sanctuary Cove	종합 시설형	신규 개발형	장기~영구 주거형	• 자연이 풍부한 지역에 만들어진 대규모 복합 리조트시설로 물가에 별장을 배치	• 습지대의 준설에 의한 개발 • 준설토의 조성 성토 이용 • 식재된 방파제 및 천과 마리나 사이의 섬이 흐름을 안정시키기 위한 제방이 되는 토사의 퇴적을 방지하고 있다.	• 잔교 부착 주거시설 (고급주택지) • 마리나 버스 수 : 330척 • 호텔, 레스토랑, 쇼핑, 골프장(2코스) • 피트니스 클럽
일본	도쿄	유메노시마 마리나 도쿄 도립 마리나	마리나 주체형	신규 개발형	중장기형	• 도심지에 위치한 공공마리나로 전철로 신키바(新木場)역에서 걸어서 15분 거리에 위치하고 있다. • 도쿄역과 10분, 동경 디즈니랜드 6분	• 습지대개발 계획, 방법 • 지반개량공법 • 항내의 해수정화방법 및 유지 • 호안과 잔교의 구조	• 수용능력 : 전용(659척), 방문객전용(12척) • 육지면적 : 5.7ha, 수역면적 : 18.0ha • 주요시설 : 급수, 급전, 급유시설, 상하가시설, 수리공장, 마린센터, 주차(480대), 주륜(100대)
	효고현	신니시노미야 요트하버	마리나 주체형	신규 개발형	장기~영구 주거형	(社)일본선정공업협회(日本舟艇工業協會) 주최로 간사이 국제보트쇼를 개최하였다. 2008년 3월 21일(금)~23일(일)까지 * 서일본 최대의 마리나로 요트하버 등의 마린스포츠시설, 레저시설, 리조트, 호텔, 쇼핑센터 설치를 목적으로 마리나 파크시티를 건설	• 굴입식항만의 계획과 그 시공방법 • 지반개량공법 • 항내의 해수정화방법 및 유지	• 수용능력 : 870척(육지 : CY120, MB : 540, 계류 : CY44, MB : 166) • 수역면적 : 약 27ha 육지면적 : 약 8ha * 주요시설 : 센터하우스, 방문객버스, 계류잔교, 서비스공장, 상하가시설, 급수, 급유시설, 주차장(800대)
	후지사와	에노시마 요트하버	마리나 주체형	신규 개발형	중장기형	• 관광단지형 마리나로서 (주)소난 나기사파크에서 가나가와현 후지사와시의 소난해안 및 에노시마를 요트하버에 포함하여 스케이트파크, 테니스공원, 각종 워터스포츠가 가능한 테마형 공원을 각각 도입하여 요트하버와 함께 관광시설로서 운영하고 있다.	• 항내의 해수정화방법 및 유지 • 호안과 잔교의 구조	• 수용능력 : 1,303척(수면계류 : 98, 육상 보관 : 981, 비지터 야드 : 226) 요트보관면적 : 28,000m² • 주요시설 : 요트하우스, 상하가시설, 딩기용 슬로프, 수리공장, 급수, 급유시설주차장(300대), 본선안벽, 녹지 등

국가명	지구	시설명	시설 분류	개발 방식	체재 방식	개요	기술적 특징	비고
일본	나가사키현	하우스덴보스 마리나	마리나 주체형	신규 개발형	중장기 및 영구 주거형	• 관광단지형 마리나로서 하우스덴보스 테마파크와 연계하여 건설됨 • 대형보트와 소형 크루즈선도 접안이 가능할 정도의 정박시설이 완비되고, 테마파크의 부대시설을 이용하여 다양한 시설 이용 가능	• 항내의 해수정화방법 및 유지 • 호안과 잔교의 구조	• 수용능력 : 330척(해상계류), 보관시설, 상하가시설, 수리시설, 급유시설 등 • 단기 및 장기 보관 가능

자료 : 일본해양개발건설협회(2003), 세계의 해양토목기술, 산해당(참고 재작성)

제2절 공공마리나

1. 공공마리나의 개념과 분류

1.1 공공마리나의 개념

공공마리나는 개발주체가 공공기관이거나 민관합동형태이면서 경제적 파급효과와 복리증진 차원의 목표로 개발된 마리나를 공공마리나라고 한다.

세계 마리나의 경우 대부분 막대한 개발비용 등의 문제로 공공기관이 개발하여 민간에 이양되거나 공공의 목적에 부합하여 공익적 시설을 위주로 개발하면서 공공마리나의 개념이 형성되었다.

용어상으로 공공마리나를 처음 사용한 국가는 일본으로 제2차 세계대전 이후에 해양교육과 지방경제의 발전을 위하여 지방자치단체가 주도적으로 개발하여 44개의 공공마리나가 출현하였다.

공공마리나를 정의하면 "공공마리나란 공공기관이 개발에 참여하여 저렴한 공익적 편의시설을 갖추고, 직접 경영관리하거나 일부 민간회사에 위탁경영하는 형태의 마리나"라고 할 수 있다.

가. 각국의 분류기준

1) 구미권

- 미국 마리나의 형태를 투자주체에 따라 분류하면 옆의 그림과 같이 항만청, 개인회사, 민관합동, 리조트형의 4가지로 분류할 수 있고, 이 중 항만청(15%)이나 지방자치단체(14%)가 직접 투자한 형태의 마리나를 공공마리나라고 할 수 있다.

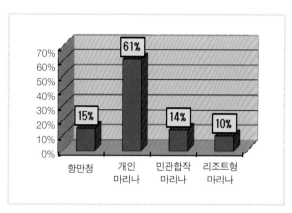

자료 : IMI 보고서(1999)

[그림 1.1.1] 마리나의 개발주체

2) 일본

일본의 경우 아래의 표와 같이 공공마리나, 민간마리나, 제3섹터 마리나 등 3가지로 분류하고 있다.

또한, 570개소의 마리나 중에서 500척 이상의 수용능력을 가지고 있는 마리나는 9곳으로 분석되었으며, 전국 마리나 가이드 분석결과 민간 마리나 378개, 공공마리나 44개, 제3섹터 마리나 14개가 있다.

공공마리나는 44개소로 아직 적지만, 제3섹터를 포함한 공공마리나 1개소당 수용능력은 300척 전후로 큰 마리나시설이다.

〈표 1.1.1〉 일본의 마리나 현황

구분 \ 종류	회원마리나	비회원 마리나
공공	50	-
민간	132	184
제3섹터	14	-
계	196	184

나. 공공마리나의 분류

공공마리나를 현상적으로 정의할 경우 공공재원을 투자한 방식의 마리나를 의미한다.

공공마리나의 경우 공공성을 확대하고, 경제적 이익을 극대화하고, 산업발전을 촉진하기 위한 방법으로 주로 산업단지나 복합 해양관광단지개발을 위하여 건설되는 것이 일반적이다.

도심지나 특별한 도서지역의 경우 초기에 투자재원이 막대하게 필요하거나 단기적 경제성을 예측하기가 어렵다는 이유로 그 지역의 장기적 발전을 도모하기 위하여 공공기관에 의해 투자가 이루어지는 경향을 보이고 있다.

이러한 경우에도 대부분의 마리나는 경영관리의 효율성에 관한 문제가 대두되어 전문 민간회사에 의하여 공익성을 해치지 않는 범위에서 경영권이 이양되기도 하고, 시드니의 슈퍼요트 전용마리나의 경우와 같이 공공기관이 전문가를 고용하여 직접 경영하는 경우도 있다.

세계의 주요 공공성이 있는 마리나를 장소별로 분류하면 아래의 표와 같다.

〈표 1.1.2〉 마리나의 장소별 분류

유 형 \ 사 례	사 례
복합 해양관광단지형	델레이(미), 미션베이(미), 랑독루시용(프), 발렌시아항(스), 에노시마(일), 신 니시노미야(일), 쌩추어리코브(호)
산업단지형	신다항(대), 시티마리나(호), 비아레지오(이)
도시근교 및 도심지 개발형	웨스트헤이븐(뉴), 달보라마리나(호), 로젤마리나(호), 유메노시마(일)
도서 및 내륙수변형	매사추세츠 스피네이커섬, 시카고 레이크 프런트(미시간호), Geneve, Nyon, Lausanne(스위스 레만호), 아브라쓰(가나가와현)

자료 : 저자 작성

다. 공공마리나의 개발 필요성

공공마리나는 지역의 경제적 발전과 지역주민의 복지적 측면에서 볼 때 가장 핵심적인 시설로서 공공성과 경제성을 동시에 추구해야 하는 필수적인 기반시설이다.

공공마리나는 어촌경제의 활성화와 구조전환을 실행할 수 있고, 보트산업, 부품산업, 정비산업, 서비스산업 등 각종 연관산업의 파급효과를 극대화할 수 있는 장소의 선택과 계획이 필요한 시설로서 지역발전을 이상적으로 실현할 수 있는 필수시설이다.

공공마리나의 전체적인 경영 효율화를 위해서는 관광사업 등과의 연계가 필수적이며, 특히 단기적인 측면에서 전체적으로 하나의 관광목적지의 개념으로 개발하여야 성공가능성을 극대화할 수 있는 시설이며, 관광산업의 질적 선택권을 높이는 데 결정적인 영향을 주는 필수적 시설이다.

1.2 공공마리나의 입지선정기준

가. 공공마리나의 입지선정과정

공공마리나의 입지결정은 항만, 일반마리나, 공공마리나의 3단계로 나누어 검토되어야 한다. 각각의 검토과정은 아래의 그림과 같다.

장기적 관점에서는 지역에 따라 충분한 공공적 시설을 순차적으로 증설해 가기 위해 공공성이 높은 시설을 증설할 수 있는 토지나 장소를 미리 확보해 가는 것이 필수적이다.

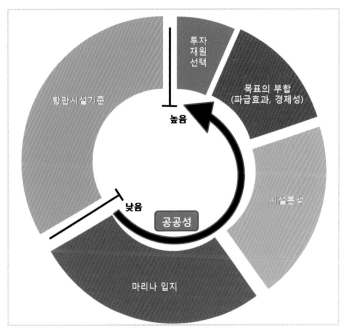

자료 : American Society of Civil Engineers(2000), Planning and Design Guidelines for Small Craft Harbors, American Society of Civil Engineers(참고 저자 작성)

[그림 1.2.1] 공공마리나 입지 결정 과정표

나. 공공마리나의 시설기준

🎲 공공마리나의 시설 중에서 특히 권장되어야 할 사항은 아래와 같다.
- 정박은 연중 가능하여야 하며, 드라이 스택이 완비될 것
- 방문자 선석 및 공공기관용 선석은 마리나 관리 및 국가 간 항해자 및 외부방문객을 위한 시설로 공공성을 가지고 있는 시설이어야 한다.

- 기상정보 및 고급항해교육 및 안전교육을 실시할 수 있는 시스템 및 교육장이 필요하며, 이러한 용도를 클럽하우스 건물이 수용할 수 있어야 한다.
- 충분한 녹지 및 문화시설은 항해자가 아닌 단순 방문객이나 관광객을 위하여 충분히 고려되어야 한다.
- 장애자를 고려한 시설 및 응급의료시설을 권장한다.

〈표 1.2.1〉 공공마리나 입지평가 기준

기반시설(Infra structure)			상위시설(Super structure)	
			편의시설	문화복지
정박		• 연중 • 계절 • 일시 • 드라이 스택 • 임대용 슬립	• 샤워 • 세탁 • 오수처리 • 주차장 • 사물함 • 제빙기 • 자동판매기 • 기상정보 • 금융 및 우편서비스 • 보안서비스 • 도서관 • 비디오 대여 • 레저 및 운동시설 • 휴게실 • 통신 및 사무서비스 • 컨시어지 서비스 • 숙박	• 녹지 • 산책로 • 공공램프 • 해양연구소 • 수족관 • 박물관 • 도서관 • 수상교통시설 • 피싱피어 • 워터프런트 숙박시설 • 소방보트 선착장 • 공공기관 선착장 • 방문자 선석 • 선석 보안시설
정비/ 관리		• 상하가 서비스 • 주유시설 • 엔진 • 기술서비스 • 목공 • 페인팅 • 선체 (파이버 글라스)		
편의		• 주유시설 • 선구점 • 음식 • 클럽하우스		
공공성	낮음		보통	높음

자료 : 저자 작성

다. 항만, 일반, 공공마리나의 세부평가기준

항만의 일종으로서의 마리나는 일반적인 항만의 입지선정과정과 자연조건 등은 유사하다고 할 수 있다.

일반적인 마리나의 경우 공공마리나의 기반시설을 갖추는 것을 권장하지만 경제성 측면에서 일부 시설을 축소할 수도 있다.

공공마리나의 경우 마리나 기반시설을 최소한 갖추어야 하고, 경영관리에 있어서 공공성을 추가하여야 한다.

<표 1.2.2> 항만, 일반, 공공마리나의 입지 평가기준표

평가 방법	평가 지표	평가요소		우선 순위	세부평가요소	가산점 여부	총점	비 고	계
항만	소입지	지형		2	마리나 수역 내의 입지 평가 자료로서 공사비 절감 및 미적 기준이 양호한 정도를 기준으로 평가함	지형의 상태에 따라 가산점 부여			
		수심		1					
		지표		3					
		지질		4					
		수질		5					
	대입지	환경	기상	2	평균기온이 높을수록 유리하나 한국의 경우 대동소이함	태풍의 영향이 없는 곳에 가산점 부여		평균 10도 이상	
			기온	1					
			바람	3					
			시계	5					
			해양	4					
			태풍	6					
		경제성	선박	1	선박의 종류가 다양하고 접근성이 좋은 곳	서비스시설에 가산점			
			접근성	2					
			서비스	3					
		기능	준설	1	준설이 빈번할 경우 경제성 저하	준설을 안 해도 되는 경우 가산점			
			세척	3					
			정비	2					
		규제	수질 기준	1	수질기준에 적합한 곳	수질기준 높은 곳 가산점			
			매립	2					
일반 마리나	공공 계획과 관계	상위계획		4	상위계획과 충돌이 없을 것	국가계획 적합 여부 가산점			
		권역별 계획		3					
		지역별 계획		2					
		국가계획		1					
	수 심	0.5~1		5	최소 2m 이상 만점	2 이상에 가산점		최소 2~3m	
		1~2		4					
		2~이상		3					
		3~이상		1					
		5~이상		2					
	준설 여부	1년 수회		4	준설 불필요나 점토질 유리	준설 불필요에 가산점			
		2~3년 수회		2					
		준설 불필요		1					
		사토질		5					
		점토질		3					

평가 방법	평가 지표	평가요소	우선 순위	세부평가요소	가산점 여부	총점	비 고	계
일반 마리나	수역 공간	슬립과 도크	32%	항로입구 : 70ft 이상	해협과 수로상태 가산점		가장 큰 보트 4배	
		해협과 수로	24%					
	육역 공간	주차장 부지	8%	배후지 넓을수록 유리	최소비율 이상에 가산점			
		보트보관 및 예비주차장	30%					
		건물과 지원 시설 배후시설	6%					
	보호 대책	방파제	1	기존 방파제 여부	기존 방파제 여부 가산점			
		방조제	2					
	수변 주택 여부	수변식당	2	수변 건물가능 여부	수변호텔 가산점			
		수변호텔	1					
	해상 정박	연간해상정박	1	해상정박수요	연간정박수용 력 가산점			
		계절적 정박	2					
		일시계류	3					
	빌딩형 보트주 차시설	50대 이하	3	보트주정시설 여부	100대 이상 가산점			
		50~100	2					
		100 이상	1					
	방문자 선석	10~20척	3	방문자 선석 여부	수용력에 가산점			
		20~30척	2					
		30척 이상	1					
	주유 시설	해상	1	최소 육상 설치	육해상 가산점			
		육상	2					
	서비스 및 편의시설	클럽하우스	1	클럽하우스 최소시설	여가시설 포함에 가산점			
		여가시설	2					
	선박 임대 및 판매 시설	보트판매상	2	임대요트가 활성화 유리	임대요트에 가산점			
		임대요트	1					
	자연 조건	태풍 등급	3	태풍일수가 불리	1번이 양호한 곳 가산점		정박지 50cm 이하	
		돌풍 등급	2					
		파속, 파주기, 파장	1					
	인센 티브	계획수립	3	표준에 적절한 기준일 경우 운영 중	운영 중가산점			
		시공 중	2					
		운영 중	1					
	환경 및 안전시설 유무 및 권장기준 준수여부	쓰레기 처리장	1	쓰레기처리 및 폐유시설 필수	폐유처리시설 에 가산점			
		폐유 흡수펌프	2					
		구난 보트	5					
		응급처치 시설	4					
		폐유 컨테이너	3					

평가 방법	평가 지표	평가요소	우선 순위	세부평가요소	가산점 여부	총점	비 고	계
일반 마리나	접근성	50km 이내	1	최소 80km 이내	50km 가산점			
		80km 이내	2					
		100km 이내	3					
	보호 지구	역사유적	1	역사유적보호 불리	자연보호지역 가산점			
		자연보호	2					
	교통기 반시설	공항	1	공항 및 고속도로 유리	공항에 가산점			
		고속도로	2					
		철도	3					
		버스	4					
공공 마리나	경제성	복합관광지	1	복합관광지가 경제적	복합관광지 가산점			
		산업단지	2					
		재개발	3					
		단순생산	4					
	문화	연구소	4	관광객유인 유리시설	2개 이상에 가산점			
		박물관	2					
		수족관	3					
		공연장	1					
		도서관	5					
	복지	녹지	4	공공램프 우선	2개 이상 가산점		10m 이상, 2면 이상, 리프트 50척당 1개	
		산책로	3					
		공공램프	1					
		공공선석	2					
		장애자보호	5					
	서비스/ 편의	주유	1	주유, 보안시설 우선	3개 이상 가산점			
		샤워/세탁	3					
		보안	2					
		통신/금융	4					
	자금 조달	공공	2	민간자금유입이 경영활성화 에 유리	민간자본유입 에 가산점			
		민관합작	1					
	장애자 보호	시설	1	장애자보호시설이 우선	두 개 시설에 가산점			
		의료	2					
종 합 평 가								

*우선순위는 지역에 따라 조정 가능함(자료 : 저자 작성)

1.3 시범적 공공마리나 개발계획

가. 개발 콘셉트

시범적 공공마리나의 개발은 항만 및 일반 마리나의 입지조건에 부합해야 하며, 국토 균형발전 및 연관산업 유발효과를 극대화할 수 있어야 한다.

또한, 산업단지, 관광지, 도심지 및 기존항구의 재개발 가치 및 위의 주변여건과 동반발전의 조건을 가지고 있어야 하며, 공공을 위한 시설완비를 위한 의지와 효율적인 경영관리방안이 수립되어야 한다.

시범적인 공공마리나는 관광지 개발, 산업단지 조성, 기존항구의 재개발, 도심지 유휴공간의 활용 등 분명한 목표가 수립되어야 한다.

개발주체는 관련법규의 조정, 공공이익의 추구를 위하여 정부나 공공기관이 주체가 되는 것이 일반적이며, 개발비의 조달과 합리적 경영을 위해서 민간회사와 공동으로 개발 및 경영하는 것이 세계적 추세이다.

시설 측면에서 다양하고 저렴하게 일반인이 이용할 수 있도록 공공서비스 시설을 가능한 다양하게 확보하여야 한다. 공공서비스시설의 주요 항목은 공공 램프(슬립웨이), 방문자 선석, 장애자용 및 어린이용 안전시설, 공공용 선석 등이 있다.

이러한 목적을 달성하기 위하여 기본시설의 적절한 건설이 가능하고, 합리적 규모를 갖출수 있는 해상 및 육상면적이 충분히 확보된 지역이어야 하며, 위의 목표를 극대화할 수 있는 주변지역의 발전전망과 발전가능성을 최대한 수용할 수 있는 배후지가 확보된 지역과 장기적 계획을 수용할 수 있는 조건을 보유하고 있는 지역이어야 한다.

이러한 목표를 달성하기 위한 최소의 시설 및 면적기준과 방향에 대한 가이드라인을 제시하면 아래의 표와 같다.

〈표 1.3.1〉 시범적 공공마리나의 표준조건

항 목 \ 기 준	필요항목	시설 및 기준	비고
1) 선석규모	해상계류 최소 250선석을 확보할 수 있을 것	선석넓이 : 보트의 빔 + 4ft + 폰툰넓이 * 250 = 전체 박지공간(32%)	선박의 대형화에 대비 80피트급 접안가능선석 확보
2) 보호대책	충분한 자연 및 인공적인 보호대책이 완비된 지역	기존 완비된 경우 개발비 절감	방파제, 방조제, 태풍이나 해일에 대비한 보호시설 여부
3) 필요면적	최소한의 해상 및 육상면적이 확보된 곳	해상공간은 육상공간의 1.25배	해상 및 육상면적 비율 56 : 44를 충족할 것

기 준 항 목	필요항목	시설 및 기준	비고
4) 자연조건	수심과 기후 등의 자연조건이 최소수준 이상에 접근한 지역	간조 시 0.5m 이상	평상수심 2m 전후가 가능한 곳
5) 필수시설	클럽하우스, 보관시설, 상하가 시설, 수리시설, 급유시설, 세정 시설	클럽하우스(행정, 정보, 교육, 관리, 경영기능), 급유 및 세정시설 별 수익가능(육상면적 30%)	80ft급 선박의 상하가가 가능한 크레인
6) 정책적 시설	드라이 스택, 트레일러 견인용 주차장	마리나 활성화 필수시설, 미관 및 태풍대비 수준, 충분한 예비주차 장 확보 필수(최소 육상면적 8%)	활성화 및 방치정에 대비한 규 모의 보트주정빌딩
7) 활성화시설	선구점, 음식, 휴게실 등 서비스 편의시설	비상 및 안전대비 최소 부속품 구매가능 선구점, 음식조달 및 이용자 편의시설 및 세탁, 샤워 시설 필요	보트용품, 안전장비의 구매가 가능하고, 최소의 음식서비스와 숙 박가능시설
8) 안전대책	기상정보, 구난시설, 보안시설	이용자의 안전을 위한 일일기상 정보 제공 필요, 요트소유자의 안 전 및 보호	기상정보의 실시간 검색과 공고 가 필요하고, 소방정이나 비상구 난요청에 대비한 선박 및 시설
9) 활용도 확대 시설	응급의료 및 문화서비스 시설	연구소, 수족관, 도서관, 피싱피 어 등	녹지, 산책로, 전망 피어 등 일반 방문객을 고려한 시설
10) 관광자원 가치	전체적인 조망과 미적 수준을 극대화할 수 있는 곳	전체 디자인과 각 시설의 색감 은 마리나 성공의 필수조건임	간조 시 파일이나 전체 육상건 물의 미적 감각과 전체 디자인
11) 복지시설	장애자 및 어린이 보호시설	갱웨이 안전 및 항내 무동력선 대비 항속감소방안	항내 속도제한 필요

자료 : 저자 작성

2. 해외 공공마리나의 검토

호주나 뉴질랜드의 경우 현상적으로 공장형 마리나(뉴질랜드 홉슨마리나), 리조트 및 산 업단지의 복합형 마리나로는 쌩추어리코브, 시티 마리나를 예로 들 수 있으며, 이곳은 워터 프런트 하우스, 골프장 등과 함께 리조트형이면서 가까운 거리에 보트의 생산, 정비, 관리기 능을 갖춘 공장과 함께 건설된 산업단지형이라고 할 수 있다.

도심지형 마리나산업단지로는 뉴질랜드 웨스트헤이븐 마리나지역이 있다.

대규모 복합 해양관광단지로서 프랑스의 랑독루시용 마리나단지나 스페인의 발렌시아와 같이 아메리카스컵 요트대회를 위한 '포트 아메리카나'와 같이 특별한 목적의 대형 공공마리 나 개발사례가 있다.

2.1 호주의 공공마리나 현황

가. 매카이(Mackay) 마리나 개발사례

[그림 2.1.1] 매카이 마리나 전경

호주 퀸즐랜드주 북부지역에 위치해 있는 매카이 마리나는 총 475척을 수용할 수 있고, 80피트 이상의 슈퍼요트 정박시설은 물론 카타마란 또는 트리마란 등 다동체형(multihull) 레저보트도 정박을 용이하게 할 수 있는 대형 정박시설도 갖추고 있다.

14,000m²의 규모에 수변 주거단지, 레스토랑 등 상업시설, 요트클럽, 79실의 수변 호텔 등이 마리나시설 내에 위치해 있다.

매카이 마리나 개발의 성공 이면에는 개발 전에 철저한 환경영향평가를 실시하였으며, 이후에도 지속적인 환경 모니터링 프로그램을 운영하고, 효율적 마리나 운영을 위한 철저한 경영정책을 추진하여, 호주 정부에서 추진하는 환경친화형 마리나 개발(Clean Marinas) 프로젝트에 의욕적으로 참가하고 있다.

매카이 마리나는 $200백만의 지역 내 경제효과를 창출하고 있으며 200명의 상시고용 창출은 물론 건설과정에서는 1,500명의 직접고용을 창출하였다(Jeff Smith 2007).

나. 솔저스 포인트 마리나(NSW주 Soldier's Point Marina) 운영사례

[그림 2.1.2] 솔저스 포인트 마리나 전경

호주 뉴사우스웨일스주(NSW주의 주도는 시드니임) 북부지역인 포트스테판에 위치한 솔저스 포인트 마리나는 마리나 운영에 있어 고객 서비스 부문에서 호주 최고를 자랑하고 있는 마리나이다.

시드니에서 북쪽으로 자동차로 약 4시간 정도 떨어져 있는 포트스테판은 사막 모래썰매, 돌고래관광, 와인으로 유명한 관광지이다. 이곳은 유명한 관광지답게 몇 개의 마리나시설이 설치되어 있다. 하지만 이 지역에서 가장 유명한 마리나는 솔저스 포인트 마리나이다.

이곳에는 고객을 위한 공항 픽업 서비스는 물론, 조간신문제공, 편지나 팩스는 보트에까지 배달, 매일 아침 커피 무료제공, 시원한 손수건과 신선한 과일 매일 오후 무료제공, 매일 저녁 칵테일 무료제공, 보트 교육프로그램 운영, 보트 도착 선물 제공, 보트 출발 선물 제공, 보트 내 무료 쓰레기 처리 등 완벽에 가까운 고객서비스를 실현하고 있다.

솔저스 포인트 마리나의 주요 편의시설은 카페, 레스토랑, 세탁실, 현금인출기, 24시간 기름주유기, 비즈니스센터, 무료 오폐수 펌프시설, 장애인시설, 사우나 등이다.

솔저스 포인트 마리나는 규모는 작으나 고객서비스에 경영전략을 집중하여 호주 보트 소유자들이 가장 선호하는 마리나로 성장하게 되었다(Darrell Barnett 2007).

다. 로젤 슈퍼요트 마리나(NSW주 정부 직영 Rosell Super Yacht Marina) 운영사례

NSW주 해양부가 직영으로 운영하는 로젤 슈퍼요트 마리나는 시드니 달링하버에서 약 500m 정도 서쪽에 위치해 있는 시설로 2000년 시드니올림픽을 계기로 호주 국내뿐만 아니라 전 세계의 수많은 슈퍼요트 소유자가 시드니항을 방문할 때 정박지로 활용하는 마리나시설이다.

로젤 슈퍼요트 마리나는 호텔로 비유시 5성급 수준의 최고시설을 자랑하고

[그림 2.1.3] 로젤 슈퍼요트 마리나 전경

있다. 육지부와 접한 폰툰시설의 접근성은 물론 흘수(Draft) 5m 이상의 초대형 슈퍼요트도 정박할 수 있는 수심을 비롯하여 초고속 인터넷 서비스, 오폐수시설 및 급유시설의 위치, 컴퓨터 프로그램으로 운영되는 마리나 관리시스템은 로젤 슈퍼요트 마리나를 세계 정상급시설로 만드는 기반이 되었다.

로젤 슈퍼요트 마리나는 40~70m급 슈퍼요트 28척을 수용할 수 있는 시설로 공사비는 2.7백만 호주달러가 들었으나 2006년 한 해 수입이 1.5백만 호주달러로 1999년 11월 마리나 개관 이후 현재까지 총 수입이 7백만 호주달러에 달해 투자수익률이 260%에 이르고 있다. 특히 개관 이후 지금까지 11회에 달하는 보트쇼를 유치하여 상당한 부대수입도 올렸으며 로젤 슈퍼요트 마리나를 전 세계에 홍보하는 마케팅 효과도 거두었다.

슈퍼요트 마리나시설 운영 및 관리에 종사하고 있는 공무원은 총 4명(소장, 현장 근무자

2, 행정 1)으로 이들이 마리나에 정박하는 슈퍼요트 소유자들에게 각종 서비스를 제공한다.

이들이 제공하는 서비스는 입출항 안내, 정박 슈퍼요트 경비, 오폐수 처리, 쓰레기 수거, 유류주입, 인터넷 서비스 안내, 마리나시설 마케팅 등 청소부터 행정까지 모든 것을 처리한다. Richard Morris NSW주 해양부 로젤 슈퍼요트 마리나 소장은 공무원 4명이 마리나시설을 책임경영하기 때문에 인력이 부족하다고 느낀 적이 없으며, 이는 시스템화된 마리나 운영프로그램이 있어 가능하다고 설명했다(2007).

Richard 소장은 NSW주정부 공무원으로 채용되기 전에는 상선 선장으로 10여 년을 근무하였으며, 이러한 해양산업의 전문성 때문에 주정부 고위공무원으로 채용되었다. Richard 소장의 평소업무는 슈퍼요트 마리나시설의 우수성을 대내외에 홍보하는 마케팅활동을 주로 하고 있으며 시간 있을 때마다 슈퍼요트에서 배출되는 오폐수 처리, 급유 등을 직접 처리한다.

NSW주정부에서는 로젤 슈퍼요트 마리나시설의 수익에 고무되어 육상에 800척 규모의 보트를 보관할 수 있는 육상 마리나시설(Dry storage)의 설치를 추진하고 있으며 2008년도에 공사가 완공되었다.

라. 골드코스트 쌩추어리코브 마리나(Sanctuary Cove)리조트 개발 사례

[그림 2.1.4] 골드코스트 쌩추어리코브 마리나 전경

쌩추어리코브는 퀸즐랜드주 골드코스트 북쪽에 위치한 지역으로 호주 최초의 복합 리조트로 유명하다. 이곳은 2개소의 챔피언십 골프코스와 세계 최고수준의 마리나시설, 5성급 리조트호텔, 병원, 쇼핑센터, 레스토랑 등을 갖춤으로써 실생활에 필요한 대부분의 서비스를 즐길 수 있다.

이곳에서 눈여겨볼 것은 개발과 환경보존의 조화라고 할 수 있다. 쿠메라 강변을 따라 474헥타르의 규모로 개발된 이곳은 원래 습지였다. 하지만 골드코스트에서 수변가의 고급주택 수요가 증가하면서 이곳을 마리나리조트로 개발하였다.

하지만 지금도 100미터 거리에 있는 반대편 강변은 모기와 벌레들이 득실거리는 습지이다. 특이한 개발사례 중 하나는 호주에서 가장 부유층이 거주하고 있는 종합 마리나리조트인데도 불구하고 리조트 중심부에 공장이 있다는 점이다. 물론 이 공장에는 보트나 요트 수리업체들이 입주해 있다. 사진 좌측 하단은 원형대로 보존되어 있는 습지 지역이며 사진 좌측 상단은 Waterfront 주거지역 개발 현장이다.

사진 중심은 290척을 수용할 수 있는 마리나시설 및 클럽하우스, 쇼핑센터, 상점 등이며 사진 우측 중간은 5성급 하얏트호텔이다. 사진 우측 상단 흰색 건물은 보트정비공장이다.

〈표 2.1.1〉 골드코스트 생크추어리코브 마리나 정보

● 위치 : 오스트레일리아 퀸즐랜드주 골드코스트
● 면적 : 약 4,700만㎡(약 1,420만 평)
● 주요시설 및 특징
  - 1990년경까지는 호주 제1의 관광지로 손꼽힌 바 있으며, 내부에 있는 마리나의 요트 수용규모는 약 330척이다. 골프장은 Palms Course(퍼블릭코스)와 Pines Course 등 2개의 챔피언십 코스로 되어 있으며, 이 중 Pines Course는 골프회원과 하얏트호텔 투숙객만 이용 가능하다.
  - 스포츠시설로 테니스코트 9면, 스쿼시코트, 수영장, 트랙경기장, 잔디 볼링장, 에어로빅센터, 컴퓨터 건강진료센터 등이 있으며, 100여 개가 넘는 쇼핑센터와 병원, 레스토랑, 예술회랑 등과 같은 편익시설들이 골고루 갖추어진 종합리조트 휴양지이다.

마. 골드코스트 시티 마리나 운영사례

호주에서 가장 큰 작업 마리나로 유명한 골드코스트 시티 마리나는 2001년에 골드코스트 보트산업단지 내에 개발되어 50m급 슈퍼요트 18척을 수용할 수 있는 대형 마리나와 함께 중소형보트 200대를 정박시킬 수 있는 해상 마리나시설과 248대의 소형보트를 보관할 수 있는 육상 마리나시설 (Dry Storage)을 보유하고 있다.

[그림 2.1.5] 시티 마리나 전경

시티 마리나의 주요 특징은 마리나 시설 지역 내에 보트 수리업체, 보트 보험업체, 보트 페인팅업체, 전기업체, 보트 실내장식업체, 보트 엔진업체, 고급 수변 레스토랑 등 70개 보트 및 마리나 관련업체가 입주해 있다는 점이다.

이곳 마리나에는 보트 수리에서 판매까지 원스톱 서비스가 가능하여 이러한 점에서 소비자들의 방문횟수가 더욱 잦아지고 있다.

다음 배치도에서 보는 바와 같이 마리나시설을 가운데 두고 상단에는 육상 정박시설, 좌

측에는 Dry Storage시설, 하단에는 보트관련 각종 업체들이 입주해 있다.

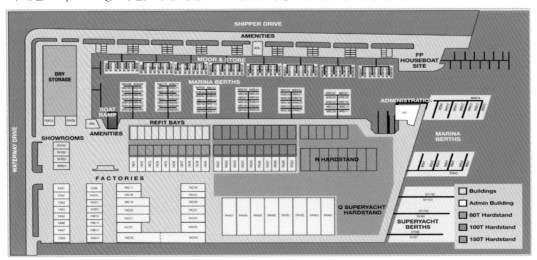

[그림 2.1.6] 골드코스트 시티 마리나 배치도

2.2 뉴질랜드의 공공마리나 현황

가. 웨스트헤이븐 마리나단지 현황

[그림 2.2.1] 웨스트헤이븐 마리나 전경

웨스트헤이븐의 경우 첨부자료와 같이 요트산업의 대표적 클러스터를 형성한 곳으로서, 시에서 개발하여 시에서 직접 운영하고 있는 마리나이다.

5명의 인원으로 1,400여 척의 요트를 정박 관리하고 있으며, 가장 다양한 부대시설을 갖추고 있다.

가장 번화한 해변 관광지로서의 바이덕트하버는 힐튼호텔과 함께 주변의 고급 숙박시설과 카페, 레스토랑으로 발전하여 오클랜드의 대표적인 관광목적지이며, 요트산업에 의한 복합관광지의 성공적인 관광지 개발사례를 보여주고 있다.

주요시설로는 1,432선석의 규모를 자랑하며, 329개의 파일 정박시설, 40개의 임대용 선석, 트레일러보트 주정소, 6개소의 진수램프, 주차장시설을 갖추었고, 옆에 아메리카스컵대회를 위해 건설된 홉슨마리나를 경영하고 있다.

2.3 일본의 공공마리나 현황

일본의 경우 공공마리나, 민간마리나, 제3섹터 마리나 등의 3가지로 분류하고 있다.

전국의 마리나 분석결과 민간마리나 378개, 공공마리나 44개, 제3섹터 마리나 14개 항구가 있다.

공공마리나는 44개소로 아직 적지만, 근년에 건설된 제3섹터를 포함한 공공마리나 1개소당 수용능력은 300척 전후로 큰 서비스시설이다.

일본의 경우 570개소의 마리나 중에서 500척 이상의 수용능력을 가지고 있는 마리나는 9곳으로 분석되었다.

일본의 대표적인 산업단지로 간주할 수 있는 마리나는 아래와 같다.

가. 신 니시노미야 요트하버(제3섹터)

- 수용능력 : 870척(육지 : CY120, MB 540, 계류 : CY44, MB : 166), 수역면적 : 27ha, 육지면적 : 8ha이다.
- 주요시설 : 센터하우스, 방문객버스, 계류잔교, 서비스공장, 상하가시설, 급수, 급유시설, 주차장(800대)이 있다.
- 정부기관 : 효고현청, 니시노미야 시청, 일본기상협회, 제5관해상보안본부, 해상보안청수로부, 오사카만 해상교통센터, 일본 세일링연맹, 간사이 요트 클럽 등이 있다.

[그림 2.3.1] 신 니시노미야 마리나 전경

- 민간기업 : 足立요트조선(목조), 135이스트(요트판매), 오카자키요트, 효고도요타마린 (면허취득 및 보관수리), 야마하발동기, 야마하보팅시스템, 얀마디젤, 닛산마린 외 다수의 기업이 있다.
- (社)일본선정공업협회(日本舟艇工業協會) 주최로 간사이 국제보트쇼2008을 개최하였다 (2008년 3월 21일~23일까지).
- 서(西)일본 최대의 마리나로 요트하버 등의 마린스포츠시설, 레저시설, 리조트, 호텔, 쇼핑센터 설치를 목적으로 마리나 파크시티를 건설하였다.

나. 유메노시마 마리나(夢ノ島マリーナ)

[그림 2.3.2] 유메노시마 마리나 전경

- 수용능력 : 총 659척, 방문객 선석 12척
  - 육지면적 : 5.7ha
  - 수역면적 : 18.0ha
  - 주요시설 : 급수, 급전, 급유시설, 상하가시설, 수리공장, 마린센터, 주차(480대), 주륜(100대)
- 정부기관 : 도쿄항만국, 해상보안청, 국토교통성
- 민간기업 : (주)스바루, 도쿄만 해상교통센터, 일본해양 레저안전진흥협회
- 도심지에 위치한 공공마리나로 전철로 신키바역에서 걸어서 15분거리에 위치하고 있으며 자가용 이용 시 IC에서 2분거리, 도쿄역과 10분거리에 위치하고 있으며 동경디즈니랜드와 6분거리에 위치한다.

다. 에노시마 요트하버(江ノ島ヨットハーバー)

- 수용능력 : 총 1,303척(수면계류 : 98, 육상보관 : 981)
- 요트보관면적 : 28,000m²
- 주요시설 : 요트하우스, 상하가시설, 딩기용 슬로프, 수리공장, 급수, 급유시설주차장(300대), 본선안벽, 녹지 등
- 정부기관 : 현하항과(県河港課) 후지사와시청, 제3관구해상보관본부, 요코스카 해상보안부, 후지사와시관광협회

[그림 2.3.3] 에노시마 요트 마리나 전경

- 🔲 민간기업 : 가나가와세일링연맹, (사)에노시마요트클럽, 에노시마주니어요트클럽, 후지 사와토목사무소, (주)소난나기사파크본사, 곡소해빈(鵠沼海浜)공원스케이트파크
- 🔲 관광단지형 마리나로서 (주)소난나기사파크에서 가나가와현 후지사와시의 소난해안 및 에노시마의 요트하버를 포함하여 스케이트파크, 테니스공원, 각종 워터스포츠가 가능한 테마형 공원을 각각 도입하여 요트하버와 함께 관광시설로서 운영하고 있다.

2.4 이탈리아의 공공마리나 현황

가. 토스카나주 비아레지오 클러스터

🔲 토스카나주의 개요

- 🔵 이탈리아 중서부에 위치한 토스카나주의 인구는 600∼700만 명 수준이며 주의 수도 는 피렌체이다.
- 🔵 국제공항 1곳과 국내공항 1곳을 갖추고 있다.
- 🔵 토스카나주의 주요산업은 슈퍼요트와 세계 5위 수준인 의약 중심의 바이오산업이다.
- 🔵 슈퍼요트산업을 육성하기 위해 항구가 있는 비아레지오 지역을 중심으로 클러스터를 조성하였다.
- 🔵 해양관련 기계/부품전시회를 주정부주관으로 개최하고 있으며 비아레지오 지역의 중 소요트 부품업체를 지원하기 위한 조합(NAVIGO)이 결성되어 있다.

🔲 비아레지오 클러스터의 개요

2007년 전 세계에서 777척의 슈퍼요트가 제조되었는데 이 가운데 347척이 이탈리아에서 만들어졌으며 비아레지오 지역에서 거의 50%를 생산하였다. 즉 슈퍼요트 부문에서 전 세계 생산의 25%가량을 비아레지오 지역이 담당하고 있다.

2002년까지 비아레지오 지역에서는 업체들이 일반선박을 만들고 있었으나 '세크'라는 조 선업체 부도 후 요트업체 12개 회사가 이 회사를 인수한 것을 계기로 요트 중심으로 변화되 었고, 비아레지오 지역에는 현재 약 1천 개의 연관부품업체가 있으며 평균 직원 수는 9명이다.

지역부품업체들은 이탈리아 전역과 전 세계로 부품을 수출하고 있으며 조선회사의 경우 부품과 블록조립으로 배를 완성시키므로 직원의 숫자가 많지 않다.

2000년 이후 요트시장이 150% 증가되었는데 시장이 커질수록 제조회사보다 부품업체가 더 많이 증가하고 있다.

따라서 기존업체에서 부품을 업그레이드하여 특화 부품업체로 진화하고 있으며 세계화하

는 것이 중요한 과제이다.

부품업체 간 동일품목을 생산함으로써 생기는 경쟁이 장점으로 작용하고 있으며 현재 부품업체들은 개인브랜드를 가지고 세계로 진출하고 있다.

한편 비아레지오 지역에서는 요트제조 외에 관광을 동시에 발전시키려는 노력을 기울이고 있는데 왜냐하면 주변지역 토스카나·리구리아·니스·제네바·사르데냐가 전 세계 슈퍼요트의 50%가 운항되는 지역이기 때문이다.

🎲 비아레지오 클러스터 요트 부품업체 사례

- 요트전용 조명기기 제조기업(YATICA)
  - 2001년에 설립된 세계 최초의 요트전문 조명기기업체로 15미터 이상의 슈퍼요트에 들어가는 전용자동조명기기를 생산하였다.
  - 비아레지오 지역업체와 유럽 전역(스페인, 터키, 프랑스 및 뉴질랜드 등)업체에 공급되고 있으며 향후 공급처가 확대될 가능성이 높다.
  - 직원은 9명이며 NAVIGO 조합회사임
- 요트전용 펌프제조회사(GIANNESCHI)
  - 1969년에 설립된 회사로 비아레지오 지역과 4킬로미터 떨어진 '마사로사시'로부터 비아레지오의 공단조성에 참여하여 이주해 왔다.
  - 이탈리아와 유럽 전역에 판매하고 있으며 두바이·터키·스페인·호주·뉴질랜드 등의 전시회와 이탈리아 내 카라라 지역 SEATECH전시회에도 참여하고 있다.
  - 비아레지오 지역 내에서 가장 우수한 부품회사로 Azimut-Benetti사에 공급하고 있으며 이탈리아 전역은 물론 유럽과 미국 마이애미에도 서비스망을 갖추고 있다.
  - 직원은 30명이며 NAVIGO 조합회사이다.

[그림 2.4.1] 비아레지오 요트산업단지 전경

2.5 미국의 마리나산업단지 현황

- 🎲 세계 최대의 보트수입국이면서 수출국임. 세계 최다 마리나 보유
- 🎲 60% 이상이 민간주도형으로 개발되고 있으며, 29%의 공공주도형 및 민관합동형 투자 방식의 마리나가 이 분야의 발전을 선도하고 있다.

가. 델레이(Del Rey) 마리나

[그림 2.5.1] 델레이 마리나 전경

〈표 2.5.1〉 델레이 마리나 정보

- 위치 : 미국 로스앤젤레스 연안
- 면적 : 약 320만m²(약 97만 평)
- 약 8,400척의 요트 수용 가능(육상 2,000척, 해상 6,400척)
- 활동시설 및 특징
  - 세계적 수준의 마리나시설로서 임해 복합개발형, 공공주도형 개발방식에 의해 개발됨
  - 마리나와 펜션을 중심으로 한 복합적 대규모 임해개발로서 약 6,000호에 이르는 아파트가 숙박지에 근접해 배치되어 주도시가 형성되어 있음. 요트, 낚시, 사이클링, 테니스, 조깅, 롤러스케이트, 윈드서핑 등 해양스포츠를 종합적으로 경험할 수 있음
  - 기구는 렌털이 가능하고 각각 지도를 받을 수 있어 초보자도 충분히 스포츠를 즐길 수 있으며, 요트하버는 약 8,400척을 수용할 수 있고 연중 마린스포츠를 즐길 수 있는 것이 큰 특징임

나. 미션베이파크(Mission Bay Park)

[그림 2.5.2] 미션베이파크 전경

〈표 2.5.2〉 미션베이파크 정보

● 위치 : 미국 캘리포니아주 샌디에이고 북서쪽 8km 연안
● 면적 : 1,861만㎡(약 560만 평) - 수면적 89만㎡(약 27만 평)
● 개발개념 : 세계 최대의 복합적 수상 레크리에이션 기지개발
● 시설구성 및 주요사업
 - 세계 최대급의 요트하버로 요트 1,500척과 보트 2,500척의 동시 계류가 가능하며, 파크 내에는 해수
  욕장 9개, 녹지공원, 골프장 18홀, 캠프장, SEA WORLD, 호텔 등이 갖추어져 있음
 - 공공사업이면서 수입원을 확보하고 있고, 대도시 근교의 레크리에이션 기지로서 대량 집객이 가능
  함. 공공기관과 민간업자 간의 이해가 일치하고 있고, 강력한 행정지원과 주제에 일치된 시설이 큰
  특징임

2.6 프랑스의 공공마리나 현황

프랑스의 경우 날씨가 온화한 프랑스 남부 지중해지역에 마리나가 주로 건설되어 있으며,
요트생산량은 미국의 뒤를 이어 세계 2위이며, 수출은 1위이다.

대부분의 마리나는 프랑스 남부 코트다쥐르 지역의 지중해 해변에 분포하고 있다.

가. 랑독루시용(Languedoc-Roussillon)

1) 자연조건

여름(6~9월)의 평균기온은 22℃, 일조기간은 1,100시간 이상, 풍속 3~4m, 강우일수 25일
이하, 조수간만의 차는 40cm 이하로서 마리나시설 및 리조트 개발의 유리한 입지조건을 갖
추고 있다.

2) 배후지 관광조건

- Nimes(인구 13만 명, 고대 로마시대 유적이 많음)
- Montppelier(인구 17만 명, 화불박물관 등)
- Bezier(인구 8만 명, 포도주와 숯불그릴 요리로 유명)
- Narbonne(인구 4만 명, 고대 로마항구, 성당 등)
- Perpignan(인구 10만 명, 성곽, 대사원 등)

3) 개발계획

6개 레저개발 단위 지역 마리나를 중심으로 개발하되 새로 개발한 레저기지를 중심으로 기존 해변촌락을 재정비해야 하며, 개발은 관광지조성을 주목적으로 하되 자연보존과 도시화 억제에도 주안점을 두고 6개 개발지구는 모두 고속도로와 연결하고 17개 항구를 개발하여 마리나항으로 조성하면서 하계 200만 명의 바캉스객을 유치하기 위해 호텔, 별장, 아파트군을 건설하고 있다.

〈표 2.6.1〉 숙박시설 개발계획

숙박시설 (리조트단지)	호텔 (수용인원)	거주호텔 (수용인원)	단독 및 집합주택 (호수)	바캉스촌 (수용인원)	캠핑카 캠핑 (수용인원)	총수용 인 원
Grande-Motte	890	4,970	17,670	3,873	6,352	85,000
Cap D'agde	1,492	7,649	22,806	2,600	12,000	97,000
Gruissan	401	908	5,215	1,350	7,200	35,000
Leucate	471	576	7,716	2,528	1,600	35,000
Barcares	636	1,156	10,013	3,871	9,918	75,000
Saint Cyprien	480	904	12,107	1,850	9,760	50,000
합 계	4,370	16,163	75,527	16,072	46,830	377,000

4) 개발방법

건설사업은 1965년에 착수하여 1975년에 완공을 목표로 개발(10년간)방침을 세우고, 개발비는 정부예산 8억 5,000만 프랑과 민간자본 80억 프랑을 투입하였고, 개발방식은 소위 '제3섹터 방식'의 국가, 지방공공단체, 민간기업으로 구성된 개발회사를 설립하여 개발을 추진하였으며, 통일된 디자인과 건설기준을 가진 개발의 기본구상에 의해 추진하였다.

5) 환경보전대책

개발지역의 도시와 녹지공간의 리조트 실현을 위해 3,500ha의 토지를 활용하고 23,000ha에 달하는 도시 간의 17개 녹지공간을 확보하였다.

이로 인해 현재 전체 리조트 가운데 18,000ha가 자연보호지역으로 계층화되어 있으며 1977년 10월의 법령에 따라 확대 지정되고 있다. 해안선 보호관리부에서도 20개 지역에서 1,000ha의 토지를 확보하여 보호지역을 설정하였고 2,000ha에 나무를 재식하였으며 삼림조성(녹지공간)과 삼림유지를 위해 약 7천만 프랑을 지출하고 있으며, 리조트지역의 생태계 보전을 위하여 50m 수심의 해안까지 관광객을 1ha당 1,000명 이내로 수용할 수 있도록 제한하고 건축이 가능한 지대는 1ha당 평균 100개의 객실만 설립하는 것으로 규정하였다.

따라서 해안길이 180km에서 최대 수용인원은 75만 명이고 1일 2교대의 이용객 리듬을 감안하면 150만 명까지 수용 가능하다. 한편 삼림지역에서 포도재배를 장려하여 자연적인 화재 예방선의 역할을 할 수 있도록 하고 있으며 쾌적한 수상활동을 위한 수자원의 보호를 위해 호수 및 해양으로 유출되는 오수의 정화 및 세균처리방식이 도입된 시설을 두고 있다.

6) 랑독루시용 마리나 리조트의 평가

National Project에 의한 대규모 개발사업이면서도 제3섹터 방식을 적용한 전형적인 사례를 보여준다.

국토의 균형발전, 잠재적 자원의 활용, 관광수지 적자의 해소, 국민관광 기여, 계절고용창출 등에서 큰 성과를 얻었다.

또한, 연안에서 내륙에 이르기까지 관광권을 형성하여 복합형 관광자원의 개발을 이룩하였는데, 본래의 지역경관을 보존하는 동시에 공지를 적절히 활용함으로써 환경적 손실이 거의 발생하지 않았다.

리조트를 단지별로 특화하고 도시 개발방식을 적용하여, 전통과 현대가 조화될 수 있는 색채와 다양한 건축기법을 사용함으로써 본래의 경관을 인공적으로 미화하였다.

관광객의 즐거움 내지는 만족도를 보장한다는 관점에서 양적인 수용능력보다는 질적으로 다양한 시설을 갖춤으로써 인간성이 강조되었다.

7) 대표적인 마리나시설

🎲 그랑모트(Grande-Motte) 지구

[그림 2.6.1] 그랑모트 마리나 전경

- 면적 : 1,000ha(약 300만 평)
- 주요시설 및 특징
  - 랑독루시용 지역 중에서 가장 먼저 건설된 단지로서 몽펠리에 시내에서 자동차로 30분 거리에 위치하며 상주인구는 5천 명에 이른다.
  - 숙박 및 거주시설은 약 26,000실에 이르며, 마리나는 약 950척의 선박 수용이 가능하다.
  - 마리나항 관리사무소, 선박수리공장, 쇼핑센터, 카지노, 나이트클럽, 레스토랑(11개소), 테니스코트, 배구장, 요트클럽, 요트교실, 관광안내소 등 다양한 시설을 갖추고 있다.

🎲 포르카마르크(Port Camarque) 지구

[그림 2.6.2] 포르카마르크 전경

- 위치 : 프랑스 랑독루시용
- 주요시설 및 특징
  - 랑독루시용 지역 내의 개발이 완료된 리조트기지 가운데서 가장 성공한 것의 하나

로 평가되고 있는 것이 가장 동쪽에 위치한 포르카마르크이다. 랑독루시용 중에서도 대규모 개발이 행해졌던 그랑모트와는 달리 고층고밀도 타입은 없어지고, 저층 타입의 개발이 이루어졌다.

- 대부분의 아파트와 맨션이 수변(Water front)방식을 채택했으며, 기하학적인 디자인으로 공간이 설계되어 보트의 수용력에서는 지중해 최대규모이다.
- 마리나와 주택을 결합(임해복합개발형)시킨 리조트 개발의 전형임. 현재는 지중해 최대의 마리나(4,200척)를 갖고 있는 종합 리조트 기지로써 숙박 및 거주시설이 6,500실에 이른다.

나. 지중해

니스(Nice)는 프랑스 남부지방 지중해에 위치한 해양도시로 광역인구는 약 100만 명에 달하며 니스 자체에는 약 47만 명이 거주하고 있는데, 니스는 마르세유와 이탈리아의 제노아시 사이의 가장 큰 도시로 해양관광과 시멘트산업으로 유명하다.

니스에서 동쪽으로 직선거리 약 13km 떨어져 있는 모나코(Monaco)공국 사이에는 크고 작은 마리나시설이 일곱 개 자리잡고 있으며, 이러한 마리나는 소형 레저선박을 대상으로 하는 경우와 대형과 소형이 혼재해 있는 경우 등 다양한 형태의 마리나가 있다.

지중해 해안을 따라서 약 20km의 국도 해안에 3~4km마다 크고 작은 마리나 및 요트계류시설이 자연발생적으로 입지하고 있으며, 가장 오른편에 있는 모나코공국의 몬테카를로 구역에 있는 카지노시설과 해양에 접해 있는 수많은 관광호텔 그리고 리조트 및 마리나 등이 모나코의 주요 수입원인데, 모든 외국기업에 세금을 면제해 주고 있어서 유럽은 물론 세계 각국에서 투자가 끊이지 않고 있다.

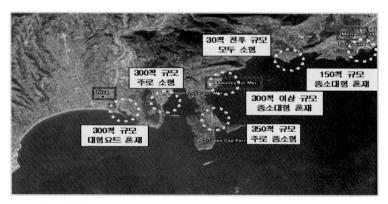

자료 : 국토해양부(2008)

[그림 2.6.3] 니스 인근의 다양한 마리나시설

자료 : 국토해양부(2008)

[그림 2.6.4] 니스 및 인근 지역에 있는 다양한 규모의 마리나 전경

2.7 대만의 공공마리나 현황

가. 대만의 요트산업단지계획

1980년대, 대만은 레저보트 왕국이라는 호칭을 가지고 있었다. 하지만 요트시장이 위축되고, 산업이 하락세를 걸으며, 1994년까지는 가장 어려운 세월이었다. 그러나 최근 몇 년 사이 해외로 판매되는 루트가 많이 개선되었다.

조선소들은 적극적으로 상품을 개량하고 발전시키는 방향으로 나아가고 있으며, 상품은 점점 중저가의 소형레저보트에서 벗어나기 시작했고, 대형화와 고급화의 길로 들어서고 있다. 그리고 다른 하나의 고품을 창조하였다. 2003~2004년 만에 초대형 슈퍼요트(선체길이 80피트 이상)로 전 세계 1위의 자리를 예약하고 7위, 6위, 5위까지 오르면서 매년 수출액이 대만화폐로 평균 50억 원 이상에 다다른다.

1) 카오슝현 신다요트 산업단지

카오슝현 정부는 대만의 레저보트 제조업기술을 높이고, 생산환경을 개선시키기 위하여 항구지역을 레저보트산업특구로 개발하여, 레저보트제조와 연관 있는 산업으로 집중시킬 예정이다.

세계의 슈퍼요트시장이 지속적으로 성장하면서, 최근에는 중국도 적극적으로 투자를 시작하였다. 창장삼각주를 포함해 삼협고구 지역에서 적극적으로 레저보트산업을 초대형화의 추세로 발전시키고 있으며, 많은 대만상인을 유치시켰다.

양안의 레저보트산업의 빠른 발전의 경쟁과, 아울러 세계 레저보트시장을 초대형화하는 추세를 앞두고, 항구 근처의 레저보트를 제조하는 연구개발기지(연구개발소)를 세우는 것이 급선무가 되었다.

카오슝현의 신다항구 내에 약 46.5헥타르에 달하는 규모로 조성예정인 신다요트 산업공단이 완공되면 대만의 요트산업은 더욱더 탄력받게 될 전망이다. 이 공단이 개발되면 동남아시아에서는 처음으로 조성되는 요트산업단지가 된다.

대만경제부 내 산업개발국의 예측에 따르면 15개사 정도가 이 공단에 9,500만 달러 규모의 투자를 실현할 것으로 보인다.

공단이 완공되어 가동에 들어가면 새로운 조선소들이 대만의 요트생산규모를 연간 3억 달러 수준으로 끌어올리게 되어 대만은 이탈리아 및 미국에 이어 대형 호화요트건조 부문에서 세계 3위로 도약하게 된다.

이 공단은 선박건조, 부품 및 액세서리 제조와 아울러 관련 서비스 기업 등 전후방 연관산업까지 함께 유치해 약 2,000여 명의 추가적인 일자리를 창출해 낸다는 계획을 수립 중이다.

이와 같은 분위기 고조에 힘입어 대만의 요트제조업체들도 도합 4,800만 달러를 투자하여 그들의 조선소를 확장하고 현대화하여 국제시장에서 더 큰 몫을 차지할 수 있도록 할 계획이다.

대만은 건조기술에 있어서는 확고한 경쟁력을 유지하고 있어 이런 야심찬 계획이 현실화되는 데에는 어려움이 없을 것 같아 보인다.

토지사용계획

- 십자형의 도로설계로 선박을 빠르고 편리하게 유통시킬 예정이다.
- 주변 지역은 충분한 녹지대를 확보하여 웰빙구역을 형성하였다.
- 기능성 있는 산업용지로 구역을 나누었고, 생산제조와 판매업무 등 일체를 처리하였다.
- 공공시설이 완벽하게 갖춰져 있고, 우수한 서비스를 제공한다.

교통량 분석

- 단지 내에는 30m, 40m와 65m 등 세 가지 도시계획도로를 건설한다.

- 산업단지 도로를 외부와 고속도로로 연결한다. 남쪽과 서쪽으로 향하는 도로를 연결한다.
- 16m, 20m도로는 단지 내의 화물 교통수요를 충족한다.

■ 최적의 레저보트수송 동선

- 전 지역 내지 구역 내의 주요 도로는 40m, 초대형의 레저보트 전용도로를 건설한다.
- 동쪽으로 향한 접근로 중 40m 항구의 부두와 연결하는 데 1km 남쪽의 도로와 부두의 상하가시설과 직접 연결된다.

■ 경관미화 계획

- 경관과 웰빙공정

[그림 2.7.1] 대만 카오슝현 마리나 산업단지

2.8 스페인의 공공마리나 현황

스페인은 따뜻한 지중해와 풍부한 일조량으로 사계절 모두 관광객들로 북적이는 곳이다. 스페인의 마리나는 안달루시아 지방의 코스타델솔 지역에 집중 건설되어 있으며, 바르셀로나와 발렌시아 지역도 스페인 경제의 주요 도시로서 해양관광산업이 발전된 지역이다.

가. 발렌시아 포트 아메리카스컵 마리나

발렌시아 지방은 스페인의 남동부에 위치하고 있는 스페인 자치주이다. 스페인어로는 Comunitat Valenciana라고 한다.

전체 해안선은 518km에 이르며 전체 면적은 23,259km²이며 2005년 기준 인구는 480만 명에 이른다. 현재의 영역은 과거 발렌시아왕국의 역사적 환경을 전적으로 반영하고 있다.

발렌시아는 스페인에서 가장 역사가 오래된 요트클럽을 가지고 있다. 1903년에 설립된 발렌시아 요트클럽(RCN)은 바다와 관련된 모든 스포츠와 문화활동을 발전시키고 있는 조직이다.

이 요트클럽은 육상 100,000m² 해상에 250,000m²의 시설을 가지고 있다. 이곳은 유럽에서 가장 훌륭한 레가타코스이며, 20m 이상의 선박 1,206척을 정박할 수 있는 시설을 완비하고 있다.

발렌시아 요트클럽은 1995년과 2000년의 뉴질랜드 아메리카스컵 훈련을 위한 스페인팀의 공식 훈련장이다.

이 클럽은 최근의 아메리카스컵 경기를 위하여 50m 이상 선박의 접안을 위한 새로운 접안시설과 15m 이상 선박 120척이 정박할 수 있는 새로운 5개의 부두와 레저 및 쇼핑 복합시설을 증설하였다.

인터내셔널 헤럴드 트리뷴(International Herald Tribune)의 기사에 의하면 아메리카스컵 경기가 벌어지는 전후 8년간(2007~2015년) 스페인에 영향을 주는 생산효과는 60억 유로(US$ 79.6d억)에 이르고, 고용효과는 61,300명에 이른다고 보도하였다.

이 대회를 위하여 기반시설에 20억 유로(US$ 26.5억)를 투자하였고, 대회기간 3개월간 1백만 명의 방문객이 모여들었고, 발렌시아주에 37억 유로(US$ 49억)의 경제적 수익이 예상되고, 관련분야에 40,770명의 고용효과를 가져왔다.

마리나 내의 주요시설은 [그림 2.8.1]과 같이 관리실, 인포메이션센터, 방문자 선석, 바, 24시간 보안시설, 전기공급장치, 모든 버스에 전기 및 물 공급, 화장실, 샤워시설, 세탁시설, 하수처리시설, 미니마켓, 수상버스, 주차장 등이 설치되어 있다.

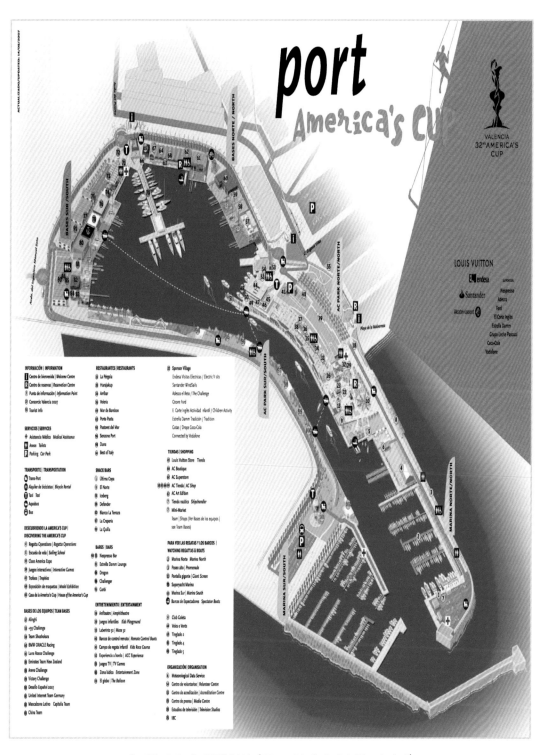

[그림 2.8.1] 발렌시아 '포트 아메리카스컵 마리나'

제3절 마리나의 운영과 관리

1. 관리운영검토

마리나는 서비스산업의 일부분이기 때문에, 마리나 관리자는 고객의 욕구에 맞게 정통하고 유능한 태도를 갖춰야 한다. 또한 마리나는 효과적인 운영방법으로 기능분담을 하여야 한다.

하나의 팀은 팀장과 팀원으로 구성되어야 하며, 각각의 팀 구성원들마다 명확한 임무와 직책을 지니고 있어야 한다. 팀을 효과적으로 관리하기 위해서는 적절하게 산출된 행동계획이 개발되어야 한다.

행동계획은 관리상황, 운영지침, 마리나 고객에 관한 규정과 규칙, 그리고 비상상황 시 대처방법을 포함할 것이다. 경영계획이 적합하게 개발되었다면 여러 마리나 기능과 직원 복지는 자연스럽게 따라올 것이다.

마리나의 관리와 운영에 관계된 주된 업무는 아래의 표와 같다.

〈표 1.1〉 마리나 관리업무

업 종			업 무 내 용
관리업무	일반관리업무		① 시설의 유지관리 ② 관계기관 등과의 조정 ③ 이용자의 접수(시설사용허가) ④ 위탁업무의 감독·지도 ⑤ 요금의 징수 ⑥ 레이스 등의 행사, 모임의 기획·실시
	안전관리업무	해상	① 출입항 관리 ② 안전항해관리 ③ 안전순찰 ④ 기상, 해상정보의 제공 ⑤ 해면이용에 관계기관과의 조정 ⑥ 무선(無線)관리 등
		육상	① 긴급대책 ② 육상시설·정비에 의한 사고대책 ③ 시설의 보안·경비 등
영업	하버업무		① 보관업무(상하가, 급유, 급수, 급전, 보전 등) ② 수리업무 ③ 마린 shop업무 ④ 임대 플레저보트업무 ⑤ 선박점검·선박보험 대리업무
	클럽하우스업무		① 탈의실 로커, 샤워업무 ② 임대장소(연수실 등)의 업무 ③ 음식업무 ④ 숙박업무
	부대업무		① 주차장업무 ② 기타 부대영업시설을 설치한 경우의 업무
해양 레크리에이션 진흥보급업무			① 요트스쿨 ② 면허교습 ③ 해양사상의 보급 ④ 해양레크리에이션 진흥대책 등

자료 : 梁谷昭夫 외 공저(1992), マリーナの計劃, 鹿島出版會

1.1 관리계획

성공적인 마리나 운영의 기본을 위해서는 경영정책과 직책을 분명히 한 경영계획이 필요하다. 직원들이 적절한 직무내용과 지휘계통 및 경영상의 조직구조를 숙지하고 준수하는 것은 매우 중요하다. 이를 통해 잘못된 지시를 예방할 수 있다.

마리나 운영에 대한 대표적인 직무내용을 분석하기 위하여 총책임자, 서비스담당 매니저, 운영담당 매니저, 그리고 회계담당 감사관을 중심으로 분석하면 아래와 같다.

- 큰 규모의 시설에서 총책임자는 보조자와 비서, 사무직원을 관리할 것이다.
- 서비스담당 매니저는 기술직, 전문직, 경리직원을 통제할 것이다.
- 운영담당 매니저는 항구마스터(dockmaster), 기술직(dock hands), 정비직원, 보안직원, 소매점직원, 레스토랑직원, 자료입력직원 등의 전문직원을 둘 것이다.
- 회계담당 감사관은 자료입력직원, 출납원, 경리직원을 둘 것이다. 물론 직원의 수와 계급은 마리나 운영의 유형과 규모에 따라 다를 것이다.

<표 1.1.1> 직무분석표

경영	항구마스터	기술직	전문직	접객
경영방침	수문작업	보수·유지	판매	클럽하우스 종업원
	보트이동			
	사무소관리			
	접수	전기·기재의 전문기술	중개	
	예약			
	임대료 회수		보험	
	출판			
	정보	수송	선구점	
	보안			
	화재			
	사고			
	보안일반			

자료 : 梁谷昭夫 외 공저(1992), マリーナの計劃, 鹿島出版會

경영계획은 직원의 고용과 해고, 직원 성과기준과 평가, 임금률, 지급기간, 초과근무, 휴가, 병가, 그리고 휴일수당에 관한 경영방침이 명시되어 있어야 한다.

<표 1.1.2> 마리나의 직제와 업무

	직제(職制)	업무 등
일반관리 · 클럽하우스 업무	소장	시설의 종합관리책임자, 감독관청 및 관계단체와의 절충 · 조정 및 해양레크리에이션 진흥보급 부문의 책임자
	스태프	이용자 접수 안내, 클럽하우스업무(로커, 샤워, 임대실, 마린shop) 및 일반관리업무
하버업무	하버마스터	하버시설과 업무의 종합관리책임자, 소장업무의 보좌, 해양레크리에이션 진흥보급 부문의 보좌 업무 : 보관선박의 보존, 출입항관리, 안전항해관리, 정보제공, 하버작업의 감독, 이용자지도 등
	스태프	하버업무 종업원 업무 : 보관선박의 보존 · 상하가 · 부대 서비스(급수, 급전), 임대 플레저보트, 구난신박, 안전 보안 등
기타	지도자	요트, 모터보트의 각종 강습회, 이벤트 등, 관련 레크리에이션 프로듀스 및 지도 등

자료 : 梁谷昭夫 외 공저(1992), マリーナの計劃, 鹿島出版會

1.2 인사관리

서비스사업이므로 직원은 충분한 자격을 갖추고 마리나 고객에게 도움이 되어야 함은 필수적이다.

또한 마리나 직원은 편안한 마리나 환경 조성과 제공되는 서비스 수준에 어울리는 분위기를 창출하고자 노력해야 한다.

그들은 충분히 자신감을 갖고 필요 시 마리나 매니저의 책임까지 다해야 한다. 고객의 요구에 친절하게 대응해야 하지만 고객과는 일정한 거리를 두어야 한다.

마리나는 직원이나 손님 모두에게 개인적인 상해의 발생이 있을 수 있는 동적인 사업이다.

마리나 직원의 바람직한 자격요건은 특히 의료 위급상황과 같은 비상상황 시 효율적으로 기능을 다할 수 있는 능력을 갖추는 것이다.

직원들에게 심폐소생술(CPR)과 현장 응급처치 의료방법과 같은 기본적인 생명연장조치기술을 훈련시키는 것은 매우 바람직하다.

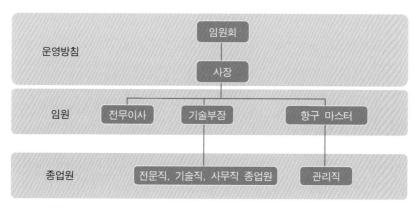

자료 : 梁谷昭夫 외 공저(1992), マリーナの計劃, 鹿島出版會

[그림 1.2.1] 마리나 조직도

1.3 보험

마리나는 특수한 조건과 재산가치에 기초한 보험범위를 협상해야 한다.

그러나 모든 마리나에는 몇 가지 공통된 문제가 있다. 보험은 어느 정도의 모든 손해와 상해로부터 책임을 진다. 그러므로 사고의 손해와 책임에 대한 가능성을 최소화하기 위해 신중해야 한다.

마리나 소유자나 매니저는 높은 보험 위험이 있는 지역을 규칙적으로 순찰해야 한다. 전체적인 시설의 결함 여부를 면밀히 검사해야 한다.

손해와 개인적인 상해에 대한 경제적 위험도를 최소화하려면 마리나의 운영과 정해진 단계에 대해 보험회사에 알려준다.

대부분의 보험은 지불요구 내역과 위험등급에 기초하고 있으며, 가장 유리한 범주에 해당한다는 것을 보험회사에 확신시키고, 경제적 위험이 높은 수준으로 간주되지 않도록 한다.

1.4 주요 서비스

훌륭한 마리나는 특별한 고객의 욕구를 미리 예상하고 그러한 욕구를 만족시킬 수 있는 서비스를 제공하는 것이다.

대부분의 마리나 고객들, 특히 새 보트를 타는 사람들은 보트조작에 미숙할 수도 있다. 따라서 도크(dock)에 들어오거나 나갈 때 능숙한 항만근로자가 도와줄 수 있도록 준비하는 것은 여러 고객들을 감동시킬 수 있는 서비스이다.

고객을 보조하는 항만근로자는 총명하고 도움을 줄 수 있어야 하며, 거만하거나 자신의 보트조작기술의 부족으로 인해 고객을 당황하게 해서는 안된다.

부동산 마케팅의 선전문구가 '위치, 위치, 위치'인 것처럼 성공적인 마리나 운영을 위한 선전문구는 '서비스, 서비스, 서비스'라고 말할 수 있다.

1.5 보안과 안전

마리나는 상당한 재정투자를 요하는 마리나와 사용자 소유의 재산 모두를 포함하고 있다.

또한 서로 다른 연령층과 소득층 사람들의 집합소이다. 사람과 재산을 보호하는 것이 주요 업무이며, 충분한 보안이 제공되어야 한다.

마리나는 접근이 쉽고 사실상 제한이 없기 때문에 보트와 장비의 절도 가능성이 있으므로 보안을 강화하여야 한다.

보트 작업장과 상하가시설은 위험한 구역이므로 출입금지 구역으로 정해야 한다.

연료보급 구역과 고지대 저장탱크, 현금자동인출기가 있는 구역 또한 위험이 많은 지역이므로 보호되어야 하며, 선반식 보관시설과 밧줄로 맨 보트를 두는 구역은 위험이 많은 지역 범위 내로 옮기고 접근을 제한해야 한다.

충분한 조명도 불법행동에 대한 또 다른 제지방법이다. 조명은 화장실, 세탁구역 그리고 고객이 저녁시간 동안 이용할 수 있는 모든 공간을 포함하여 마리나 도처를 밝혀야 한다. 다른 지역 또한 예외적인 행동을 관찰하기 위해 충분한 조명이 있어야 한다.

보트는 출입구와 해치 접촉장치, 신호매트, 계선밧줄 접촉장치, 이동 스위치 범포, 엔진 안전장치, 화재탐지기, 최고 수위 빌지(bilge) 경보와 같은 다양한 안전 탐지장치를 준비해야 한다.

자료 : 마린 웨이브 오타루 마리나

[그림 1.5.1] 마리나 입구 방범게이트

자료 : 마린 웨이브 오타루 마리나

[그림 1.5.2] 마리나 내 CCTV

1.6 컨시어지 서비스

마리나는 최근 거주하는 고객과 단기 체류하는 고객에게 제공하는 서비스의 양과 질을 강화하고 있는 추세이다.

컨시어지 서비스는 고객의 모든 욕구를 충족시키기 위하여 지정된 주요 호텔과 연합하는 것이 효과적이다.

컨시어지 서비스에 대한 요금은 제공자에 따라 부과되거나 부과되지 않을 수도 있다. 그 조정은 서비스에 대한 컨시어지 수수료를 지불하는 서비스 실제 제공자와 합의한다.

컨시어지 서비스는 다양하지만 대표적인 것은 마리나에서 제공되는 것과 관련 있다. 식당예약, 주요 문화 및 스포츠 이벤트 티켓 공급, 의료지원, 출장요리 및 꽃배달 서비스, 현지 관광알선, 여행계획 구성, 그리고 기타 고객의 개인적 요구에 대한 서비스 등을 포함할 수 있다.

1.7 태풍관리계획

가. 태풍관리

모든 마리나는 태풍의 피해를 줄이기 위해 신속하고 적극적인 행동 개시를 준비해야 한다.

합리적인 태풍관리계획의 개요는 지침이 되어주며, 그 지역의 특수한 요구와 고려사항에 속하는 마리나 관리에 맞도록 구성되어야 한다.

마리나 관리직원은 일어날 수 있는 기상변화가 마리나에 미칠 영향에 대해 꾸준히 감시해야 한다. 기상 인식은 모든 마리나 관리직원의 직무 내용 설명서에서 가장 중요한 요소로 다뤄야 하며, 탐지 가능한 어떠한 기상변화라도 마리나 매니저나 지명된 담당직원의 주의를 요한다.

태풍관리계획은 가속상태에 따라 보다 강한 대비책을 준비해야 하는 몇 가지 등급에 의해 설명될 수 있다. 대부분의 마리나가 태풍사태와 관련하여 바람의 피해를 입은 이후 비를 수반하지 않은 태풍사고를 중점적으로 다룬다.

다른 태풍관리계획은 지진, 화재, 홍수와 같은 주요 사고에도 접목될 수 있다. 다음은 예측상태에 따라 적절하게 실시되어야 할 행동지침이다.

1) 태풍사태 1 : 시간당 40마일의 풍속

● 마리나에 있는 모든 보트 소유자와 손님은 예상된 태풍사태의 통지를 받도록 되어 있다.

263

- 태풍 경고 공고문은 모든 도크 출입구, 마리나 화장실, 마리나 사무실에 게시된다.
- 정박된 모든 선박은 단단히 고정되어 있는지 점검하며, 필요 시 다시 고정시킨다.
- 마리나 작업선은 사용을 중단하고, 이용에 대비한다.
- 마리나 직원에게는 개인 구명복이 지급되며, 적절하게 착용한다.

2) 태풍사태 2 : 시간당 40마일 이상 시간당 74마일 이하의 풍속

- 태풍사태 1의 모든 항목을 갖춘다.
- 마리나 매니저에게 곧 일어날 상황과 대비상태를 알린다.
- 마리나 또는 보안요원에게 사태와 가능한 대피상황을 알린다.
- 대피가 필요할 시 마리나 매니저나 지명된 대리인만이 명령을 내릴 수 있다.

3) 태풍사태 3 : 시간당 74마일 이상의 풍속(허리케인사태)

- 태풍사태 1과 2의 모든 항목을 갖춘다.
- 마리나에 있는 모든 사람들에게 건물을 비우도록 한다.
- 마리나 고객에게 전화하고 곧 닥칠 상태와 책임을 주의시킨다.
- 태풍사태 1과 2의 모든 항목이 완전히 갖춰졌는지 확인한다.
- 모든 보트와 도크를 안전하게 한다(밧줄, 닻을 추가하는 등).
- 비상 음향 발생기와 연료 공급장치를 점검한다.
- 해안도로에서 차량을 멀리 이동시킨다.
- 모든 느슨한 장비를 안전하게 한다.
- 마리나 직원에게 휴대용 라디오를 지급하고 사용 가능성을 확실히 점검한다.
- 위험한 유리는 테이프로 감고 건물을 안전하게 한다.
- 대피 준비를 한다.
- 정박된 보트와 마리나 장비의 목록을 작성한다.
- 마리나를 떠날 것을 보트 소유자에게 알리고, 머무르기로 결심한 소유자는 기록한다.

4) 고객에게 전화하는 요령

- 선박에 가해질 풍하중을 줄이기 위해 가급적 빨리 돛, 보호범포 등 모든 이동 가능한 상갑판 장비를 치워둬야 할 필요가 있습니다.
- 바람을 넣어 운용되는 모든 딩기(dinghy)는 공기를 빼고 안전하게 보관하십시오. 경식 딩기는 보트에서 치우고 바람으로부터 안전하게 보관하십시오.

- 모든 도크의 연결부분(전기, 전화, 수도, TV 등)은 연결을 풀고 선박 안에 보관하도록 하십시오.
- 선박은 안전한 상태에서 튼튼한 밧줄로 묶어야 하며, 이물(bow)과 고물(stern)에 최소한 2개의 줄, 선수(fore)와 선미(aft)에 최소한 2개의 스프링줄로 가능한 한 두 겹으로 하십시오.
- 선박은 가능한 한 이물이 바다 쪽을 향하도록 하십시오.
- 마리나 직원이 선박을 세심하게 검사하고 태풍 전까지 보조할 것입니다.
- 마리나는 태풍사태 동안 VHF채널 00으로 감도크됩니다. 만약 선박에 남을 계획이시면 마리나 사무실과 감독 채널 00에 알려야 할 의무가 있습니다.
- 모든 대비책이 태풍 시작 전에 완전히 갖춰질 것이며, 태풍사태 동안에는 마리나 직원이 도크에 있을 수 없습니다.
- 태풍관리대책에 협조하여 주심을 감사드리며, 귀하의 재산을 적절히 보호할 때까지 지원 제공은 유효합니다. 고맙습니다.

태풍관리계획은 경찰서, 소방서, 유해폐기물책임자, 유출신고기관, 해안경비대 또는 지방수역법집행기관, 기상관측기관, 보안전문요원, 주요 마리나 운영직원 등 모든 해당 비상전화번호가 첨부된 부분이 포함되어야 한다.

5) 태풍 후

태풍이 약해졌을 때 마리나 소유물과 정박된 선박의 즉각적인 피해 정도 파악이 행해질 것이다.

또한, 태풍결과보고 회의는 사태에 대한 마리나 대응 검토, 조치절차 평가, 그리고 손해를 줄이고 대비를 보강할 차후행동장려를 위해 실시될 것이다.

1.8 비상상황의 처리절차

가. 비상상황 처리

모든 마리나 직원은 마리나에서 발생하는 비상상황과 연관되는 특수한 절차를 숙지해야 한다.

비상상황 처리절차의 안내지침은 각각의 마리나시설에 대한 명확한 절차설정의 대비책 지원을 제공한다.

1) 사고처리절차

사고가 발생하면 현장주임이나 마리나 매니저에게 가급적 빨리 보고하도록 한다. 이는 마리나 직원 및 기타 인명사고와 마리나 관할지역 내에서의 재산적 사고를 포함한다.

모든 사고현장 주변상황은 마리나 매니저에게 문서로 제출될 것이며, 사고관련 실태 통계는 시간, 위치, 성명, 상해 정도, 재산피해 정도 등을 포함한다.

2) 의료 비상상황

의료 비상상황은 생명을 위협할 수도 있으므로 신속하고 적절한 반응이 필수적이다.

의료 비상상황의 발생 시 가장 먼저 소방관, 경찰, 구급차를 요청하기 위해 119(또는 기타 긴급 전화번호)에 전화한다. 상급 마리나 직원에게 알리고 필요 시 비상사고현장에 보트로 접근한다.

사고 후 정상적인 상태로의 신속한 복구와 동시에 마리나 매니저는 사고에 관한 전체적인 보고서를 작성해야 한다. 보고서는 다른 사고보고서에 필요한 정보를 포함하며, 마리나 매니저는 사고를 점검하고 적합한 공공사업기관 및 마리나의 보험회사를 권고할 것이다.

3) 화재

[그림 1.8.1] Gig harbor 마리나 화재

마리나 내에서나 선박에서의 화재는 마리나에 큰 피해를 준다. 화재가 탐지되면 즉시 소방서에 전화하거나 화재진압을 시도하기 전에 화재경보를 울린다. 화재로 피해를 입은 사람의 신속한 대피를 돕고 그 후 화재의 확산을 방지하기 위한 행동을 개시하되 합리적이고 신중해야 한다. 가장 좋은 방침은 전문 인력이 도착할 때까지 사람들을 대피시키고 화재 현장으로부터 격리시키는 것이다. 화재가 연료 도크에서 발생했다면 즉시 화재지역의 연료공급을 중단하고 연료 밸브를 잠그도록 한다.

4) 폭파 위협

폭파 위협 전화를 받았을 경우 다음의 행동을 실시해야 한다. 전화한 사람이 말하는 것과 연령, 성별, 말투, 주변 소음 등 감지할 수 있는 정보를 모두 기록한다.

- 마리나 매니저에게 즉시 전화내용을 알린다.
- 지역 경비회사, 경찰서 소방서에 신고한다.

대피 또는 마리나로의 재입항은 상황파악과 위협에 대한 평가 후 마리나 매니저의 지시로 이뤄질 것이다. 대피 시에는 미리 준비한 대피계획을 바탕으로 질서 있게 실시해야 한다.

1.9 사용자 규칙과 규정

가. 사용자 규칙

마리나는 여러 사람들이 모인 다수 집단이 존재하는 활동적인 공간이며 보트와 장비에 대한 상당한 투자사업이다. 그러므로 질서가 유지되어야 하며, 마리나 거주자 및 관리자의 안전과 안락을 보장하기 위해 규정을 마련해야 한다.

각 마리나는 그들 자신의 특수한 조건에 맞도록 구성된 규칙 및 규정을 정할 필요가 있으며, 참고로 일반적인 규칙 및 규정은 일부 일류 마리나의 자료를 종합하여 정한다.

1) 마리나 사용자 규칙 사례

① 선박 확인

마리나에 정박 중이거나 보관 중인 모든 보트는 정확하게 등록하거나 법적으로 요구되는 서류를 첨부해야 한다.

또한, 해당되는 등록번호 또는 등록명과 가까운 항구는 발행기관의 규정에 따라 표시되도록 하며, 규정서의 복사본은 정박이나 보관 계약서와 함께 제시하고 마리나 사무실에 파일로 보관하도록 한다.

② 적용 법규 준수

보트 소유자와 허가받은 사용자는 마리나 부근에서의 보트 사용에 대한 허가 관할권이 있는 모든 법률, 조례, 규칙과 규정을 따르도록 한다. 보트는 법적 안전 및 구명용 장치를 갖추어야 한다.

③ 보험

마리나에 정박 또는 보관된 모든 보트는 계약기간 동안 선박의 실제 가격에 맞춰야 선체 보험을 포함하는 보험의 유효성이 지속될 것이다.

④ 도크 이용

지정된 도크 또는 정박위치만 사용하도록 해야 하며, 마리나 매니저가 허용할 경우를 제외하고 모든 보트는 여가 목적으로만 사용되어야 한다.

마리나 매니저의 동의 없이 도크 또는 정박위치를 얻으려는 상업적 행동은 허용되지 않는다.

⑤ 선상생활

마리나 재량으로 일정한 수의 선상생활 거주자를 받아들일 수 있다. 선상생활은 단기적인 선상거주보다 장기거주를 파악하여, 마리나 매니저는 법률, 규칙, 규정 준수를 보장하기 위해 추가적인 장비나 시설에 대한 조항을 요구해야 한다.

마리나 매니저의 동의 없는 선상생활은 정박 또는 보관의 계약만기에서 기인할 수 있다.

⑥ 보트의 이용

보트 소유자 또는 권한을 부여받은 대리인은 마리나 관할구역에서의 보트 이용에 대한 책임이 있다.

그러므로 보트이용에 있어서 다른 보트와 마리나시설의 손상이나 다른 사람의 상해를 방지하기 위한 배려와 주의를 기울여야 한다.

보트는 항해규칙과 지방조례를 준수하며 이용하게 해야 하며, 보트 소유자는 보트의 작동과 사용으로 인한 손상과 상해에 대한 책임을 져야 한다.

⑦ 정박위치의 교환 또는 분양

마리나 매니저의 동의서 없이 정박위치의 교환이나 분양은 금한다.

⑧ 보트 정박

모든 보트는 안전하고 튼튼하게 선거에 연결하기 위해 이물과 고물 그리고 필요한 경우 스프링줄로 도크에 단단히 고정시키도록 한다. 밧줄은 보트에 적합한 사이즈를 사용하고 안전한 상태를 유지하도록 한다. 마멸막이(chafing gear) 또는 기타 밧줄 보호장치는 필요한 만큼 제공하도록 한다.

마리나 매니저의 판단상 보트가 부적절하게 고정되어 있으면 마리나 재량으로 그 보트를 다시 고정시키고 이러한 서비스에 대한 비용을 부과할 수 있다.

⑨ **아동과 손님의 안전**

아동과 수영을 못하는 사람들은 보트와 도크 주변에서 개인 구명복을 착용하도록 한다. 아동은 항상 보호자와 동행해야 하며, 마리나 내에서의 달리기, 장난, 수영이나 낚시는 허용되지 않는다.

⑩ **화재예방**

마리나는 화재의 가능성에 노출되어 있기 때문에 모든 마리나 사용자들은 화재 발생을 막기 위해 최선을 다할 의무가 있다. 마리나 내에서는 덮개가 없는 화재발생이 가능한 제품을 사용할 수 없다. 보트에 영구적으로 부착되어 있는 스토브나 히터는 예외이다. 또한, 화로, 석쇠, 숯불화로 또는 기타 야외용 요리도구는 마리나 매니저의 허가로 지정된 장소에서만 사용할 수 있다.

연료 도크를 제외하고 다른 도크 또는 다른 보트로부터의 연료 재보급은 금지된다. 연료 도크는 금연구역이다. 연료 도크 주변에서는 공고된 연료 도크 규칙을 따라야 한다. 페인트 제거나 기타 보트 수리용의 가스발염기나 다른 화염장치도 사용할 수 없다.

⑪ **전기안전**

모든 전기 연결 시에는 인근 전기 공급장치를 이용할 수 있다. 전기 공급장치와 보트를 연결하는 케이블은 허용된 타입과 마리나에 적합한 것으로 하고, 모든 연결부는 인가된 안전장치 연결기를 사용한다.

모든 케이블과 연결기는 안전한 상태를 유지하도록 하며, 모든 전지 케이블은 물에 닿지 않도록 한다. 마리나 매니저의 허가 없이 전력기둥과 보트를 연결할 수 있는 장치는 없다.

보트 전기 시스템은 안전한 상태를 유지하도록 한다. 그러기 위해서는 부식되고 흐트러진 전선 없이 보트의 전신주 연결이 안전하게 고정되어 있는지 각별히 주의해야 한다.

대부분의 보트 화재는 전신주 연결에서 비롯된다고 보고되고 있다. 마리나 매니저는 마리나 수역에 전류가 흐르지 않도록 전기안전을 시간마다 점검해야 한다.

[그림 1.9.1] 하수처리시설

⑫ 위생시설

마리나는 보트의 오물을 바다로 방출하는 것을 금지하고 있으며, 보트 오수조의 위생적인 쓰레기 제거를 위한 펌프아웃(pumpout)시설을 제공하고 있다.

마리나는 펌프아웃(pumpout)을 편리한 시간에 제공해야 하며, 해안 옆 위생시설 또한 마리나 사용자의 편의를 위해 제공되어야 한다.

마리나가 고지대 화장실에 대한 청소서비스를 제공하겠지만 모든 사용자들이 청결을 유지할 의무가 있다.

⑬ 음식물쓰레기

남은 음식, 쓰레기 또는 기타 부스러기를 마리나 수역에 버리지 않도록 해야 하며, 모든 음식물쓰레기는 육지에 있는 표시된 용기에 적절히 버리도록 한다.

[그림 1.9.2] 폐유처리시설

⑭ 폐유

폐유, 가연성의 유동액 또는 유성의 배 밑에 괸 더러운 물(bilge water)을 바다에 방출하지 않도록 해야 하며, 폐유와 기타 관련제품은 마리나에서 제공하는 육지에 있는 처리시설에 버리도록 한다.

⑮ 보트외관

모든 보트는 양호한 상태를 유지하며, 미관을 해치거나 파손되지 않도록 해야 하며, 갑판에 잡동사니를 두지 않도록 하고 또한 세탁물을 보트에 널어두지 않도록 한다.

⑯ 도크 사물함과 계단

마리나 매니저의 동의 없이 도크 사물함이나 승선용 계단을 설치할 수 없다.

⑰ 딩기

딩기 또는 부속선(tender)은 가능한 한 항상 결합된 보트에 보관하도록 한다. 하지만 마리나 매니저의 허가가 있으면 작은 보트는 모 선박 옆으로 대어 보관할 수 있다.

딩기 또는 부속선은 도크에 보관할 수 없다. 길이 10ft의 딩기나 부속선은 분리된 정박위치를 요구하도록 한다. 마리나 매니저의 재량으로 유료 딩기 보관소를 제공할 수 있다.

⑱ 애완동물

애완동물은 항상 주인의 통제하에 끈으로 묶여 있어야 하며, 애완동물 전용 화장실을 제외하고 도크 또는 기타 마리나 부지에서 풀려 있지 않도록 한다.

애완동물이 다른 마리나 거주자에게 피해를 준다면 마리나에서 추방하도록 요구할 수 있다.

⑲ 소음

마리나는 다수의 사람들이 있는 레크리에이션시설이다. 소음은 항상 최소화하도록 한다.

엔진은 효과적으로 감싸거나 소음방지장치를 갖추도록 하고 지방 소음방지규정을 따르도록 한다. 도크에 있는 동안 과도한 엔진 가동은 허용되지 않는다.

라디오, TV, 기타 녹음기 등은 다른 마리나 거주자에게 방해되지 않도록 적절히 작동하도록 한다.

범선(sailboat)의 마룻줄(halyard)과 다른 밧줄은 돛대나 다른 구조물과 걸리지 않게 묶어두도록 한다.

⑳ 호객행위

마리나 내에서의 허가를 받지 않은 호객행위나 광고행위는 허용되지 않는다.

치안방해행위

규칙 및 규정에 대한 고의적 위반, 풍기문란과 신체적 상해 및 재산적 손해를 야기하거나 마리나의 평판을 떨어뜨리는 등 마리나 거주자, 선원, 손님을 불쾌하게 하거나 치안을 방해하는 행위는 계약의 해지와 추방의 원인이 될 수 있다.

[그림 1.9.3] 모범적인 도크관리

㉑ 도크관리

도크 통로에는 모든 보트 소유자의 용품, 재료, 부속물 등을 두지 않도록 하여야 하며, 또한 계선줄이나 케이블은 주요 통로를 가로질러 놓지 않도록 한다.

모든 밧줄의 안쪽 끝부분은 밧줄걸이나 매듭 고정장치에 짧고 단단하게 고정시키도록 한다.

보트 난간, 닻 덮개 또는 기타 보트 구조물이 통로에 돌출되어 나오거나 통로를 막지 않도록 한다.

㉒ 외부 하청업자와 행상인

모든 외부 하청업자와 행상인이 마리나에서 일하기 위해서는 허가를 받아야 한다.

마리나는 일정한 조항, 규정, 보험요건을 준수하는 하청업자나 행상인에게 허가를 줄 수 있다.

마리나의 허가를 받은 하청업자와 행상인은 마리나 사무실에 출퇴근을 보고해야 한다.

㉓ 소유자 작업

마리나에 등록된 보트 소유자나 보트 임대자는 자신의 보트에서 일반적인 유지관리작업을 수행할 수 있다. 일반적인 유지관리작업 외에 부가적인 작업은 마리나 매니저의 허가를 요하며, 부가적인 작업을 위해서 적절한 구역으로의 이동을 요청할 수 있다.

㉔ 무점유 정박소

마리나는 단기체류자의 이용이나 기타 용도를 위해 정박소를 남겨둔다.

보트 소유자는 3일 이상의 항해계획을 마리나 매니저에게 알리도록 한다. 시기에 알맞은 복귀 통지문이 작성되어 있으면 마리나는 보트 소유자의 복귀를 위해 정박소를 비워둘 수 있다.

㉕ 계약만료 시의 개인재산 이전

임대계약 만료 시 모든 인적 재산은 도크에서 이동시켜야 한다. 계약 만료 후 30일까지 마리나에 인적 재산이 남아 있으면 마리나는 개인재산을 포기한 것으로 간주하고 적절하게 처리할 수 있다.

㉖ 태풍사태

마리나는 예측되거나 실제 태풍사태 시 실시되어질 태풍관리계획을 갖추고 있다.

마리나는 전반적인 대비책과 피해완화기준을 제공하지만 정박된 보트의 안전과 보호에 대한 책임은 없다. 보트 대비와 보호에 대한 총책임은 보트 소유자에게 있다.

마리나 매니저는 태풍사태 시 마리나로부터의 이동을 권고한다. 마리나는 실행가능하고 태풍대비책에 모순되지 않으면 보트 소유자를 보조 지원할 수 있다.

마리나 재량으로 시간과 유효인원이 허용되면 표준요금의 작업선(haul boat)을 제공할 수 있다. 보트 소유자는 더 많은 정보를 얻기 위해 마리나의 태풍관리계획을 참조할 수 있다.

㉗ 자동차 주차

마리나는 거주자와 손님을 위한 지정된 구역 내에서 주차공간을 제공한다.

스트래들 승강기통, 부두 앞, 연료탱크 충전맨홀, 자동판매기 앞은 주차금지 구역이다.

장애인 전용 주차공간이 제공되며 장애인의 이용을 위해 남겨두도록 한다.

마리나 사무실 앞 주차공간은 근무시간 동안 제한된다. 주차위반 자동차는 소유자의 비용으로 이동될 수 있다.

자료 : 도쿄 유메노시마 마리나　　　　　자료 : 오키노시마 마리나

[그림 1.9.4] 주차시설

2. 관리운영 지원방안

2.1 관리매뉴얼

가. 관리운영의 원칙

성공적인 마리나 관리의 원칙은 유사한 성격과 규모의 마리나에서 서로 보완적으로 사용할 수 있는 방법을 구사하는 데 있다.

이러한 관점에서 마리나의 성공적인 관리 목표를 아래와 같이 다섯 가지로 요약할 수 있다.

- 경영과 관리의 우수성
- 마리나의 질서 및 청결성
- 종업원의 인품
- 서비스의 질과 종류
- 판매 및 서비스의 품질

나. 관리매뉴얼

관리지침서는 마리나의 관리계획에 이어 운영과 관련되는 내용으로 시작할 수 있다.
일부 전형적인 관리지침서는 다음과 같은 내용을 포함한다.

- 근무시간과 인원배치
- 직원교육

- 일간/주간 일과와 직무분배
- 복장규정과 관리유지
- 마리나장비의 이용과 작동
- 보안정책
- 화재예방과 통제절차
- 마리나 무선방송절차
- 현금수령
- 신용카드와 외상거래 방침
- 부품 및 장비조달
- 외부 하청업자 및 행상인 관리
- 보트 소유자 작업의 허용수준
- 단기체류 선박 예약 및 관리
- 연료 도크 사용절차 및 연료 보급
- 연료 도크 외에서의 연료 보급 규칙
- 자동판매기 관리
- 마리나 주차구역 및 규정(고객, 직원)
- 외국 선박의 입항절차
- 해안경비대 및 기타 행정청과의 소통
- 태풍관리계획
- 비상 시 처리절차

다. 마리나 관리시스템

1) 선석과 접안관리

마리나는 수백 또는 수천 선박의 접안이 이루어지는 복잡한 시설이다. 전통적인 방법은 글씨를 쓸 수 있는 게시판과 자력을 띠는 월 디스플레이에 고정된 그래픽 프레젠테이션을 사용하는 것이다.

게시판에는 보통 선석 증명서·보트명과 함께 마리나 전체 조감도를 보여준다. 이러한 시스템이 유용하긴 하지만 직원들이 선석 배정과 보트 위치, 보트 소유자의 이름과 정보를 제공하기 위해 필요한 깊이 있는 정보표시에는 부족하다.

고정된 월 보드 디스플레이보다 진보된 것은 컴퓨터 모니터로 마리나의 전체 배치화면을 고려할 수 있는 컴퓨터 관리시스템이다.

컴퓨터 관리시스템은 마리나 배치의 시각정보 화면과 표시된 자료뿐 아니라 단기예약, 규격별 보트, 선석별 보트, 항구에 누가 있는지에 대한 보고서, 빈 선석공간 등과 같은 다양한 기본적인 자료에 대한 현황보고서를 제공할 수 있다.

이러한 데이터베이스는 송장, 회계기록, 고객발송우편, 단기예약 확인, 마리나 상점거래, 외상매출금, 외상매입금, 우편 수취자 명단, 정비보고, 그리고 기타 컴퓨터상으로 관리할 수 있는 기능을 포함하여 구성될 수 있다. 이 시스템은 또한 기타 하우스시스템과 호환되도록 컴퓨터 베이스시스템을 통합할 수 있다.

이러한 유형의 데이터베이스시스템은 마리나 매니저에게 크고 작은 마리나단지를 효율적으로 관리하기 위해 요구되는 이용 가능한 정보를 즉시 제공할 수 있다. 이는 시간을 절약하여 소비자 지향적인 사업에 요구되는 업무와 서비스 제공에 집중할 수 있도록 도움을 줄 것이다.

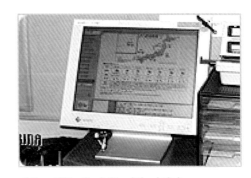

자료 : 일본 신 니시노미야 마리나

[그림 2.1.1] 마리나 관리시스템

2) 청구와 수금

마리나산업의 발전으로 더욱 전문적인 청구와 수금방법이 필요하게 되었다. 이것은 마리나를 건설하고 운영하기 위한 높은 자본 비용과 오늘날과 같은 높은 금리의 시대에는 꼭 필요한 것이다.

컴퓨터를 이용한 재고관리, 근로 성과관리, 청구절차의 활용은 필수적인 회계업무의 수고를 덜어주었다. 적절한 시기의 미수금 출력, 수금독촉장 발송 및 비용조절로 대규모 마리나와 소규모 마리나 모두의 현금수지는 매우 강화될 수 있다.

재정적 성공의 비결은 우선 고객이 원하는 제품과 서비스를 제공하는 것이며, 공정하고 시기적절하게 지급되어야 한다는 것에 있다.

마리나 운영은 사업의 재정적 실행가능성을 촉진하는 수금정책과 이행되는 지불방법을 갖춘 하나의 사업으로 여겨져야 한다. 그러나 보트는 여전히 레저활동임을 기억해야 하며, 지나치게 공격적이거나 예의 없는 청구와 수금방법은 비생산적인 반응을 초래할 수 있다.

건설적인 방법은 청구명세서와 함께 마리나 사보나 고객의 관심사를 안내하는 기타 정보를 부정기적으로 발송하는 것이다.

이하의 기본 기록은 항상 회사의 입지를 확인하는 거울이다. 이것이 없으면 은행이나 정부나 융자처에 대해 아무런 설명도 할 수 없고 또 증명할 수 있는 부분도 없다. 확실한 장부에 근거한 세무상의 신고의무는 경영자에게 있다는 것을 잊어서는 안된다.

- Record of Cash Receipts(현금수입기록)
  - 매일 접수받은 금액 기록
- Record of Cash Expenditure(현금지출기록)
  - 급여, 잡비 등의 지출
- Wages Book(급여대장)
  - 이름, 의료보험증번호, 총액과 순지출액
- Account Book(출납부)
  - 고객으로부터 맡은 돈
  - 사업자로부터 맡은 상품
- Resources and Accounts Payable(지불액 계산)
  - 아직 지불하지 않은 대금 계산과 지불해야 할 대금 계산
- Documentation File(서류파일)
  - Invoice(송장(送狀)), 다른 기록의 참고가 되는 것 등
- General Ledger(원장(元帳))
  - 어느 일정기간에 처리된 다른 기록의 개요를 정리한다.
  - 일정기간 내에 자산·부채·자본을 기록

다시 한 번 강조하고 싶은 것은 '이익은 바로 올라가지 않는다'라는 것이다. 그를 위해서 이제부터 개발에 참가하는 경우와 확장하는 경우는 현재의 시장상황뿐만 아니라, 장기적인 눈으로 볼 필요가 있다.

스포츠는 일반적으로 좋은 시설에서부터 시작되는 것이므로, 계류지가 많이 생기면 곧 보트 오너도 증가할 것이다.

환경문제에 대한 관심이 높아져 개발자는 특별한 대응을 필요로 하지만 여기에 대해서 일반 레저 애호가, 특히 워터스포츠애호가의 눈은 호의적이다.

에너지위기나 자원부족이 발생해도 세일링이나 보팅은 다른 것과 비교하여 연료소비를 많이 하지 않기에 영향을 크게 받지 않는다.

하지만 국가에 따라 이와 같은 상황이 발생하였을 경우 레저에 의한 에너지소비가 규제 또는 금지되는 예도 있다.

1980년대에는 마리나 개발의 허가를 얻기 위해 여론이나 공공기관, 그리고 생태학자나 다른 관련단체에게 호감을 얻는 것이 중요하였다. 다음에 열거하는 각 항목은 승인을 얻기 위한 조언이다.

- 기획승인신청서를 제출하기 전에, 홍보활동의 90%를 완료해 두어야 한다.
- 자연보호·생태계의 유지에 힘쓰는 단체로부터 추천받은 사례가 있으면 설득력 있는 기획이 된다.
- 반대자는 대부분 지역사람으로 이들의 투표권을 확보하는 것이 필요하다.
- 지역주민에게 일찍부터 개발의 이점을 알려두면 우려의 소리나 소문을 막는 것이 가능하다.
- 계획에 대한 반대 진정(陳情)이 있으면 위원회 임원들의 생각에 큰 영향을 미칠 수도 있다.
- 사전에 항만/항해/도크(dock)의 공적 기관과 접촉하는 것은 그들의 지원을 받기 위해서 반드시 필요하다.
- 조성금이나 원조금이 있으면 지역의 공적 기관을 납득시키기가 용이하다.
- 마리나가 관광수입이나 지역주민의 고용효과를 가져오고, 기존의 산업에 좋은 자극을 준다는 점을 강조한다. 그들에게도 이익이 있기 때문이다.
- 개발예정지에는 공공교통기관의 이용이 가능한지 확실히 해둔다.
- 그 계획에 의해 야생생물이나 생태계의 자연보호에 도움이 되는 점을 강조한다.
- 공적 기관의 개발계획담당자의 의도를 빨리 알아채서 곤란한 상황을 만들지 않게 한다.
- 자신이 생각하고 있는 기획의 수준이나 기초적 조건의 질을 너무 떨어뜨리지 않는다.
- 타협하는 것도 필요하다.
- 개발 전, 개발 후의 상태를 투시도나 모형을 사용하여 시각적으로 보이게 하여 설득한다.

자료 : 호주 시드니

[그림 2.1.2] 자연친화형 마리나

제5장 마리나의 디자인과 설계

제1절 마리나 개발체계와 법률 검토

1. 설계의 과정

레저보트용 마리나의 수요가 있는 것이 확인되면 다음은 개발해야 할 장소나 대상으로 할 보트나 건설착공의 시기, 개발의 순서, 착공으로부터 성공에 이르는 공정들을 결정하는 예비 검사를 행하게 된다. 마리나의 디자인이나 설계과정에서는 공학상이나 법률, 재정상의 문제점도 있어서, 시험적인 보링(boring)이나, 토양테스트 등의 여러 가지 실험적인 작업이 행해진다. 이 단계에서는, 최종 계획을 결정하는 것이 아니라 최소한의 필요한 정보를 그곳에 집약하기 위한 것이다. 그리고 건축가, 엔지니어를 시작으로 각 분야의 전문가를 어떻게 활용할 것인지 또 이후 개발사업을 좌우하는 각각의 문제점의 해결방안을 모색한다.

이 단계에서는 책임 건축업자가 아직 결정되지 않은 시점일지도 모르지만 개발팀은 작업계획을 세우고, 막대그래프를 이용한 Critical-path-network를 사용한 주된 작업의 진행 예정을 세운다. 장기간의 조사나 검토를 요하기에, 이 작업계획의 작성은 가능한 빠른 시기 즉, 최종적인 용지가 결정되기 전에 시작하는 것이 좋다. 특히 계절이나 조석을 고려해야 하는 경우는 더욱 그렇다. 실제 건설계획상 개발팀이 정리하여 진행해 나가야 할 주된 기술검토 대상은 아래와 같다.

- 해안선의 호안(湖岸)과 선착장의 안벽(岸壁)
- 방파제
- 수문
- 파일(杭)-파일
- 준설(浚渫)
  - 대상이 되는 토사(土砂)의 종류와 양

- 준설방법
- 준설에 의해 발생한 토사(土砂)의 폐기방법
- 준설에 의해 발생한 토사(土砂)의 양

하나하나의 상황을 검토하기 전에 마리나가 주위와 조화를 이루도록, 또 입지조건이 기본적인 레이아웃에 어떻게 관계되어 있는지 확인하기 위해 먼저 설계의 방법을 대략적으로 세워보는 것도 좋을 것이다.

2. 설계 시 고려사항

설계를 좌우하는 중요한 요소는 비용, 로케이션, 설비이고, 이것들은 상호 간의 깊은 연관성을 가지고 있다. 구조물 배치의 좋고 나쁨도 비용에 영향을 미친다. 예를 들면 강, 호수의 건너편 기슭에서부터 떨어진 해면상에 부적절한 구조물을 한 번 만들어버린 후에는 관련된 다른 구조물의 배치는 거기에 제약되어 비용 면에서부터 검토를 하려고 해도 선택의 여지가 없는 것이라면 하지 않을 수 없게 된다. 마리나 설비를 어떻게 할 것인지는 수변(Water area)과의 조화나 다른 설비와의 관련성으로부터 설계계획이 크게 영향을 미친다.

설계의 전체적인 것은 그 지방 환경에 의해 크게 좌우된다. 평온하고 단조로운 시골의 조용한 호수에는 유연한 접근이 요구된다. 이를 위해서는 개발지의 자연을 그대로 살려서 주변과 조화되는 디자인으로 한다면 좋을 것이다.

개조한 도크(dock)의 경우는 역으로, 철제 돌핀이나 도크 재료의 특성을 살려서 도회적인 분위기를 내도록 한다. 디자인은 기능 면이나 미적 관점에서도 주위의 상황이나 환경을 고려해 진행해 나가야 하며 동시에 사회나 개발자의 요구도 잊어서는 안된다.

이러한 부분이 제대로 되지 않으면 당초의 구상을 재고하거나, 여러 요소를 정리하고 개선하기 위한 재검사가 필요하게 되는 경우도 있으나 이것은 결코 쉬운 일이 아니다.

그 이유 중 첫째는 당연히 예산이며, 이것은 기초공사에서부터 최종단계까지 디자인에 크게 관련되어 있다. 경리담당자와 건축가의 역할은 다르지만 서로 매우 연관되어 있는 사이로, 상호 이해와 동의가 시간 절약이나 문제를 방지하는 데 중요한 역할을 한다.

3. 마리나 항만 개발체계

3.1 시장조사

시장조사와 지역연구는 마리나 건설에 있어서 가장 중요한 역할을 하는 두 가지 요소이다. 시장조사의 핵심은 경쟁자를 잘 이해하고, 미래의 사업목표와 종합적인 요구사항을 달성하기 위한 모든 적절한 관련사항을 분석하여 수립하여야 하며, 이러한 시장조사는 아래의 사항을 포함하여야 한다.

가. 입지의 이해

시장조사를 위한 입지의 이해를 위하여 주요 배후도시와의 접근성, 주요 교통수단(고속도로, 철도노선, 버스, 공항과 수상교통시설), 주요 근접 수계와 이용가능성 등을 조사해야 하며, 이를 위하여 현재 나타난 지형도, 식생, 육상면적, 수변접근성, 수심, 인접토지의 이용 가능성, 입지 위치와 인근 지역의 특성 등의 정보를 분석해야 한다.

나. 시장의 계절성

여가활동을 위한 항해활동은 계절성에 큰 영향을 받으며, 추운 계절에는 보트의 육상보관이나 드라이 스택 수입이 부수적인 수입이 될 수도 있다.

다. 마리나 시장 재고 분석

주된 마리나 시장의 범위는 일반적으로 반경 25마일 내이며, 보트 슬립의 규모나 크기는 그 지역 내의 여가활동 유형, 상업적 스포츠 낚시선 임대, 기타 임대 등과 연료구입, 상가시설, 정비, 보관 등의 서비스시설에 의하여 결정된다.

또한, 보트 슬립의 재고관리 목표는 주된 시장 내에서의 마리나의 경쟁성을 분석하기 위한 것이다.

라. 슬립 임대비용

최근의 슬립 임대비용의 분석은 개발업자들에게 중요한 시사점을 주며, 최근의 슬립 임대비용에 따라 개발규모에 영향을 준다.

마. 시장동향

여가활동으로서 보트를 즐기는 사람들의 소비동향에 대한 이해는 개발업자들에게 생존가
능성이 있는 시설에 대한 영감을 제공하게 된다. 이러한 몰입의 정도를 파악하기 위해서 새
로운 보트의 구매동향이나 최근의 보트 판매상들의 판매동향을 분석하는 것은 매우 유용한
참고자료이다.

3.2 사업계획

사업계획은 예정된 사업목표를 달성하기 위한 방향을 제시하는 로드맵이며, 사업의 성격,
경영팀, 재정적 요구사항, 투자의 건전성 등이 포함된다.

가. 개요

사업계획에는 여러 가지 형식이 있으나 아래와 같은 내용을 포함하여 기술한다.

- 표지 : 사업명, 사업의 원칙, 주소와 전화번호

나. 목적

목적에 대한 기술은 이 사업이 준비된 이유를 이해시키기 위하여 아래에 제기된 문제를
중심으로 서술한다.

- 계획의 목적
- 사업의 연혁
- 재무정보
- 사업의 성격
- 성장과 확장 계획

다. 세부 사업계획

- 사업의 개황
  - 사업의 종류
  - 설립방법
  - 경영시간과 계절
  - 사업성공의 가능성
  - 구매가격(매입 경우)
  - 소유의 형태
  - 사업의 연혁
  - 사업의 수익성
  - 무역 동의성과 신용상태

- 회사의 위치
- 시장
- 경쟁력
- 경영능력
- 인력

라. 재무정보

- 경영수준
- 최근현황
- 판매방식
- 판매가격
- 총판매액
- 최대수익
- 경영지출
- 순이익(세전)
- 세금
- 순이익(세후)

마. 수지균형분석

- 최근자산
- 고정자산
- 총자산

3.3 자본비용

제안된 계획에 관한 자본금의 평가는 계획의 가치를 평가하는 재무적 결정과정의 첫 번째 단계에 해당한다.

마리나 건설에 있어서 가장 어려운 비용항목은 수역에서의 시설로서 특히 도크와 준설에 관한 비용이다.

다음으로 고려해야 할 것은 도크 시스템의 선택에 관한 것이다. 세계의 수많은 도크 생산자 중에서 어느 것이 해당 마리나에 적합하고 경제성 있는가를 분석하는 것이 아주 중요하다.

아래의 항목은 전형적인 마리나 계획에서의 자본금 비용항목에 관한 리스트이다.

- 육역공간 구매비용
- 오수 정화시설
- 주변부 보호시설
- 상하수도 설비
- 엔지니어링 검토비용
- 상하가시설
- 법률적 비용
- 보트정비시설
- 준설, 매립
- 보트주정빌딩
- 출입시설 및 슬로프 균형시설
- 선반 보관시설 및 장비

- 도크와 피어
- 도크 접안시설
- 마리나 사무실과 도크 마스터 빌딩
- 자동화 주차시설
- 작업용 보트와 장비

3.4 재무비율

1970년대 중반까지는 마리나의 수가 적었고, 규모나 기능 면에서 서로 상이하여 효과적인 재무분석을 할 수 있는 데이터가 없었다.

최근 미국을 중심으로 조사된 자료는 현존하거나 제안된 마리나 계획에 관한 재무적 타당성을 검토하기 위해 매우 중요한 자료이다.

3.5 자금조달

자금조달은 아주 창조적인 것으로 전통적인 방법을 사용하는 것도 가능하지만 아래의 목록은 그 밖의 여러 가지 방법에 대하여 논의하는 것이다.

- 상업은행
- 신용융자은행
- 상호신용은행
- 벤처 캐피털 자금
- 부동산 투자기금
- 유한 합자회사
- 단기자금시장
- 장기 자본시장
- 펜션펀드
- 생명보험회사
- 신용연합
- 투자은행기구
- 친구나 친척
- 기업 혹은 여가발전 펀드

3.6 융자금

많은 요인들이 효과적인 융자금을 수수하기 위하여 영향을 미친다.
아래의 리스트는 이러한 요소들에 관한 것이다.

- 공급자의 수준
- 사업계획
- 서류와 타당성
- 위험에 관한 마리나산업의 경제성과 미래전망

3.7 임대료 비교

전통적으로 마리나는 계절적으로 혹은 연중 운영을 하고 있다. 기후가 다양한 곳에서는 흔히 보팅에 좋은 계절에 이용률이 높고, 겨울에는 이용률이 떨어진다.

일반적인 슬립의 임대비용은 길이에 따라 가격이 결정되며, 오늘날의 마리나들은 서비스 지향적인 성격으로 인하여 서비스에 따라 평가된다.

1980년대에 마리나 소유의 새로운 형태가 출현하여 장기임대나 공동소유형태의 방식이 세계적으로 확산되고 있다.

독코미니엄이나 슬립의 장기임대의 성공은 연방과 주정부의 관심을 끌게 되었다.

일부 공공부분의 사용에 제약을 가져와 새로운 규정의 제정이 필요하였으나, 이러한 방법은 독코미니엄형태의 개발을 촉진하게 하였고, 개발비에 대한 환수를 보다 쉽게 해주는 효과를 가져왔다.

3.8 수익원천

전통적인 수익원천은 슬립임대료, 보트보관, 자동주차시설, 세탁서비스, 자동판매기, 일시적인 정박료, 보트정비료, 보트청소비, 전화기 등의 수익이었다.

새로운 수익은 보트부품판매, 오락이벤트 티켓, 호텔·모텔 예약, 항공예약, 쇼핑 등 컨시어지 서비스로 확산되어 가고 있다.

3.9 현금흐름

수익과 현금흐름에 대한 계획은 일반적으로 개항 이후 5년간 등 특정의 시기를 기준으로 실시된다.

전형적인 작은 마리나의 현금흐름을 분석하면 다음의 표와 같다.

〈표 3.9.1〉 전형적인 수익과 현금흐름

10Year Pay Back(10년 상환) 100% Occupancy(100% 사용률) INCOME(수입)	1999	2000	2001	2002	2003
선석임대	180,000	180,000	202,500	270,000	300,000
선석임대	10,000	12,000	12,000	12,000	12,000
일시적 선석임대	4,500	5,000	5,000	7,800	8,300
유틸리티	4,500	4,500	4,500	4,500	4,500
주차	2,500	3,000	3,500	5,200	5,700
장비 및 부품	6,000	6,500	7,000	9,000	4,000
자동판매기	2,500	3,000	3,500	4,000	4,000
기타					
TOTAL INCOME(총수입)	210,000	214,000	238,000	312,000	343,500
EXPENSES(지출)					
임대	12,000	12,000	12,000	13,500	15,000
유틸리티	9,000	1,000	11,000	15,600	17,200
임금	39,000	39,000	42,500	55,000	61,500
고용자세금과 복지	9,400	9,400	10,200	13,200	14,760
보험	2,300	2,300	2,800	3,800	3,800
유지와 보수	2,500	3,000	5,000	7,000	9,000
회계와 법률서비스	1,000	1,000	1,000	1,500	1,500
전화	1,100	1,100	1,200	1,500	1,500
광고와 홍보	2,500	2,000	2,000	2,000	2,000
소모품	3,000	3,300	3,600	5,100	5,100
기타	6,000	6,200	6,500	7,000	7,500
물권	84,300	75,000	65,000	56,000	47,000
감가상각	100,000	148,000	141,000	138,000	136,500
TOTAL EXPENSES(총지출)	272,100	312,300	303,800	319,300	322,360
연방순수익(동업자분배)	-62,100	-98,300	-65,800	-6,700	-21,140
주감가상각조정	38,000	21,000	13,500	10,500	9,000
주순수익(동업자분배)	-24,100	-77,300	-52,300	3,800	30,140
순자산	-62,100	-98,300	-65,800	-6,700	21,140
공급자지불	-50,000	-50,000	-50,000	-50,000	-50,000
감가상각	100,000	148,000	141,000	138,000	136,500
현금증가	-12,100	-300	25,200	81,300	107,640

자료 : Bruce O. Tobiasson 등 공저(2003), "MARINAS and smallcraft harbors", pp. 44-47

3.10 연간예산

대규모이고 서비스가 완비된 마리나의 예산안은 아래의 표와 유사하다.
특정한 시기에 요청되지 않은 품목은 다음해에 전가되지 않는다.

〈표 3.10.1〉 전형적인 마리나 예산안

General Ledger (계정과목) Account Name	General Ledger (계정번호) Account No.	Budget(예산규모) Amount
INCOME(수입) :		
선석임대	3010	$ 0
성수기주차	3020	31,600
비수기주차	3021	4,900
세탁	3050	1,700
얼음	3051	6,500
자동판매기	3052	3,500
성수기선석임대	3100	775,600
비수기선석임대	3110	96,900
임시선석임대	3120	84,000
해상정박	3130	70,000
보트수리	3140	550,000
성수기전기	3150	61,600
비수기전기	3151	3,000
전화	3160	1,500
부동산	3170	38,000
기타	3300	15,000
TOTAL INCOME(총수입)		1,743,800
EXPENSE(지출) :		
건물보수	1530	1,800
기계와 장비	1540	4,600
사무실가구	1550	3,300
마리나보수	1560	1,200
광고와 홍보	4010	21,500
보수와 정비	4100	5,000
자동정비	4110	1,200
냉방	4115	500

보도정비	4125	400
정박시설정비	4135	5,000
컴퓨터보수	4150	1,000
목공	4160	900
세정서비스	4170	2,000
소독	4175	600
전기작업	4180	5,000
카펫	4190	300
난방보수	4200	400
잡역부서비스	4210	3,500
잡역부공급	4215	1,500
키/잠금장치 보수	4220	1,800
조경	4230	500
석공	4240	1,000
사무용품 보수	4255	8,000
주차장 보수	4260	750
배관	4270	2,500
인테리어	4280	0
지붕보수	4290	0
쓰레기처리	4310	9,500
제설작업	4320	1,500
창문부품	4330	0
창문청소	4340	400
보트정비관리	4410	350,000
보트부품공급	4420	50,000
건물도색	4430	150
도크보수	4440	10,000
도크부품	4445	500
제빙	4450	4,500
해양장비보수	4460	3,000
부두보수	4470	0
전기공급장치보수	4480	500
마리나부품	4490	4,500
유니폼	4495	1,500
마리나소모품	4500	3,500
관리비	4600	0
전기	4620	78,000
난방용 연료	4630	4,500

임대비용	4700	0
건물보험료	5000	60,000
고용자보험	5100	10,000
인건비	5200	60,000
복지	5210	25,000
지불급여세	5230	10,000
인쇄물소모품	5310	500
보안	5400	90,000
수도와 하수	5500	6,500
기타	6010	1,500
채용비용	6020	2,500
회계	6100	10,000
컴퓨터부품	6110	500
컨설팅	6200	5,000
의료보험	6310	25,000
펜션	6320	10,000
생명보험	6330	0
장애자보험	6340	0
기타 보험	6350	0
법률비용	6410	1,500
사무실소모품	6510	2,000
급여관리	6610	78,000
복지관리	6620	0
지불급여세	6630	0
우편	6710	800
회원관리	6720	150
전화	6730	5,500
여행비/식사	6740	2,500
부동산세금	6800	35,000
기타 관리비용	6900	1,500
운영비용		961,950
원금지불		150,000
금리지불		250,000
총관리 운영비용		1,361,950

자료 : Bruce O. Tobiasson 등 공저(2003), "MARINAS and smallcraft harbors", p. 47

4. 법률 검토

마리나를 건설하기 위한 관련 법률은 총 21종으로 분석된다. 이러한 법률 중에서 마리나를 건설하는 과정에서 참고해야 하는 법률은 마리나 항만의 조성 및 관리 등에 관한 법률, 항만법 등과 함께 15종에 이르고 있다.

또한 마리나를 운영·관리하면서 참고하여야 하는 법률은 수상레저안전법을 포함하여 총 6종의 법률을 우선적으로 고려하여야 한다.

4.1 마리나 건설과 관련된 법률(총 15종)

입지에 따라 어촌어항법과 항만법에 대한 검토를 비롯하여 마리나 항만의 조성 및 관리 등에 관한 법률, 연안관리법, 공유수면관리법, 공유수면매립법을 각각 검토하여야 한다.

또한, 입지제약과 관련하여 해당 수역 및 육지부에 대한 검토를 위하여 수산업법, 자연공원법, 자연환경보전법, 국토의 계획 및 이용에 관한 법률, 습지보전법, 관광진흥법, 문화재보호법, 해양오염방지법, 공익사업을 위한 토지 등의 취득 및 보상에 관한 법률 등을 살펴보아야 한다.

4.2 마리나 경영과 관련된 법률(총 6종)

시설 운영과 관련된 법률은 수상레저안전법, 체육시설의 설치 및 이용에 관한 법률 등 2종이 있고, 보트 운항과 관련된 법률은 선박안전법, 해상교통안전법, 유선 및 도선 사업법, 낚시·잠영 어선법 등 4종이 있다.

4.3 마리나 건설과 관련된 각종 규제법률

가. 연안 이용 관련 규제법률

연안 이용에 관하여는 공유수면 매립법 제9조와 공유수면 관리법 제5조, 연안관리법 제8조의 법률에 의해 규제를 받게 된다.

즉, 공유수면을 매립하여 마리나를 개발하거나 수역시설을 설치하여 해당 공유수면을 점용하고, 토지의 굴착, 성토, 기타의 행위에 대하여 혹은 수면에 있어서 시설 혹은 공작물을 신설하려는 경우 공유수면관리자의 허가를 받지 않으면 안된다.

공유수면관리자는 신청의 내용이 해안의 보전 등 공익에 지장을 줄 우려가 없다고 인정되는 경우에 허가하는 것으로 되어 있다.

연안관리법은 바다의 개발제한구역이라고 볼 수 있기 때문에 연안구역이 연안보전구역, 준연안보전구역으로 각각 한번 설정된 경우 보전구역이 해제되기 전까지는 어떠한 행위도 불가능하기 때문에 각종 해양관광시설을 건설하는 것이 매우 어려운 실정이다.

나. 자연공원법

자연공원법은 국립공원, 도립공원 중에서 마리나시설 등이 먼저 공원계획에 반영되어야 이들 지역에서의 건설이 가능해진다(제12조~제14조).

또한 국립공원, 도립공원 내 일정 규모 이상의 공작물을 신축, 증축하는 경우에도 동일하다(제23조).

다. 문화재보호법

문화재보호법에 의하면 명승, 철새 등 천연기념물보호구역, 국가문화재 등 문화재보호구역으로 지정된 구역의 경우에는 반경 500m 이내의 사업에 대하여 문화재위원회의 승인을 받아야 하므로 문화재보호지역에서의 마리나 개발사업은 사실상 매우 어려운 실정이다.

4.4 선박 운항과 관련된 규제

선박의 운항에 관해서는 선박법, 선박안전법 등의 법률이 있어 마리나의 건설에 있어서 법 규정에 의거 특정항(흘수가 깊은 선박이 출입하는 항 혹은 외국 선박이 상시 출입하는 항) 내 혹은 특정항 인근에서 공사를 행하는 경우에는 항만관리의 장의 허가를 받지 않으면 안되는 것으로 되어 있다.

〈표 4.4.1〉 해양관광관련 각종 법령

일반사항	국토의 계획·이용	국토기본법, 국토의 계획 및 이용에 관한 법률 등
	사업주체 및 권리관계	선박등기법, 공유수면매립법, 국유재산법, 민법, 부동산등기법, 사회 기반시설에 대한 민간투자법 등
수역관리에 관한 법	설치장소	어촌·어항법, 항만법, 연안관리법, 개항질서법, 공유수면관리법, 해양수산발전기본법, 자연공원법, 군사시설보호법, 도로법, 공익사업을 위한 토지 등의 취득 및 보상에 관한 법률, 농지법, 산지관리법 등

수역관리에 관한 법	환경보전	해양오염방지법, 연안관리법, 습지보전법, 어업자원보호법, 자연환경보존법, 폐기물관리법, 환경·교통·재해 등에 관한 영향평가법, 온천법 등
해양 건축 및 이용	시설이용	마리나 항만의 조성 및 관리 등에 관한 법률, 항만법, 선박법, 수산업법, 해양수산발전기본법, 국토의 계획 및 이용에 관한 법률, 건축법, 관광진흥법, 체육시설의 설치·이용에 관한 법률, 공유수면관리법, 하수도법 등
안전에 관한 법	시설의 안전 및 이용자 안전	해상교통안전법, 수상레저안전법, 해운법, 유선 및 도선사업법, 건축법, 선박안전법, 소방기본법, 공중위생관리법, 식품위생법, 의료법, 정보통신법 등

자료 : 해양경찰청

4.5 기타 규제사항의 검토

- 개발에 영향을 미치는 사항을 결정한다.
- 임대계약기간, 상속권, 임대조건, 지방세를 결정한다.
- 전대(轉貸)에 대한 상기의 사항을 결정한다.
- 규제조령, 사용 종류, 건물의 형태, 건물의 임대료, 보유기간, 판매에 관한 조사
- 토지등록소(Land Registry)에 문의한다.
- 새로운 토지를 소유하는 경우 반드시 등록을 완료해야 한다.
- 건설규제에 미치는 이하의 것에 관하여 지역조령을 조사한다.
  - 수제(水際)의 변화
  - 연안의 조항
  - 하천의 조항
  - 물가의 교통수단, 도로의 설치
  - 낚시, 항해의 안전조항
- 지역의 공적 기관과 시설이용에 대해 의논한다.
  - 종료시기
  - 발효시기
  - 재배분
- 이미 인가 내린 것이 있는지 조사한다.
- 시설(施設)권을 생각한다 : 공공사업회사는 케이블, 파이프, 전선, 출입권리 등 기존의 권리를 갖는다.
- 일조권, 통풍권

● 토지의 경계선을 결정한다.

4.6 마리나 항만 개발체계도

마리나 항만의 개발은 입지 및 재무 분석을 실시한 후 법률적 검토를 거쳐 디자인에 들어가야 한다.

건축이 실시된 후에는 최종 개장 전에 마리나의 경영에 관한 실시계획을 입안하여 아래의 그림과 같은 체계에 따라 개발하는 것이 효과적이다.

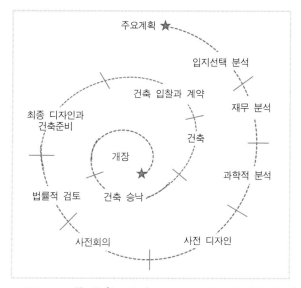

자료 : Bruce O. Tobiasson 등 공저(2003), "MARINAS and smallcraft harbors"

[그림 4.6.1] 마리나 항만 개발체계도

5. 수요예측

5.1 마리나 개발 수요 추정

가. 수요 추정방법 검토

1) 마리나수요 추정사례조사

● 마리나는 레저보트의 정박지로서 개인의 레저활동을 위한 공간임. 이러한 이유로 정부차원에서 국가 전체의 마리나수요를 추정하는 해외사례는 찾기 어려우며, 단지 과

거 레저보트 추세를 통해 마리나수요의 동향을 살펴볼 예정이다.

- 개별 마리나의 수요는 여러 가지 방법으로 국내에서도 시도되고 있는데, 기초자료인 레저보트의 통계가 제대로 갖춰져 있지 않아 요트인구, 관광객 수요 등의 통계를 이용하고 있었다. 또한 레저보트 통계를 이용하더라도 시계열데이터 수의 부족을 보완하기 위해 우리나라와 여건이 비슷한 일본의 사례를 적용하여 추정할 수 있다.
  - 현재 '수상레저안전법' 제정을 위해 해양경찰청이 자체적으로 조사한 1999년의 사업장 및 개인의 레저보트 통계와 수상레저사업장에만 적용되는 등록제도에 의거하여 조사된 2000년부터 2006년까지의 사업장 보유 레저보트 통계자료가 있다.

〈표 5.1.1〉 마리나수요 추정사례

구 분		수 요 추 정 방 법
운 영	부산 수영만 마리나	• 국가 주요경제지표 및 소비지출을 이용한 추정 • 자동차 보유대수에 의한 추정
계 획	대포항 외옹치 마리나	• 요트인구를 이용한 추정 • 강원도 관광객 수요 전망에 따른 계획 대상지의 집중률에 의한 추정
	성산포 마리나	• 요트인구를 이용한 추정 • 제주특별자치도 관광객 수요전망에 따른 계획 대상지 집중률 및 적정 수용력을 이용한 이용객 추정
문 헌 조 사	해양성 레크리에이션 시설	• 개별 마리나 대상지의 수요추정방법 • 전국단위 시계열 데이터는 있으나 대상지의 시계열 데이터가 없는 경우, 전국단위 레저보트 성장률 혹은 전국단위에서 대상지가 차지하는 레저보트 보유율을 이용한 추정
	동해권 항만정비 기본계획 용역	• 연평균 성장률을 이용하여 전국단위 마리나수요 추정 후 동해안 해수욕장 이용객 비율 적용
	해양관광 기반시설 조성 연구용역	• 수상레저기구의 연평균 성장률 및 일본사례를 적용한 시나리오 분석을 통해 전국단위 마리나수요 추정 후 해양관광실태조사 자료를 적용하여 지역 할당

2) 추정방법 검토

① 기존사례

- 요트인구를 이용한 마리나수요 추정에 대한 검토의견
  - 개인과 사업장이 보유하고 있는 레저보트 척수를 집계한 통계는 해양경찰청에서 내부적으로 실시한 1999년 자료가 유일하다. 이에 따르면 1999년 우리나라의 요트는 313척이고 모터보트는 2,225척으로 모터보트가 월등히 많다. 한편 우리나라와 여건이 비슷한 일본에서도 레저보트는 요트보다 모터보트가 많다(2005년 요트 12천 척,

모트보트 257천 척). 이러한 이유로 마리나수요를 추정하기 위해서는 모터보트 데이터도 반드시 이용하여야 하며, 요트관련 데이터만을 이용할 경우 정확한 마리나 수요를 예측할 수 없다.

● 해양관광활동 행태 자료를 이용한 마리나수요 추정에 대한 검토의견
 - 현재 우리나라에는 해양관광활동 및 레저보트활동에 대해 조사하는 정기(定期) 통계자료가 마련되어 있지 않다. 그리고 우리나라의 해양관광은 하계 휴가철 해수욕이 중심을 이루고 있는데, 마리나는 레저보트를 계류시키는 공간으로 마치 자동차의 주차장과 같은 개념이기 때문에 해수욕객을 중심으로 한 해양관광객 데이터는 마리나의 특성을 제대로 반영하지 못한다는 문제가 있다.

● 소득, 인구, 경기순환 등 경제적 요소를 이용한 마리나수요 추정에 대한 검토의견
 - 레저보트 보유척수는 소득, 인구 등의 경제적 요소뿐만 아니라 레저보트에 대한 국민의 레저보트 성향에 영향을 받는다. 즉 아무리 소득이나 인구가 많더라도 국민이 레저보트를 즐기지 않는 성향을 가졌다면 레저보트 보유척수는 작을 것이다. 또한 국민의 레저보트에 대한 성향이 변한다면 소득이나 인구가 변하지 않더라도 레저보트 보유척수 또한 변하게 된다.
 현재 우리나라 레저보트 통계는 조사기간이 짧기 때문에 이러한 국민의 레저보트 성향을 확인할 수가 없다. 즉 우리나라의 레저보트 시장은 현재 초기단계인데, 이후 성장단계로 진입하면서 레저보트 척수가 어떻게 변할지 확인하기 위해서는 더 많은 데이터 축적이 필요하다.
 한편 단기적 경기변동은 레저보트 수요의 장기 추정에 있어서 고려 대상이 아니다. 단지 오일 쇼크나 IMF 등이 단기 경기변동이 아닌 장기 추세 변화를 일으킨다면, 추후 이러한 요인이 레저보트의 장기 수요에 미치는 영향을 검토하여 레저보트 수요의 추정 결과를 수정해야 한다. 최근의 고유가현상으로 경제 및 레저활동의 단기적 위축이 아닌 장기 추세의 변화가 일어날지를 확인할 수 없으므로 레저보트의 장기 수요추정에 사용할 수 없으며, 단지 향후 장기 추세 변화가 확인되면 이를 반영하여 레저보트의 장기 추정결과를 조정하도록 한다.

● 자동차를 이용한 마리나수요 추정에 대한 검토의견
 - 자동차는 레저보트와 달리 여가뿐만 아니라 교통수단으로 널리 사용되고 있으나, 일본의 사례를 통해 레저보트와 자동차 간에 일정한 상관관계가 존재함을 확인할 수 있다. 특히 레저보트가 고가이기 때문에 소득수준과 관계 있는 고급승용차와 상

관관계가 높다. 따라서 시계열데이터 수가 부족한 레저보트 척수에 의한 추정을 보완하기 위해 자동차 데이터를 사용할 수 있다.

- 레저보트를 이용한 마리나수요 추정에 대한 검토의견
  - 앞에서도 언급하였듯이 레저보트 시계열데이터는 축적기간이 짧기 때문에, 이것을 이용한 추세분석에는 한계가 있다. 그러나 마리나수요추정의 가장 기초적인 데이터이므로, 우리나라와 유사한 일본사례를 검토한 후 적용하여 사용할 수 있다.

② 기타 수요추정 방법

- 수상레저기구 조종면허 취득자 수를 이용한 마리나수요 추정 결과
  - 우리나라에서 요트, 모터보트를 조종하기 위해서는 조종면허를 취득해야 한다. 즉 수상레저활동을 즐기기 위해 모터보트 및 요트를 소유하는 사람들은 모두 조종면허를 취득해야 하므로, 수상레저기구 조종면허자 수는 레저보트 수요를 추정하는 간접적인 자료가 될 것이다.

- 설문조사를 이용한 마리나수요 추정에 대한 검토의견
  - 전 국민을 대상으로 마리나시설에 대한 의식조사를 실시한다면 마리나의 잠재수요를 파악할 수 있을 것이다. 그러나 우리나라는 레저보트의 보유율이 낮고 마리나시설에 대한 인식이 부족하기 때문에 설문조사로는 마리나수요를 정확하게 파악하기 어렵고 단지 참고자료로 활용할 수 있을 것이다. 한편 현재 마리나를 이용하고 있는 레저보트 보유자를 대상으로 설문조사를 실시할 경우, 레저보트를 즐기기 원하나 인프라 부족 등 활동여건 미비로 드러나지 않은 잠재수요를 확인할 수 없으며 인프라가 구축된 지역에 거주하는 수요자의 성향이 과도하게 반영될 것이다.

③ 종합의견

- 마리나수요 추정방법을 검토한 결과, 마리나수요 추정에 있어서 가장 기본이 되는 레저보트 데이터를 이용하되, 장기추세를 추정하기에는 축적된 기간이 짧다는 단점을 보완하기 위해 첫째로 자동차, 수상레저기구, 조종면허자, 데이터를 추가적으로 이용하고, 둘째로 자연환경 및 사회·문화적 여건이 우리나라와 유사한 일본 레저보트의 장기 추세를 검토하여 반영하는 것이 가능하다.

3) 마리나수요 추정방법 도출

- 마리나수요는 앞에서 실시한 추정방법에 대한 검토 결과를 반영하여, 다음과 같이 3단계로 추정할 예정이다.
  - 1단계 : 전국 단위의 레저보트 척수의 추정

    마리나수요 추정의 가장 기본이 되는 레저보트 데이터와 함께 자동차 데이터와 수상레저기구 조종면허 취득자 데이터를 추가적으로 이용하되 일본사례를 적용하여 추정한다.
  - 2단계 : 마리나수요를 추정예정

    해수면에 위치하는 마리나의 수요만을 파악하므로, 전체 레저보트 척수에 해수면 활동 비중을 곱하여 마리나수요를 추정한다.
  - 3단계 : 권역별 마리나수요를 추정

    권역별 마리나수요는 전체 마리나수요에 권역별 분담률을 곱하여 추정함. 이때 권역별 분담률은 레저보트의 권역별 비중을 이용하는 것이 가장 바람직하나, 개인 보유 레저보트의 권역별 보유비중을 확인할 수 없으므로 그 대리변수로 권역별 승용차 비중, 권역별 수상레저 조종면허 취득자 비중을 이용한다.

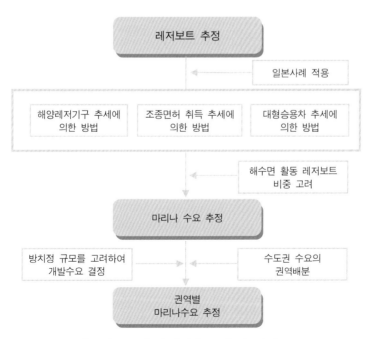

[그림 5.1.1] 마리나수요 추정 체계도

6. 지속가능한 경쟁력 확보 전략

6.1 비용 최소화방안

가. 사업성 분석의 기본방향

● 투자자 및 민간사업자 입장에서의 사업성 분석을 통해 공공성과 수익성을 제고하고, 건설비용을 최소화하는 방안을 모색해야 한다.

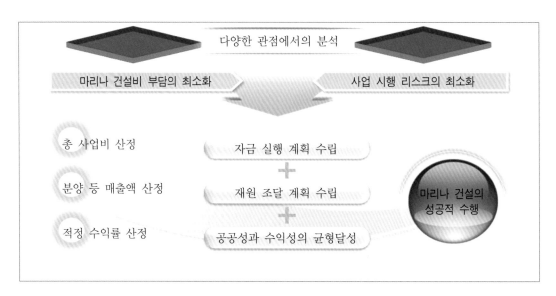

[그림 6.1.1] 사업성 분석의 기본방향

나. 사업성 분석의 전제

● 객관적이며 합리적인 사업성 분석을 바탕으로 성공적인 사업 실현을 하여야 한다.

〈표 6.1.1〉 성공적인 사업 실현을 위한 사례

구 분	적용가정	내 용
공사기간	4년	단계별 공사기간 가정
운영기간	20년	운영기간 가정
할인율	10%	사회적 할인율 적용
기대수익률	10%	할인율을 기회비용으로 고려, 기대수익률로 가정

구 분	적용가정	내 용
감가상각비	20년	세법기준에 따라 적용
물가상승률	3%	최근 7년간 물가상승률 적용
매출상승률	4%	초기 5개년 Grand Open으로 인한 Premium 적용
	3%	초기 5년 이후 물가상승률 적용
비용상승률	3%	물가상승률 적용

다. 비용절감을 위한 관리처분계획

〈표 6.1.2〉 비용절감을 위한 관리처분계획

구 분		부지분양	시설분양	직접운영	임대
정박시설	부잔교			○	
	드라이 스택			○	
	임대용 잔교				○
	슬립			○	
	보트야드			○	
	연중정박			○	
	일시정박			○	
정비/관리	상하가 서비스		○		
	마스트 정비		○		
	엔진정비		○		
	목공		○		
	페인팅		○		
	선체관리		○		
	기술서비스			○	
	클럽하우스				○
	보안시설				○
	통신		○		
편의시설	오수처리		○		
	자동판매기		○		
	주유시설		○		
	선구점		○		
	식당		○	○	

구 분		부지분양	시설분양	직접운영	임대
문화/복지	나이트클럽	○			
	다목적 홀		○		
	워터프런트 호텔	○			
	카페테리아	○			
	수족관	○			
	수상교통			○	
	공공램프			○	
	피싱피어		○		
	도서관	○			
	보테니컬 가든	○			
	연구소	○			
	월드푸드 레스토랑	○			
장애자시설	장애자용 주차장			○	

자료 : 저자 작성

6.2 수익구조 다양화 및 매출확대 방안

가. 목표와 방안

〈표 6.2.1〉 목표와 실현방안

목표	실현방안
육상과 해상시설의 사업실현성 확보	• 편의시설과 기능시설의 연계(SPC에 의한 통합개발) • 수익시설 편중에 의한 갈등배제(균형 있는 사업수익시설 분배)

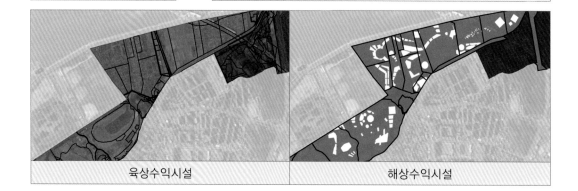

육상수익시설	해상수익시설

나. 수익창출형 토지이용계획

〈표 6.2.2〉 수익창출형 토지이용계획의 목표와 실현방안

목표	실현방안
공공·민간 상생을 통한 Synergy 도모	• Canal을 통한 매력적 도시요소 창출(집객효과 증대) • 수변과 경관 감상용 산책로 형성을 통한 상업지구 형성

7. 투자유치 전략

7.1 투자유치 및 홍보마케팅 전략수립

가. 투자환경 분석

1) 마리나의 기본 투자환경

- 크게 경제지리적 입지, 산업기반시설, 교통기반시설, 인적 자원 및 투자유치 여건 개선 등에서 기본 투자환경이 조성되어 있어야 한다.

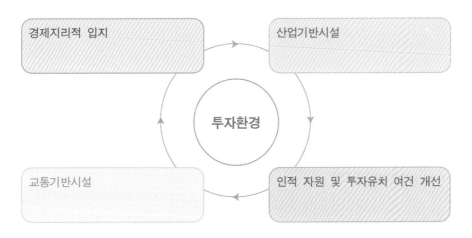

[그림 7.1.1] 마리나의 기본 투자환경

2) 정부정책 및 지원제도

〈표 7.1.1〉 정부정책 및 지원제도

구분	주요내용
외국인 직접투자 정책방향	• 외국인투자촉진법을 제정(1998)하고 적극적 대외개방과 FDI지원제도 시행으로 지난 10년간 외국인 직접투자 유치가 크게 증가하여 우리 경제의 한 축으로 정착되고 있으며 2009년 정부는 녹색성장 및 17대 신성장 동력산업 위주로 중점유치 산업분야를 선정하여 집중지원함으로써 투자유치 경쟁력을 대폭 강화하고, 범정부적 역량집중을 위해 외국인투자위원회 위원장을 국무총리로 격상하여 부처별 책임제를 도입하였으며, 외국교육기관 내국인입학비율 확대 등의 외국인 투자환경 개선방안도 적극 지원함
인센티브	• 기획재정부가 고시하는 산업지원서비스 및 고도기술수반사업 또는 일정금액 이상의 외국인 투자자로서 외국인투자지역 및 경제자유구역 내 제조, 물류, 연구개발, 호텔휴양사업에 대하여는 법인세, 소득세, 지방세 및 배당소득세를 5년 내지 7년간 감면해 주고 있음
조세감면	• 산업지원서비스 및 고도기술수반사업 또는 일정금액 이상의 외국인 투자로서 외국인 투자지역 및 경제자유구역 내 제조, 물류, 연구개발, 호텔휴양사업에 대하여는 법인세, 소득세, 지방세 및 배당소득세를 5년 내지 7년간 감면해 주고 있음
현금지원	• 현금지원은 국가 경제에 미치는 영향이 큰 외국인 투자를 적극적으로 유치하기 위해 외국인 투자자와 한국 정부 간의 협상에 의하여, 투자금액의 최소 5% 이상을 외국인 투자자에게 현금으로 지원하는 제도임
산업입지지원	• 한국 정부는 일정 조건을 충족하는 외국인 투자기업에게 국내 산업단지와는 별도의 입지를 확보하여 무상 또는 저가로 제공하고 있음
재정지원	• 재정지원은 외국인 투자비율이 30% 이상이거나 외국인이 1대 주주인 투자기업을 대상으로 이루어지고 있음

3) 외국인 직접 투자제도

〈표 7.1.2〉 외국인 직접 투자제도

용어	정의
외국인	• 외국의 국적을 보유하고 있는 개인 • 외국의 법률에 의하여 설립된 법인(외국법인) • 국제경제협력기구 - 외국정부의 대외경제협력업무 대행기관 - IBRD, IFC, ADB 등 개발금융에 관한 업무를 취급하는 국제기구 - 대외투자업무를 취급하거나 대행하는 국제기구 • 대한민국 국민으로서 외국의 영주권을 취득한 자
외국인 투자자	외국인투자촉진법에 의하여 주식 등을 소유하고 있거나 출연을 한 외국인
외국인 투자기업	외국인 투자자가 출자한 기업이나 출연을 한 비영리법인
외국인 투자환경 개선시설 운영자	외국인을 위한 학교 및 의료기관 등 외국인 투자환경의 개선을 위한 시설로서 대통령령이 정하는 시설을 운영하는 자

용어	정의
출자목적물	외국인투자촉진법에 의하여 외국인 투자자가 주식 등을 소유하기 위하여 출자하는 것(투자수단)으로 다음 중 어느 하나에 해당하는 것 • 외국환거래법에 의한 대외지급수단 또는 이의 교환으로 생기는 내국지급수단 • 자본재·외국인 투자로 취득한 주식 등으로부터 생긴 과실(배당금) • 산업재산권, 산업활동에 이용되는 저작권, 반도체집적회로의 배치설계권, 기타 지적재산권에 준하는 기술과 이의 사용에 관한 권리 • 외국인이 국내에 소유한 지점·사무소 또는 법인의 청산에 따라 해당 외국인에게 분배되는 남은 재산 • 외국의 유가증권시장에 상장 또는 등록된 외국법인의 주식 • 외국인투자촉진법 또는 외국환거래법에 따라 외국인이 소유하고 있는 주식 • 외국인이 소유하고 있는 국내 부동산 • 외국인이 소유하고 있는 국내 기업의 주식과 부동산 처분대금
자본재	• 산업시설로서의 기계, 기자재, 시설품, 기구, 부분품, 부속품 및 농업·임업·수산업 발전에 필요한 가축, 종자, 수목, 어패류 • 기타 주무부장관이 당해 시설의 최초 시운전에 필요하다고 인정하는 원료 예비품

4) 한국경제에 대한 긍정적인 전망(2009년 기준)

- 골드만삭스 : 올해 한국 경제성장률 전망치 -4.5%에서 -3.0%로 상향조정
- 도이체방크 : 올해 경제성장률 전망을 기존 -5%에서 -2.9%로 무려 2.1%나 상향 조정
- 모건스탠리 : "한국 경제는 놀라울 정도로 강하다", "한국은 경기침체를 피할 수 있는 몇 안되는 나라 중 하나"라 언급하며 종전의 한국경제 성장률 전망치를 -1.8%에서 -0.5%로 조정
- 무디스 : 내년 한국경제성장률이 2.5%로 회복될 것으로 예상. 한국 국가신용등급이 당분간 '안정적'일 것이라 언급(A2등급 유지)

5) 외국인 직접투자 추이

〈표 7.1.3〉 외국인 직접투자 추이

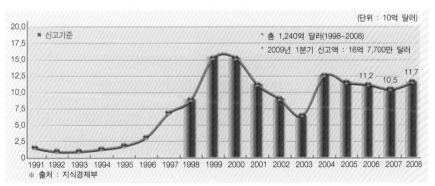

6) 업종별 투자유치 실적

〈표 7.1.4〉 업종별 투자유치 실적

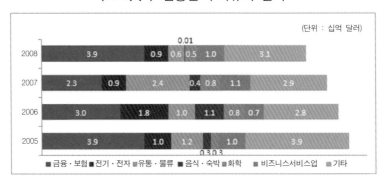

7) 산업별 투자 현황

〈표 7.1.5〉 산업별 투자 현황

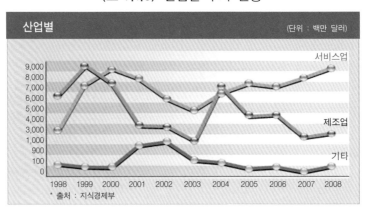

8) 지역별 투자유치 실적

〈표 7.1.6〉 지역별 투자유치 실적

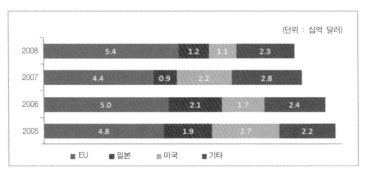

7.2 활용방안 제시

- 투자유치전략수립 자료는 벤치마킹 대상업체의 선정을 통해 본 프로젝트와의 Gap 분석을 한 후 글로벌 네트워크를 통한 TM/IM, IR 자료로 활용할 예정이다.

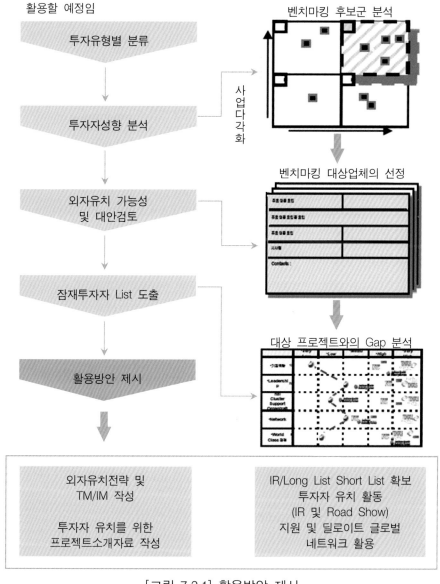

[그림 7.2.1] 활용방안 제시

가. 투자 활용방안 일정계획

〈표 7.2.1〉 투자 활용방안 일정계획

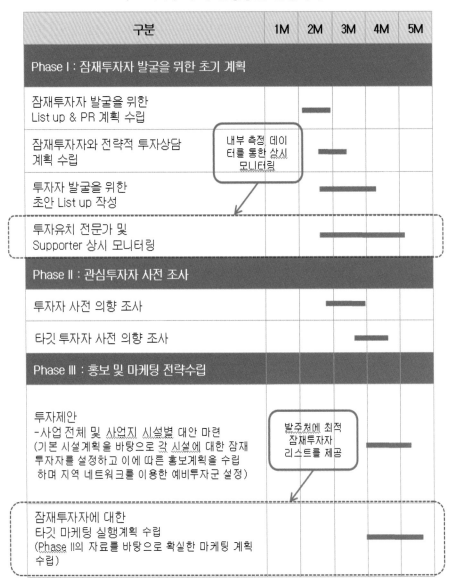

7.3 잠재투자자 List

가. 마리나 및 보트/요트관련 업체

〈표 7.3.1〉 마리나 및 보트/요트관련 업체

국 가	마리나 및 보트/요트관련 업체
America	American Boat and Yacht Council
	American Planning Association
	ASTM International
	ASME International
	ASM International
	ASSE International
	International Boat Industry
	International Marina Institute
	Marina Association of Texas
	Marine Environmental Education Foundation
	Marina Operators Association of America
	National Marine Bankers Association
	The Yacht Harbour Association
	Yacht Brokers Association of America
	National Marine Manufacturers Association
Belgium	Belgium Marine Industry Association
Denmark	Danish Boating Industry Association
Finland	The Finnish Marine Industries Association
Germany	German Boat & Shipbuilder Association
	German Watersports Industry Association
Greece	Association of Greek Marine Manufacturers
Japan	Japan Boating Industry
Netherlands	HISWA Vereniging
Norway	Norwegian Marine Federation
Poland	Stowarzyszenie "Polskie Jachty"
Spain	Spanish Marine Industries Association
Sweden	Swedish Marine Industry Federation
Switzerland	Swiss Boat Builders Association
United Kingdom	British Marine Federation

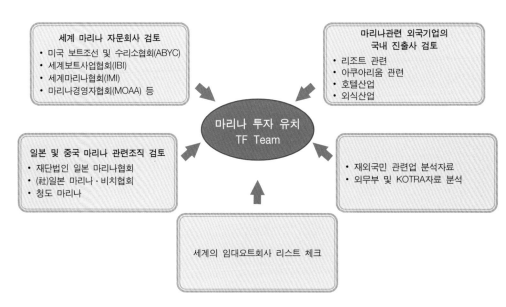

세계 마리나 자문회사 검토
• 미국 보트조선 및 수리소협회(ABYC)
• 세계보트사업협회(IBI)
• 세계마리나협회(IMI)
• 마리나경영자협회(MOAA) 등

마리나관련 외국기업의
국내 진출사 검토
• 리조트 관련
• 아쿠아리움 관련
• 호텔산업
• 외식산업

마리나 투자 유치
TF Team

일본 및 중국 마리나 관련조직 검토
• 재단법인 일본 마리나협회
• (社)일본 마리나·비치협회
• 청도 마리나

• 재외국민 관련업 분석자료
• 외무부 및 KOTRA자료 분석

세계의 임대요트회사 리스트 체크

[그림 7.3.1] 마리나 투자 전략도

제2절 마리나의 설계와 고려사항

1. 기능 면의 검토

1.1 육상과 수면의 관계

육상과 수면의 면적비를 어떻게 할 것인지, 필요한 설비를 어떻게 배치할 것인지는, 전체 계획 중 제일 중요한 부분이다. 육상부분과 수면부분의 면적을 어떻게 결정할 것인지, 그것을 부지 내에 어떻게 배치할 것인지, 그리고 다른 설비를 어떻게 설치할 것인지는 큰 과제이다.

마리나는 입지조건이나 규모 및 목적이 다양하고 다르기 때문에 곧바로 이익이 될 수 있는 상황을 기대하기는 어렵다.

비슷해 보이는 수면도 여러 가지 변화가 있을 수 있기 때문에 간단하게 말할 수는 없다. 육상부분과 수면부분이 만드는 외관과 형태를 신중히 생각하는 것이 중요하며, 이것이 마리나 디자인 전략상의 포인트이다. 기초 골조를 결정하는 데에는 지형과 채산(採算) 면으로부터의 고려가 필요하며, 기존의 개발예를 염두에 두고 디자인을 작성하는 것도 좋은 방법이다. 자연의 지형이나 환경을 잘 이용하는 것은 외관상으로나 경제적으로도 이익이다.

실제 계획에 있어서는 먼저 대략적인 계획을 만들어 그 후에 구체적인 안을 세워 취사선택해 나가게 된다. 이 단계에서의 작업은 대체로 주관적인 것이나 이 프로세스를 얻음으로써 여러 가지 요소를 분류하기도 하고 주요시설 배치장소의 방향을 정하기도 한다.

🎴 마리나 설계계획에 대한 기본 원칙

- 지형에 의해 공사방법이 결정된다.
- 공법에 의해 형태가 결정된다.
- 형태에 따라 전체 배치가 결정된다.
- 배치에 따라 건축물이 결정된다.

〈표 1.1.1〉 지형에 따른 마리나의 형태

명 칭	장 점	단 점	형 태
볼록형 (Offshore 타입)	• 육상과 수면의 차이가 작다. • 토지의 굴삭이 적다. • 드레징이 최소	• 안전관리에 비용이 많이 든다. • 항해의 위험이 따른다. • 오염의 위험이 있다.	
준볼록형 (Semi-reset 타입)	• 경제적인 공사 가능	• 항해의 위험이 따른다.	
오목형 (Built-in 타입)	• 해안선이 변하지 않는다.	• 길이가 길어지며, 그만큼 준설의 규모가 커진다.	
수문식 (Land-Lock 타입)	• 외력에 대해 가장 강하다.	• 선박의 출입이 제한적일 수 있다.	

자료 : Donald W. Adie, 마리나, 舵社, 1988, p. 104

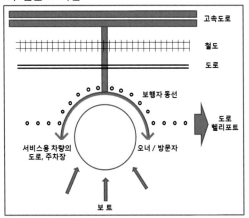

a. 접근로 측면

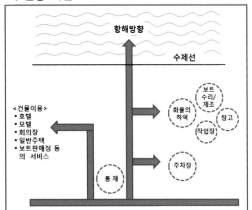

b. 활동 측면

c. 시설 측면

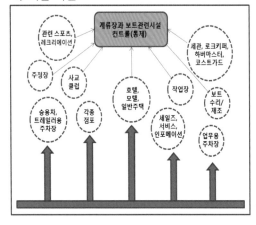

자료 : Donald W. Adie, 마리나, 舵社, 1988, p. 105

[그림 1.1.1] 마리나 설계의 기본안

1.2 필요한 공간비율

이것은 거의 개발사업의 공통되는 부분이라고 말할 수 있는데, 그것에 의해 얻을 수 있는 이익은, 그 부지를 어떤 좋은 계획으로 개발하고, 어떻게 해서 쾌적한 환경을 만들어내는가에 달려 있다. 수면 및 육상의 레이아웃 면에서 합리적인 연구는 단순히 이것이 비용의 절약에 직접적으로 관계되는 것뿐만 아니라 잔교, 안벽, 준설에 의해 생겨난 수면 등에 걸리는 부분을 최대한 활용하는 것으로 투자자금을 능숙하게 회수할 수 있다. [그림 1.2.1~2]는 육상과 수상을 용도별로 어느 정도의 백분율로 할당하면 좋은지를 나타내는 것이다. [그림 1.2.2]는 육지와 물의 비율을 같이한 경우 4개의 주된 용도별 부문을 나타내고 있다. 또한 이것 이외 비율의 경우에도 자연스러운 추정이 가능할 것이다.

[그림 1.2.1]은 어느 1개 마리나의 예를 들어 전 부지면적에 대한 각 용도별 부문의 비율을

나타내고 있다. 여기에서도 육지와 물의 부분은 같은 비율로 되어 있다. 이 2개의 예는 마리나만을 생각한 경우의 베이직 가이드라인으로 봐야 된다. 호텔이나 회의홀 등의 부수적인 용도를 고려해 넣는다면 그 균형이 변형될 수 있다.

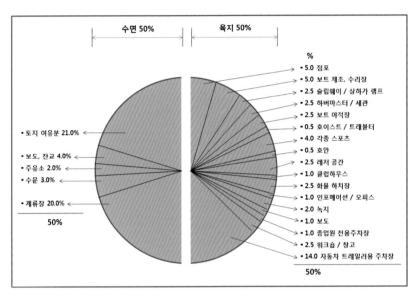

자료 : Donald W. Adie, 마리나, 舵社, 1988, p. 118

[그림 1.2.1] 마리나의 공간비율-1

- 수면과 육지의 비율을 50 : 50으로 가정한 영국 마리나의 전형적인 사례를 예시함

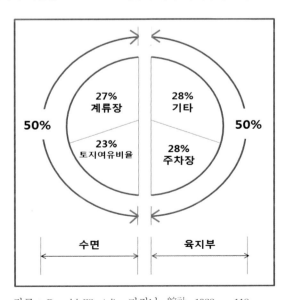

자료 : Donald W. Adie, 마리나, 舵社, 1988, p. 118

[그림 1.2.2] 마리나의 공간비율-2

1.3 보트보관에 필요한 공간

보트보관은 보관장소, 보관방법에 따라서 다음과 같은 단어로 사용처가 나누어진다.

- Park : 육지에 보관하는 것
- Berth : 마리나 부잔교 등에 보관하는 것
- Moor : 넓은 의미의 계류, 또는 마리나 이외의 수면에 보류(保留)하는 것

보트는 사용하지 않는 경우 다음과 같은 방법으로 보관된다.

- 거치대(上架)나 선반(rake)의 수납(park)
- 파일 사이에 계류(moor)
- 영구적 해저 고정장치(퍼머넌트 싱커)에 의한 계류(싱커에서 고정브이에 로프를 인도하여 계류할 시 이 고정브이에 계류줄을 연결한다.)
- 임시앵커(portable anchor)의 계류(moor)
- 버스(berth) 계류

1.4 조선에 필요한 공간

이것에 대해서는 예상할 수밖에 없다. 왜냐하면 보트 사이즈(길이, 폭), 조류, 해저상태, 보관서비스에 대응하는 각 마리나의 기술수준, 보관방식 등에 따라 여러 가지로 달라지기 때문이다. 하지만 이것을 다른 것과 비교하는 형태로 생각해 보면 이해하기 쉬워질 것이다. 상가(上架)방식과 마리나의 부잔교(berth)는 장소를 가장 차지하지 않고 효율이 좋으나, 앵커나 그 밖의 계류는 가장 효율이 좋지 않다.

하지만 이 보관공간 이외에도, 조선하기 위한 공간이라고 하는 선을 긋기 어려운 공간이 필요하다. 브이나 앵커에 의한 계류에서는 계류장소에 들어가고 나가기 위한 조선상 비용이 필요하게 되나 그 점에서 부잔교나 육상보관장소에는 이처럼 '보이지 않는 공간'인 조선공간은 고려하지 않아도 괜찮다.

앵커를 내리는 등에 의해 보트를 계류하는 경우 부잔교에서 계류하는 경우에 비하여 100배 가까운 수면공간을 필요로 한다. 공간부족을 해소하기 위해서 계류선 간격을 좁히는 것이 자주 행해지나 단지 좁히는 것뿐 충돌의 위험성이 높아진다.

아래의 표는 선박을 상가장소나 부잔교의 위치에서 다른 곳으로 이동시킬 때 필요한 공간을 나타내고 있다. 선박의 타입이 다르기 때문에 정확하게 말할 수는 없으나, 다른 수치는 다음의 표와 같다.

〈표 1.4.1〉 선박 이동에 필요한 공간

선박의 보관방법	필요면적
육지에 두는 것으로 트레일러 이동	186m²(2,000ft²)
육지에 두는 것	102m²(1,100ft²)
사람 또는 트래블·리프트, 호이스트에 의해 이동하는 경우는 전체길이의 약 $1\frac{1}{2}$의 여유가 필요	-
계류	372m²(4,000ft²)
전체길이의 약 $2\frac{1}{2}$의 여유가 필요	-

자료 : Donald W. Adie, 마리나, 舵社, 1988, p. 107

〈표 1.4.2〉 마리나 건설에 참고되는 여러 가지 시설의 면적표

( )는 영국에서 사용되는 단위표시이다.	최소치	최대치
육지 대 수면의 비율	1 : 1	2 : 1
에이커/ 헥타르당 보트 수	62ph	162ph
(계류)	(25pa)	(65pa)
에이커/ 헥타르당	25ph	75ph
육상보관 보트 수	(10pa)	(30pa)
자동차 대 보트의 비율	1 : 1	1.5 : 1
에이커/ 헥타르당 자동차 수	350ph	520ph
(2.44×4.88m, 8′×16′이 1대당 점유면적)	(140pa)	(208pa)
보트 전체길이의 범위	4.8m : 13.7m (16′ : 45′)	4.3m : 21.3m (14′ : 70′)
보트 가로폭의 범위	1.8m : 4.3m (6′ : 14′)	1.5m : 6.0m (5′ : 20′)
흘수(吃水)의 범위 - 선내기(船內機)	0.635m : 1.27m (25″ : 50″)	0.483m : 1.65m (20″ : 65″)
흘수(吃水)의 범위 - 선외기(船外機)	0.305m : 0.559m (12″ : 22″)	0.203m : 0.635m (8″ : 25″)
흘수(吃水)의 범위 - sail boat	1.14m : 1.77m (45″ : 70″)	1.01m : 2.16m (40″ : 85″)
전체길이의 평균치	5.48m(18′)	9.14m(30′)
수면에 대한 주차장의 백분율	20%	50%
사람 : 보트	1.5 : 1	3 : 1
사람 : 자동차	1 : 1	4.5 : 1
자동차 : 보트	0.5	2.0

자료 : Donald W. Adie, 마리나, 舵社, 1988, p. 107

마리나 부잔교에 계류하는 경우 '고정' 공간은 얻을 수 없으나 앞서 말한 표에 의하면 상당한 이동공간이 필요하게 된다. 하지만 다른 육상보관에 필요한 진수(進水)램프 등은 필요하지 않다. 필요한 총 공간을 표에서는 조금 크게 잡고 있으나 이동공간은 몇 척의 보트를 이용하기 위한 것으로 1척당 보트 이용면적이 그렇게 크지는 않다. 예를 들어 10척의 보트를 부잔교 또는 육상에서 보관하는 경우를 생각해 보자. 표 안에서 부잔교계류에 필요한 이동공간 372㎡, 육상보관에 필요한 이동공간 102㎡을 보면, 10척분으로 하면 부잔교계류에 필요한 이동공간은 3,720㎡, 육상보관에 필요한 이동공간은 1,020㎡가 필요하게 되는데 먼저 서술한 것처럼 실제로 필요하게 되는 공간은 앞서 설명한 면적보다 훨씬 줄어들 것이다.

2. 경관적 측면

2.1 기본조건

　　입지를 선정할 때 넓은 지역에서부터 차례로 좁게 짜넣음과 동시에 설계의 경우도 부지 내의 레이아웃을 결정하기 전에 그 개발사업이 가진 배경을 고려하는 것에서부터 출발해야 한다.

　　마리나는 그 자체로 독립적이기에 어촌 중심으로 되어 있는 이전의 낡은 하버(harbor)와 같은 것이 아니다. 오래된 하버는 입지조건 등에서부터 먼저 하버가 생기고, 그 다음에 마을이 하버 근처로 번영하여 술집이나 주택이나 보트 임시 가건물 등이 선착장을 따라 생겼다. 보트는 하버(harbor)의 일부이고, 하버는 마을의 일부였다. 오래된 하버를 이용한 요트하버는 레저보트가 어선을 대신하는 것밖에 안된다.

　　하지만 마리나는 다르다. 왜냐하면 일반 마리나라고 하는 것은 황폐하고 버려진 토지를 새롭게 개조한 것이기 때문이다. 마리나는 황폐한 토지를 개조하는 것으로 인해 많은 부잔교의 수요를 채우고, 나아가 그 토지를 매력적이고 활력 있게 탈바꿈하여 그 지역의 가치를 새롭게 평가받게 한다.

　　연안 마리나는 해면과 거의 같은 높이의 바다에 있는 공간에 의해 개발되기 때문에 전망이 매우 좋다. 그리고 마리나에서 경관의 중심은 육상부분으로 해안선을 따라 육지와 바다에서부터의 전망인 것이다.

　　강줄기나 호수와 늪, 저수지 등에 개발되는 내륙지역 마리나의 경우 주로 대안(對岸)마리나로부터의 전망, 대안(對岸)으로부터 수면 너머까지 보일 때의 경관도 생각해 볼 필요가 있다. 근처의 조금 높은 지대나 절벽이 있는 경우 하버의 경관과 마리나 내에서 보이는 주변 고지를 둘러싼 경관을 고려하여 디자인할 필요가 있다.

연안 마리나의 경우 해상으로부터 보이는 경관은 미적 감각표현은 물론, 항해상의 문제로도 중요하다. 이전부터 뱃놀이는 모항(홈 포터)에 대해 특별한 향수를 가진 것이기에 이 점을 만족시키도록 설계하지 않으면 안되고, 야간경관도 마찬가지이다. 레이아웃을 하는 경우에는 그 지역이나 해역의 지세를 연구하는 것이 중요하다. 이것은 조류, 조석, 갑(岬), 사주(砂州) 등을 잘 이용하여 마리나에 대한 침니(沈泥)의 유출을 방지하기 위해서도 필요하다.

마리나 개발이 순조롭다고 해도 언제 어떻게 달라질지 모르는 지형 때문에 문제점이나 해결방법을 가볍게 여겨서는 절대 안된다. 마리나는 기본적으로 4종류로 분류 가능하며 이것들은 여러 개의 변형을 가지고 있으므로 개발지의 지리적 조건을 토대로 여러 가지 조건을 고려한다면 더욱 다양해지고, 좋아질 것이다.

🎲 마리나의 기본적인 4종류의 분류

● 볼록형(오프쇼어 : 수면부분에 凸내놓은 형태, 凸형태)

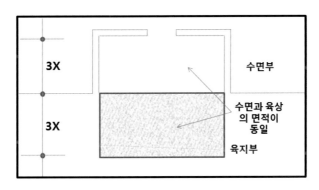

[그림 2.1.1] 볼록형

● 반볼록형(세미 · 리세트 : 반凸내어, 반은 굴을 판 형태)

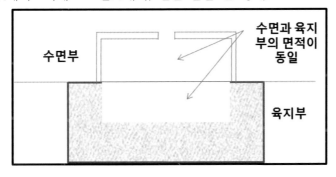

[그림 2.1.2] 반 볼록형

● 오목형(빌트인 : 육지에 굴을 판 형태, 凹형태)

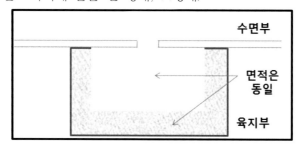

[그림 2.1.3] 오목형

● 수문식(랜드로크 : 수면부분과 좁은 수로부분이 연결되어 있거나 둘러싸여 있는 형태)

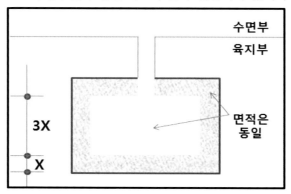

자료 : Donald W. Adie, 마리나, 舵社, 1988, p. 104
[그림 2.1.4] 수문식-1

자료 : 치체스터 마리나

[그림 2.1.5] 수문식-2

연안마리나의 경우 이 4개의 모든 타입을 볼 수 있는데 오프쇼어 타입인 하구나 하천에서는 항해에 위험할 만한 것은 거의 볼 수 없다. 도시지역에서는 수제 토지를 최대로 사용할 수 있는 built-in타입이 가장 많이 보급되어 있으므로 이 4타입의 장점과 단점을 잘 검토해 놓으면 많은 도움이 될 것이다. 그중에서 몇 가지가 [그림 2.1.1~4]에 나타나 있으며 이것을 용지선정의 단계에서 그 지역의 지형과 잘 맞추어보는 것이 중요하다. 최종 디자인 단계에서는 주위환경과의 조화가 필요하며 이것이 비용이나 공사과정에 좋은 결과를 가져오고 또 그 개발 자체를 지역에 친숙해지게 하는 역할을 한다.

2.2 시설외관

마리나의 아름다운 전경은 중요한 성공조건이다. 절벽의 정상이나 해상으로부터 마리나를 바라볼 경우 그것은 물과 하늘, 해안선이나 초원 등 자연배경의 파노라마를 보는 것과 같다. 이것은 내륙부나 하안(河岸)의 경우에도 같은 것이다. 그렇기에 마리나의 실루엣은 모든 각도에서 본 경우를 고려할 필요가 있다. 하지만 이것도 주택이나 호텔 등 높은 건물의 수요가 높아질수록 점점 어려움을 느끼고 있다.

특히 다단식(多段式) 보트수용시설은 취급이 어렵다. 채산상으로도 $21.33 \times 30.48m$의 평면과 12.19~15.24m의 높이가 필요하며 창문이 없는 방식은 그 경관이 매우 보기 좋지 않다.

이 거대한 구조물을 자연의 지형에 조화시키는 데 많은 기술이 필요하다. 이를 위해서는 건물의 정면 외관을 정돈하고, 지면을 깎아서 건물 높이를 조절해야 하며, 나무를 심어 울타리로 하고, 부드러운 색채를 사용하여 보완하는 등의 기술이 필요하다. 건축물이 조용한 수면에 비춰지는 모습도 매우 아름다운 광경이다. 그때 눈에 들어오는 영상은 실제 건물의 2배의 크기로 비춰지기에 큰 건축물은 가능한 수변에서 멀리 떨어뜨려 짓는 것이 현명한 방법이다.

수면을 잘 사용하려면 크고 멋진 건축물이 아니라도 크고 멋지게 보여주는 것이 가능하다. 이것에는 플로팅빌딩, 상부가 수면상으로 나온 건물, 커브형 또는 S자형의 평면을 가진 건물, 수면에 박혀 있는 파일을 일부 기초로 가진 건물, 수중에서부터 솟아오르는 건물, 혹은 갑(岬)이나 방파제 안벽에 세운 건축물 등의 방법이 있다. 이처럼 건축폼(form)을 채용한 경우의 경제적 효과는 신중히 검토되어야 하며, 같은 장소에서 종래의 보통 건물을 세우는 경우에 비교하여도 비용은 들지만 상기와 같은 풍으로 건물을 만들면 결과적으로 수입이 높아지는 것을 오너에게 설명할 필요가 있다. 이 경우, 발코니나 선루프, 스크린, 정자, 해가리개 등과 일반적인 설비 또한 필요할 것이다.

마리나 이용객의 요구는 다양하고 때에 따라 모순될 수도 있다. 교외생활이나 일광욕 등을 위한 테라스, 잔디밭, 웅장한 전경, 오픈 공간 등, 각각의 시설을 준비해 두어야 한다. 이 것과 동시에 프라이버시를 지킬 수 있는 개인공간에 대해서도 충분히 배려하지 않으면 안 되며 그를 위한 중정(中庭)양식이나 방범창 등도 설계에 넣을 필요가 있다. 이 둘 모두 사람들이 할 수 있는 자연스러운 요구들로 특히 세일링처럼 활동적인 스포츠를 하고 난 뒤에는 특히 편안하게 쉬고 싶다는 욕구가 생겨난다. 오후와 저녁으로 변하는 이용객의 욕구를 고려하여 그것을 만족시키는 설계를 건축물에 반영하지 않으면 안된다.

2.3 물이 가진 매력

자료 : 싱가포르

[그림 2.3.1] Marina Barrage 전경

모든 하버개발에 공통적으로 중요시되는 요소를 말하자면 '물'이다. 토목관계의 엔지니어로서 물에 대한 공학상의 지식이 필요한 것과 동시에 물이 자아내는 분위기나 그 특성을 생각하는 것은 건축가로서 중요한 부분이다.

물은 좁은 마리나개발에 한해 보더라도 그 종류나 특성이 매우 다양하다. 외양에 접한 하버에서는 방파제에 파도가 맞아 부서진다. 설계자는 안전한 범위 내에서 사람들이 이 자연의 소리와 경치를 즐길 수 있도록 연구해야 한다. 만(바다가 뭍으로 휘어 들어간 곳)의 경우, 평온한 수면상태일 것이다. 수면에 반사되어 비치는 빛은 대단한 효과가 있다. 맑고, 조용한 물은 투명하여 하버의 밑바닥까지 보이는데, 운하의 경우는 불투명하고 조용하기에 건물이 검은 유리에 비추고 있는 것처럼 보인다. 대조적인 것이 서로 확실하게 접하는 것도 멋지긴 하나, 이질적인 동시에 접점을 가진 모습은 개별적으로 보기보다는 함께 조화되므로 더 멋진 모습으로 보일 수가 있다.

해변가의 마을은 바다의 존재가 마을의 중심 어디에서라도 느낄 수 있다는 의미로 바다를 의존하지 않을 수가 없다. 이것은 인랜드 마리나에서도 완전히 같은 것으로 말할 수 있다. 반드시 물이 모두 보여야 한다는 의미가 아니라, 물이 건물 등의 틈새로 보인다는 것만으로도 물을 연상시킬 수 있다. 해변가 마을에서는 바다야말로 존재이유라 할 수 있다.

같은 이론을 잔교에 서 있는 사람에게도 적용시킬 수 있다. 그 사람의 의식은 바다와 육지의 경계선에 집중한다. 물과 육지의 경계에 존재한다는 존재감을 맛보게 하기 위해서는 보이는 곳에 난간을 설치하지 않는 것이 중요한 요소이다.

3. 마리나로의 교통로

마리나로의 접근성이 좋다는 것은, 이용자에게 매우 편리한 것이나, 동시에 보안상의 문제를 일으키는 것이 된다. 마리나의 입구 수는 최소한에 그치며, 각각에 대해서는 하등의 감시가 필요할 것이다. 부잔교의 입구도 관리·안정상 수를 제한해야 하지만 오너는 당연하다고 알고 있으면서도 보트나 마리나의 건물, 쓰레기처리장, 라커, 트레일러 선착장 등의 시설에 편하게 갈 수 있기를 희망한다.

[그림 3.1] 마리나로의 교통로

제3절 마리나의 시설배치

1. 마리나 내의 시설배치

마리나로의 편리한 이동수단을 확보하는 것도 중요하지만, 이용객의 이동수단은 정확히 구별하여 주차해 놓을 수 있도록 할 필요가 있다. 먼저 부지 내로 들어가는 입구를 이용객용과 업무용으로 확실히 분류해 놓을 필요가 있다. 이용객용에는 승용차(대형 보트용, 트레일러를 포함), 밴, 오토바이, 자동차가 포함되어 있다. 대형 마리나의 경우 중간에 들어가면서부터 여러 갈래로 나누어져 혼란하지 않아야 하고, 멀리 돌아가지 않고 수변(水際)이나 주차장, 클럽하우스에 갈 수 있도록 해두는 것이 좋을 것이다.

기본적인 서비스에서 그 각각의 서비스 내용의 조합은 무한으로 가능하기 때문에 문제를 정리하기 위해 먼저 육상에서의 요소를 서비스 구역과 사회적 구역(social area)의 2가지로 크게 분류해야 한다.

오너에게는 선박을 만들거나 수리하는 모습을 보는 것이 매우 흥미 있는 일로, 스스로 수리할 수 있는 곳을 만드는 것도 좋을 것이다.

미래의 여러 가지 시설 중 해안선을 따라 확장할 생각을 하고 있다면, 설계단계에서 이것도 고려해 두는 등의 방법으로 유연하게 대응해야 한다.

마리나의 건축을 본격적으로 시작한다면, 최초의 엔지니어링의 판단이 매우 중요함을 알 수 있다. 이 시점에서 개발팀 안에서 지금까지 고려한 판단을 종합적으로 평가검토할 수 있는 사람이 없다면, 건축가는 큰 부담감을 느끼게 될 것이다. 이것은 마치, 조각가라고 하기보다 오히려 돌 자르는 일을 하는 사람이 원석 사이즈와 모양을 결정하고 있는 것과 같은 것이다. 어쨌든 토지의 형태와 물가주변의 형태를 어떤 식으로 할 것인가는 이제부터 개발사업을 진행해 나가는 과정에 큰 영향을 미칠 것이다.

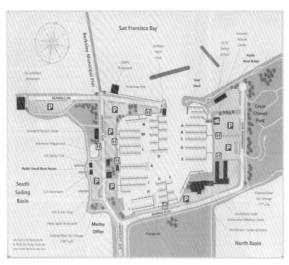

[그림 1.1] 마리나 내의 시설배치

2. 육상시설

2.1 주차장

[그림 2.1.1] 주차장

수제선의 부지를 주차장으로 사용해 버린다면 이는 매우 안타까운 일이다. 트레일러에 의해 운반해 오는 보트를 주차장에서부터 슬립웨이나 보트를 올리고 내리는 장소까지 갈 수 있는 도로가 필요하다. 그 주차장은 외견상이나 안전상으로나 수제(水際)에는 만들지 않는 편이 좋다.

2.2 주정장

여기는 장애물이 없이 잘 정리되어 있어야 한다. 일반적인 배치에서의 주정장의 위치는 보트창고 트레일러 주차장 사이에 있어서 육지 방향으로 트레일러 주차장, 바다방향으로 보트 핸들링장치를 두는데 접근로에서 간단히 넣을 수 있는 것이어야 한다.

슬립웨이나 방향전환용 광장, 승선장치 등에 형편이 좋은 장소에서 안벽에 닿을 때까지 장애물이 있어서는 안된다. 표면은

[그림 2.2.1] 주정장

배수가 좋고, 쉽게 깨지지 않으며, 쉽게 지저분해지지 않는 청소하기 쉬운 것이어야 한다.

콘크리트나 평평한 돌, 아스팔트 포장 등이 적합하며 모래나 자갈, 초원이나 벌거벗은 땅은 적합하지 않다. 어두운 색의 재질을 선정하면 안벽의 하얀색과 선명한 대비를 만들어, 이것에 의해 충분한 반사광을 비추어 수제(水際)가 산뜻하기에 보기에도 좋다.

장소의 크기와 형태는 보트나 트레일러, 승선 트랙터가 어느 정도의 빈도로 어떻게 움직이는가에 의해 좌우되는데 후진이나 방향전환을 하지 않고 부드럽게 유턴 가능한 넓이가 필요하다.

대형 마리나 클럽하우스와 보트수리시설이 떨어져 있는 마리나에서는 때에 따라 불필요한 통행을 방지하기 위해 2개소의 보트승선용 작업공간을 만들 필요가 있다. 이 장소는 야간에 특히 안벽을 따라 충분한 조명을 이용하여 밝게 해야 하며, 들어오는 보트나 통행자, 통행차량의 안전을 확보해야 한다.

2.3 서비스용 공간

여기는 일반도로에 직접 속해 있다. 수변으로부터 떨어진 공간이 바람직하며 가능하면 계류시설이나 클럽이 있는 공간에서 보이지 않는 편이 좋다.

대부분 보트의 생산, 수리장, 마리나 워

자료 : 호주

[그림 2.3.1] 서비스용 공간

크숍, 선구점, 집배소, 마리나 트랜스 보트 에어리어 등과 서로 이웃하고 있다. 보트를 배수 램프까지 운반하는 폭 6m의 차량이 통행할 수 있는 넓이가 필요하며 호텔이나 회의장, 부대시설, 보트판매시설의 업무용 출입구 등을 가까이에 설치하면 좋을 것이다. 거기에는 접수창구나 오피스를 두고 안전게이트도 만들어야 한다. 견고한 지반이 필요하며 표면은 내구력이 있어 오일트랩이 있는 하수도를 더하여 배수를 잘할 필요가 있다.

2.4 보트의 제조와 수리

양쪽 모두 마리나의 경영에 불가피한 것만은 아니나 사업의 일부로서 또 '유용한 관련시설은 완비한다'라는 생각에서 준비한다면 유익할 것이다. 수리시설은 별로 클 필요는 없지만 조선소에는 상당한 크기를 요구한다. 이것은 어떤 부지에서든 건설될 수 있기에 마리나에서 떨어진 곳에 만들어도 이웃하는 부분에 만들어도 좋다. 마리나 메인로드에서 직접 들어올 수 있고, 그 넓이에 따라서는 마리나의 트랜스포트구역이나 작업장과 서비스시설을 공용하는 경우도 있다.

보트의 승선은 마리나의 폰툰 또는 전용 만(灣)에서 이루어진다. 혹시 건물 내에서 강화플라스틱가공을 하는 경우 소음이나 폴리스티렌 수지 냄새의 문제가 발생하는 것은 마리나 매니지먼트 전반을 생각하여 방지할 필요가 있다.

자료 : 일본 야마하 마리나   자료 : 하마나코 마리나의 작업광경

[그림 2.4.1] 보트의 제조와 수리

2.5 마리나 작업장

마리나 작업장은 마리나의 보수, 유지를 행하는 혹은 보트수리를 행하는 장소이다.

보트취급 편의상 수제선에 있는 경우도 있으나, 마리나 보수, 유지를 행하는 경우에는 해안에서 떨어진 장소에 두는 것이 좋다. 이 건물은 밝아야 하며 건조저장실, 작은 오피스, 스태프룸, 화장실 등이 필요하다.

자료 : 일본 케이세이 마리나의 작업장 전경

[그림 2.5.1] 마리나 작업장

2.6 세일즈, 서비스, 인포메이션센터

이 시설들은 대부분 1개의 건물을 공통으로 사용하나 보트판매가 권리양도제인 경우 경영상의 이유로 건물을 나누는 편이 좋다. 공공출입구에서 수제까지의 육상통로를 이용하여 안내소는 입구에 가깝고 판매점이나 보트의 판매는 수제 근처로 두는 레이아웃이 필요하다.

혹시 마리나의 입구 근처 보트전시장에 전용의 좁은 램프를 만든다든지 일반 것과 공용한다든지 해서 물에 띄워놓는다면 더욱 완벽하다. 이렇게 하면, 판매용 선박을 마리나 오피스쪽 눈에 띄게 전시할 수 있고, 마리나 그 자체의 선전도 되며, 물에 띄워져 있기 때문에 시승도 바로 할 수 있다. 시승이 세일즈에 중요한 포인트가 되는 것은 말할 것도 없다. 선구매장을 어디에 두는가는 보트판매의 여러 공간이라든지, 쇼핑공간 등 생각에 따라 얼마든지 조합이 가능하다.

오피스에는 퍼블릭 스페이스, 안내센터, 매니저 오피스, 화장실, 스태프룸 등의 직원용 일반시설이 설치되어 있다. 거기에는 각 계류정의 부잔교(berth)번호, 오너의 이름, 선박의 명칭 등이 실려 있는 계류지의 큰 게시판이 있는 것이 보통이다. 이처럼 일목요연하게 표시된 게시판은 매우 알기 쉽고 유용하다. 인포메이션 오피스는 출입구가 적극적으로 들어가고 싶은 기분을 느낄 수 있도록 만들 필요가 있다. 마리나는 서비스를 제공하는 곳에 있어 건물이나 직원의 분위기가 친밀하여 이용가치가 높다는 인상을 이용객에게 주는 것이 가장 중요하다고 할 수 있다.

[그림 2.6.1] 세일즈, 서비스, 인포메이션센터

2.7 상점

점포의 수나 크기는 계류설비의 규모나 시즌의 기간, 마리나 외에 어떤 가게가 있는지 등에 의해 결정된다. 미국의 경우 선구점이나 보트 브로커, 에이전트 등이 마을 안에서 가게를 여는 것보다도 마리나 내에 점포를 설계하여 직접 판매한다. 하지만 보팅이나 세일링에 별로 관계가 없는 가게는 시즌오프 기간에는 가게를 열지 않기도 하고 주말에만 가게를 열기 때문에 설치하기가 어려운 실정이다. 혹시 좋은 호텔이나 주택설비가 있거나 도로에서 가게에 올 수 있는 접근성을 높일 수 있는 방안이 있다면 마리나 밖에서도 이익을 얻을 수 있을 것이다.

미국의 일반적인 마리나 수입의 반 이상은 상품판매에 의한 것으로 이 안의 1/4이 선구점, 1/9이 식료품이나 물 자동판매기, 낚시도구나 미끼판매 등에 있다. 일반 점포는 입구, 클럽 주차장, 호텔, 주택구역 등에서 가까운 곳에 있다. 혹시 수면으로의 운반이 용이한 시스템을 갖추고 있다면, 세일즈용 보트의 운반이나 승하차가 용이할 것이다. 경영방침상 문제가 없고 관리직원이 가까운 장소에 있으면 전시용 보트의 보관을 그들에게 맡길 수 있기 때문에 충분히 검토한 후 방침을 결정하면 좋다. 또한, 상점에 천장을 달면 비바람을 피할 수 있어서 좋을 것이다.

자료 : 뉴질랜드(좌)와 호주(우)

[그림 2.7.1] 마리나 상점

2.8 호텔, 모텔, 주택지구

이 지구에는 기본시설 이외에도 커뮤니티센터, 레스토랑, 회의장, 박물관 등이 들어간다. 위치를 어떻게 할 것인지의 문제는 상황에 따라 달라지기에 여기에서는 극히 일반적인 가이드라인만을 제시하고자 한다.

이 시설은 마리나 내에 있는 편이 좋지만 어느 정도는 독립되지 않으면 안된다. 이것은 건물만을 말하는 것이 아니라 주차장이나 일반 출입구, 업무용 출입구 등도 포함되어 있다. 이 시설에는 수제에 갈 수 있는 공간도 있을 것이고, 호텔이나 아파트의 경우라면 전용 계류장소도 있을 것이다. 이러한 시설은 소위 마리나의 얼굴로서 예를 들어 그 외의 더욱 중요한 시설이 있다고 하더라도 또 장소적으로 떨어진 곳에 있더라도 마리나의 성격이나 단골고객에게 큰 영향을 주는 것으로 가장 중요한 것이다. 그리고 그 배치는 수제에 가깝고 건물의 일부가 해면상에 잠겨 있든지 또는 해면에 떠 있는 것이 좋을 것이다. 그리고 거기에서 클럽하우스, 쇼핑에어리어, 인포메이션 오피스 등으로 간단하게 비를 피할 방법이 있다면 더욱 좋다. 건물의 방향이나 외관 등은 말할 것도 없이 신중한 설계가 필요하다.

물을 가로막아 보는 경관은 그 마리나의 특색이 될 것이고 앞서 나가는 건축가라면 다른 것에도 여러 창의적인 연구를 통해 접목시킬 것이다. 건축물은 마리나 내의 여러 시설과의 조화가 중요한 요소가 되지만 또 그 외에 건물과 관련된 점에서도 중요하게 인식할 필요가 있다. 해상에서 본 경관도 포함하여 부지 주변의 환경에는 충분한 고려가 필요하다.

자료 : 호주 시드니 하얏트호텔

[그림 2.8.1] 마리나 내 호텔지구 　　　[그림 2.8.2] 마리나 내 주택지구

2.9 관련스포츠와 레크리에이션

마리나사업을 성공시키기 위한 최선의 방법은, 고객의 발이 끊이지 않도록 최대한 노력하는 것에 있다. 거기에는 세일링이나 보팅 이외의 여러 스포츠—골프, 테니스, 볼링, 양궁 등—에도 그 영역을 넓힐 필요가 있다.

말할 것도 없이 워터스포츠—낚시, 수영, 수상스키 등—는 최적의 것이다. 항해훈련은 요트클럽이나 세일링 스쿨 등에서 개별적으로 행하고 있으나, 청소년대상 및 각 단체조직의 활동에 편입되는 경우도 있다.

활동적인 것은 아니지만 가벼운 기분으로 앉을 수 있는 공간이나 일광욕을 위한 공간, 전망 좋은 테라스 등도 필요할 것이다. 그리고 각 요구에 맞는 배치, 건물, 비품, 스태프 등을 준비하기 위한 조사, 연구가 필요할 것이다.

이 시설들의 이용객을 대상으로 기획을 할 시에 중요한 것은 메인하버에서 멀어지지 않도록 하는 것이다. 관련스포츠에 흥미를 두지 않는 보트오너들에게는 다른 재미를 제공하고, 장래에 보트오너가 될 가능성을 가진 관련스포츠 애호가들에 대해서는 실제 기회를 부여한다든지, 사교의 장으로 사용함으로써 메인하버로 끌어들이는 노력을 끊임없이 해야 한다.

워터스포츠는 수제(물가)에 접근시설을 필요로 하는데 이 시설을 마리나 클럽하우스와도 관련을 가지도록 함과 동시에 각 스포츠 사이에서도 관련성을 야기시켜야 한다. 잘 기획하고 관련성을 적절히 이용하여 레이아웃을 하면 장소를 효율적으로 이용할 수 있다. 호텔이나 다른 숙박시설에 이 스포츠시설을 포함하면 용지와 수면의 비율이 1 : 1 또는 1.25 : 1이되어 토지공간을 증가시키지 않으면 안된다.

또, 관련스포츠시설을 설계할 경우 자가용을 이용하여 오는 이용객의 주차장도 필요하고, 메인 주차장과는 별도로 떨어져 있는 장소에라도 그것을 설치하지 않으면 안될 것이다.

마리나 부지 내에서도 이 부분은 다양한 스포츠를 대상으로 한 우수한 디자인을 요구하고있다. 확실하고 튼튼한 시설을 요구하면서도 조용한 활동을 하는 장소에는 인공림을 만드는등의 방법도 필요하다.

[그림 2.9.1] 마리나 내 스포츠시설/레크리에이션

3. 신체장애인을 위한 시설

3.1 수요

신체장애인이 사회참여의 방법으로 워터스포츠를 이용함으로써 그 중요성이 날로 높아지고 있다. 최근까지 신체장애인이 레이싱보트를 조종하는 것은 위험하다고 여겼지만 현재는 재활활동에 많은 도움이 된다고 하여 인정받고 있다. 워터레크리에이션센터의 시설은 대부분 계단이 있는 것만 있거나 문의 출입구가 좁거나 디자인적으로 불편하여 신체장애인에게 적합한 것이라고 할 수 없다.

그들을 위한 배려는 설계의 초기단계에서 검토해야 한다. 즉, 통행수단을 완비하는 것이 강하게 요구된다. 마리나 개발자, 계획관청, 지역의 스포츠위원회가 노력하여 워터스포츠를 즐기는 사람 모두에게 용이한 스포츠시설을 사용하도록 노력해야 한다.

모든 사람이 똑같이 사용하는 것을 목적으로 하는 마리나라면 신체장애인이 마리나 안 어디라도 갈 수 있도록 해야 하며 조금이라도 그들에게 넓은 공간을 이용할 수 있도록 해야 한다. 물론 일반 이용객이 이용할 때도 지장을 주지 않도록 해야 한다. 나머지는 디자인상의 문제이다. 이것은 돈을 들이는 것보다 배려하는 마음으로 해결해야 할 것이다.

공공이익이라는 관점이 아닌 신체장애인을 위한 시설을 만드는 것은 그 투자에 맞는 이익이 있다. 그들은 자유롭게 스포츠를 즐길 권리가 있으며 자신들이 갈 수 있는, 사용할 수 있는 하버를 찾는다면 매우 성실하게 그 발길을 옮기는 사용자가 될 것이다. 또 그런 마리나는 신체장애인만을 끌어들이는 것이라 할 수 없다. 그 가족이나 친척도 커뮤니케이션의 장소로서 마리나를 이용할 것이다. 오너나 매니저는 그들의 존재를 무시해서는 안된다.

[그림 3.2.1] 주차장

3.2 주차장

신체장애인은 보통 대중교통을 이용하는 것이 곤란하기에 먼저 주차장부터 생각하지 않으면 안된다. 그들의 차는 목적장소에 가능한 가까운 곳까지 들어올 수 있도록 해야 한다. 특히 시중을 드는 사람이 없는 경우나 용구 등이 있는 경우 이것이 더욱더 필요하여 주차장에서 직접 승선 등의 준비를 하는 편을 선호한다. 메인빌딩 근처에 약간의 공간을 만들어둘 필요가 있으며, 이곳은 차 문을 전부 열 수 있는 넓이가 되지 않으면 안되고 신체장애인차량전용이라는 표시를 해두어야 한다. 후에는 보행이나 통행에 적절한 경사로 평상시 직원용 출입구이지만, 장애인이 휠체어를 사용할 경우에는 이것을 밀어줄 사람을 위해서도 필요할 것이다.

3.3 클럽시설

신체장애인 이용객은 담화실이나 프런트, 바, 화장실, 탈의실, 매점, 전화, 전망테라스, 안내소, 라운지 등에 자유롭게 다닐 수 있도록 해야 한다. 엘리베이터는 휠체어가 들어가는 정도의 넓이가 되지 않으면 안되고 정면현관으로의 길은 12분의 1 이상의 경사도가 있어서는 안된다. 그 도로의 폭은 1.6m 이상으로 손잡이의 높이는 지면에서 0.8~0.85m로 하고 문의 폭은 0.9m 이하여서는 안된다. 회전문은 신체장애인에게는 지장을 줄 수 있고 계단이 설치된 곳은 휠체어를 사용하는 데 위험할 수 있다.

투명유리문은 때에 따라 위험하다(특히 눈이 부자유한 사람의 경우). 신체장애인용 탈의실에 준비해 두어야 할 물건으로는 코트걸이, 거울, 세면대의 거울, 적당한 높이의 의자 등이 있다. 샤워룸에는 미끄러지지 않는 타일, 높이차가 없는 마루 등이 필요하다.

[그림 3.3.1] 마리나의 장애인 안전시설

3.4 스포츠시설

잔교나 슬립웨이, 보트수리공장에 있어서 신체장애인에게 필요한 것은 대부분의 워터스포츠에도 통용되고 있다. 작은 보트로의 출입은 어느 정도의 지장이 있지만 다른 이용객의 도움이 있으면 문제는 줄어든다. 경사가 있는 연결통로를 이용하는 경우 부잔교보다 고정되어 있는 것을 원하고 그 높이는 평균수위에서 0.45m 정도만 높게 하면 좋을 것이다. 목제 잔교의 경우에는 그 통행로 전폭에 걸쳐서 표면판을 확장시켜 놓는다. 통행로의 폭은 적어도 1.5m가 필요하여 멈춰 있는 휠체어의 옆으로 사람이 지나갈 수 있을 정도로 해놓는다. 슬립 웨이가 여러 개 있으면 1개는 경사를 10분의 1 이하로 하여 표면의 미끄럼방지 가공을 수면 밑까지 연속적으로 하여 필요한 때에는 휠체어가 차축의 깊이까지 내릴 수 있도록 한다. 모래사장이나 표면이 부드러운 곳은 다른 사람의 손을 빌리지 않고 움직이는 것은 무리일 것이다. 신체장애인 안에서도 수상스키나 다이빙을 하는 사람이 있다. 특별한 용구의 준비 등보다 물가까지 잘 갈 수 있는 대책을 마련하는 것이 우선순위이다.

선구보관장, 라이프재킷 보관장, 카누선반, 라커룸, 사무실 등도 신체장애인이 출입 가능하도록 설계해야 한다. 선박 위에서 필요한 특별한 구조용구는 보통 신체장애인 자신이 자신의 몸에 맞는 것을 준비하든지, 공용으로 가능한 것이라면 그들의 클럽이나 단체가 준비하는 것으로 한다.

3.5 안전성

관련 법규가 제대로 지정되어 있어 지켜지고 있다면 신체장애인도 안전하게 워터스포츠를 즐길 수 있다. 일반적으로 워터스포츠를 할 시에는 확실한 기초 트레이닝을 몸에 익혀 그것에 따라 자신의 능력의 한계를 알고 불필요한 위험을 방지하는 것이 필요하다. 신체장애인의 경우도 여기에서는 예외가 없다.

4. 클럽하우스

대다수의 마리나에는 어느 정도의 클럽하우스가 있다. 방문객이나 가끔씩 오는 사용자가 유료로 사용할 수 있는 라커나 샤워설비가 정비된 건물이 따로 있다고 해도 이것 역시 클럽하우스라 할 수 있다.

클럽하우스를 운영하고 충분한 수익을 얻을 수 있느냐 하는 것을 예측하기란 매우 어렵다. 여기에는 여러 케이스가 있다. 마리나의 중심적인 존재가 되는 경우도 많고, 계속적으로 경영자가 바뀌기도 하고, 여름시즌 중에만 여는 경우도 있다. 클럽이 경제적으로도 사교의 면으로도 마리나의 중심적 존재라는 것은 계속적으로 이어가고 있지만 손님의 발을 계속적으로 끌어당기고 있는지는 그 설계가 얼마나 잘 되었는가에 관계되어 있다고 할 수 있다.

4.1 건설장소

건물 위치는 하버의 타입에 따라 변화되지만 일반 클럽하우스는 물가에 접해 있어 호텔, 아파트, 매점 등과는 떨어져 있지 않은 각 스포츠클럽이나 주차장, 보트선착장에도 가까운 곳이 좋다.

클럽하우스의 입구까지 차가 올 수 있으면 비에 젖지 않을 수 있다. 이것은 보트에서 내릴 경우에도 같은데 가능하면 바다 쪽을 향하고 있을 때, 일광에 눈부시지 않도록 설치위치를 고려해야 한다.

클럽에서 계류장, 슬립웨이, 보트 보관장소 등으로 통하는 통로가 있으면 편리할 것이다. 건물 자체는 대개 2층의 구조로 되어 있어 넓은 테라스나 발코니가 있고, 옥상도 이용 가능하다. 클럽하우스가 안벽 근처에 있으면 스타팅브이(부표)가 잘 보이므로 옥상에서 레이스를 할 시에 스타팅토스트로서 사용할 수 있다. 메인 연결통로에서 출입구는 특히 큰 마리나의 경우 업무용 출입구와 나누어야 하며 더욱이 멤버나 방문객의 출입과 업무용 차량의 출입을 완전히 나누지 않으면 안된다.

4.2 클럽하우스의 종류

마리나 내의 클럽의 종류나 타입은 상당히 다양하다. 영국을 시작으로 각국에서 시즌마다 새롭고 전문적인 클럽이 탄생하고 있다.

어떤 종류의 클럽인가에 따라 당연히 클럽하우스의 설계도 변경된다.

[그림 4.2.1] 클럽하우스

4.3 서비스시설의 종류

이것은 개발자의 사회적, 재정적 기반에 따라 다양한데 일단 이용객들의 만족을 얻을 수 있는 것에서부터 국제수준에 도달하는 것까지 있다. 건물은 마리나의 부지의 크기에 맞춰서 확장해 가는 것도 가능하다. 이것은 경제적, 경영적으로도 좋은 대책이긴 하나 처음의 설계단계에서 그 후에 계속해서 발주하는 확장공사에 따르는 복잡한 계약상의 문제를 고려해야 한다.

〈표 4.3.1〉 마리나 내에 존재하는 클럽의 형태

1. 청소년 클럽	일반 세일링
	전문가급 · 세일링 클래스
	청소년조직
	사설 · 세일링 클럽
	지역 공공 · 세일링 클럽
2. 세일링 클럽	사설(일반)
	사설(스페셜 리스트)
	보트 타입
	지역관청의 출장소
3. 각종 스포츠	로잉(rowing), 카누 등 세일링 포함
4. 크루즈	레이싱이 아닌 트레이닝, 또는 전문가급
5. 레이싱 및 세일 트레이닝	소규모 클럽에서부터 올림픽 수준까지
6. 사회단체	자그마한 로컬 클럽에서부터 국제적으로 이름이 알려진 클럽까지
7. 호스텔, 호텔, 모텔	클럽하우스가 부설되어 있거나 모체가 되는 건물 내에 클럽하우스가 있다. 전문가를 위한 보팅설비가 정비되어 있다. 부잔교 또는 소규모의 마리나가 있다.

자료 : Donald W. Adie, 마리나, 舵社, 1988, p. 130

〈표 4.3.2〉 세일링 클럽에 필요한 제 설비 : 수준별 가이드

기본	있으면 좋은 것	고급시설	전문시설
클럽 룸	바	스낵 바	체육관 또는 웨이트장
세면실		다이닝/레스토랑	트레이닝룸
샤워시설	스낵 바	주방	
화장실	간이주방	독서실/차트룸	코치실
세탁실	선구/트레일러 창고	숙박시설	
		테니스	각종 스포츠를 위한 설비
라커	독립된 클럽	배드민턴	
		풀장	프레스룸
자동자/트레일러		유아를 위한 시설	
		회의실(1개 또는 그 이상)	종업원 수용시설
전용주차장	또는 세면소, 입구	매니저용 오피스	
		아파트	전망탑
		일광욕 룸	

자료 : Donald W. Adie, 마리나, 舵社, 1988, p. 131

4.4 크기

일반적으로 500척분의 부잔교를 소유한 마리나의 클럽하우스 바닥면적은 약 930~1,400 m² 정도이다. 표준적인 면적으로는 시영 마리나에서는 1부잔교당 1~3m²로 개인용 또는 클럽타입의 마리나에서는 2~5m²이다. 이 수치는 다소 넉넉하게 잡은 것이라 생각할 수도 있으나 라커나 샤워실, 탈의실, 세탁실에도 공간을 활용하기 위함이다.

경제적으로 운영하는 방법으로서 시즌에 따라 클럽하우스의 용도를 바꾸어보는 것도 좋을 것이다. 여름시즌에는 바다의 조망이 가능한 넓은 오픈 레스토랑이나 라운지가 있는 곳으로 시즌오프나 주말에 스낵 바를 하는 것도 가능하다.

4.5 탈의실

상황에 따라 필요한 조건이나 수준이 변하기 때문에 정해진 기준을 두는 것은 곤란하나 특히 탈의실과 위생설비에 관해서는 최소한으로 두어야 할 기준이 있다.

그 기준에 의하면 탈의실의 공간은 대인 1명당 1m², 아이는 0.75m² 이상은 필요하다. 또 개인용 클럽에서 탈의실에 개인용 라커가 필요한 경우는 더 넓은 공간이 필요하게 된다. 기

본적인 라커설비로는 벽을 따라 충분한 수를 내어 각각의 하부에 신발과 가방의 보관공간을 만들고, 상부에는 물건을 걸 수 있는 후크를 만들 필요가 있다. 예를 들어, 라커를 설치할 경우 1인용에 맞추어 폭 61cm를 기준으로 최소 40cm의 폭을 내도록 한다.

4.6 세면실, 화장실

위생설비를 어떤 식으로 할 것인가는 그 마리나가 처한 상황에 따라 크게 달라진다. 혹시 급수설비나 배수설비가 정비되어 있어 또 재정상으로도 가능하다면 상당한 규모가 될 수 있을 것이나 역으로 이러한 조건이 불충분하거나 전혀 없는 시골 등의 경우 그것들 나름대로 축소시키지 않으면 안된다. 하지만 가능하다면 아래에 서술하는 설비는 최소한 설치해야 할 것이다.

- 남성 대변기, 소변기 각각 1개, 세면대 1개, 25인에 1개의 샤워시설
- 여성 대변기 2개, 세면대 1개, 25인에 1개의 샤워시설
- 어린이용과 신체장애인용도 준비한다.
- 식수시설도 준비한다.

물론 공공수도공급 시스템이나 하수도시스템이 없는 경우 이 같은 위생시설의 정리가 불가능하다. 이런 경우 살균식의 방법으로 설계할 필요가 있다. 세탁용 시설도 어느 정도의 물을 사용할 수 있는지 파악하여 그 수준에 맞추어 규모를 조절하지 않으면 안된다.

불필요한 설비에 경비를 들이거나 하는 것을 방지하기 위하여 최소한의 기준점 이상으로의 설계를 지시할 필요가 있으며 좋은 위생시설을 만들기 위해서는 관리, 유지비용 외에 상당한 자본이 필요하다.

세면대나 샤워시설의 급수밸브는 필요한 경우 자동콕타입으로 해서 절수나 비용 절감을 위해 노력해야 한다. 화장실이나 샤워룸의 크기는 아래 치수 이상의 것이 좋다.

- 화장실 공간 1.327×0.727m
- 남성용 소변기 폭 0.610m, 안길이 0.305~0.427m의 것. 형태에 따라 다소의 차가 있다.
- 샤워룸 0.914×0.914m
- 세면대 폭 0.610m, 안길이 0.457m
- 각 시설 간 통로의 폭은 최소 1.067m

혹시 건조실을 만든다면 남성용과 여성용으로 나누어서 각각의 선반을 만들어 충분하게 난방을 넣고, 통풍도 원활히 할 필요가 있다.

탈의실의 출입구는 보트 보관장과 직접 연결되게 하여, 클럽 룸이나 라운지로는 지나가지 않도록 한다.

급탕 밑 난방을 위한 보일러실의 구조는 어떠한 급탕 세정시설이 있는가에 의해 또는 기능 면으로 생각해서 어떤 가열방법을 채택하는가에 따라 달라진다.

연료 저장이 필요한 경우 시즌 공급에 대처 가능한 충분한 공간을 만들지 않으면 안된다.

[그림 4.6.1] 세면실과 화장실

4.7 자재

마리나의 건조물 모두를 말하는 것으로 클럽하우스에 대해서도 그 건축자재의 선별은 특히 중요한 문제이다. 마리나는 방충이나 염기를 포함한 물보라나 습기에 바래기 쉽기 때문이다. 그러므로 일반 건축물보다 자재의 예산을 다소 많이 잡는 것이 현명하다 할 수 있다. 몇 년에 걸친 마리나시설 및 건물 등에 피해를 끼치는 기상, 지형조건 속에서 견딜 수 있는 자재를 사용하여야 한다.

특히 아래의 사항에 따라 적절한 대응을 할 수 있어야 한다.

- 모르타르칠
- 가공처리하지 않은 목재의 사용
- 마무리가 잘 안된 벽돌공사

335

- 옥상에 표준 이하의 얇은 금속소재를 사용하는 것
- 외벽의 암키와(평와(平瓦)) 갈기(타일걸이)
- 매우 큰 유리판의 사용
- 보조플레임이 없는 금속 틀의 창을 사용하는 것

금속자재는 모두 산화·부식하나, 염해에 의한 것은 특히 그 정도가 두드러진다. 염수 부착에 의한 것이 아닌 금속류가 접촉하는 것으로 일어나는 전식(電蝕)에 의해서도 그 열화가 진행된다.

마리나처럼 풍우나 염분에 영향을 받는 장소의 건축외장 소재는 통상의 경우에 비교해서 보수·유지의 사이클이 빨라 통상 3년 정도이나 경우에 따라서는 2년도 있다.

4.8 건설계획과 구조

클럽하우스의 계획에 해당하는 메인바와 방문객용 차량을 나누어 물품의 반입구나 스태프의 입구를 클럽의 메인현관과는 다르게 설계하는 것이 바람직하다. 밖에서 탈의실, 건조실, 라커룸으로 들어오는 통행로 역시 메인현관과는 구별하여 가능하면 거기에서 멀리, 오히려 보트선착장이나 보트계류장에서 가깝게 하는 편이 좋다.

클럽 안에서 이용객의 동선은 별로 복잡하지 않게 하는 편이 좋다. 설계계획을 좌우하는 것은 오히려 통로나 건물의 방향설정을 어디로 하는가에 의해 건설하는 것, 그리고 위생설비를 어디에 어떻게 설치하는가에 있다. 이들에 대한 검토는 경제적인 의미에서도 기능 면에서도 필요하여 예를 들면 샤워시설과 주방의 위치관계를 친밀하게 하는 것 등 이들의 포인트가 되는 설비의 건설이 전체 설계계획을 결정한다.

마리나를 구성하는 모든 건축물은 다른 건물과 같이 동일의 지역계획 및 건축 법률이나 규정을 어겨서는 안된다. 건축물의 보강에 있어서는 역시 통상의 것보다 엄하게 자연조건을 근거로 하기에 예산을 많이 잡아두는 것이 현명한 선택일 것이다. 강풍이나 조석에 영향을 받는 이유나 지역의 도시계획조경에서 규제받고 있는 이유로 마리나 자체를 구성하는 건물을 고층빌딩으로 하는 경우는 거의 없으나 그 관련사업에 있는 호텔이나 집합주택이 고층건축이 되는 경우는 있다.

건축물의 구조는 부지조건이나 건설계획, 자금 면에서의 경영방침에 맞추어 결정해야 한다.

클럽하우스 부지의 기초공사에 표준적인 것은 없다고 생각하는 것이 좋으나 전통적인 트렌치공법 대신 볼링에 의한 파일 박기, 이들을 지중대들보에서 결합하는 공법이나 통상 또는 단이 붙어 있는 격자꼴의 기초(래프트) 또는 강력한 옹벽을 사용하는 등의 공법을 사용한다.

바닥에는 습기방지용 특수막을 입혀 외벽에는 통상, 공동(空洞)구조의 융통성 있는 방습재를 이용하고 있다. 이들은 외벽의 습기방지효과를 높임과 동시에 보습효과도 높이고 있다. 플랫루프는 특히 일광욕이나 관람장을 설계하는 경우에 좋다.

4.9 건축과 미적 효과

미국의 마리나 요트하버 관련 건축물들은 매우 우수하여 그 안의 독창적인 것도 많지만 영국의 것은 안타깝게도 별로 우수하다고는 말할 수 없다. 하지만 본서에 서술한 몇몇 영국의 예는 높은 수준의 것이다. 지중해 지역의 최근 마리나 개발은 아쉽게도 저속한 것이 많다. 18세기 낭만주의시대의 이색적인 베네치아 브리지를 채용한 것이나 그랑모트의 바빌로니아풍 건축물 등이 그 예로 세계 굴지(屈指)의 레저 개발로서는 변변찮은 것이라고 말할 수 있다. 해안선은 파도에 의해 항상 그 형태가 변하므로 사용되는 자재는 바다의 지역적 특성에 잘 맞는 것이 가장 중요하다.

어떤 방법으로 시작하든지 전체 설계 계획은 개발사업이 추진되는 지역에 맞는 것으로 채용하여야 하며 그 건설형태가 반드시 주변과 조화를 이루도록 신경써야 한다. 해안을 따라서는 물이나 모래, 바위 같은 자연에 융화되어 있는 마린시설—잔교나 안벽, 어민들의 산장—등이 존재하고 있어 이들의 전통적인 시설은 미적, 기능적으로도 우수한 것들이다. 경영자들 가운데는 이목을 끌 만한 디자인이나 화제성이 있는 인테리어나 라운지를 넣고 싶어하는 사람들도 많다. 이러한 것은 때에 따라 좋을 수도 있지만 건축기술의 장점과 기발한 디자인을 조화롭게 하는 것은 쉬운 일이 아니다. 조화가 잡힌 섬세한 디자인을 하기 위해서는 현대 디자인양식을 이용하되 기발한 것은 피하는 것이 좋다.

각각의 단계에서의 일이 어느 정도의 것인가 또 각각 어떤 기능이 있는지를 안 후에는 유익하나 일단 분석을 하고 그것이 어떤 것인지 알았다면 다음은 전체의 조화나 관련성을 생각하여 총괄적으로 설계프로세스를 진행해 나갈 필요가 있다. 이렇게 하는 것으로 전체 설계 중 부자연스러운 부분이 생기는 것을 방지할 수 있다. 통일된 조화가 잡힌 설계센스에서 선택한 색이나 자재를 사용하여 전체의 기능적인 흐름을 배려하면 하나의 부분에서 다음으로 원활하게 진행하는 것이 가능하다.

[그림 4.9.1] 세계의 럭셔리 마리나

4.10 비용과 채산성

마리나 개발을 기초가 되는 수요에 근거하여 설계(포워드설계)할 것인지, 투자에 의한 수익을 근거로 하여 설계(백워드설계)할 것인지의 결정은 중대한 문제이다. 이것에 의해 그 크기와 레이아웃, 자재, 건축, 장래의 계획, 그것의 수익률이 결정된다. 수익이나 개발비용은 중요한 문제로 이것은 어디까지나 개발계획 전체를 컨트롤하는 것으로 각각의 부분에 대해서 특정 제약이 있어서는 안된다.

클럽하우스는 누차 수익성이 낮다고 예상되기 때문에 비용 면에서 삭감되는 경우가 많으나 이것은 실책으로 기획단계에 있어서도 먼저 실패의 씨를 뿌리게 된다. 일반 건설을 점차 행하여, 그 완성한 것에서부터 수익에 의해 후의 개발을 진행해 가는 것이 좋을 것이다.

개발단가는 지역에 따라 다르나 1983년 영국의 경우는 평방미터당 300파운드에서 360파운드 정도였다.

5. 근접 연안시설

세관과 코스트가드의 설치는 연안지역 마리나에 관계하는 것이지만 이하에 서술할 시설 모두는 마리나에 필수적으로 갖추어야 할 것이다.

이들 시설에 필요한 것은 상호 연관성을 갖고 있다. 하버나 출입용 수로의 좋은 전망, 좋은 통신시스템, 견고한 구조의 건물 등을 말하는 것이다. 이를 위해 이들 시설은 서로 가까운 위치에 있거나 한곳에 함께 설비되어 있기도 하다. 이들 세관과 코스트가드는 서비스를 제공하는 것과 동시에 안전성 향상에 노력해야 할 임무를 띠고 있다.

5.1 세관

매우 작은 오피스로 따로 건물이 없는 경우도 있다. 수문이나 부두에 정박할 때 보트의 높이에 맞추도록 고정용 부동 잔교나 밧줄을 준비할 필요가 있다.

5.2 코스트가드

근처에 높은 산이나 나무 등의 자연 장애물이 없으면 마리나는 코스트가드 오피스 설치장소로는 최적이라고 할 수 있다. 오피스나 기록소는 잔교와 동일수준의 장소에 있어도 실제 감시는 감시탑에서 행해진다. 감시탑은 외측 통로를 사용하여 오피스 안에서 갈 수 있도록 되어 있는 것이 보통이다. 외부에 설계된 통로는 악천후 시 강한 비바람에 노출되어 버리기 때문이다. 건물로의 출입용으로서 옥상에 안전한 통로를 만들어야 하며, 야간에도 충분한 조명을 달아야 한다.

5.3 로크키퍼

로크키퍼를 위한 설비는 수문과 같은 높이에 오피스를 설치하는 것이다. 감시탑이 있으면 전망이 좋을 것이다. 일반적으로는 감시자의 해면에서의 한도(피트)의 제곱한 거리에 3/4을 더한 해리(海里)가 그 가시범위가 된다. 탑은 근처 선박의 표적이 되므로 야간은 투광조명으로 비추어야 한다.

[그림 5.3.1] 로크키퍼

5.4 하버마스터

하버마스터를 위한 오피스는 부두의 위쪽이나 수문의 위, 또는 마리나 오피스나 안내소가 함께 있는 것이 좋다. 하버마스터가 보트에 가까이 하기 쉬운 것보다도 각각의 보트가 거기에 가기 쉬운 것이 중요하다. 오피스는 마리나 사무소에 가깝게, 가능하면 업무용 배송장이나 주차장의 옆에 있는 것이 바람직하다.

5.5 돌리

돌리는 차량에서 보트로 용구 등을 옮기는데 사용된다. 타입은 4륜수동 카트나 골퍼타입의 수동 돌리 등이 있다. 열쇠를 가지고 있는 오너는 주차장 옆의 차고에서 필요할 때 돌리를 꺼내 사용한다.

[그림 5.5.1] 돌리

5.6 라커

개인용 라커는 각 선박의 계류장소마다 준비되어 있는 것이 보통이다. 이것은 편리하지만 통행을 방해할 우려가 있어 약간의 공구나 페인트 등이 들어가는 크기의 작은 것으로 해두어야 할 것이다.

의복이나 자전거같이 큰 물건의 보관시설은 주차장 근처에 정리하거나 샤워시설이나 세면장이나 트레일러 하치장이 있는 건물 안에 만드는 것도 좋다.

[그림 5.6.1] 선구라커

5.7 서비스

물이나 전기 서비스용 덕트나 설치대는 고정 잔교, 부잔교를 불문하고 계류 부잔교에는 중요한 것이다. 이들은 부잔교 통로와의 접촉코너에 설치하면 좋다.

[그림 5.7.1] 물 & 전기서비스 시설(페디스털)

5.8 잔교의 표면시공

이것에는 나무, 석면, 알루미늄, 콘크리트 등이 사용되어 통상적으로 플로트(부표)상의 귀틀에 붙지만, 부표에 직접 붙여도 좋다.

부적절한 것을 사용하면 후에 또 지출이 생기게 된다. 또 유지·보수가 용이한 것을 사용 표면은 미끄러지지 않고 배수가 잘 되고 또 마모되거나 찢어지지 않는 것이 중요하여, 맨발로 걸어도 너무 뜨겁지도 차갑지도 않은 것이 좋다. 작은 것은 큰 것에 비해 교체하기도 편하다. 152×25mm의 목판을 장당 25mm 간격에 설치하면 상기의 조건에 부합한다. 천연재료 그대로의 멋을 살리는 것도 좋다.

5.9 잔교용 설비, 부속품

계류장소에 붙이는 계선금구에는 싱글 또는 더블클리트(cleat), 볼라드(bollard, 돌핀), 링(ring), 트래블러 바(파일에 고정되어 있는 계류용 봉) 등이 있으나 각각의 비용이나 기능에 따라 무엇을 선택할지 결정한다. 중요한 것은 잔교나 통로상 어디에 붙일 것인가 하는 것이다. 잔교 데크 면에 직접 붙이는 방식이 용이하나 잔교에 종적으로 버팀재를 넣으면 확실하게 정리된다.

위에 서술한 부속품은 코너트라이앵글, 힌지(hinge junction), 앵글오프세트 등이다.

[그림 5.9.1] 잔교용 설비, 부속품

6. 접안시스템

6.1 워터프런트와 워터웨이의 처리

워터에어리어는 그것이 부지 내의 어디에 위치하는가보다는 주위 건물과의 관련을 생각하는 편이 보다 알기 쉽고 파악가능하다.

마리나의 배치가 물가에서 육지방면으로 끌어들이는 것에 의해 육상부분의 외형이나 호안의 길이, 부지 내에서 수제까지의 평균거리 등이 변한다. 평면적으로 보면 워터에어리어의 형태는 단순한 장방형이냐 아니면 복잡한 형태를 하고 있는가에 의해 달라지며 직선부분을 적게 할수록 단조로운 느낌을 완화할 수 있다. 이것은 특히 대형 마리나에 필요하고 이를 위해서는 최소한의 둑에서 최대한의 물을 감싸는 완전오목형 마리나(랜드 로크타입)와 같은 방법과 보다 정교한 비용이 드는 볼록형 마리나(오프쇼어 타입)와 같은 방법과의 절충점을 찾아낼 필요가 있다.

이렇게 하는 의도는 다소의 凸凹을 접목시켜 흥미 있는 변화와 풍부한 형태의 하버를 만드는 것이고 계류장소를 사용하는 오너들에게 안정된 분위기를 맛보게 할 수 있어 비용도 많이 들이지 않고 개인전용 장소의 느낌을 부여할 수 있다. 또한, 워터에어리어의 형태는 육지의 자연지형이나 특징을 살려 개발해야 하는데 새로운 해안선에 손을 대는 볼록형 마리나(오프쇼어) 개발에서는 하버홀이나 잔교, 방파제 등의 배치가 사용자재의 종류 등에 따라 변한다.

물가와 건물의 사이는 그 형태나 노면의 처리 등을 연구하면 수면에 대한 인식이 변하여 보는 면에서 좋아진다. 이처럼 수면의 형태는 그 후의 사용법에 의해 처음은 그 시야가 좁아도 후에는 넓어진다.

해안을 따라 건물을 수면에서 수직으로 세움으로써 많은 어항의 방파제나 돌제(突堤)처럼 이용객들을 끌어들이는 강력한 인상을 심어줄 수 있다.

수제에 세우는 건물의 높이와 수제에서 거리에 의해 수면의 넓이감각을 변화시킬 수 있다. 건물과 수면 사이의 토지사용법에는 여러 종류가 있으나, 전체의 디자인이나 미관상으로도 이 부분은 중요하므로 디자인 감각에 의지해서 결정하는 편이 좋다. 건물이나 건물 내부에서 바라보는 경관도 중요하며, 또한 하버나 육지로 향하는 측면에서 수면의 높이로 본 경치, 안벽이나 높은 건물에서 본 경관도 중요하다.

햇빛을 받는 상태나 추위나 바람을 막기 위한 고려도 필요하다. 벽이나 개방부의 표면이 나쁘면 일광을 차단하거나 바람이 강해지면 바람직하지 않은 상태가 되어버릴 가능성도 있기 때문이다. 특히 도시형 마리나에서는 높은 건물 근처에 건설하는 경우 바람에 의해 불편함이 생기지 않는지 모형으로 테스트하여 개선할 필요가 있다.

수제건물의 경우는 물 위에 건설하거나 혹시 가벼운 구조의 것이라면 물 위에 띄우는 것도 생각할 수 있다. 그 경우는 비용도 비싸게 들지만 잘만 되면 채산을 얻을 수 있는 기회가 된다. 적어도 이렇게 해서 물 위에 만들어진 공간은 수제의 토지가격이 높은 경우에 유효하여 토지절약도 된다. 건물의 한 층을 비워놓으면 배후에 있는 토지와 바다를 연결시킬 수 있다. 마스터가 없는 보트라면 건물을 빼내어 슬립웨이에서 건물 배후에 있는 보트선착장이나 주차장 등과의 사이를 왕복하는 것도 가능하다.

높은 기둥의 사이는 가로로 댄 나무로 상부를 연결하고 있는 것도 있어 그 아래를 걸으면 딱 축구골대를 지나가는 것 같은 모습이 되어, 뒤의 낮고 일정한 수위와는 매우 다른 분위기를 연출한다. 오픈하버의 경우 안벽과 잔교의 해면상에 나오는 부분의 높이를 재어보는 등 조석 간만에 의해 수위가 변화하는 정도에 맞추어 고려해야 할 부분이다.

하버를 어떤 형태로 할 것인가 또는 잔교를 고정식으로 할 것인가 부유식으로 할 것인가의 선택은 그 마리나의 경관에 따라 크게 영향을 받는데 무엇이든지 정확하다고 말할 수 있는 것은 없다. 엔지니어링과 경영 면에서 검토를 한 후 어떻게 할 것인지를 결정해야 하며 다른 마리나 구성요소와의 관련성을 충분히 고려하여 설계해야 한다.

6.2 계류방법과 하버의 형태

설계 초기단계에 하버의 형태와 계류방법과의 관련을 상호 간에 어떻게 조합할 것인가를 결정해 놓으면 후에 좀더 편리하다. 대부분의 경우 건설공사의 골조가 거의 완성되었을 때 계류시스템을 거기에 맞추어 결정한다. 이것은 소규모 마리나에만 한정된 것이 아니라 브라이튼 마리나의 예에 있어서도 기초공사가 결정된 다음이나 안벽의 건설공사가 착공에서 6개월 이상 지난 시점에도 실무상의 레이아웃을 포함한 6가지 패턴의 디자인과 18가지 패턴의 비용 선택이 검토 중이었다.

통상 슬립웨이에 더하여 특히 수문식 마리나에서는 마리나의 바깥 폰툰의 준비를 해둘 필요가 있다.

번호	계류 타입
A	안벽(岸壁), 제방, 부잔교의 고정, 선수를 파일에 고정시킨다.
B	위와 같음. 단, 선수는 앵커 또는 부표에 계류
C	손가락 형태의 부잔교나 통로의 각 핑거 양쪽에 각 1척씩 계류
D	위와 같음. 단, 각 핑거 양쪽에는 2척 이상 계류
E	안벽(岸壁), 제방, 부잔교에 독립적으로 옆쪽에 계류
F	안벽(岸壁), 제방, 부잔교에 3~4척 옆에 나란히 계류
G	파일(杭) 사이에 계류
H	별모양(星型)계류법

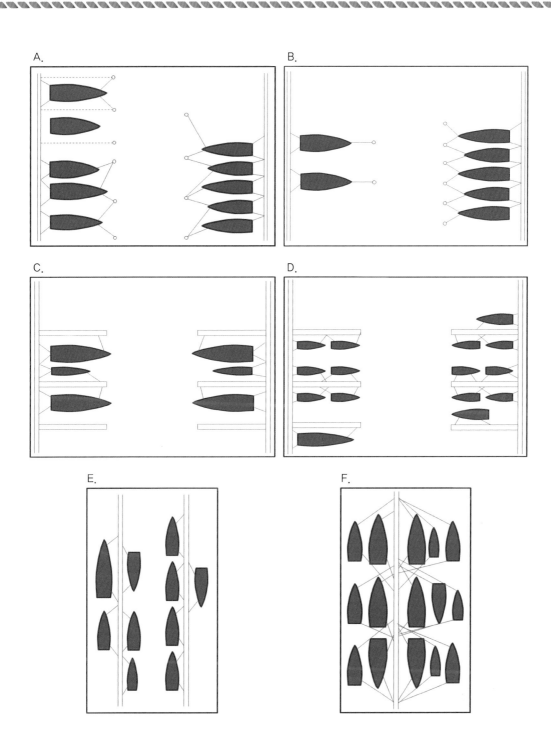

G. 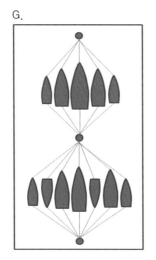 H.

자료 : Donald W. Adie, 마리나, 舵社, 1988, p. 143

[그림 6.2.1] 여러 가지 계류의 예

가장 일반적인 계류패턴의 예를 나타낸 것이 [그림 6.2.2]이다. 계류시스템을 관리하는 업체 중에서는 매년 약간의 비용으로 유지·교환을 행하거나 정기적으로 해조류를 청소하는 서비스를 하는 곳도 있다. 이때 위탁받은 업체의 책임에 있어서 보수비용이나 일손을 줄이기 위해 고품질의 제품을 준비하게 된다.

[그림 6.2.2] 가장 일반적인 계류패턴

- 이처럼 핑거 양측에 2정씩 짝을 이루어 계류하는 방법은 쉽게 눈에 띄는 방법 중 하나 이다. 같은 잔교가 충분히 줄서 있으면 매우 북적이는 느낌을 받을 수도 있으나 어쨌 든 저렴하고 간단한 방식이다.

사진의 소렌토주 함블리바 마리나는 메인 워크웨이에서 핑거형 잔교가 직선으로 뻗 어 있어 폭도 넓게 설계되었다는 점에서 특별하다.

파일을 롤러방식으로 하는 것은 작고 편리한 방식이다. 또, 어느 마리나에서도 그렇 지만 목제 딩기는 자연의 따뜻함이 느껴진다.

수면분석과 마리나 전체를 차지하는 수면의 비중에 따라 부잔교의 레이아웃이 작성된다. 마리나 전체의 형태, 바다와 건물 사이에 있는 공간의 처리, 각 시설의 배치 등도 이것에 관 련하고 있다. 항구가 바람이나 파도 등 자연조건에서 어느 정도 보트를 지켜낼 수 있는지는 그 형태에 의해 결정될 때가 많다. 구문타입이나 그 외의 안전도가 높은 타입의 마리나인 경 우 부잔교 타입도 여러 가지 변화를 생각할 수 있는데 험난한 자연조건에 영향을 받기 쉬운 장소에서는 조류를 계산에 넣거나 바람에 의한 피해를 막는 것을 고려하지 않으면 안된다. 어느 정도의 밀도로 보트를 계류할 것인지, 이용자가 어느 정도로 사용을 편리하게 할 것인 지 부잔교당 수익률을 어느 정도로 높일 것인지 등에 중점을 두고 최종적인 판단이 내려지 면 이들은 개발사업의 질이나 기초 엔지니어링에 어느 정도 경비를 들일지에 의해 크게 좌 우된다.

부잔교의 레이아웃은 수용하는 선박의 크기에 의해 달라진다. 7m의 선박을 대상으로 하 는 마리나는 12m의 선박을 대상으로 하는 것보다 외관이나 밀집도에서 많은 패턴을 생각할 수 있다.

소형선박의 경우 대형선박에 비교하여 선박의 전체길이에 대한 사용 부잔교의 점유비율은 크다. 이것은 의외의 사실로 작은 선박은 폭도 좁고 회전반경도 작으므로 주수로 및 보조수 로로의 여유공간은 짧아도 되지만, 계류 시 전후 클리어런스는 대형선박과 비교 시 변하지 않기 때문에 이런 결과가 나오게 된다.

정확한 선박의 길이를 예측하면 항시 머물러 있는 선박과 방문객용 선박의 비율 예측은 마리나의 운영과 기능에 큰 영향을 미친다. 가변형 부유식 잔교시스템이나 수심이 깊은 경 우 부잔교의 레이아웃은 시즌에 맞추어 또는 보수의 경우에도 여러 가지로 변경선택이 가능 하다.

세일보트와 파워보트가 둘 다 많은 곳에서는 부잔교의 수심과 선박의 종류는 큰 관련을 가진다. 부잔교의 점유율을 예측하는 것은 전체의 길이를 예측하는 것과 같이 어려운 일이 다. 부잔교의 수요가 공급을 상회하는 지역에서는 시장의 연구를 줄여도 좋다고 생각할 수 있는데 상황에 따른 설계와 최소한의 준설에 의해 생겨나는 경비의 절약부분은 재투자나 낮은 요금을 부과하는 것으로 이용자에게 환원이 가능하고 적어도 요금을 안정시키는 면에서 다른 것과 경쟁력을 발휘할 수 있는 위치이므로 충분한 연구를 하는 편이 현명할 것이다. 이용객들을 위한 비용의 절감은 마리나 오너에게 있어서도 이익이 되는 것이므로 이 점을 잊어서는 안된다.

계류장소의 정비에 의해 마리나의 형태를 한층 돋보이게 하는 것이 가능하므로 비용 면에서 큰 부담이 되지 않는다면 계획해 보는 것도 가치가 있다. 마리나는 사용하는 사람이 자신들의 장소라는 친밀감을 느낀다면 그 넓이 등은 생각보다 신경 쓰지 않는다. 획일적인 설계로 똑같은 통로를 둘러싸 세분화하기는 하지만 개인 공간을 만들지 않았기 때문이다. 물론 이처럼 기계적으로 만드는 법이 간단하고 비용도 싸게 들지만 심리학적으로는 허술한 것으로 하버홀이 주변을 에워싸 지켜주고 있기에 편안해질 수 있다는 점과는 거리가 멀어질 수밖에 없다.

6.3 워터에어리어

1헥타르당 보트의 밀집도에는 상당한 폭이 있으나 통상 62에서 160척 사이일 것이다. 부잔교 사이즈는 보트나 계류 패턴에 의해 달라진다. 유연한 폰툰시스템은 시스템에 의해 조정 가능한 이점이 있다. 진흙이 침전한 곳에서는 얕은 흘수(吃水)의 보트를 계류시키기 위해 때때로 부잔교의 위치를 바꿀 때가 있다.

메인 수로는 보통 폭이 약 15.2m에서 18.2m로 부수로는 12.2m에서 15.2m이다. 부잔교의 클리어런스는 거기에 수용하는 보트에 의해 변하지만 본수로는 어떤 상황에서도 거기에 사용하는 최대의 보트가 안전하게 항해할 수 있어야 한다.

6.4 보트와 부잔교의 형태

앞에서 마리나의 수역 및 대상이 되는 선박의 타입이라고 하는 2가지 사항에 대해서 설명을 했는데 이들에 관련된 정보는 각각 경제상의 문제를 좌우하는 이유에서 가능한 정확하게 파악해 두는 것이 중요하다. 첫 번째는 정박하는 보트의 수와 그 오너가 어느 정도 돈을 들일 수 있느냐 하는 것이고, 두 번째는 예상되는 부잔교의 크기, 정박지 수심이다. 이러한 포인트는 다른 것과 다르게 재검토가 불가능하므로 중요한 것이다.

요트의 종류는 PIANC(Permanent International Association of Navigation Congresses)에 의해 결정되는데 이 협회는 레이아웃 계획상 매우 편리한 방법으로 부잔교의 사이즈를 분류할 때

등급넘버를 사용할 것을 생각해 내었다. 이 방법으로는 보트의 최대 폭, 전체길이, 흘수, 깊이 등에 의해, 그 사이즈에 적합한 부잔교를 등급으로 매겨 구분하고 있기에 부잔교의 설계는 그 기준에 맞는 것이 아니면 안된다. 부잔교는 보트의 사이즈나 수심에 맞도록 모든 여유부분을 가지고 설계할 필요가 있다. 부잔교와 보트의 관계는 설치 포지션이나 계류시스템, 예상되는 파도의 높이에 의해 다양하게 변화되지만 이들의 요소에 바람이나 조류를 생각에 맞추는 것으로 부잔교에서 발생하는 보트의 최대 변동범위를 알 수 있다. 파동을 고려한 종(縱)방향의 여유부분은 부드러운 소재의 경우 파도높이의 반 +0.3m로 돌을 쌓거나 콘크리트 등의 단단한 소재의 경우는 반 +0.5m로 한다.

카타마란이나 다른 멀티헐(Multihull)은 폭이 넓기 때문에 계류하는 데 문제가 발생한다. 그것에는 이들의 보트에 맞춘 전용 부잔교를 만드는 것이 가장 좋다. 잔교에서 벗어난 위치의 선박을 전후에서 붙들어 매어 자리를 잡고 또는 이동 가능한 계류시스템에 폭이 넓은 슬립웨이를 설치하는 것이 좋을 것이다. 번거로운 설비로 상당한 장소를 차지하기 때문에 렌털요금을 높게 잡지 않으면 채산을 얻기가 어렵다.

6.5 고정식 및 부유식 잔교의 설계

가. 잔교의 선택

마리나의 선박들이 계류하는 잔교에 쓰이는 항구의 구조는 주로 떠 있거나 고정되어 있는 2가지의 종류가 있다.

고정식 잔교는 주로 현장에서 각 부분을 맞추어 만드는 조립식 구성요소를 미리 조립하여 만든다. 갑판구조와 구성체계는 조립기술에 의해 융화성이 있는 관계일 수 있다.

고정식 잔교의 토대는 바다 위에 설치되어 있거나 밑바닥에 깊숙이 박혀 있다. 이러한 구조는 일반적으로 영구적이라고 판단되지만 일시적으로 쓰이는 경량용의 잔교 혹은 얼음이 잘 어는 구역 같은 경우에는 계절적인 시기에 따라 철거해야 할 필요가 있다.

부유식 잔교는 일시적일 수도, 영구적일 수도 있다. 잔교의 내구성은 대체적으로 길이, 넓이, 크기 등과 같은 계선 설비체계의 규모와 관계가 있다. 보통 구분을 해놓지만 물 위에 뜬 구조물들을 특수한 목적에서 쓸 수 있다는 점에서 시설 허가 및 세금 부과와 같은 허가 차원에서 쓸 수 있는 일시적인 시설이라고 볼 수 있다.

고정식 잔교로 할지 부유식 잔교로 할지는 비용이나 간만의 차, 안전성, 적절한 사용법 등을 생각한 후에 결정하는데 양자를 조합하여 이용하는 것도 좋다. 혹시 조건이 된다면 고정식이 바람직하고 설치를 위한 경비나 유지비도 적게 들어 부유식에 비하여 강도나 내구성이 뛰어나 충격에도 강한 이점이 있다. 한편 부유식의 이점으로는 다음과 같은 것이 있다.

- 잔교와 수면의 상대 위치가 항상 일정하다.
- 레이아웃 수정이 가능하다.
- 정박 배열을 바꿀 필요가 없다.
- 조석의 상태에 따라 선박에 상처를 입힐 가능성이 작다.

[그림 6.5.1], 〈표 6.5.1~3〉은 마리나 정박 시 필요한 공간과 클래스별 부잔교의 크기 및 간격을 나타낸 자료이다.

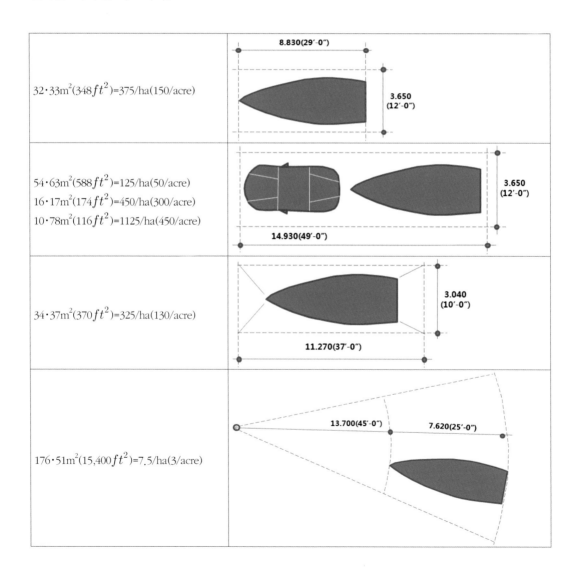

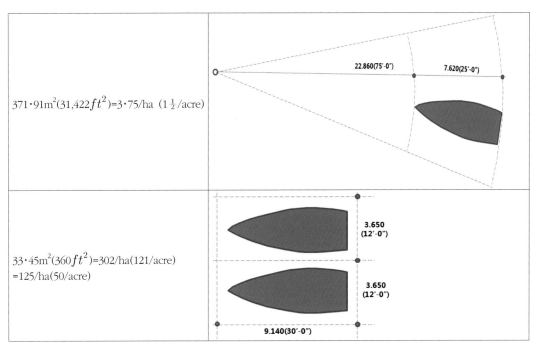

$371 \cdot 91\text{m}^2(31,422ft^2)=3\cdot75/\text{ha}\ (1\tfrac{1}{2}/\text{acre})$

$33\cdot45\text{m}^2(360ft^2)=302/\text{ha}(121/\text{acre})$
$=125/\text{ha}(50/\text{acre})$

자료 : Donald W. Adie, 마리나, 舵社, 1988, p. 145

[그림 6.5.1] 마리나 정박 시 필요한 공간

〈표 6.5.1〉 이상적인 부잔교의 폭과 깊이에 따른 요트의 클래스 구분

단위는 모두 미터	세일링요트와 모터/세일링	부잔교		모터보트와 센터보드	부잔교		Trimaran과 Catamaran	부잔교	
전체길이	클래스	깊이	폭	클래스	깊이	폭	클래스	깊이	폭
L〈8	IS	1·5	2·8	IM	1·0	3·3	IT	0·6	4·5
8≤L〈10	IIS	1·6	3·0	IIM	1·0	3·5	IIT	0·8	5·0
10≤L〈12	IIIS	1·7	3·2	IIIM	1·0	4·0	IIIT	1·0	5·5
12≤L〈15	IVS	2·0	3·8	IVM	1·3	4·6	IVT	1·2	7·0
15≤L〈18	VS	2·5	4·5	VM	1·5	5·0	VT	-	-
18≤L〈25	VIS	3·0	5·5	VIM	2·0	5·5	VIT	-	-
L≥25	VIIS	4·5	7·0	VIIM	2·5	7·0	VIIT	-	-

- 수치는 그 클래스에 있어서 최대치로 이 수치를 넘는 것은 거의 없다고 볼 수 있다. 준설의 깊이는 간만 시의 수심과 파도의 높이, 그리고 일정 여유를 더한 것을 기준으로 결정할 수 있다. 15미터 클래스(I-IV) 이하 선박의 경우 연해의 마리나에서는 대개 45(Ⅰ), 35(Ⅱ), 15(Ⅲ), 5(Ⅳ)로 보면 좋은데 정확한 것은 결정하기 어렵다.

<표 6.5.2> 영국 마리나의 클래스 구분

| | 스완위크 | | 치체스터 | | 엠스워즈 | | 랑독루시용(예상) | | | |
| | | | | | | | 대형하버 | | 중형하버 | |
클래스	S	M	S	M	S	M	S	M	S	M
I	13	5	30	14	46	10	30	45	45	65
II	25	9	24	15	30	4	24	24	30	24
III	19	2	4	6	4	2	23	20	15	9
IV	12	7	2	3	2	2	16	7	10	2
V	3	4	-	1	-	-	3	2	-	-
VI	-	1	-	1	-	-	3	2	-	-
VII	-	-	-	-	-	-	1	-	-	-
S : 센터보트	72	28	60	40	82	18	100	100	100	100
M : 모터보트	100		100		100		-	-	-	-

수치는 모두 퍼센티지로 나타냄. Multihull의 경우 오차는 1% 이하
- 영국의 마리나인 스완위크, 치체스터, 엠스워즈 마리나에 있는 선박의 사이즈에 따라 계산된 것. 랑독루시용 에 있는 마리나의 예상수치도 비교하여 기록되어 있다.

<표 6.5.3> 전형적인 부잔교(berth)의 설치패턴

| 잔교번호 | 잔교 전체길이 | 잔교의 길이와 각 부잔교의 폭(파일의 중심에서 중심까지)의 분포 | | | | | | 각 잔교에 있는 총계 |
		2·743m (9′)	3·048m (10′)	3·658m (12′)	3·810m (12′6″)	4·267m (14′)	4·877m (16′)	
No.1west	73m (240′)	34	16	0				50
No.5west	92m (320′)	22	10	24				56
No.2west	80m (260′)	6	16	24				46
No.6west	85m (280′)	50	10	0				60
No.3west	85m (280′)				24	10	6	40
No.7west	73m (240′)				28	8	0	36
버스의 각 사이즈		112	52	48	52	18	6	계 288
버스 총 수의 퍼센트 (잔교 4는 포함 안 함)		39.0%	18.0%	16.7%	18.0%	6.2%	2.1%	100%

Pier4 (botel)	107m (350')	0	8 보텔은 소규모	0	8	6	4	26 총계 314
보트사이즈 주 : 잔교에서 벗어난 비교적 큰 설비나 마리나용이 아닌 호안은 위의 계산에 포함되어 있지 않음		4.9m(16') 이하의 보트						
			4.9m~8m(16'-26')의 보트					
					8m~12m(26'-40')의 보트			
							12m(40') 이하의 보트	
완공 당시에 설치된 버스 수. 미래에 필요한 수는 각 지역의 기록을 근거로 결정됨. 육지용 버스도 미래의 총수에 영향을 미친다.								

- 마리나의 수용능력에 대하여 평가를 내릴 때 대부분의 요소가 이 도표에 포함되어 있다. 또 레이아웃이 다른 경우에도 이 도표에 근거하여 가능하다.

1) 수위변화효과

도크 선택의 중요한 고려사항 중의 하나는 수위 변화의 영향이라 할 수 있다. 근해의 조수 파동은 잔교 디자인에 영향을 미칠 수밖에 없다. 일반적인 규칙처럼 0~4 피트 범위 내의 조수 변화가 일어나는 지역에서는 고정적인 잔교나 유동적인 잔교 둘 다 선택할 수 있을 것이다.

7피트보다 더 큰 조수 범위의 지역에서는 부유식 잔교의 사용이 더욱더 강조된다. 게다가 확실한 조수의 수준에서 보트와 잔교 사이의 거대한 고도 차이와 정박지 선체의 조정, 그리고 고도 변화를 조정하기 위해 필요한 양의 선체 범위는 보통의 정박 위치 허가 기준 혹은 방현물의 배열보다 더 넓은 규정을 요구한다.

미국의 Great Lake 지역은 수년 동안 호수의 상대적 차이의 불변성 때문에 수많은 고정식 잔교 시설을 가지고 있었다. 그러나 최근 들어 그 호수들은 완전히 범람하거나 혹은 고정식 잔교 시설들을 드러내면서 고도차의 지배를 받고 있다.

그 결과, 새로운 설비들은 미래에 중요시되는 호수 수위 차 완화를 돕기 위해 부유식 잔교를 채택하는 것을 심각하게 고려하고 있다.

100피트 이하 크기의 선박들을 정박시킬 수 있는 마리나의 세계적인 추세는 부유식 잔교들로 가고 있으며, 심지어 효과적인 수위 고도차에 의하여 고정식 잔교들의 수용이 가능한 지역에서도 이러한 추세가 나타난다.

나. 고정식 잔교시스템

고정식 잔교구조물은 초기의 주요한 방법이었다. 도로를 메울 때 쓰이는 재료와 바위 같은 재료들은 경제적인 건설을 가능케 할 만큼 충분히 널려 있었다.

　　잔교는 일반적으로 이미 존재하는 육지에 대한 확장의 개념으로 해변과 바닷물 사이에 변화를 주었다. 잔교는 바람과 파도, 그리고 선박의 정박과 함께 자연적인 요소에 친화적으로 디자인되고 건설되어야 한다.

　　가능한 한 고정식 잔교는 초기의 시설 디자인에서는 제외되는 것이 좋다. 고정식 잔교 구조에 대한 선택의 여지가 없다면 최대한 기술적인 면을 보완할 수 있는 디자인으로 만들어야만 한다.

　　구조물은 목재와 강철, 콘크리트, 알루미늄 혹은 이러한 재료들의 조합으로 이루어진다. 파일의 재목, 콘크리트 프레임이나 잔교구조물의 강철, 방부목 혹은 콘크리트가 가장 보편적인 재료들이다.

　　목재는 실용적인 면에 있어서 가장 많이 쓰이는 파일용 재료로 판단되지만, 적재 운반용량, 쉽게 상할 수 있는 점과 길이에 따른 이용성과 같은 한계점들이 존재한다.

　　강철은 용접을 하거나 길이가 긴 재료를 만들기 위해 기술적으로 연결될 수도 있으며 전통적인 방법으로도 만들어질 수 있다.

　　또한, 강철 파이프 파일들은 콘크리트를 채우기도 하는데, 강도를 높이기 위해서나 파이프의 부식을 방지하기 위해 틈새를 메우는 것이다. 하지만 이러한 방법이 현재 널리 사용되지는 않는다.

　　강철 파일은 음극성의 보호시스템에 의해 보호되곤 한다. 이러한 시스템은 지속적인 유지를 필요로 하기에 부식을 완화하는 제일 보편적인 방법은 좋은 철과 코팅시스템을 갖추는 것이다.

　　목재 파일은 종종 방부제와 함께 압축되거나 플라스틱으로 싸이거나 생물, 화학 성분으로부터 보호하기 위해 콘크리트로 입히기도 한다.

　　수문식 마리나에서는 고정식 잔교가 일반적으로 수위가 일정하기 때문에 파일은 수면으로부터 610~914mm 정도 박아 수면에 근접하게 한다. 이렇게 하면 파일이 복잡하다는 느낌 없이 정리된 느낌을 준다.

자료 : 뉴질랜드 크라이스트처치

[그림 6.5.2] 고정식 잔교시스템

다. 부유식 잔교

부유식 시스템의 최대 장점은 잔교 스스로가 정박 디자인 시스템을 다루기 쉽게 해주는 것이다. 적은 수의 대용량 파일들 혹은 정박지 밑바닥 체인들의 사용으로 정박시스템을 디자인하는 것이 가능해졌다. 이러한 방법들은 더욱 튼튼하고 매력적인 마리나를 건설하는 데 도움을 준다.

부유식 잔교시스템에는 다양한 종류의 선택 방법들이 있다. 공사에 쓰이는 재료들에는 나무, 철, 콘크리트와 플라스틱

자료 : 호주 시드니 달보라 마리나

[그림 6.5.3] 부유식 잔교

이 있고 최종 선택은 여러 가지 요소들에 의해 정해진다. 제일 우선적으로 고려해야 할 것은 가격이다.

부유식 잔교시스템은 수많은 종류의 재료를 고려해야 한다. 버스와 폰툰의 재료는 나무, 접착집성재, 철, 알루미늄, 콘크리트, 강화유리 콘크리트(GRC), 섬유유리, 그리고 그 외의 플라스틱 물질들로 건축해 왔다. 각각의 요소들은 고유한 특성, 장점 및 단점을 가지고 있다.

특정한 위치의 요소, 의도된 계획상에서의 사용 및 가격을 고려하여 선택이 이루어질 필요가 있다. 미적 요소를 중요시하는 마리나 설계자의 관점으로 보았을 때, 부유식 잔교에 있어서 가장 중요한 성질은 구조적 특성과 위치 환경에 대한 반응이다.

구조적으로 완벽하지 않고 매력적이기만 한 설계는 바람직한 상품이 될 수 없다.

또한, 좋은 부유식 잔교를 설계하는 것은 생각보다 쉽지 않다. 부력과 복원력, 기울기 등의 어려운 계산을 필요로 하므로 전문가에게 맡기는 것이 유리하다.

핑거는 보행용을 먼저 설계하여 그 다음에 보트 계류용을 만드는 상태로 2개의 다른 타입의 것을 서로 번갈아 설치하는 것도 있다. 이들은 계류하고 있는 보트길이의 3분의 2 이상이 되지 않으면 안되고 또 완충용 펜더를 부착시켜 놓을 필요가 있다. 보트는 핑거나 폰툰에 닿지 않도록 항상 핑거 사이에 정확하게 계류하지 않으면 안된다. 폰툰으로 건너는 연결다리는 대개 육지 쪽에 힌지(Hinge)가 붙어 있어 폰툰에서 내리는 부분에는 롤러가 부착되어 있

다. 이것은 폰툰과 같은 모양과 중량의 가벼운 구조로 되어 있는 것이 보통으로 표준적인 길이는 최대 14m, 폭 1~1.5m이다.

폰툰과 같은 종류는 대개 힌지와 연결되어 있어 각각 20톤까지의 무게를 견딜 수 있어야 한다. 저수위 때 폰툰이 바닥에 닿는 곳에서는 그 부분을 보호하기 위해 특별한 방호재를 부착시키는 곳도 있다. 어떤 계류시스템으로 할 것인가는 이하의 조건에 의해 달라진다.

- 간만의 차
- 해저의 상태
- 그 장소가 조류나 파도로부터 차폐된 상태에 따라
- 수심
- 예측된 조류의 속도와 방향
- 풍속과 파도의 높이
- 자금과 유지・보수비용

프로팅시스템을 공급하는 업자의 다수는 조명, 동력, 청수공급 등을 포함하여 그 시스템을 일괄하여 청부하고 있다.

라. 대형요트용 잔교

자료 : 뉴질랜드 아메리카스컵 출전요트

[그림 6.5.4] 대형요트용 잔교

밧줄걸이(돌핀)와 같은 정박장치들은 대형요트들에 이용되는 선의 직경을 조절하기 위해 그 크기가 충분해야 하며, 이러한 장치들은 당연히 정박시설의 강도에 저항할 수 있을 정도로 충분히 튼튼해야 한다.

대형요트들 역시 대규모의 시설을 필요로 한다. 전력에 대한 요구는 큰 직경과 송전 케이블과 더불어 100볼트 이상의 서비스를 요구할 것이다. 주요 전력공급 또는 전압을 낮추는 변압기 사이의 긴 거리는 피해야 한다. 전형적인 직경 3/4인치 급수 서비스는 물 공급이 예측될 경우, 대형요트들에 있어서 충분하지 않을 수 있다. 이보다 더 큰 직경 1.5~3인치의 본선은 적절한 시간 안에 요트의 물탱크를 채울 때 필요할 것이다.

마. 핑거 플로트의 종류

핑거 플로트는 메인 플로트 길이의 10퍼센트 정도 넓이로 설치한다. 핑거 길이는 보트의 길이보다 짧거나 더 길 수도 있다.

핑거 플로트는 더블 로디드 시스템(Double loaded system)과 같이 각각의 보트가 하나로 연결된 핑거 플로트를 가지고 있거나 싱글 로디드 시스템(Single loaded system)과 같이 보트가 각각의 측면에 핑거 플로트를 가지고 있는 곳에 정박하는 것이다.

지중해식 정박과 풀 핑거 사이의 중간 시스템은 Y붐이라고 불린다. Y붐은 제시된 자료에 보이는 것과 같이 알파벳 Y자 모양으로 이루어져 있다. Y붐은 스칸디나비아에서 널리 사용되고 전 세계적으로도 인기를 얻고 있다. 주로 나무나 금속으로 이루어져 있으며 바깥부분이 적하물이 없는 상태에서의 부양등급 정도를 유지하기 위하여 플로트와 연결된 상태에서 Y자 모양의 갈라진 부분의 이음새를 따라 메인 플로트로 연결된다.

소형보트 정박을 위한 또 다른 변화는 프로그 후크(Frog Hooks)라 불리는 상품이다. 이러한 고안품들은 일반적으로 나무나 유리섬유로 구성되어 있으며 메인 플로트에 의해 움직이는 삼각형의 부위이고 소형보트의 고물 보에 연결된다.

[그림 6.5.5] 지중해식 정박시설

자료 : 일본 오리도 마리나

[그림 6.5.6] Y붐

자료 : www.ezdockinventory.com

[그림 6.5.7] Frog Hooks

바. 가격

부유식 잔교시스템은 대부분의 다른 잔교시스템보다 낮은 가격으로 건설된다. 그러나 해수의 강도, 수심, 지역적 재료의 가능성과 인건비와 같은 요소들에 의하여 최종적 가격 선정에 영향을 줄 수 있다.

잔교시스템의 가격을 견적 내는 또 다른 방법은 잔교표면의 기본적인 가능면적을 시스템화하여 가격으로 정하는 것이다.

대부분의 잔교시스템 제조업자들은 가격을 견적 내는 정보를 제공하거나 지역적인 가격 내에서 가격을 설정한다. 이러한 방법은 각 정박 위치 가격을 설정하는 것보다 더 정확하지만, 이는 기초적인 마리나의 배치를 계획하고 잔교지역을 발전시키기 위한 계획을 진행하려는 요구사항이 된다.

1999년대의 부유식 잔교시스템의 건축비용은 1제곱피트당 15달러에서 35달러로 추정된다.

비용이 다양한 것은 재료와 시스템 선택의 건축의 질과 연관되어 있다. 230개의 정박장소를 갖춘 전형적인 상위등급의 부유식 잔교 마리나는 1990년 봄에 완전히 끝났고 미국의 동쪽 해안지대에 거의 1제곱피트당 35달러에 부유식 시스템과 높은 수용력을 포함하여 설치된 강철 정박지의 철재파일, 통로의 건설방법이 나타났다.

부유식 잔교시스템의 정박지역은 단독 정박지와 수로, 그리고 구성요소의 가격이 거의 1제곱피트당 21달러이다. 이러한 가격측정은 신중하게 검토되어야 하지만 마리나 건축을 위하여 참고될 수 있다.

고정식 잔교나 부유식 잔교의 예산을 결정하는 유일한 방법은 마리나의 기술적 계획을 준비하는 것과 유능한 기술자들 혹은 건설자들이 가능한 한 많은 부지 정보를 예산가격에 견적을 기초로 하여 준비하는 것이다.

사. 세금과 보험 발행

잔교시스템의 납세구조와 보상범위는 현지 경험 및 전통에 의해 적지 않은 영향을 받게 될 것이다. 세금의 목적을 위하여 다른 체계보다 하나의 체계의 장점이 있을 것이고 이러한 잠재력은 충분한 세금계획과 함께 논의되어야 할 것이다.

보험 대리점과 보험업자, 보험 대리인들과 보증인들은 대체로 마리나 계획에 있어서 능숙하지 않다. 그러므로 그들의 시선을 제조품들과 설계의 좋은 측면들로 끄는 것이 중요한 일이다. 또한 보험 보증에 대한 어떠한 특별한 문제들을 고려한 설계의 과정에서 보험 대표자를 일찍 계산에 넣어두는 것은 현명한 일이다. 높은 부담의 항목을 포함하는 것은 확실히 보험에 영향을 끼친다.

아. 잔교의 재료

1) 콘크리트

이것은 매우 강한 재질이다. 형틀에 콘크리트를 넣어서 일체 성형하는 것이나 반씩 만들어서 후에 연결시켜 부착시키는 것 등이 있다. 미국에서 성공한 한 예로 Bercleve Unifloat가 있다. 그 심플하고 우수한 시스템은 부표 표면에 논슬립 가공을 하여 그대로 폰툰 본체로서 사용하기 때문에 갑판작업을 간단히 하는 것이 가능하다. 보기에도 매우 심플하고 후에 조명이나 램프(경사로), 파일가이드를 포함한 모든 부속부품이 붙어 있어 잔교를 크

[그림 6.5.8] 콘크리트 잔교

랭크(Crank) 모양으로 구부리거나 T자나 L자, 卍형으로 하는 것도 조금의 추가비용으로 가능하게 되었다. 폰툰의 재질로서 콘크리트는 이전보다 훨씬 이용가치가 높아졌다. 이전에는 금이 가거나 물이 들어오거나 하는 단점이 있었는데 현재는 질도 좋아져 이용가치가 높은 재질이 되었다.

2) 플라스틱

여기에서 말하는 플라스틱은 폴리스티렌(Polystyrene)이나 파이버글라스(Fiber-glass)를 시작으로 하는 여러 가지 종류의 플라스틱을 포함한다.

수중 벌레에 의해 상처 입는 경우는 없으나 갑각류가 붙으면 그것을 떼어낼 때 상처를 입게 된다. 강화플라스틱은 수지나 타르, 가솔린, 오일, 세제 등에 약하므로 그때에는 폰툰을 강화글라스 시멘트로 칠하는 것이 좋다. 플라스틱 성형에 의한 폰툰은 송수관의 덕트 등을 내장시켜 일

[그림 6.5.9] 플라스틱 잔교

체성형으로 만드는 것이 가능하다. 이들을 배치하는 장소에 의해 덕트 종류에 FRP의 라이닝 가공을 하는 것도 가능하다. 단, 폰툰의 외판(外板)과의 접합에는 주의를 요한다. 표면가공을 하지 않은 플라스틱 성형품은 표면에 금이 가기 쉽고 물의 침입에 의한 부력 감소는 없으나 금이 가서 잘게 흩어지는 하얀 파편이 해면에 흩어지는 경우가 있다.

파이버글라스(fiberglass) 폰툰은 점점 일반적이 되어 벌레나 화학물질에 의한 손상에도 강해졌고, 내구성이 우수하고 잘 파손되지 않아 수리도 간단하다.

[그림 6.5.10] 강철 잔교

[그림 6.5.11] 폰툰의 크기

3) 강철

스틸은 장소에 따라 적절한 것도 있으나 과거의 예로는 실패한 케이스가 많다. 철제품을 물과 접촉시키는 것은 무엇보다도 보호장치가 중요하여 조금이라도 파손되면 녹에 의한 부식의 원인이 된다. 그것이 내부로 들어가면 제거하는 것도 불가능하다. 이것은 스틸제 파이프박스나 드럼통에도 들어맞는다. 연철은 잘 부식되지 않는 편으로 아연도금에 의한 내식 효과를 높이는 것이 가능하다.

자. 폰툰의 크기

워크웨이는 폭이 2m 이상 있는 것이 보통으로 전체의 길이가 폭의 50배 이상 있을 때에는 육지 쪽의 끝은 2m보다도 상당히 많이 잡을 필요가 있다. 1척 내지 2척용의 Finger pier나 Catwalk의 폭은 대개 1~1.25m이다. 데크는 파도높이나 보트의 데크높이의 평균치에 따라 달라지나 그 수상높이는 152~610mm 범위에 있다.

잔교나 통로길이의 최대치는 수면의 고요함이나 어떠한 시스템을 채용했느냐에 따라 달라진다. 파일이 없는 부유식의 통로에서 끝부분만이 앵커에 고정되어 있는 경우 육지에 가까운 끝부분은 회전만력이 살아 있기에 길이의 제한을 받는다. 일정한 깊이의 파도가 없는 수면에서 평균적으로 파일을 설치하면 이론상으로는 통로를 제한 없이 길게 할 수 있다.

차. 램프의 고려사항

고정 및 부유식의 시스템을 육지에 접속시키는 방법은 계류시스템의 한 가지로서 생각해야 한다. 램프나 계단이 장소적으로 적당하지 않고 재질이나 건설방법이 좋지 않은 경우가 종종 있다. 일반적으로 램프의 경우 트레일러의 이용이 가능하기 때문에 선호한다. 타협책으로서 계단상의 램프가 있다. 전체의 길이는 줄어들지만 필요하면 트레일러가 통과하는 것은 가능하다. 자립형의 계단도 롤러나 호일을 통로에 붙여서 접속 가능하다. 또는 안벽 옆에 붙여 호수의 간만으로 수면 밑으로 갔다가 수면 위로 나오는 것도 있다.

때때로 호수의 간만을 따라 고정된 램프를 올리기도 내리기도 하는 구조의 복잡한 부유식 통로가 있다. 이것에는 케이블이나 이것을 수면 위에 고정시키기 위한 부재가 내장되어 있으나, 미끄러지는 면은 항상 장애물이 없도록 해놓아야 하기에 문제없이 보수하는 데에는 상당한 경비를 필요로 하며, 비용 또한 높아질 것이라 예상할 수 있다.

통로 표면의 재질은 다른 데크와 조화될 수 있는 것으로 하는 것이 좋으나 어떤 경우에도 미끄럼방지를 위한 연구를 해야 한다. 경사가 4분의 1 이상이라면 난간이 필요하다.

[그림 6.5.12] 램프(상하가)

[그림 6.5.13] 램프(슬립웨이)

카. 결합방법

이 시스템은 폰툰을 정위치에 고정시키기 위한 것으로 그 방법은 이하에 서술한 항목을 포함하여 용지의 조건을 잘 심사한 후에 결정해야 한다.

- 수심
- 간만의 차
- 바람의 상태
- 비용과 외관

- 해저의 토질
- 조수의 빠르기
- 파도의 높이

[그림 6.5.14] 갱웨이결합

파일을 사용할 것인가에 대한 최초의 선택은 이 항목을 연구한 후 결정된다. 파일을 사용하는 데 비용이 별로 들지 않는다면 꼭 사용해야 한다. 이 방법은 외관은 별로 좋지 않지만 가장 간단하고 안전하고 직접적인 방법이다. 파일의 수나 길이, 설치하는 포지션 등은 엔지니어링의 영역에서 결정되는 것이나, 필요 이상으로 설치하지 않고, 예상할 수 있는 악천후에 견딜 수 있게 확실하게 만드는 것이 중요하다.

여기에서 잊어서는 안될 것은 해저와 부잔교와의 사이 수직거리에 비례하여 파일에 걸리는 횡방향의 힘은 증대하고 고수위에서는 상당히 큰 것이 된다고 하는 것이다.

파일의 사용이 불가능한 곳에서는 여러 가지 케이블이나 앵커시스템이 채용된다. 이것은 보통, 수심이 너무 깊거나 조류의 움직임이 너무 강하거나 바닥의 상태가 파일설치가 가능하지 않은 경우에 하는 방법인데 불편한 점은 킬이나 프로펠러에 로프가 걸리는 위험성이 있는 것과 보수가 번거롭다는 점이다. 하지만 확실히 보기에 좋다.

▨ 부잔교를 파일에 고정하는 주된 3가지 방법

● 스트링거에 고정하는 방법

자료 : 호주 시드니 달보라 마리나

[그림 6.5.15] 스트링거에 고정하는 방법

● 빌트인 타입

 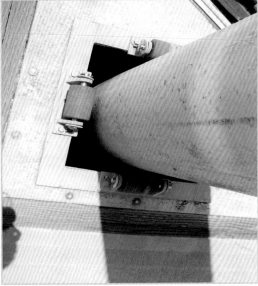

자료 : 호주 시드니 달보라 마리나

[그림 6.5.16] 빌트인 타입

● Traveller bar 및 가이드를 사용하는 방법

[그림 6.5.17] traveller bar 및 가이드를 이용하는 방법

6.6 시설 설계의 고려사항

마리나는 안전과 접근성에 있어서의 편리함, 그리고 보트의 정박에 맞춰 만들어지게 된다.

설계의 각 단계에 있어서 설계자들은 파워보트 혹은 범선이 마리나에 진입하는 것과 정박 시 움직임에 필요한 행동 및 슬립에 대한 안정성이 확실히 나타나게 해야 한다. 위에 설명한 내용들이 날씨가 좋고 나쁘건 간에 반드시 행해져야 할 사항들이다.

가. 수로입구 디자인

현존하는 항로가 접근을 허용하는 상황에서 마리나가 요구하는 것을 충족시킬 수 있는 제대로 된 항로의 역할이 평가되어야 한다.

항로의 변화와 사업을 위한 정부기관의 투자를 확보하기 위하여 정부기관의 승인을 얻는 것은 쉽지 않은 일이며 만약 이것이 가능할지라도 시간낭비일 수도 있다.

일반적으로 진입항로의 넓이는 깊이에 알맞도록 최소한 75피트 정도가 되어야 하며, 준설 측면 경사면은 확실히 규정된 넓이 이상으로 나타나야 한다. 좀더 바람직한 디자인 기준의 항로입구는 넓이가 100피트 정도 되며, 운하건설에 무리가 없는 지역에서는 최소한 이 정도의 넓이로 항로입구가 디자인되어야 한다.

진입항로는 부표, 수로 표시, 적합한 가항거리, 근해에서부터의 항로위치, 그리고 마리나까지의 통로규정을 통하여 확실히 표시되어야 한다.

나. 경계선 상태

경계선 보호에 따른 보트 정박장소는 정박위치를 바람과 파도의 움직임에 의하여 쉽게 반응하도록 해야 한다. 사석 방파제 혹은 파도 감소장치가 하나의 예가 될 수 있다.

부유식 잔교구조는 파도 보호장치의 일부를 구성하기 위한 추가적인 넓이와 부피, 그리고 깊이와 함께 건축될 것이며, 고정식 잔교는 약간의 보호설비를 제공하기 위하여 침투성 파도 보드와 함께 건축될 것이다.

다. 항로

마리나 개발자들은 투자액의 손실이 없도록 가능하면 최대한 많은 정박시설을 건설하려고 한다. 마리나 설계자들은 선박의 안전한 항해에 방해가 되지 않을 만큼의 충분한 공간을 제공하는 적절한 수의 정박지를 원한다.

항로의 크기를 위한 실제 치수는 여러 가지 변수를 고려해야 한다. 자연환경과 같은 것이 주요한 변수가 될 수 있다. 강력한 바람, 파도 혹은 해류에 의하여 항로위치가 충격을 입게 된다면 이러한 악조건들 속에서도 충분히 편의를 도모할 수 있는 객실이 필요하므로 항로는 표준규격보다 좀더 크게 조절되어야 한다.

항로 크기변화를 위한 건축의 일반적인 법칙은 [그림 6.6.1~3]에서 볼 수 있듯이 보트의 끝과 끝 사이를 길이가 가장 긴 보트의 길이보다 1.5배는 더 길게 하여 충분한 간격을 만들기 위하여 지속적으로 적용되고 있으며, 기동성이 보장될 경우에는 종종 보트의 길이보다 1.75배 정도 더 길게 하기도 한다. 일반적으로 정박지의 간격이 크면 클수록 보트 기동성과 안전성이 더 좋아진다.

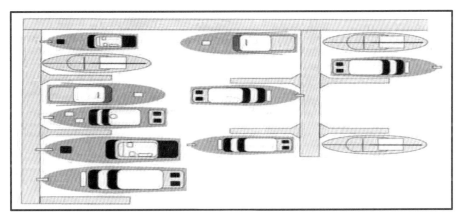

자료 : Bruce O. Tobiasson 등 공저, "MARINAS and smallcraft harbors", 2003, p. 294

[그림 6.6.1] 일반적인 항로

[그림 6.6.2] Darbie Landing Marina

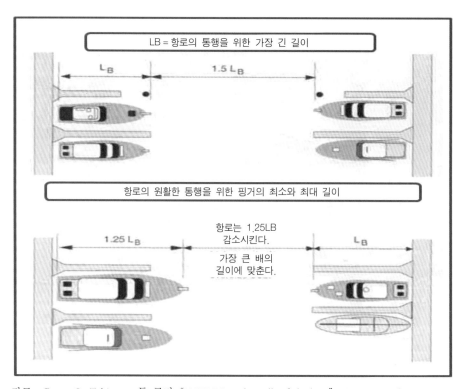

자료 : Bruce O. Tobiasson 등 공저, "MARINAS and smallcraft harbors", 2003, pp. 294-299

[그림 6.6.3] 보트와 핑거길이의 관계

라. 정박지 크기와 보트 밀도

마리나 설계에 있어서 지정된 해역에 정박 가능한 보트들의 수를 추측하는 것이 상당히 중요하다. 보트 정박 밀도에 영향을 주는 메인 잔교 넓이, 핑거 잔교 넓이 혹은 항로치수와 같은 수많은 변수들이 존재한다. 〈표 6.6.1~2〉에서는 변화하는 보트 크기와 항로치수를 위한 다양한 종류의 보트 밀도 측정을 나타내고 있다.

〈표 6.6.1〉 다양한 종류의 보트 밀도 측정

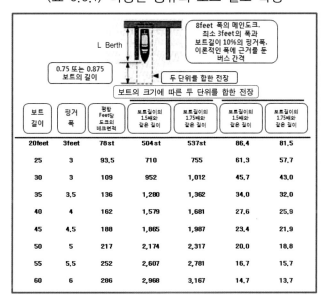

보트 길이	핑거 폭	평방 Feet당 도크의 데크면적	보트길이의 1.5배와 같은 길이	보트길이의 1.75배와 같은 길이	보트길이의 1.5배와 같은 길이	보트길이의 1.75배와 같은 길이
20feet	3feet	78st	504st	537st	86.4	81.5
25	3	93.5	710	755	61.3	57.7
30	3	109	952	1,012	45.7	43.0
35	3.5	136	1,280	1,362	34.0	32.0
40	4	162	1,579	1,681	27.6	25.9
45	4.5	188	1,865	1,987	23.4	21.9
50	5	217	2,174	2,317	20.0	18.8
55	5.5	252	2,607	2,781	16.7	15.7
60	6	286	2,968	3,167	14.7	13.7

〈표 6.6.2〉 싱글 & 더블 선석의 다양한 폭과 길이 측정

보트 길이 (feet)	L Berth 정박지의 설계상 길이 (feet)	정박지 폭의 변화 (더블선석) 정박지의 권장 폭 (feet)	정박지의 최소 폭 (feet)	정박지 폭의 변화 (싱글선석) 정박지의 권장 폭 (feet)	정박지의 최소 폭 (feet)
20	23	21	20	10	10
25	28	25	25	12	12
30	33	29	27	14	13.5
35	38	34	31	16	15
40	43	37	34	18	16
45	48	39	36	19	17
50	53	41	38	20	18
55	58	45	42	22	19
60	63	47	44	23	20

자료 : Bruce O. Tobiasson 등 공저, "MARINAS and smallcraft harbors", 2003, pp. 294-299

도표는 또한 개별적인 보트 정박과 연관된 사각형 형태의 잔교 크기를 나타내준다. 요구되는 사각형 형태의 잔교 크기는 사각형 형태의 잔교 크기 및 보트 정박지와 정박지의 개수, 추가적인 상호접촉형 잔교, 그리고 정박지와 직접적으로 연결되어 있지 않은 다른 잔교들에 대한 관계에 따라 제공된 자료로부터 예측이 이루어진다.

마. 구조물 크기 조정

[그림 6.6.4] 카타마란용 잔교

고정식 혹은 부유식 메인 잔교의 최소 넓이는 6피트 정도로 고려되어진다. 부유식 메인 잔교의 넓이가 6피트 이하가 되면 잔교가 종종 불안정해지거나 보도가 있어도 걷기에 편하지 않도록 만들어지기 때문에 넓이가 6피트 이하가 되어서는 안 된다.

플로트 역시 클리트 및 자리를 많이 차지할 만한 유용한 장비들을 포함하고 있다. 일반적으로 8피트 넓이의 메인 부유식 잔교가 대부분의 마리나 설계에 있어서 선호되는 넓이이다. 8피트 넓이의 잔교에서는 각종 장비들이 아무리 많더라도 잔교 이용 혹은 잔교 위를 걷는 데 방해가 되지 않을 것이다.

만약 골프 카트나 그 이외의 규모가 큰 자동차들의 출입이 이루어지려면 잔교의 넓이가 12피트 정도는 되어야 하며 방향 전환 구역 역시 필요하다. 연료 잔교는 안정성을 비롯해서, 선박들을 묶어놓기 위한 공간, 연료탱크, 화재예방장비 등을 제공하기 위하여 10~12피트 정도의 넓이가 되어야 한다. 부유식 파도 감소시설은 16~24피트 혹은 그보다 더 클 필요가 있다.

첫 번째 중요한 법칙으로 일컬어지는 핑거 길이의 10% 정도와 같은 넓이보다 작아서는 안 된다. 10% 법칙은 구조물의 적절한 넓이와 필요요소들의 이용에 따른 경험에 의하여 나타난다. 10% 법칙이 수정되어서 핑거들이 3피트 넓이보다 작아야만 하는 것은 아니다. 메인 워크까지의 연결 이전의 3 혹은 4피트 넓이의 핑거 플로트는 일반적으로 불안정할 수 있으며 안정성을 보장하기 위하여 메인 워크까지 여유 있는 연결을 해야 한다.

8피트 넓이의 메인 워크와 10~12피트 넓이의 연료 혹은 대형 선박을 위한 임시 잔교, 그리고 3피트 넓이 혹은 핑거 길이의 10%보다 작은 핑거들을 고려해 보는 것 역시 보편화된 설계문제를 위하여 적합하다.

20~40피트 길이의 보트에서는 24인치 정도의 건현이 적합한 길이다. 몇몇 보트들은 12~24인치 길이의 탑승계단을 필요로 할 수도 있다. 24인치보다 훨씬 큰 건현이 있는 부유식 잔교들은 넓이가 굉장히 넓지 않은 이상 불안정하고 상당히 무거운 경향을 보인다.

바. 수심

최소 권장수심은 아래의 표와 같으며, 이러한 수심은 대표적으로 흘수가 제일 깊은 선박들을 기준으로 제시된다. 마리나 유역은 파도 에너지를 받기 쉬운 지역이 아니므로 파도나 폭풍 역시 문제가 되지 않는다.

〈표 6.6.3〉 최소 권장수심

보트 길이		최소 수심			
Feet	Meter	Power		Sail	
Minimum		4ft	1.2m	4ft	1.2m
30	9.0	7	2.1	9	2.7
35	10.6	8	2.4	10	3.0
40	12.0	8	2.4	11	3.3
45	13.7	8	2.4	12	3.6
50	15.0	8.5	2.6	13	4.0
55	16.7	8.5	2.6	14	4.3
60	18.2	8.5	2.6	14.5	4.4
65	20.0	9	2.7	15.5	4.7

자료 : Bruce O. Tobiasson 등 공저, "MARINAS and smallcraft harbors", 2003, p. 302

사. 지상의 보트 보관소

지상으로 이동된 보트들의 실제 밀집 정도는 해당 위치의 지형과 시설물들의 밀접도, 그리고 마리나 혹은 선박 수리소 담당자의 요구에 달려 있다.

그림은 트레일러의 사용에 기반을 둔 것으로 추정되는 보트 보관소의 밀집도를 나타내고 있다. 트레일러는 선박의 선폭 뒤쪽의 공간을 필요로 하지 않고 대부분의 선박들이 트레일러의 넓이보다 큰 선폭을 갖고 있다고 추측하고 있기 때문에 그림에서 볼 수 있는 것처럼 높은 밀도의 지상 보관소가 가능한 것이다.

자료 : 일본 마린피아 누마즈 마리나

자료 : 일본 마린포트 코치야 마리나

[그림 6.6.5] 지상의 보트 보관소

아. 연료 서비스 시설

일반적으로 매장된 저장탱크는 자연적, 구조적 필요조건들이 서로 갖춰진다면 최고의 선택으로 꼽힐 수 있다. 매장된 탱크는 눈에 잘 띄지 않을 뿐만 아니라 탱크를 매장한 표면을 주차장 혹은 보트 보관소와 같은 다른 용도로 활용할 수도 있다.

지상에서 저장탱크들에는 제방 혹은 유출을 방지하기 위한 다른 보호장비들이 필요하다. 지상의 저장탱크들은 일반적으로 시각적으로 보기에 그리 좋지 않을뿐

[그림 6.6.6] 연료 잔교

더러 공업화된 느낌을 풍긴다.

연료 공급기와 보조장비들의 무게 역시 잔교 디자인에서 고려되어야 할 사항들이다. 추가적으로 연료시설물은 잔교 디자인에서 젖거나 건조된 방화시스템(Fire fighting system)이 요구될 것이다.

연료 공급 파이프 시스템은 일반적으로 분배장치들과 같은 다양한 잠금 밸브, 50피트 정도의 분배장치로부터의 안전거리, 해안에서의 파이프 시스템 마무리, 저장탱크 등을 필요로 한다.

체크 밸브 역시 역류를 막기 위해 필요하며 공급시스템을 사이펀으로 빨아올릴 것이다. 안정시스템을 제공하는 것에 조심할 필요가 있다.

연료 잔교는 보트에 의해 시설 출입이 가능한 곳에 위치되어야 한다. 연료 잔교를 마리나 깊숙이 위치시키면 연료 생산 파이프라인 길이를 줄일 수 있다.

마리나 직원들이 시설 작동을 하기 위하여 돌아다니기 편할 만한 보다 짧은 거리를 제공할 것이지만, 연료 유출 혹은 화재 발생 시 상당히 위험할 수 있다.

연료 잔교는 모든 사람들이 동등한 여가활동을 즐기면서 숙박할 수 있도록 디자인되어야 한다. 연료 잔교에 알맞은 최소한의 넓이는 12피트이다. 이보다 좀더 큰 넓이가 필요할 것이다.

연료 서비스 직원들과 날씨로부터 자유로울 수 있는 특별한 장소를 제공하기 위하여 조금 더 큰 공간이 필요할 수 있다.

연료 잔교의 길이는 크기와 이용에 따른 보트의 종류에 좌우될 것이지만 일반적으로 적어도 2대의 선박을 한번에 관리할 수 있을 만큼 크기가 충분해야 한다.

연료 잔교와 연결된 밧줄걸이 역시 중요하게 다루어져야 하며 쉽게 작동되어야 하고 관리가 잘 되어야 한다.

자. 하수처리시설

많은 지역에서 하수처리시설 구축은 승인 허가를 위한 필수조건이 되고 있다.

연료·수도시스템들과 함께 잔교시스템과 병합된 하수 배출시스템은 잔교 디자인에 있어서 꼭 고려되어야 할 필수사항이다.

파이프, 펌프, 또 탱크의 무게는 잔교의 안정성과 자세에 심각한 영향을 끼칠 수도 있다.

자료 : 호주 시드니 달링 하버

[그림 6.6.7] 하수처리시설

하수 배출장치는 코드 수용이 되는 전기장치들과 분리된 세척능력을 가지고 있어야 한다. 물 배출구들과 호스들은 적합하지 않은 수원지임을 분명하게 표시하고 있어야 한다.

배출시스템의 디자인은 잔교 쪽의 펌프와 하수도 맨홀 혹은 저장탱크와 같은 육상 배출지의 수직의 높이에 의해 결정된다. 파이프를 타고 이동하는 액체의 마찰 때문에 발생하는 선의 손실을 설명하기 위해서는 펌프와 배출지의 거리 또한 고려해야 한다.

차. 서비스 잔교

잔교 근처 서비스 혹은 홀-아웃(Haul-out)시설을 제공하는 마리나들은 예비 서비스 잔교를 필요로 한다. 홀-아웃시설이 제공된다면 서비스 잔교는 전반적으로 지상 근처에 위치하게 되며 홀-아웃 지역으로 보트들을 공급하는 것을 돕게 되는 위치에 건설될 것이다.

8피트 정도의 길이가 권장되는 최소한의 서비스 잔교 넓이이며 10피트 혹은 12피트 정도라면 더욱 바람직할 것이다.

고려사항은 그리 길지 않은 시간 동안 잔교를 사용할 다양한 크기의 선박들을 서비스하기 위한 특별 시설물 및 항해 준비를 하는 선박들이 이용할 수 있도록 한다.

잔교는 튼튼한 펜더를 갖추고 있어야 하며, 충분한 공간의 밧줄걸이 혹은 그 외의 결박장비를 보유하고 있어야 한다.

자료 : 일본 동경 유메노시마 마리나

[그림 6.6.8] 서비스 잔교

카. 복합마리나의 설계

특별한 마리나 설계의 또 다른 형태로는 정박지의 복합적인 이용을 위한 복합마리나가 있다. 복합마리나는 정박하는 배들의 수를 활발히 증가시키고 있으나 전통적인 마리나 정박지의 형태만큼 공간활용을 잘 하고 있지는 않다.

복합마리나는 일반적으로 정박을 하는 보트들에게 여러 가지 시설적인 면에서 서비스를 제공하지 않기 때문에 식음료, 보트 청소시설 및 필요한 서비스들을 즐길 수 있는 공간을 마리나 구역 내의 해안지대에 제공할 필요가 있다.

복합마리나는 적재물들을 허용할 수 있도록 설계되어야 하며 수면의 높이 변화와 선박들의 다양한 기동성을 고려하여 조종하기에 넉넉한 해면인 충분한 공간을 제공해야 한다.

복합마리나의 건설비용은 일반적으로 전통적인 마리나를 건설하는 데 드는 비용보다 더 적다.

이러한 시설물들의 이용은 정박에 대한 엄청난 수요가 나타나지만 제한된 공간을 갖고 있으나 각종 서비스들이 다 필요하지는 않은 도시 항구들에 있어서 매우 이상적이다.

[그림 6.6.9] 복합적 정박지-1

[그림 6.6.10] 복합적 정박지-2

제4절 공공서비스 시설

1. 공공서비스 시설

도로나 수도·가스·전기 등의 공공사업은 마리나의 건설과 운영에 큰 영향을 미친다. 마리나 입지는 도시에서 떨어진 지역에 있는 것이 많아, 비록 근처에 도시가 있다고 하더라도 물가나 해안(海岸)지역이라고 하는 입지조건 때문에 우회하여 공공서비스 시설을 설치하지 않으면 안된다.

주요 공공서비스가 없는 경우 개발을 고려하고 있는 개발업자는 그 입지가 정말 적합한지를 신중하게 검토해 볼 필요가 있다. 하수설비나 도시가스가 없는 경우 화학처리나 프로판가스로 어떻게든 될 수 있으나 수도나 전기가 없는 경우 운영이나 건설상 큰 핸디캡이 된다. 공공서비스 사업체가 예상되는 소비에 대한 비용이 너무 많이 들어 채산이 맞지 않는다고 판단되면 그 근처의 지역까지 서비스를 하고 있다 해도 그것을 연장하지는 않을 것이다.

국가마다 지역에 대한 공공서비스로의 시책 또한 달라지기 때문에 획일적으로 말할 수는 없지만 일반적으로 공공서비스를 요청할 때에는 지역 및 지방마다 공공서비스의 사업체와 문서에 의한 계약을 맺는다. 수도, 하수시설은 지방 공공기관과의 사이에서 개시 일자를 넣어 확실하고 명확한 계약서를 작성해야 할 것이다. 법적 효력이 있는 상태로 하는 것이 중요하여 현시점에서는 아직 없지만 몇 년이 지나면 공공서비스를 받을 수 있다는 등의 구두계약을 신용해서는 안된다.

혹시 공공서비스 없이 마리나를 운영하는 것을 결정한 경우에는 개발인가를 받을 수 있는 공적 기관이 그것에 동의할 것인지 아닌지를 확실히 체크할 필요가 있다.

공공서비스 네트워크는 마리나 개발에 있어 설계와 시공의 후에 어떻게 조합되는지를 머릿속에 넣어두어야 한다. 각각의 서비스를 분석하는 것과 함께 상호의 관련성을 생각함으로써 마리나의 건설수순을 논리적으로 정리할 수 있다.

1.1 입지조건

마리나 입지의 여러 조건은 개발 전이나 후에도 양호한 것이라고 말할 수 없는 것으로 공공서비스의 도입에는 다른 일반지역보다 기간과 경비가 더 든다.

마리나 입지는 공공서비스 시설에 문제를 일으키기 쉬운 습지나 염분을 포함하고 있거나 침수되기 쉬운 토지가 많기 때문에 더욱이 기초 지반공사가 끝난 다음에도 토사(土砂)나 준설에 의한 진흙을 쌓아올리기 위해 새로운 같은 조건의 토지를 만들어내는 일이 생긴다. 지반의 컨디션이 좋지 않을 경우 전기나 수도를 파이프를 통해 설치하는 것은 지하 케이블로 통하는 방법보다 훨씬 리스크가 많다. 지상으로 나오게 하는 것은 바람에 의한 영향으로도 문제가 매우 많아 바람직하지 못하다.

〈표 1.1.1〉 공공서비스 설계순서

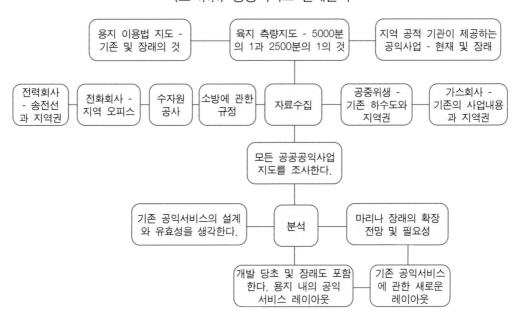

1.2 조사/측량

먼저 지형과 토지의 윤곽을 넓은 범위에서 알아둘 필요가 있다. 육지측량지도(50,000분의 1 및 25,000분의 1)를 보면 그 지역의 대략적인 지역을 알 수 있다. 좀더 자세한 것을 알고 싶으면 토지의 기복을 상세히 나타내고 있는 10,000분의 1이나 2,500분의 1의 지도를 사용하면 좋은데 이들 모든 지역에 대하여 발행되고 있는 것은 없다. 이상 4개의 지도를 근거로 하면 공공서비스 설계에 필요한 토지의 고저나 형태의 크기나 하천, 해안, 항만을 관할하는 공적 기관은 물줄기의 상황이나 홍수의 위험성, 수질오염 등의 정보를 제공해 준다. 공공서비스의 지하공사에 필요한 조건을 결정하는 토양분석(地耐力)이나 건설자재, 경관공사의 적성(適性)을 결정하는 경우에도 도움이 된다.

토양의 샘플링에는 굴착기가 사용되어 그 샘플을 사용하여 엔지니어링상의 각종 실험이 이루어진다. 이 샘플링에 의해 지하수면까지의 거리를 예측하는 것이 가능한데 이것은 어디까지나 이 작업을 행한 시기의 지하수위에 지나지 않으므로 모든 계절이나 비가 오는 상황을 고려하여 행하지 않으면 안된다. 수도나 가스 본관의 배치나 그 매몰 깊이 등 기존 공공서비스에 관한 정보는 육지측량부의 대척도의 지도로 알 수 있다. 더욱 자세한 지도는 공익사업국이나 지방 공공기관에 문의하면 알 수 있는데 거기에는 파이프의 직경, 재질, 관의 연결, 맨홀, 케이블사이즈, 내압도, 설치날짜, 그 후 수리에 대해서 등 상세한 정보가 기록되어 있다. 전기, 가스, 수도 등의 파이프가 모두 깔려 있으나 그 장소가 정해지지 않은 경우는 '파이프파인더'(자력과 전기심지로 지하의 금속성 파이프의 위치를 찾는 기구)가 도움이 된다. 지반의 컨디션이나 어떤 공공서비스가 부설되어 있는가 하는 정보를 미리 알아두면 전기, 가스, 수도 등의 서비스를 시작하려고 할 때 그 운영방법, 매몰깊이, 재질, 레이아웃 등을 결정하는 데 매우 도움이 된다.

1.3 전체 레이아웃

마리나는 단지나 학교나 쇼핑센터 등에 비해서 가스나 전기나 수도 등 공공서비스의 시설에 훨씬 많은 문제점을 지니고 있다. 앞에 서술한 것과 같은 복잡한 지반의 컨디션에 더하여 마리나가 가진 성격상 방파제나 안벽 그리고 부잔교 등 어려운 장소에 설치한다.

전기나 수도를 설치하는 경우 안벽에 병행한 경우도 방향을 바꾼 경우도 안벽에 지나치게 가까워서도 안된다(최저 2m는 공간을 둔다).

대개는 화물운반통로보다도 보도나 갓길 아래에 부설하는 것이 좋다. 그 이유는 다음과 같다.

- 긴급 수리나 통상의 보수, 추가공사 시에 교통을 방해하지 않도록 한다.
- 포장자재에는 간단히 붙이고 띄는 것이 가능한 작은 단위의 사용이 가능하기 때문에 액세스 커버는 간단히 움직여서, 포장단위 안에 깨끗하게 수납 가능하다.
- 교통로 양측에 서비스를 제공하는 경우 그 도로를 따라 좌우 지하에 전선, 가스관, 수도관 등을 독립된 2개의 계층으로 매설하는 편이 좋다. 그렇지 않은 경우 이들을 돌의 중력이나 무리한 압력으로부터 지키기 위해 넣고 빼는 것이 편리한 덕트가 도관 안에 설치되어야 한다. 보통은 포장표면과 심층부의 사이에 밑에서부터 수도, 가스, 전기, 전기통신 순으로 배치한다.
- 전기회사나 가스회사는 공동구나 공통덕트를 사용하여 각각의 서비스를 합리적으로 배선, 배관하는 능력이 현저히 떨어져 있으므로 필요하면 건축가에게 맡기는 것이 좋을 것이다. 그 경우에도 지방 공기관의 승인을 얻어둘 필요가 있다.

가. 공공서비스 매설구

공공서비스를 공급하기 위한 매설구공사가 상당히 대규모로 되는 경우 굴삭기가 필요하다. 토양의 타입과 파는 깊이에 의해 적정한 방토(防土)가 필요하다. 땅을 다지는 것은 가능하면 230~300mm마다 Rammer(지반을 다지는 기계)를 이용하여 확실하게 행하지 않으면 안된다. 땅을 다질 때 사용되는 재료는 자연의 습기를 머금은 것이 좋다.

특히 토양이 불안정한 경우 파낸 흙을 그대로 사용하는 것이 아니라 양질의 모래, 자갈, 쇄석(碎石) 등을 사용하는 것이 좋을 것이다. 가로식 굴착이나 부설(敷設), 땅을 다지는 것이 침수되면 포장공사 실패의 원인이 되는 경우가 많기 때문에 가능한 피하는 것이 좋다. 매설구의 설치공사에 있어서 미루나무, 느릅나무, 버드나무 이외에는 뿌리를 조금씩 잘라도 지장이 없지만, 가스관에서 가스누출이 발생하면 묘목에 큰 손상을 주기에 매설구는 묘목 근처에 있지 않는 편이 좋다.

1.4 급수

급수시스템의 완벽한 건설은 보트나 건물에 급수하는 것뿐만 아니라 소화(消火)상, 위생(衛生)상으로도 불가피한 것이다. 급수는 보통 기존의 급수본관에서 이루어지지만 그 지역의 수도국이 특히 마리나 주변으로의 급수를 별도로 행하고 있는 경우도 있다.

마리나 내의 대부분의 시설에 급수가 필요하다. 이와 같은 리스트를 근거로 하여 전체의 급수량을 견적내고 이 견적에 의해 급수 파이프나 급수본관의 필요 사이즈를 결정하게 된다.

이 리스트에 게재된 이외의 것에도 급수가 필요한 시설은 많이 있다. 다음이 급수를 필요로 하는 것의 대략적인 리스트이다.

- 수제(水際)
  - 방파제의 끝
  - 수상경찰용 보트의 계류장
  - 소화(消火)정 계류장
  - 연료공급선 계류장
- 육상
  - 연료시설
  - 하버마스터 오피스
  - 쓰레기처리장
  - 놀이공간, 모래사장

- 오수화학처리장, 마시는 물 설치장, 건조실, 세탁실
- 공중화장실, 세면실
- 보트 선착장
- 게이트 키퍼 및 경비 장소
- 그라운드 정비원의 급식장과 도구창고
- 그라운드용 급수장
- 세차장

　급수장치는 염수에 노출되거나 시즌 중에는 사용이 많아지기 때문에 품질이 좋은 것을 사용해야 한다. 급수파이프의 재질을 선택할 때에는 다음과 같은 점이 큰 포인트가 된다.

- 설치의 용이성
- 전체 예산
- 공사기술의 정도
- 토양의 상태(토양의 화학분석, 내압성)
- 염분, 물에 노출되는 정도
- 습기의 변화
- 매설관 주위의 토사(土砂)의 종류와 상태
- 공사기술자의 경험

〈표 1.4.1〉 파이프 재료의 특성

재질	장점	단점
주철	매우 강하다. 대부분의 조건에 부합하며 내구력이 높다.	화학제로 열화의 가능성도 있다. 매우 무겁다. 특별한 부속품이 필요. 틈새를 메워야 한다.
PVC 예를 들어, Alkathene, Telecohtene, Vulcahtene	부식에 강하다. 간단하고 빠르게 결합한다. 기온변화에 강하다. 가볍고 조립이 간단. 다소의 유연성이 있다. 화학작용을 일으키지 않는다. 매끈한 표면으로 동결(凍結)에 강하다.	지면 압력으로 뒤틀린다. 내부의 압력에는 어느 정도 강하다.
asbestos (석면)	화학작용을 일으키지 않는다. 비교적 가볍다. 비교적 저렴하다.	너무 가볍다. 깨지기 쉽다.
납(鉛)	매우 고가로 현재는 수로 수리에 이용한다.	
nylon (나일론)	나일론이라고 하는 것은 다양한 형태의 것을 총칭하는 말로 그 안에는 관 모양으로 된 것이 있는데 물을 6~7% 흡수하는 것으로 급수파이프용으로는 맞지 않는다. 학명(學名)상, 혼동하지 않도록 번호가 붙어 있다. 11번과 12번은 급수파이프용이다. 자외선을 통하지 않는다. 검은색만 사용한다.	

자료 : Donald W. Adie, 마리나, 舵社, 1988, p. 269

가. 파이프의 사이즈

표준 및 피크 시의 수요, 수압, 방수방법 등의 주요사항은 각 해당기관에 따라 해석이 다르다.

급수본관 사이즈와 설치장소는 통상의 이용목적이나 수도꼭지 수에 의한 것이 아니라, 소화(消火)에 어떻게 대응 가능한지를 중시하여 결정되는 것이 있다. 통상 그 경우의 본관 직경은 최저 101.6mm가 요구된다.

계류잔교에 설치하는 수도꼭지에 관해서 말하면 파이프 지름과 수도꼭지의 관계는 이하의 것과 같다.

- 직경 12.7mm : 3~5개소의 수도꼭지
- 직경 19.0mm : 10개소의 수도꼭지
- 직경 25.4mm : 30개소의 수도꼭지

나. 잔교로의 급수

계류하고 있는 보트로의 급수는 일반 로스트 키 타입의 수도꼭지가 사용되어 핑거 피어와 통로가 교차하는 곳에 위치하고 있다. 1개의 수도꼭지를 공유할 수 있는 것은 겨우 8척까지로 가능하면 2~3척으로 하는 것이 좋다.

통로의 끝을 통과하는 덕트를 사용하여 배관하면 보수도 간단하고 손상도 없다. 덕트 안의 파이프를 V형으로 파고들어 설치해 두면 기지재가 흔들리는 것도 방지할 수 있다. 고정식 잔

[그림 1.4.1] 급수파이프

교라면 문제가 없으나 부유식 잔교의 경우 통로를 따라 파이프를 설치하면 파이프의 탄력성에 문제가 발생한다. 폰툰이 각 연결부분에서 따로따로 움직이는 경우―파도의 움직임과 사람이나 도구의 움직임에 의해 발생―파이프도 똑같이 움직이지 않으면 안된다. 탄력성이 있는 재질의 파이프라면 특별한 연결부분은 필요하지 않을 수도 있는데 파이프는 폰툰 사이의 움직임의 최대 폭 이상으로 휘어지면 안된다(예를 들어 엄동(嚴冬)기 등에). 이것이 가능하지 않은 경우에는 각 결합부에 유연한 소재로 만들어진 특별한 연결부분을 넣지 않으면 안

된다.

이전에는 같은 목적으로 수도관용의 특별한 연결부분이 설계되었으나 현재는 사용되지 않는다. 적절한 플로테이션시스템에서 이 문제는 설계단계에서 해결되지 않으면 안된다.

조석 간만에 어떤 급수시스템을 대응시키는가는 매우 큰 문제이다. 이것은 폰툰에 물을 보내는 육상 쪽에 고정된 수도꼭지에도 관련되어 있다. 육상의 수도꼭지에서 유도하는 호스는 수위의 변동이 최대 1.5m로 적으면 유연성 있는 플라스틱 호스로 충분하다. 이 경우, 핸드샤워에 설치되어 있는 금속 스파이럴의 유연한 보호재의 안을 통하면 좋다. 수위변동이 큰 곳에서는 자동 릴(reel)을 최고수위보다 위가 되도록 안벽 측에 설치하여 유연한 수도파이프를 거기에 확실히 말아서 저수위에도 처리 가능하도록 한다. 제3의 방법은 육지와 폰툰을 연결하는 램프의 하단에 파이프를 비치하여 그 파이프의 양끝을 유연한 조인트로 결합하여 육상에서 폰툰으로 물을 공급하는 방법이 있다.

다. 동결에 의한 피해

수도관을 762~914mm 이상 지하에 매립한 경우 어떤 기후에도 동결의 걱정은 없다. 이것보다 얕은 경우나 폰툰의 통로를 따라 설치하는 경우에도 단열재를 사용하면 방지할 수 있을 것이다. 하지만 단열재를 사용하면 경비도 많이 들고 부피도 커진다. 방파제나 폰툰을 시작으로 해수를 뒤집어쓰기 쉬운 곳에 저압전력을 끌어오는 것은 피하는 편이 좋다. P.V.C파이프는 조금 팽창해도 파열되지 않는 장점이 있다. 엄동(嚴冬)에는 파이프가 파열하지 않도록 파이프 각각의 단락의 가장 낮은 위치에 있는 Drain cock(배수전)에서 배수가 가능하다. 시즌 오프에는 거의 모든 마리나가 시설들의 보존을 위해 배관의 물기를 제거하고 있다. 잔교를 따라가는 배관의 물은 여름에는 미지근하고 느낌도 좋지 않지만 커버를 씌우거나 덕트에 넣으면 이것을 상당수 막을 수 있다.

라. 파이프의 피복

피복(Lagging)에는 여러 종류의 형식과 다양한 방법이 있다. 물과 파우더를 섞어서 파이프에 칠해 단단하게 하는 방법은 보기에 별로 좋지 않고, 가공에는 어느 정도 높은 습기가 필요하여 마르기까지 시간이 걸린다는 점에서 별로 선호되지 않는다. 그 때문에 이미 성형하고 있는 피복재를 사용하는 것이 일반적인 방법이다. 이들은 광물 면이나 글라스 파이버, 폴리에틸렌 등으로 되어 있어 그 내경 사이즈가 실제 파이프 외경에 맞추어서 성형되고 있다. 이들은 일반 종방향을 따라 2분할되어 있어 가공 시에는 1개의 재료로 파이프를 포함한 다음에 삼베로 말아 도장한다. 금속성 피복은 설계와 가공을 확실히 하면 쉽게 푸는 것이 가능

[그림 1.4.2] 각종 파이프의 연결

하기에 보수가 간단하다. 하지만 보수나 수리 시 귀찮은 탈착작업을 하지 않으면 안된다.

보수를 하는 데에는 모든 배수설비용 램프에 관해서 적절한 지식이 필요하다. 배수설비에 있어서 녹슨 물, 먼지, 부식은 최대의 적이므로 정기적인 체크가 필요하다.

마. 소화설비

[그림 1.4.3] 마리나 내의 소화장비

먼저 설계단계에서 소방청의 안내를 받는다. 이것은 단순히 인명존중의 입장뿐만 아니라 소방청의 요청으로 급수본관의 크기나 설치장소, 토지의 배치나 피난로의 레이아웃이 결정되기 위한 것이다. 새로운 마리나나 기존의 도크나 하버를 개조한 마리나는 소화설비부분에서 많은 문제점을 안고 있다. 토지의 모양이 일그러진 것이 많기 때문에 한 번 불이 난 경우 불이 크게 확장될 위험성이 높다.

하버에서 급수호수로 물을 끌어들이려 해도 소방청은 급수본관의 지름을 102mm로 하여 각 주요부분에 이음 파이프를 설치할 것을 요구한다.

소화전, 호스릴, 이음 파이프의 설치장소는 소방청의 승인이 필요하다. 통상의 설치장소는 아래와 같다.

- 규정 사이즈의 급수본관의 옆
- 소방장치가 그들의 설치장소에 지장 없을 때 상(上)방향 및 지상의 장애물이 없고, 발밑이 튼튼한 장소
- 소화장치나 호스 등은 계류시설이나 건물을 커버하여 잘 알려진 장소에 둘 것

통상 소화장치는 펌프구조차 또는 사다리구조차 둘 다 무게는 8.5~10톤, 폭은 1.83~2m,

방수반경은 18.3m의 것과 22m의 것이 있다. 통로의 폭은 적어도 3.66m는 필요하다.

어떤 종류의 소화장치를 어느 위치에 준비하는가는 마리나의 크기나 건설재료의 상태에 의해 달라지지만 그들은 이하의 리스트 안에 포함될 것이다.

- 급수본관
  - 파이프 이음세, 소화전, 호스릴, 소화용 전등을 설치한다. 설치장소나 수, 종류에 대해서는 급수본관 자체의 사이즈와 같이 소방청이 지시를 준다.
- 하버 내의 방화(防火)용수
  - 장치라고는 말하기 어렵지만 소방청의 소방차가 방수 가능한 상시방화용수이다.
- 소화용 보트
  - 미국의 큰 마리나에서는 이것을 항상 준비하고 있다.
- 소화용 통로
  - 소방청이 폭, 유턴용 로터리, 지내(地耐)력, 설치장소를 규정하고 있다.
- 소화기
  - 화재의 종류에 따라 다목적용의 분말소화기구, 특수한 화학소화기, 분상(粉狀)소화기 등이 준비되어 있다. 이들은 초기 소화용으로서 매우 중요하여 마리나에 설치하는 것은 물론이고 계류보트의 안에도 구비되어 있을 필요가 있다.
- 소방기구의 집중설치 장소
  - 이것은 마리나의 중심부에 위치하고 바로 갈 수 있는 장소가 아니면 안된다. 거기에는 물·모래용 양동이, 소화기, 소화용 모포, 큰 빗자루 등을 준비한다. 이들은 도시에서 떨어진 지역에서의 초기 소화에 도움이 된다.
- 호스 릴
  - 이것은 급수본관에 연결되어 있어 작동하면 넓은 범위를 빠르게 소화하여 효과적이다. 사용법이 간단하다는 이점이 있어 비치되어 있으면 소화기보다 그 효과가 크다. 사용법이 어려운 소화기와 달리 소모품이 아니다.
- 휴대용 소화펌프
  - 마리나에서 사용되고 있는 파이프는 보통 큰 차륜을 가진 수동식 소화포(砲)로 연장호스가 설치된 것과 그렇지 않은 것이 있다. 마리나의 부지 내나 고정식 잔교에서는 사용할 수 있으나 부유식 잔교용은 아니다.

<표 1.4.2> 휴대용 소화기의 특징과 사용방법

소화제	보통 사이즈	분사거리 (m)	특징과 사용법	화재의 종류	비고
물	5~10L	10	냉각, 침투작용이 높고, 불의 번짐을 막는다. 전도성이 있는 것과 가연성 액체의 불을 확대하는 단점이 있다.	A	화학제, 이산화탄소 압축공기 또는 질소
포(泡)	10L	8	불을 두텁게 덮으면서 적셔 불의 번짐을 막는다. 유동성 액체에는 통하지 않는다. 또 액체 안에는 포(泡)를 녹이는 작용을 하는 것이 있으므로 효과가 없는 단점이 있다.	A~B	화학제
분(粉)	1~14kg	3~8	전기가 통하지 않는다. 가연성액체의 화재에서는 포(泡)보다 효과가 빠르다. 하지만 냉각작용이 없다.	B~C	질소 또는 이산화탄소
이산화탄소	1~7kg	1.5~3	물건의 침수 등의 손해를 남기지 않는다. 포(泡)보다 효과가 빠르고 흐르는 액체 불등에 효과가 있다. 전기를 통하지 않지만 냉각작용은 없다.	B~C	고압 컨테이너
휘발성 액체	1.5~5.5kg	2.5~6	전기를 통하지 않는다. 빠르게 분사 가능하다. 소규모 화재에만 사용할 수 있다.	B~C	질소

자료 : Donald W. Adie, 마리나, 舵社, 1988, p. 276

바. 가스본관

가스본관에서의 지관(技管)은 일반 육상의 건물용으로 설치하여 잔교에는 기술상의 문제나 위험이 있는 곳은 설치하지 않는다. 2개의 가스배관을 설치할 경우 관의 각각의 직경은 25.4mm로 보도 및 500mm에 설치한다. 매설 후 가스관에 닿을 것은 거의 없으나 밸브를 개폐하거나 고인 수분을 제거하기 위해 펌핑을 행하는 경우도 있다.

본관은 보통 철이나 스틸제로 최소직경이 100mm, 지면보다 600~700mm 아래 매설된다.

사. 액화석유가스

가스통에 채워진 LPG는 선상에서는 자주 사용되는 것으로 클럽하우스나 매점에서 사용하기에도 편리하고 좋다. 보트 오너는 위험성을 잘 숙지해 둘 필요가 있다. LPG는 공기보다 무거우므로 선박 밑으로 가라앉으면 더욱 위험하다. 보트로 가스통을 싣거나 빈 가스통을 회수하는 작업은 매우 간단하여 손이 많이 가지 않기 때문에 마리나 업무로서 수익성이 높다. 또 대용량의 가스통을 설치하면 거기에서 필요한 부분에 도시가스의 준비된 방법으로 공급하는 것이 가능하여 개별 검침기계를 부착하는 것도 가능하다.

LPG는 도시가스나 천연가스에 비하여 열량이 높고 중량에 비교하여 고성능이기에 운송이나 보관이 편하다. LPG는 주로 프로판과 부탄으로 크게 나눌 수 있는데 양자의 기본적인 구분은 프로판이 부탄보다 비점이 낮아 저온에서 기화하기 쉬워 공업용으로서 대량으로 사용하기 때문에 옥외의 큰 탱크에 보관하는 용도로 이용된다.

아. 저장탱크

[그림 1.4.4] 가스 저장탱크

저렴한 임대료로 특별하게 가스의 저장용으로 만들어진 탱크를 이용할 수 있다. 이것은 기기장치나 가스유출, 압력조절 등을 완비한 특별한 것으로 대용량의 프로판단위는 12t을 최대로 다양한 사이즈의 것이 있다. 이 탱크는 지면보다 위에 띄워 설계되어 유류보급선에 의해 정기적으로 충전된다. 대용량 탱크에 요구되는 일반적인 설치장소의 조건으로서는 옥외에서 콘크리트제의 토대에 의해 수평으로

보존되어 유류보급선에 근접하기 쉽다. 설치장소의 실제넓이나 토대에 대한 상세한 것은 설치를 기획하는 단계에서 가스의 공급회사로부터 지시가 있겠지만 설치하는 탱크의 크기나 수에 의해 변화한다. 또 탱크의 크기나 수는 예상되는 소비량의 최대치와 그것에 의해 산출되는 보충 스케줄을 근거로 결정된다.

탱크의 설치나 필요한 파이프공사는 보통 가스의 공급회사가 청부하게 된다. 계약자가 직접 기술자를 사용하는 것도 가능하지만 이 경우 파이프의 사이즈나 연결기, 파이프의 배관, 보로에 대한 어드바이스를 가스공급회사로부터 받을 수 없을 것이다. 공사가 완성되면 가스공급회사가 시스템 테스트와 밸브나 제어장치의 조작 테스트를 해줄 것이다.

자. LPG가스통 저장

편리성과 안전 확보를 위해 LPG가스통 사용 시에는 공급회사나 소방청으로부터 저장과 취급방법의 어드바이스를 받을 필요가 있다. 마리나 스태프가 가스통을 설치하거나 그것을 선박으로 운반하는 등의 일은 자주 있는 일이다. 가스통을 저장하는 공간도 필요하지만 그

것을 운반할 때 필요한 도르래나 트레일러도 필요하다. 이하에 서술한 10가지 포인트는 취급설명서의 주된 설명이다.

- Bombe저장지역은 출입금지로 주의 팻말을 세운다.
- LPG Bombe는 같은 종류의 것과 함께 보관하는 것이 가능하지만 산소나 염소 등과 함께 있어서는 안된다.
- LPG 저장을 위한 건물은 내화성이 높고 환기도 잘 되도록 특별히 설계된 것이어야 한다.
- Bombe는 모두 직각으로 세워 보관하며 지면보다 낮은 곳에 두거나 지하실이나 배수구 근처에 두어서는 안된다.
- 저장구역은 일반 사람이 가까이 가지 않도록 하고 화기를 엄금한다.
- 5,000kg 이상의 가스를 저장하는 경우 소화설비에 대하여 소방청의 지시를 받는다.
- 전기 부속기구류는 방폭성(防爆性)의 것으로 한다.
- 상점 안이나 숙박시설이 있는 오피스 안에서는 15kg 이하로 저장한다.
- 건물 내에 저장장소를 설계한 건물에서는 1,000kg까지 한다.
- 건물이나 다른 부지에서 최저 어느 정도 떨어져 있는 것이 좋은지는 저장되어 있는 가스의 총량이나 그 장소의 허용 최대 저장량 등에 따른다.

일반적으로 연간소비량 3,000kg 이하의 마리나는 가스통의 교환대금을 지불하면 공급회사를 통해서 저렴한 가격으로 구입가능하다. LPG는 이동수단, 건축장비, 운반트럭, 엔진일반, 발전기 등의 동력원으로서 사용가능하다.

저장고와 통로의 설계
- 저장고의 최대 저장량은 3만kg을 넘어서는 안된다.
- 지게차용 저장선반 사이의 통로는 2.5m 이상, 지게차용이 아닌 경우는 1.5m 이상이 아니면 안된다.
- 저장고의 높이는 최대 2.5m를 넘어서는 안된다. 또, 저장고의 각 칼럼LPG의 양은 지게차용으로 110kg, 그렇지 않은 경우는 55kg을 넘어서는 안된다.

1.5 배수 · 하수설비

가. 주된 배수시스템

두 가지의 주된 배수시스템은 다음과 같다.

● 오수와 빗물을 같은 파이프에 통과시키는 Combine system

● 오수와 빗물을 각각 평행한 파이프로 통과시키는 Separate system

■ 오수파이프의 배치는 가능한 굴곡이 없는 것으로 짧고 직선인 여러 개의 서브 파이프가 1개의 메인 파이프에 연결되도록 설계하지 않으면 안된다. 맨홀에서는 1개나 2개의 커버를 벗기면 바로 파이프의 장애물을 제거할 수 있도록 한다. 맨홀은 파이프의 방향이 변하는 지점에 없어서는 안되므로, 필연적으로 건물 코너에 설치하게 된다. 경사는 파이프의 직경이나 재질, 연결방법에 의해 달라지는데 일반적으로는 다음과 같다.

● 직경 101mm - 1 : 40에서 1 : 70

● 직경 152mm - 1 : 60에서 1 : 100

■ 배수관은 지면보다 762mm 이상에 있어서는 안된다. 이 설비의 환기는 화장실용 오수 파이프를 수직으로 설치하거나 파이프의 중간에 바깥공기를 넣는 입구를 만들거나 한다. 이들은 통상 부지의 경계주변에 설치한다.

나. 사용재

도제(陶製)파이프

● 보통 직경 101~152mm로 콘크리트 토대 위에 두거나 건물 아래를 통할 때에는 두께 152mm의 콘크리트를 주변에 박을 것

합성수지제 파이프

● 오수나 노면(路面) 배수에 적합하다. 화학약품에 강하다. 콘크리트 토대는 필요 없다. 보통 길이는 3m로 접속에는 Coupler가 붙어 있으므로 접착제가 필요 없다.

주철제 파이프

● 건물 아래 등에 이것을 사용하면 도제(陶製)파이프처럼 콘크리트로 감쌀 필요가 없다. 파이프의 길이는 2.7m로 모든 아스팔트를 도포하여 보호할 필요가 없다. 접속에는 유연한 자재신축의 접속부품을 이용하면 좋다.

🎱 파이프 연결부분의 접착제

- 파이프 연결부분은 모두 유연하지 않으면 안된다. 그 때문에 고무링을 사용한다. 이 재질은 파손되기 쉬우므로 특히 고정시킬 때나 습도변화에 민감한 상태에서는 파이프나 파이프 연결부분을 파손할 위험성이 있다.

[그림 1.5.1] 각종 파이프

다. 오수용 파이프, 오수류, 정화조

하수도본관의 시스템이 닿지 않는 지역에서는, 마리나의 부지 내 하수처리시스템을 만들어, 오물제거방법(보통은 지역의 공적 기관이 한다)을 정기적으로 하지 않으면 안된다. 최근 하수처리의 방법은 매우 깨끗해지고 기술도 우수해졌다. 처리설비건설에 드는 비용이 허용 범위 안에서 끝나면 하수도본관이 통하지 않는 것이 마리나 용지의 치명적인 단점이 될 것은 아니다. 정말 좋은 설비라면 오수처리방식에 신경 쓰는 사람은 없을 것이다.

빗물은 별로 문제는 없다. 깊이 1.2~1.5m의 구멍을 건물이나 포장된 도로에 조금씩 떨어진 곳에 뚫어 모래나 돌을 안에 채운다. 물이 잘 침투하는 백악층, 사력(砂礫 : 모래와 자갈)층 모래사장의 지역에서는 특별히 필요 없다. 물이 침투하지 않는 토양의 지역에서 빗물 등의 지상배수는 배수구 등으로 인도하거나 구(溝)를 만들어 강이나 바다로 배출하게 된다.

오수류나 오수조는 큰 원통형 탱크이다. 크기는 직경 1.5~3m, 깊이 3~4.5m로 보통은 전체가 흙 안에 완전히 매립되어 있으나 안에는 반만 매립되어 있다. 방수 커버를 준비한 내부에 물이 들어가지 않도록 하여 점검용 맨홀을 만들어 3~4개월마다 오수를 펌프로 빼낸다. 토영을 통해서 여과하는 방법(침투성 높은 토양의 경우)도 아직 허가되고 있는 곳이 있지만 이것은 별로 바람직하지 않다. 이것은 단순히 인간의 건강에 미치는 위험성뿐만 아니라 내륙부 수역 등에서는 여기에서 흘러나온 성분에 의해 풀이나 수초가 필요 이상으로 번식하는 폐해를 발생시킬 수 있기 때문이다. 일본의 경우 1963년 수자원조령에서는 수질에 영향을 미치는 경우 오수를 처리하지 않는 채로 흘려보내는 것을 금지하고 있다.

지중에 설치된 벽돌로 된 큰 공간에서 도입된 오수는 거기에서 여과되어 발생한 침전물이 박테리아에 의해 정화처리된다. 침전물을 통과한 오수는 다른 공간으로 옮겨져 재차 여과처리를 받는다.

오수류에 관해서는 지역의 공적 기관이 표면관개(灌漑)에 의해 2차적인 허가를 하고 있는

데 이것은 내륙부의 닫힌 장소의 수역에서는 바람직하지 않다. 지역에 따라 오수를 바다에 배출할 가능성이 있을 것이다. 세정제를 너무 사용하는 것은 정화조나 탱크의 고장원인이 되고 그 결과로서 더 큰 설비나 보다 빈번한 오물제거작업이 필요하게 된다.

하수처리 및 오물제거의 방법으로는 전통적인 수법을 사용한 특허 시스템이 몇 개쯤 있다. 그 안에서도 대부분은 조립식 건물의 조립용으로 콘크리트 박스를 사용하여 현장작업도 거의 불필요하다. 제조회사에 문의하면 사이즈, 타입, 설치장소, 경비 등을 간단히 알 수 있다. 어떤 시스템에서도 중요한 것은 그것이 지역 공공기관에 승인되는 것인지를 초기단계에서 확실히 해두는 것이다. 오물의 정기적인 제거작업과 함께 설비의 설계나 설치위치에 관한 승인권한은 지역의 공공기관에 있다.

라. 오물 관리

보트에서 나온 쓰레기나 오물의 처리는 마리나 측의 책임이다. 보트의 화장실에서도 오물을 바다에 직접 배출할 수 없기 때문에 오수탱크를 설치한 오물 보관식을 사용할 수밖에 없다. 그 결과 정규 화장실 설비가 있는 마리나에서도 오물 보관용 오염처리시설을 만들 수밖에 없게 되었다. 오물용기 안의 내용물을 방취장치를 붙인 구멍을 통해 하수도로 버리는 작업은 보통 보트오너(또는 마리나의 스태프)가 하고 있다. 버리는 장소는 보통 계류장 근처의 특수한 작은 창고(약 1.8×1.8×2.1m)의 안에 있다. 거기에는 지면에서 50cm의 장소에 스테인리스제의 하수통이 있어 하수통과 빈 컨테이너를 세정하기 위한 스프레이용 호스가 붙어 있다. 또 하수통 쪽에는 컨테이너에 두는 튼튼한 선반에 붙어 있다. 화학처리한 오수라도 반드시 정화조에 흘려보내는 것이 좋다고 할 수는 없다. 그것에 의해 분해용 박테리아가 죽어버리기 때문으로 이와 같은 경우 오수는 하수도에 직접 흘려보내든지 탱크에 버려서 지역 공적 기관이 수거하러 오도록 해야 한다.

마. 설치장소와 주변정리

지금까지 서술한 오수조, 정화조, 오염처리시설, 공중화장실 등은 용지의 정비를 신중히 하여 주위에는 마리나 경관을 생각해 나무를 심는 것이 좋다.

1.6 전기

🔌 마리나에서 사용되는 전력은 주로 이하의 종류로 구분할 수 있다.
- 마리나 건설용

- 육상 건물용
- 현관 조명·방범시스템용
- 보트 제조·수리·서비스용
- 보트 핸들링·보관장치용
- 보트에서의 사용
- 수문 및 특별한 장치용

가. 건설 중의 전력공급

이것은 주로 건설회사의 책임이지만 그 안전은 착공하는 모든 사람들의 이익과 연결되어 있다. 건설현장으로의 전력공급은 항구 시설로의 전력공급과 같이 신중하게 해야 한다. 다음과 같은 것에 전력이 필요하다.

- Plant 및 용구
- 건축공사 : 콘크리트 양생(養生)이나 건조 등
- 조명·난방
- 급탕
- 요리

전선은 방수가 잘 되는 견고한 것을 사용하여 지면보다 위로 올려 고정할 필요가 있다. 준비하는 전력과 부속용구는 다음과 같다.

- 415/240v 중압전력공급(외국에서는 일반적으로 110v를 이용하지만, 영국에서는 415/240v를 이용한다.)
  - 지역 공적 기관의 케이블
  - 퓨즈
  - 변압기
  - 미터기
  - 서브 메인 컨트롤·기어용 퓨즈
- 저압전력공급(110v단상 및 3상 교류)
  - 스테프다운 변압기

[그림 1.6.1] 마리나의 전력과 수도공급장치

- 현장용 컨트롤 기어
- 소켓(socket)이나 회로 보호물이 붙은 휴대용 단위

나. 육상건물

육상건물로의 전력공급은 마리나 이외의 시설과 다른 것이 없다. 전기를 관할하는 지역의 공적 기관에 상담해야 하며 거기에서 설치 어드바이스를 받을 수 있다. 변압기실이나 어떤 특별한 안전장치, 특히 방습케이블, 유연한 커넥션, 퓨즈의 설치 등을 의무화할 것이다.

중앙전력배급시스템에는 보통 415v(송전용 전압)와 240v(현장용 전압)가 있다. 호텔이나 공장, 공공건물은 대개 4개의 배선(3상용과 예비전선)이 있다. 더욱이 큰 건물에서는 3,300, 6,600, 11,000v의 공급이 있다. 통상의 경우 고압으로 끌어들인 선은 매설구를 통하여 지하 약 60c의 장소에서 가스관 등과 떨어져 배선되어 있다. 이 끌어들인 선은 각 건물 내의 배전반에 끌려들어가지만 거기에는 다음과 같은 장치가 필요하다.

- 케이블로부터 습기를 방지하는 실링실
- 전류차단기(breaker)
- 미터기
- 배전반

전력수요가 있는 마리나는 배전반에 있는 미터기 이외의 모든 장치를 책임지고 관리한다. 배전반에서 여러 가지 회선에 대한 퓨즈를 통해 전류가 흐른다.

다. 가선(架線) 및 기구

가선은 가능한 짧게 끝내도록 하여 전체 시스템의 표준보다 위의 레벨의 것이 요구된다. 유연한 타입의 비닐피복케이블은 절연이 쉽고, 녹지 않고 타기 어려운 재질로서 적합하다.

- 가선보도를 따라 부설한 것으로 비닐피복케이블을 사용한 경우 반드시 필요하다. 케이블을 차도나 건물 아래를 통하게 할 수 없을 때에는 직경 100미리의 도제(陶製)덕트를 통하게 한다.
- MICC(Mineral-insulated, Copper-covered Cable)는 안벽과 워크웨이를 접속하는 램프 및 등을 시작으로 물이나 염분이나 산 등과 같은 금속의 부식을 일으키기 쉬운 물질이나 마모 등으로부터 지키지 않으면 안되는 곳에서의 사용에 적합하고, 설치 시에 특별한 보호처치를 할 필요가 없다.

● 소켓(socket)은 사각형태의 3개의 각 플랜에 대응하는 표준타입을 사용한다. 안전장치로서 플러그에는 특정 전압에 대응하는 퓨즈가 설치되어 소켓(socket)에는 스프링이 붙은 Breaker를 통해서 전류가 흐르는 구조로 되어 있다. 국제적인 플러그 통일기준은 아직 검토 중이지만 영국에서는 13Ampere, 3개 각 퓨즈에 붙은 플러그도 BS1363 소켓을 보급하고 있다.

라. 가선(架線)의 레이아웃

이것은 부하(負荷)량의 패턴을 결정하여 목적에 맞는 바른 케이블 전기허용량을 결정하는 것으로 가능한 전기기사에게 맡기는 것이 가장 좋다. 계절이나 기후의 변화에 의해 전력수요는 변한다. 최근까지 영국에서는 최소한의 육상시설용의 전력공급 외에 불가능한 마리나가 몇 개 있었다. 하지만 이들 마리나에 있어서 당연한 일이면서 다른 레크리에이션 시설과 같은 전력공급이 필요하게 된다. 겨울에도 난방이나 조명, 수리를 위한 전력수요는 크고 오너 중에는 선박의 습기를 내리기 위한 목적으로 겨울 중 자동온도조절장치가 있는 히터를 튼 채 놔두는 사람도 있다.

총 전력소비량을 견적내는 경우 충분한 전력공급이 가능한 도시에서는 별로 신경 쓰지 않아도 되지만 지방이나 시골과 같은 지역이나 신개지(新開地) 등에서는 공급처인 공적 기관이 마리나건설이나 당초 및 장래의 수요에 알맞은 전력을 공급해 줄 것인지 확인해 둘 필요가 있다. 전력 공급방법이나 거기에 따르는 시설은 영구적인 것으로 해야 하며 그 때문에도 처음부터 지하매설 등을 채용해야만 한다. 빨리 개발을 시작하고 싶은 경우 일시적인 공급을 받게 되기 쉬운데 한 번 이와 같은 방법에 타협해 버리면 계속 같은 방식을 고집해 버리는 결과를 나을 수 있다.

변두리나 지반의 컨디션이 좋지 않은 곳은 따로 두고 표준적인 마리나에서는 다른 곳과 비교하여 전기의 레이아웃, 가선, 장치에 관해 특별히 곤란한 점은 없다. 시스템 설치에서 특별히 주의가 필요한 것은 젖은 상태에 있는 것으로 보통보다도 질 높은 재질이 요구된다. 계류장이나 다른 오프쇼어 지역으로의 공급은 특별한 배려와 특수한 부속품을 필요로 하는데 경험 있는 전기업자에게 상담하면 해결 가능하다.

부잔교로의 배선은 필요한 퓨즈나 Earth장치에 붙은 육상 방수배전반에서 끌어들인다. 여기에서 MICC 배전 케이블이나 외장·절연 처리한 유연한(플라스틱 피복케이블) 지하수로를 통해서 보도 옆에 설치된 덕트를 따라 간다. 폰툰 부분에서는 유연한 파이프 연결부분이나 루프가 필요하게 된다. 물을 덮어쓰는 위험한 상황에서는 그와 같은 상황에서의 실례를 근거로 배선하면 된다. 전력공급처인 공적 기관에서 계량방식의 어드바이스를 받을 필요가 있다. 1개의 배전반을 복수의 부잔교에서 공유하는 경우 저마다 체크 미터를 구분하도록 한다. 별로 정확하지 않고 충분한 방법이라고는 말할 수 없지만 체크 미터를 설치하는 대신에 각 콘센트마다 와트 수를 정한 퓨즈를 설치하여 각각의 보트 오너가 지불을 하는 시스템도 있다. 이렇게 하면 사용가능한 전력의 크기는 한정되어 버리지만 사용기간을 한정하는 것은 없다.

전주에 의한 전선은 낡은 마리나에서는 가끔 보이는데 보기에도 좋지 않고, 요트 마스터에 닿을 위험성이 있어 채용하지 않는 것이 좋다.

레이아웃의 설계를 할 때 중요한 것은 육상시스템과 해상시스템을 별도의 변압기를 사용하여 갈라놓는 것이다. 이것은 보통 케이블이 안(岸)을 떨어지는 곳이나 중앙의 램프 옆에 부착한다. 변압기실에서 보도를 따라 전기가 이어져 각 지선에는 회선 Breaker를 설치한다.

〈표 1.6.1〉 전기공급이 필요한 사항

육상	해상	해안선
마리나의 건설	잔교・통로조명	보트이동 설비
조명・난방	plaid light・수중조명・특수효과	급유소
환기・에어컨	동력으로	세관・하버사무소
냉장・조리	동력으로	경비상 필요한 곳
지상조명	조명・난방	-
진수로	TV・라디오	-
주차장	전동공구	-
특수효과	전화	-
경비용	경찰・소방정	-
보트제조・수리	수문	-
마리나 작업장	마리나에 들어가는 수로나 그 외의 해상조명	-
운송부문 작업장	-	-
배터리 충전	-	-

자료 : Donald W. Adie, 마리나, 舵社, 1988, p. 282

마. 전광게시판

국내 및 국제 수준의 보트경기대회가 개최 가능한 마리나에는 전광게시판이 필요하다.

경기 개최 중 심판원 외에는 해상에 나갈 수 있는 사람이 거의 없다. 시간이나 선박의 위치는 감시정에 의해 전광게시판 옆이나 그 안에 있는 컨트롤 룸에 전해진다.

설치장소는 해상이 가장 잘 보이는 곳이 좋다. 그것은 관객이 망원경을 사용하여(가능하면 클럽하우스 옥상 등의 높이에서) 선박과 게시판 양방을 동시에 보는 것이 가능하기 때문이다. 이런 게시판은 대개 경과시간 표시가 가능하며 빠른 시간에 승자의 시간을 표시하는 것이 가능하다. 조작은 무선 키보드에 의해 행해져 정보가 자동적으로 입력된다.

이러한 장치를 필요로 하는 마리나의 비율은 낮으나 관객의 즐거움을 선사할 수 있고, 보도관계자에게는 큰 도움이 된다. 클럽하우스 내의 작은 인포메이션·디스플레이를 설치하는 것도 있으나 주요 장소에는 큰 것을 배치하는 것이 좋다.

1.7 조명

조명에는 특별한 주의가 필요하다. 마리나의 분위기나 전망, 기능 등도 그 밝기에 따라 상당히 변화된다. 인공조명의 목적은 아래와 같다.

- 통행인, 화물선적, 보트의 안전한 통행을 돕는다.
- 항구를 출입하는 보트의 안내
- 안전성을 높임
- 분위기를 높인다.
- 방향등이나 간판 등을 비춘다.
- 판매, 임대상품의 디스플레이

어두워진 후 마리나의 상황에 대해서는 모든 경우를 생각해서 전체의 설계를 행한다. 따뜻한 여름밤만을 생각하는 것이 아닌 마리나에서는 흔히 있는 강풍이나 겨울의 추운 밤의 경우도 생각해 둔다. 야간에 충분한 조명이 없으면 마리나는 위험하고 음산한 분위기를 풍기는 장소가 되고 잔교나 보도는 특히 그 마리나를 잘 알지 못하는 방문객의 경우 걷기에 매우 나쁘고 위험하다.

조명장치의 종류나 설치방법은 위에 나타낸 목적을 달성하고 있으면 낮과 밤을 불문하고 돋보이게 되어 마리나 전체의 디자인 콘셉트에 맞는 것을 하도록 한다. 바다와 육지 양쪽에서 보는 외관 또한 중요하기에 큰 전신주를 세우면 혼잡스럽기 때문에 좋지 않다.

잔교의 일반적인 램프나 투광조명을 할 때에는 가장자리를 전광조명으로 강조하는 것이 좋다. 이 경우 잔교나 안벽, 손잡이 등의 가장자리에 배색이나 형광페인트를 칠하는 것도 효과적이다.

- 야간 사용으로 조명에 관한 주의가 특히 필요한 경우

- 워크웨이
- 램프, 계단
- 보도
- 공중화장실
- 보트 선착장
- 보트 조작용 장치
- 진입로(마리나로 들어가는 도로)
- 주차장
- 게이트의 경비사무소, 인포메이션 오피스
- 감시를 필요로 하는 곳
- 수문과 하버의 경계
- 라이프 벨트, 소화용 호스 릴

주차장과 진입로 이외는 조명설치 위치를 낮추어서 설치하는 것이 좋다. 높은 곳에서 반짝반짝하면 효과는 떨어지고 보트 조종에도 지장을 받는다. 육상의 보트 조작장치나 주차장 등의 조명은 다른 공공시설에서 사용되는 것 이상의 것이 필요하다. 그것은 안전이나 편리함을 위한 것뿐만 아니라 도난방지를 위해서도 필요하다. 마리나의 조명에 대해서는 더욱 많은 검토와 테스트를 해볼 필요가 있을 것이다. 물이나 정원의 분수에 빛을 비추는 것도 분위기가 있어서 좋다. 같은 시험으로 수중 전광장식이나 수면의 높이에 뜨는 스포트라이트, 색깔 있는 조명, 안벽의 저위치조명 등이 가능하다. 하지만 이들의 시험은 도시지역의 마리나에서 특수한 상황의 경우에만 큰 효과를 기대할 수밖에 없을지도 모른다.

가. 물의 조명

육지와 바다의 높이가 같은 위치라면 정지한 물에서 움직이고 있으므로 육상의 빛이 반사한다. 항상 조석 간만으로 인해 수면이 훨씬 저수위에 있는 경우 직접 조명도 무난하여 반사를 하지 않기 때문에 단번에 위험한 어두운 공간을 만들어버린다. 폰툰을 건너거나 밝은 곳에서 어두운 곳으로 갈 때에는 불안감을 주므로 충분한 조명이 필요하다. 낮은 위치에 있는 보도를 위한 조명은 통상용의 조도로는 불충분하므로 안벽과 램프웨이 등에는 위에서부터 비추는 조명과 발밑 조명을 증설할 필요가 있다.

이 경우 눈부심이 없는 라이트를 사용하여 어떤 수위에서도 안벽의 수직경부에 어두운 부분이 생기지 않도록 빛을 비추는 것이 바람직하다. 이 방법은 물을 덮어쓰거나 부식하기 쉬운 안벽에 조명을 설치하는 방법보다도 좋다. 또 벽 위에 라이트를 설치하는 방법이라도 같은 이유에서 기둥 위에 설치해서는 안된다. 왜냐하면 육지와 해상에서 비추어지는 것이 좋지 않게 되기 때문이다.

나. 육상의 조명

육상시설의 모든 건물을 비추는 것은 비경제적이다. 마리나의 육상조명 대부분은 어둡고 일광이나 클럽하우스에서 받는 빛이 그 대역을 하고 있는 실정이다. 조명은 그 형태나 기능보다 실용적인 기능을 구하는 것과 장식적 성격이 강한 것의 2가지로 나눌 수 있다. 조명의 설치는 검토 시 견적은 전자에 근거하여 행한다. 장식적인 것이나 분위기를 내는 것은 후에 설치한다.

마리나로 들어가기까지의 도로의 조명은 지방 공적 기관(자치단체)의 소관으로 그들의 기관이나 전력회사와 이야기하여 포괄적인 전광조명이나 사용하는 라이트의 디자인 등을 결정한다.

어떤 광원(光源)의 라이트를 하는가는 초기단계에서 결정하지 않으면 안되는데 이것에는 다양한 종류가 있어 어떤 선택을 하는가에서 비용이나 외관, 보수방법이 달라진다. 통상 사용되는 라이트의 특징은 아래와 같다.

〈표 1.7.1〉 조명의 종류

램프의 종류 Tungsten(보통)	명도(明度) 매우 높음	색 良	수명 짧다	제품비용 낮다	유지비용 높다	주된 사용법 플랫라이트, 표지
Tungsten(반사)	빔	良	짧다	낮다	높다	소형 플랫라이트
Tungsten (Halogen)	매우 높음	良	짧다	보통	높다	플랫라이트
저압형광등	매우 낮음	매우 良	짧다	낮다	낮다	플랫라이트, 표지, 터널 내의 조명
저압 Sodium	낮다	황(黃)	길다	보통	매우 낮음	지나가는 길, 터널, 플랫라이트
고압수은등	높다	청(靑)	길다	보통	매우 낮음	플랫라이트
고압수은형광등	보통	良	길다	보통	낮다	지나가는 길, 플랫라이트
고압 Sodium	높다	황(黃)	매우 길다	높다	높다	지나가는 길, 플랫라이트
요오드화수은등	높다	良	매우 길다	높다	높다	지나가는 길, 플랫라이트
고압냉열 냉극선등	낮다	각 종류 있음	매우 길다	높다	보통	표지

자료 : Donald W. Adie, 마리나, 舵社, 1988, p. 285

1.8 전화

전화의 수와 설치장소는 마리나에 의해 달라진다. 혹시 옥외에 전화가 필요하면 각 폰툰 워크웨이의 끝에 하나씩 두는 것도 좋고 탈의실이나 화장실, 라커가 하나씩 모여 있는 마리나에서는 매점이나 전화박스에 하나나 두 개 설치하면 좋을 것이다. 공중전화는 클럽하우스 안이나 근처에 두어 메인 바 전용 전화기는 클럽 안에 설치한다. 큰 마리나에서는 내선 시스템을 두면 스태프가 일하는 데 편리하고 긴급한 경우에도 큰 도움이 된다.

1.9 확성기

이 시스템이 손쉽고 편리한 통신방법으로 긴급 시에 도움이 되는 것은 확인된 사실이다. 요트클럽이나 세일 트레이닝센터에서는 특히 도움이 되는데 보통 마리나에 설치하는 경우는 이용객이나 인근 주민에게 소음이 되지 않도록 관리해야 한다.

1.10 대체에너지와 그 보존

바다나 하구에 있는 마리나는 이 점에서 자연의 은혜를 충분히 받고 있어 이것을 이용하는 것은 현명한 일이다. 바다의 영향으로 연간 평균기온은 내륙부에 비해 높아지고 그 결과 여름은 시원하고 겨울은 따뜻한 연간기온의 수평화현상이 일어난다.

가. 태양에너지

여러 해안 주변에서 조사한 기후는 같은 시간대의 내륙부 기후와 다르다. 내륙부가 구름이 많을 때에 맑은 날씨이거나 내륙부가 맑은 날씨일 때 안개가 있거나 한다. 하지만 연간 기온과 태양광선의 강도는 내륙부보다 높은 나라들이 많다. 해변지대는 차단되어 있는 것이 없이 태양광선이 들어오기 때문에 큰 마리나는 자연 태양에너지를 얻을 수 있는 좋은 조건의 장소이다.

보트시즌에는 해가 길고 따뜻하기 때문에 충분히 이용해야 한다. 그 지방의 일조시간과 그 강도에 대한 정보는 대개 국가를 통해서 얻을 수 있다. 광열비의 상승에 따라 태양열 이용 온수 히터의 설치가 늘고 있다. 수영장이나 마리나 등의 스포츠시설은 여름을 피크시기로 하기 때문에 이 시스템에는 최적이라고 할 수 있다. 수영장에서의 에너지원으로는 지금까지 잘 사용되어 왔으나 최근에는 난방시스템을 많이 이용하고 있다. 마리나 내의 클럽하우스, 모텔, 호텔, 매점, 사무실, 수영장 등은 처음부터 태양에너지 시스템(Solar system)을 넣어 설치하면 좋고 그렇지 않은 경우에도 후에 설치하는 것은 매우 쉽다.

태양에너지 시스템에는 급탕·난방, 냉방, 발전이 포함되어 있는데 그 설치에 있어서는 어떤 집열판 타입으로 할 것인지 옥외와 일체가 된 것을 할 것인지, 독립된 것을 할 것인지 등 여러 변화 속에서 선택할 수 있다.

나. 풍력

마리나 용지에서 풍력을 에너지원으로 사용하는 것은 그 입지조건에서 당연할 것이다. 어떤 시스템으로 할 것인지는 다양한 변화 속에서 선택하지 않으면 안된다.

다. 조류·파도에너지

이것은 마리나의 에너지 공급방법으로 장치가 대규모이기에 현재로는 아직 일반적이지 않고 실험단계에 있다. 해상에 장치를 설치할 때에는 장소를 신중히 선택하여 마크를 확실히 붙여 본선이나 레크리에이션 보트와 접촉하는 일이 없도록 대책을 마련할 필요가 있다.

라. 에너지 보존

이것은 매년 중요시되는 문제로 특히 비바람에 영향을 받는 장소에서는 불가피한 것이다. 방위에 대한 고려나 비바람의 피해를 막도록 해야 하며 건물은 가능한 한 열효율이 좋은 설계로 하지 않으면 안된다. 이중유리나 옥외나 벽(壁)의 효과적인 절연, 태양에너지시스템에서 얻은 에너지 컨트롤, 더운물을 축적하는 것 등은 모두 중요하다.

제6장 슈퍼요트

제1절 슈퍼요트의 의의

1. 슈퍼요트

슈퍼요트는 공식적으로 24m(80ft) 이상의 요트 중에서 전문 선원이 운항하는 고가의 개인 소유 호화 요트로 슈퍼요트협회로부터 디자인 인증을 받은 요트를 지칭한다.

슈퍼요트는 세일링 요트를 포함한 모든 고급 레저선박을 통칭하는 용어라 할 수 있는데 크루즈선박과 더불어 부가가치가 매우 높아 최근 조선산업에서 급속하게 부각되고 있는 선박이다.

해양레저산업이 태동기에 있는 국내에는 아직 잘 소개되지 않은 생소한 선박이지만 세계적으로는 레저보트산업의 대표적인 주자의 하나로 자리매김하고 있다.

일반적으로 슈퍼요트는 "레저보트의 대형화와 고급화의 경향에 부응하면서, 크기는 80ft 이상 500ft 이하의 전장을 가지면서 선내시설이 쾌적하게 설비된 선박"을 말한다.

[그림 1.1] 세계 최대의 슈퍼요트 '두바이호'

2. 슈퍼요트의 분류

세계 럭셔리 슈퍼요트 시장은 지속적인 발전을 하면서 그 크기에 있어서도 점차 길어지고 커지고 있다. 아직까지 슈퍼요트들의 크기에 따라 명칭을 정하는 것에 뚜렷한 구분은 없다. 하지만 대체적으로 3가지로 구분할 수 있다. 초기의 슈퍼요트는 40~80ft 전후의 크기를 가지고 있었다. 현대에 와서 80ft의 요트가 대세를 이루다가 최대 500ft의 슈퍼요트가 탄생하면서 메가요트 혹은 기가요트라는 용어를 쓰기 시작하였다.

아직 정확한 메가요트와 기가요트에 대한 정의는 내려진 것이 없으나 기존의 슈퍼요트보다 더 큰 요트들이 등장함에 따라 메가요트와 기가요트라고 가정적으로 구분하고 있는 것이다.

[그림 2.1] Super yacht : 'Lady Christine'호, 182.5ft(55m)

[그림 2.2] Mega yacht : 'O'Mega'호, 270.6ft(82.5m)

[그림 2.3] Giga yacht : 'Rising Sun'호, 452.7ft(138m)

3. 슈퍼요트의 발전과정과 현황

슈퍼요트 시장은 시시각각 변하는 국제 경제상황에도 불구하고 피라미드의 꼭대기에서 성장을 계속하고 있다. 슈퍼요트는 2003~2004년 기준으로 볼 때 세계적으로 약 507척이 건조되었으며 이후 계속 증가하는 추세에 있다. 2004~2005년 28.4% 성장을 비롯하여 지난 수년 동안 매년 10% 이상 증가하고 있으며 향후에도 지속적으로 성장할 전망이다. 슈퍼요트의 성장추세는 확고한 위치를 차지하고 있으며, 아래와 같은 외형적 영향에도 불구하고 발전추세는 상당기간 지속될 전망이다.

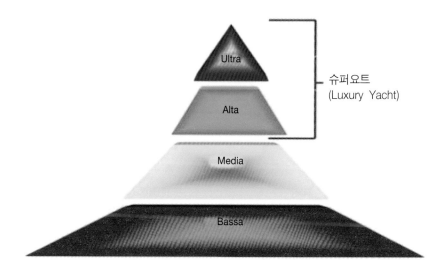

[그림 3.1] 피라미드 범위 내의 슈퍼요트 위치

즉, 세계무역센터, 이라크전쟁에 대한 공격 등 9.11테러로 인해 주식시장의 손실, 사스에 대한 우려, 달러와 엔화의 평가절하 등에도 거의 영향을 받지 않았다.

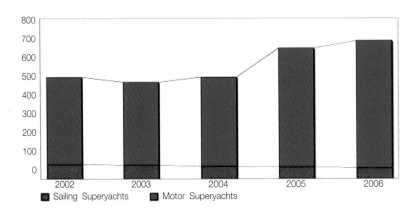

[그림 3.2] 세일링 슈퍼요트와 모터슈퍼요트의 증가율

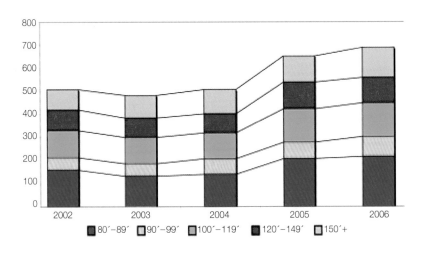

[그림 3.3] 슈퍼요트 선체크기의 증가율

2006년 슈퍼요트 주문량은 668척으로 2005년보다 5% 성장하는 규모를 보였다. 지난 6년 동안 럭셔리 슈퍼요트 시장은 평균 14.3%로 올랐다. 세일링 요트보다 모터 슈퍼요트가 전체 시장의 90%를 차지하고 있으며 그 크기도 연도가 올라갈수록 커지고 있다. 30m 이상 40m 이하보다 40~50m, 50m 이상의 요트 수요가 늘고 있다.

특히, 150ft 이상의 슈퍼요트 시장이 지속적인 성장을 이루고 있는데 이것들의 대부분은 전적으로 사용자의 요구에 의해 만들어지고 있다.

이런 슈퍼요트 부분에서 이탈리아는 세계적으로 잘 알려진 우수한 실력을 갖추고 있다. 이들은 잘 알려진 그들만의 디자인, 스타일링, 실내외 인테리어 등 슈퍼요트에 관한 모든 부분에서 우위를 달리고 있어 그만큼 슈퍼요트 시장에서 지도력 있는 자리에 있다고 할 수 있다. 아래 그림은 슈퍼요트의 생산량에 관한 것과 주요 생산국가의 시장점유율 동향이다.

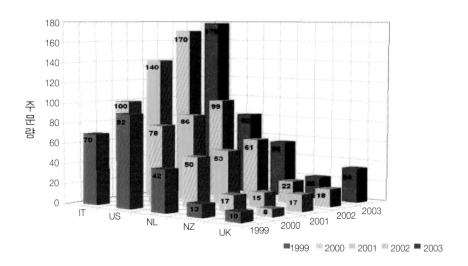

[그림 3.4] 1999~2003년 슈퍼요트 생산량

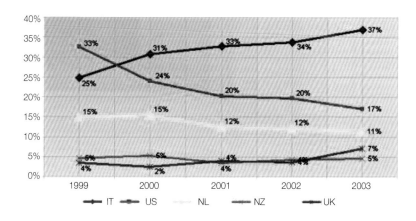

[그림 3.5] 1999~2003년도 슈퍼요트 주요 생산국가 시장 점유율

비록 2003년에 침체했다 해도 이후 다시 지속적인 성장을 보이고 있는 슈퍼요트는 [그림 3.6]의 2006년 세계 모든 슈퍼요트 시장의 슈퍼요트 건조길이 전체 평균을 분석해 보았을 때 84.844ft로 2005년에 비해 11% 증가했다.

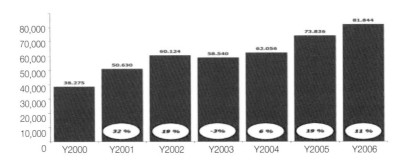

[그림 3.6] 슈퍼요트의 길이 합계 평균

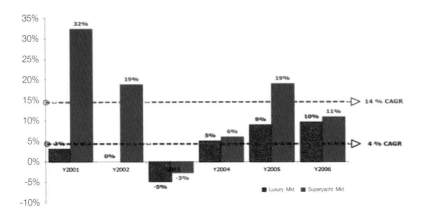

[그림 3.7] 럭셔리시장과 슈퍼요트 시장의 비교

이렇게 시장과 함께 슈퍼요트가 발달하면서 해마다 메가급의 슈퍼요트들이 탄생하고 있다. 그중 지금까지 만들어진 가장 큰 슈퍼요트는 '두바이호'이다.

[그림 3.8] 두바이호의 외형

2006년에 건조된 두바이호는 '골든스타 및 플래티넘 프로젝트'의 결과로서도 유명하다. 또한 2008년 가장 크고 가장 비싼 요트로 알려졌다. 두바이호는 두바이의 통치자인 '셰이크 모하메드 빈 라시드 알 마크툼'을 위해 만들어졌는데, 단지 개인의 요트라기보다는 정부의 슈퍼요트라고 볼 수 있다. 이 거대한 슈퍼요트는 531ft로 비용이 자그마치 3억 달러에 이른다고 한다. 선체와 요트 상부는 독일 요트 제작기술자 Blohm & Voss와 독일 디자이너 Lurssen이 맡았고 인테리어 같은 경우는 앤드류 위치에 의해 디자인되었다.

이 두바이호는 바비큐 파티장, 디스코장, 대형 시네마, 스쿼시 코트장, 체육관, 헬기 착륙장소 등 시설이 갖춰져 있다.

이와 같은 현재의 슈퍼요트는 안정성, 선회성, 스피드 등 최고의 기능을 요구하고 아름다운 외관, 안락한 실내공간이 요구된다. 슈퍼요트 디자인 능력에서 최고를 달리는 이탈리아를 비롯해 네덜란드, 미국, 영국, 프랑스 등 요트 선진국이 슈퍼요트산업을 이끌고 있다.

4. 슈퍼요트의 특징과 구조

슈퍼요트는 일반적인 요트와는 달리 크루즈선급에 맞먹는 육상의 콘도와 비슷한 개념으로 연안에서의 휴식이나 레저를 위한 공간으로 사용되고 있는 중대형 초호화요트이다.

이런 슈퍼요트는 표준화되어 대량생산을 하는 보트와 달리 선주 개인의 요구사항과 아이디어를 수렴한 주문제작방식으로 생산되어 디자이너 역량, 선주 취향, 실내외 인테리어 재료와 컬러 그리고 시대적 디자인 경향 등이 혼합되어 선박마다 독특한 매력을 지니고 있다.

하지만 설계 시 몇 가지 고려해야 할 사항이 있다. 그 크기나 항해범위를 고려하면서 국내 및 국제적인 규정과 제한사항을 따라야 한다는 것이다. 선박안전에 관련된 국제협약 'SOLAS'에 따르면 슈퍼요트는 사고발생 시 국제적으로 문제를 일으키는 여객선이나 화물선과는 달리,

[그림 4.1] '슈퍼요트 velvet35'호의 실내외 모습

유람용 성격이 강하여 국제법으로 제재를 가하지 않는다는 예외조항이 있다. 그러므로 안전에 관한 사항은 선주와 조선소의 계약에 따라 달라진다. 단, 슈퍼요트 승무원에 대해서는 국제노동기구의 규정에 의거하며 슈퍼요트가 국내항해를 넘어 국제항해까지 생각한다면 설계 시 장래 방문하게 될 국가의 규정을 미리 고려하여 입항을 거부당할 일이 생기지 않게 하여야 한다.

1.1 슈퍼요트의 외관

[그림 1.1.1] 돌고래를 닮은 듯한 'oculus'호

　슈퍼요트의 총체적인 외관 디자인을 이루는 형태나 선, 스타일의 조화는 보는 이로 하여금 아름다움을 제공하면서도 활동무대인 수면 위에서 안정감과 속도감을 확보하여야 한다.
　슈퍼요트 외관 디자인은 현호와 상부구조물 하우스, 선수, 선미, 창으로 이루어지며 이 모든 것이 조화되었을 때 슈퍼요트의 전체적인 스타일이 완성된다.

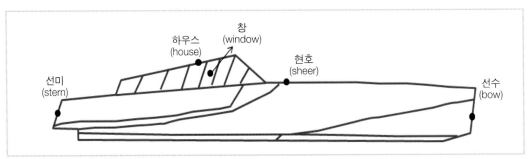

[그림 1.1.2] 외형 설계

가. 선체(Hull)

슈퍼요트의 선체는 취향에 따라 Round bottom형, V형, 쌍둥선형 등 여러 가지 선형으로 건조되는데 크기가 큰 경우 선저 부양하중이 크게 증가하는 V형은 줄어들고 있다.

Round형은 전통적이고 일반적이며 속도가 변하더라도 트림의 변화가 적고 비교적 안정적인 주항이 가능한 것이 특징이며 항해를 추구하는 선주들이 주로 찾는다.

V형은 고속항주 시 선저의 형상에 따라 물을 배제하여 접수면적을 줄이도록 설계된다. 이 선형은 고속항주를 즐기는 선주들에게 인기가 많지만 일반적으로 활주선형은 배의 크기가 커질수록 선저에 가해지는 하중이 커져 효율이 떨어진다.

복합선체는 Round형과 V형의 장점만을 취한 것으로 선체의 일부는 라운드형으로, 나머지는 브이형으로 설계된 선체다. 이것은 라운드형이 주는 안정성과 브이형이 주는 고속성능을 적당히 혼합하려는 목적으로 만들어진다.

나. 갑판(Deck)

가장 먼저 슈퍼요트의 외관을 결정하게 되는 갑판의 수는 선박의 규모를 결정한다. 갑판은 바텀데크(bottom deck), 로데크(lower deck), 메인데크(main deck), 어퍼데크(upper deck), 선데크(sun deck) 등으로 이루어진다.

그중 선데크는 가장 높은 곳에 위치한 데크로서 스카이라운지로 이용되는 실외공간이며 선미 데크와 연결된다. 이곳에는 실외 식탁테이블, 그릴 바, 선 베드가 설치되고 텐더보트가 있을 시 보트와 함께 크레인 등 그 외 장비를 설치할 수 있다.

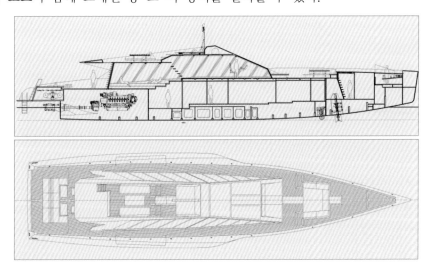

[그림 1.1.3] '125wallypower' lateral section(위), deck layout(아래)

다. 현호(Sheer)

현호는 요트의 측면에서 바라볼 때 뱃머리에서 선미까지 선각 윗부분의 선을 말한다. 이 라인은 상부구조물인 하우스와 하부구조물인 선각을 시각적으로 구분하면서 동시에 선수 및 선미부와 연결되는 선으로 확연히 드러나는 디자인 요소이다.

현호의 유형은 크게 S라인, 바나나, 볼록, 오목, 계단, 플랫 형으로 나눌 수 있다. 슈퍼요트에서 가장 많이 볼 수 있는 현호는 계단형으로서 선수가 가장 높고 선미 쪽으로 단을 형성하며 내려가는 선형으로 전통적인 외관 스타일을 갖추며 3, 4개의 상갑판을 가지는 중대형 모던 스타일이 많다.

[그림 1.1.4] 'Caressa K'의 계단식 현호라인

라. 하우스, 창, 선수, 선미(House, Window, Bow, Stern)

슈퍼요트의 상부 구조물을 이루는 하우스는 현호와 함께 라인이 중시된다. 특히 하우스라인의 중요 요소인 하우스 탑과 루프라인은 선수 및 현호라인과의 조화가 필요하며 모든 루프라인은 선수 쪽을 향해 기울어 있다.

창의 모양은 외관에 큰 영향을 주기 때문에 하우스 및 선체와의 비례관계를 고려하여 창의 크기와 형태의 디자인이 잘 고려되어야 한다. 원형이거나 정사각형 창은 전통적인 클래식 요트에서 많이 나타나며 모던 스타일의 선박에서는 각지거나 둥근 코너의 사다리꼴 창이 사용되기도 한다. 이외에도 요즘은 자신의 개성을 살리기 위한 다양하고 새로운 형태의 창 모습들이 나타난다.

[그림 1.1.5] 'OH Que Luna'호의 전통적
창 모습

[그림 1.1.6] 'Hatteras 80'호의 현대적
창 모습

슈퍼요트의 외관을 완성하기 위한 마지
막 단계는 선수와 선미 부분이다. 이 부분
은 수면과 접하는 부분으로 디자인의 심
미성 이외에도 해양에서 선박의 안전과
추진성능 등 기능적인 측면에서도 중요하
다. 선수는 현호와의 조화를 통해 전체적
인 진행감을 나타내줄 수 있고, 선체의 중
심부분과 매끄러운 연속성을 가질 수 있는
형상으로 모델링되어야 한다.

[그림 1.1.7] 'Azimut 103s'호의 선미부분

선미부는 일반 선형의 선미부와 달리
매우 복잡한데 특히, 선미부의 'Revers transom'은 빔과 트랜섬 규모 증가에 따른 중량 감소
의 장점을 가지며 출입구, 계단, 사다리, 수영 플랫폼, 텐더보트 게이트 등이 집중되어 구조
와 기능에 적절하게 대응해야 한다.

1.2 슈퍼요트의 실내

슈퍼요트의 실내는 외관 디자인만큼 신경을 써야 하며, 아름다워야 하고 어떠한 해상조건
에서도 안락하고 쾌적할 수 있도록 설계되어야 한다. 투박한 일반 선박과는 달리 슈퍼요트
의 매력 중 하나인 이 실내공간은 인테리어 디자인이 가장 중요하며 심미성을 포함하여 동
선 설계, 최적 공간배치기법, 공기조화설비 등을 사용하여 기능적이면서 경제적인 실내공간
이어야 한다.

슈퍼요트의 실내 공간구성은 갑판에 따라서도 달라지는데 갑판의 명칭은 완벽히 정립되지 않아 소유주나 요트회사에 따라 자체적으로 칭하고 있다. 보통의 슈퍼요트에는 3, 4개의 갑판이 들어가는데 주로 로데크, 메인데크, 어퍼데크 등으로 나뉜다. 이 데크들 안에 계획된 공간들은 각 요트마다 선주의 취향, 디자이너의 역량, 요트의 크기 등에 따라 달라지기 때문에 모든 슈퍼요트가 똑같이 구성될 수는 없다.

가. 상 갑판(Upper deck)

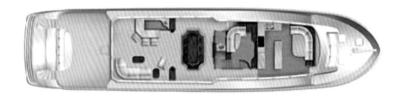

[그림 1.2.1] 해터러스호의 상갑판

이곳은 조종실이 위치해 있으며 주로 실외 식사공간이나 휴식공간으로 이용된다. 또한 메인살롱에 이어 두 번째 살롱이 있는데 이것을 종종 스카이라운지라 부른다. 상갑판 바로 위에 Sun deck가 존재한다. 스카이라운지는 상갑판이나 Sun deck 어느 곳에든 설계가 가능하다. 또한 다양한 각종 룸이 있으며 선장의 개인적인 공간, 오피스, 보트데크 등이 있다.

선수에 위치한 조종실은 중앙 홀, 또는 로비계단에서 진입이 가능하다. 조종좌석과 소파, 데스크가 배치되고 인접한 곳에 통신실과 캡틴실이 위치한다.

[그림 1.2.2] velvet 35호 조종실

[그림 1.2.3] velvet 35호 실외 휴식공간

나. 전망 갑판(Sun deck)

어퍼데크의 지붕으로서 상부 오픈공간이다. 여기에는 조종실이나 스카이라운지, 선탠베드, 자쿠지 등이 설치된다.

[그림 1.2.4] velvet 35호 선탠베드   [그림 1.2.5] Nadara35호 스카이라운지 제2조정실

스카이라운지는 안락한 의자, 소파, 대형 전망 윈도가 특징을 이룬다. 그 외, 바와 스크린 TV, 음향시설 등 오락시설이 설치된다.

[그림 1.2.6] 2007 슈퍼요트 디자인상을 수상한 'TRIPLE SEVEN'호의 스카이라운지

다. 주 갑판(Main deck)

[그림 1.2.7] TRIPLE SEVEN호의 마스터룸

[그림 1.2.8] velvet 35호 메인살롱

아늑한 응접실이 준비되어 있고 룸과 살롱, 로비, 실외공간, 식탁, 바, 주방, 마스터룸, 다이닝룸이 있다. 이곳은 선박의 구심점이 되는 갑판으로 중앙부 주출입구와 메인 홀에서 계단을 통해 승객동선과 승무원동선으로 구분되는 곳이기도 하다.

메인데크, 혹은 브리지데크에 위치하는 선주의 마스터룸은 주 출입홀과 연결되고 오피스와 통하게 되며 킹사이즈 침대, 드레스룸, 자쿠지, 화장실, 수납공간, 냉장고, TV 등 가장 고급스럽게 설계된다.

[그림 1.2.9] TRIPLE SEVEN호의 다이닝룸

메인살롱은 보통 안락한 소파, 게임테이블, 바, 대형 스크린 TV, 엔터테인먼트 시스템이 계획되고 다이닝룸과 연결된다.
메인살롱과 연결되어 있는 다이닝룸은 파티션, 가구 등으로 구분되며 주방과 주출입홀 등이 직접 연결된다.

라. 하 갑판(Lower deck)

수영플랫폼과 게스트룸, 샤워룸, 엔진실, 승무원 숙소, VIP룸, 텐더보트 등이 자리잡고 있다. 선미부의 트랜섬은 수영플랫폼과 선미 쪽 주출입구 역할을 한다.

[그림 1.2.10] 'velvet 90' 텐더보트

[그림 1.2.11] TRIPLE SEVEN호의 게스트룸

승객을 위한 공간으로 트윈 또는 더블침대, 화장실, TV, 수납공간 등이 계획되어 있으며 좌현과 우현으로 구분되어 2~4개의 객실에 승객 4~8인을 수용하는 것이 일반적이다. 또한 따로 마련된 VIP룸은 게스트 룸보다 중요한 공간으로 킹사이즈 침대가 제공되면서 더욱 멋스러운 실내공간으로 설계된다.

트랜섬 타입의 선미에 위치하며 주출입 계단으로 승선하는 공간이며 수면과 접하는 공간으로 텐더보트와 제트보트를 이용할 수 있도록 계획된다. 이곳은 계단을 통하여 메인데크로 연결된다.

[그림 1.2.12] 'velvet 90호'의 수영플랫폼 및 테라스

제2절 세계의 슈퍼요트산업

1. 슈퍼요트산업의 동향

슈퍼요트산업은 지난 수년 동안 매년 10% 이상 증가하고 있으며 향후에도 지속적으로 성장할 전망이다.

2006~2008년 사이 요트 수주건수는 유럽이 5%가량 증가하고 미국은 3% 정도 감소, 나머지 지역들이 1% 미만으로 감소했다. 그중 슈퍼요트의 최강국이라고 불리는 이탈리아가 37%의 비중을 차지하고 있다.

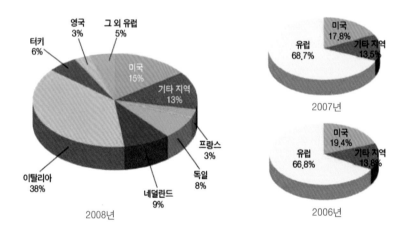

[그림 1.1] 국가별 슈퍼요트 주문 건수

〈표 1.1〉 2008 세계 요트생산 5대국

국가명	순위		총 선체길이	평균 선체길이 (ft)	수주량
	2008년	2007년			
이탈리아	1	1	49,475ft(15,080m)	116	427
미국	2	2	13,300ft(4,054m)	129	104
네덜란드	3	3	10,486ft(3,196m)	161	65
독일	4	5	9,123ft(2,780m)	294	31
대만	5	6	6,867ft(2,093m)	95	71

자료 : Show Boats International(The 2008 Global Order Book)

　요트 전문지인 'The Yacht Report'는 2010년부터는 건조능력을 훨씬 뛰어넘는 많은 주문량이 기다리고 있다고 분석했다. 그리고 한 요트 조선소 관계자에 따르면 2007년의 95%가 30m 이상의 슈퍼요트였다고 하며, 요트 전문지 'Yacht France Magazine'에 따르면 26미터 이상 요트를 가장 많이 건조하는 국가는 이탈리아라고 한다. 이탈리아는 2007년 1월부터 11월까지 1만 8,847미터를 건조했으며 이어 미국, 네덜란드, 영국, 독일 등이 뒤를 이었다.

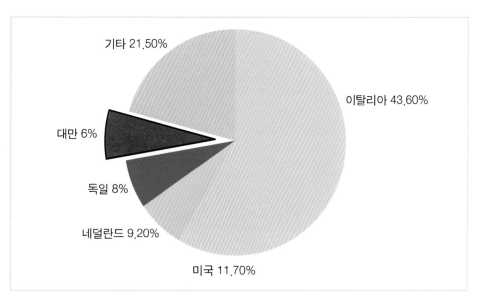

자료 : Show Boats Internation(The 2008 Global Order Book)

[그림 1.2] 주요 국가별 세계 요트시장 점유율

2. 각국의 경쟁력 분석

　아래의 표는 각 나라에 세분화된 슈퍼요트산업의 경쟁력을 나타낸다. 표를 보는 방법은 화살표의 움직임이다. 180°를 기준으로 하여 오른쪽으로 기울수록 해당산업의 발달이 높고, 왼쪽으로 기울수록 발전이 미비하다. 그중 large flybridge와 large open 부분이 전체 슈퍼요트시장에서 87%를 넘게 차지하며 'sport fishing'과 'expedition yachts'를 제외하고 이탈리아가 대부분의 시장을 점유하고 있다.

　이 자료는 진출할 슈퍼요트분야에서 얼마만큼 경쟁력이 있는지를 파악하고 그에 따른 전반적인 평가를 위해 중요하다. 시장 리더로서 콘셉트를 잡을 때 어느 분야가 경쟁력이 있는가를 평가할 수 있다. 각 부분의 슈퍼요트산업은 나라의 경쟁력이나 요팅을 위해 갖춰진 환경을 고려하여 그 특색에 맞는 분야를 발전시킬 필요가 있다.

Business Segment / Paesu	Motor				Sail
	Flybridge	Open	Sport Fishing	Expedition Yachts	Sailing Yachts
이탈리아					
미국					
네덜란드					
뉴질랜드					
중국					
호주					
프랑스					
독일					
캐나다					
대만					
브라질					
러시아					
스페인					
터키					
영국					
이집트					
핀란드					
아르헨티나					
덴마크					
그리스					
필리핀					
폴란드					
싱가포르					
남아메리카					

[그림 2.1] 슈퍼요트산업 국가들의 분야별 경쟁력

416

2.1 이탈리아

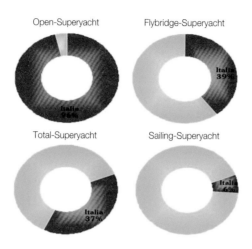

[그림 2.1.1] 이탈리아의 슈퍼요트산업

성능뿐 아니라 디자인에서 차별성이 뛰어난 슈퍼요트는 선체 설계, 인테리어, 외장 등에 있어서 디자인적 요소가 중요하며, 특히 인테리어에 사용되는 다양한 소품들 또한 최상의 가치를 추구하기 때문에 슈퍼요트 제작에는 다양한 분야의 뛰어난 디자인 능력이 요구된다. 이러한 디자인적 특성을 잘 살린 것이 이탈리아를 슈퍼요트생산의 중심지로 성장시킨 중요한 요소라 할 수 있다.

이탈리아는 2000년에 미국을 앞서 슈퍼요트의 주요 생산국으로 부상하였다.

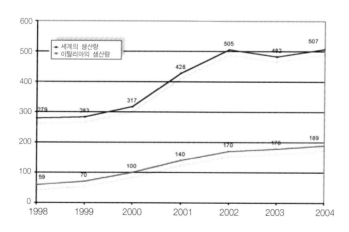

[그림 2.1.2] 지난 7년간의 이탈리아 및 세계의 생산량

417

또한, 수요가 점점 높아지는 요트시장에서 전 세계 고급요트의 45%를 담당한다. 2008년 상반기 요트시장의 44.7%를 생산하며 1위를 지키고 있으며 꾸준한 성장세를 보이고 있다. 이탈리아는 그만큼 매출이 증가함에 따라 슈퍼요트산업에 대한 투자와 관리가 지속적으로 이루어질 것으로 보인다.

이탈리아의 선박업체에 대한 투자도 활발한데 지난해 Leopoldo Rodriguez의 Morgan Yachts사 지분 80%를 Aicon사가 매각한 것을 비롯해 2006년엔 Pentar사가 Franchini International의 지분 48%를 매각하였다. 또한, Cantiere del Pardo는 지난 2002년과 2006년 두 번이나 대주주가 바뀌었고 2002년엔 Intesa BCI와 Credit Agricole가 각각 30%, 10%의 주식을 매각했으며, Rhone Group이 2006년 70%의 주식을 매각한 바 있다.

아래의 표는 각 나라마다 슈퍼요트를 생산하는 조선소의 통계이다.

〈표 2.1.1〉 국가별 슈퍼요트 조선소 수

Rank		Paese	Numero Shipyards
# 1		이탈리아	24
# 2		미국	22
# 3		네덜란드	15
# 4		뉴질랜드	9
# 5		중국	7
# 6		호주	6
# 6		프랑스	6

2.2 호주

호주의 경제환경은 2003년 12월 1인당 GNP 약 4만 달러로 인플레이션 3.1%, 이자율 6.0%의 안정적인 성장을 계속하고 있다. 타 지역에 비해 제조업의 기반이 약하지만 천혜의 자연환경 및 높은 수준의 해양문화를 기반으로 해양레저가 발달한 해양레저산업의 강국이다.

레저장비산업의 기반은 보트 생산업체가 약 410개이며, 판매 및 레저 사업체가 약 1,800개에 이른다. 요트와 보트 보유 규모는 약 587천 척 정도이며 레저선박의 생산능력은 스포츠용 소형, 레저 중소형, 크루저용 고급형, 슈퍼요트 고급형 등으로 수요자의 다양한 욕구에 대응하고 있다. 요트부분에서는 회원제로 운영하는 요트클럽이 많고 인구가 증가함에 따라 개인이 요트를 소유하는 추세로 발전하고 있다. 지역별로는 퀸즐랜드의 요트수요가 가장 크다.

보트이벤트 중에서 5월에 열리는 '쌩추어리코브 인터내셔널 보트쇼'는 물 위에서 열리는 고급 보트이벤트라고 할 수 있다. 아시아 태평양지역에서 가장 규모가 큰 보트 쇼로써 각광받고 있으며 세계 각국의 각종 요트와 슈퍼요트 전시를 비롯해 다양한 부속품인 기계장치, 전자제품 등을 선보인다.

2.3 대만

대만 요트산업은 1970년대 초 미국의 주문제작으로 시작되어 저렴한 임금과 숙련된 기술로 급속하게 성장하고 있다. 대만의 전성기는 1980년으로 제조업체가 100여 개에 달했었지만 1990년대 들어와 임금상승과 물가 영향으로 인하여 업체의 70% 이상이 도태되었다.

전성기에 비해 요트 건조량과 수출량이 줄었지만 대형 슈퍼요트에 치중하면서 단가가 상승함에 따라 수익도 늘고 있다.

대만 요트산업 규모는 선박산업에서 18.9%를 차지하고 있으며 생산능력 역시 매년 증가하는 추세를 보이고 있어 2009년도에도 성장세가 조금씩이라도 계속될 것으로 보인다. 수출동향 또한 안정적이고 증가하는 편이다.

〈표 2.3.1〉 최근 5년간 대만의 요트 수출동향

연도	수출량(척)	수출액(달러)	수출액기준 성장률(%)	단가(달러/척)
2003	269	129,968,540	-17.23	483,154
2004	234	170,007,220	30.81	726,527
2005	238	216,830,960	27.54	911,054
2006	228	206,290,630	-4.86	904,783
2007	236	281,054,080	36.24	1,190,907

자료 : 대만 요트협회

2.4 네덜란드

네덜란드는 우리나라와 비슷하게 국토가 바다와 인접해 있으며 대다수의 사람들이 해수면

보다 낮은 곳에서 생활한다. 네덜란드의 조선산업은 밝은 편으로 해양레저의 발달로 요트관련 선박수요가 증가하고 있다. 대형 선박산업에 있어서는 한국에 뒤지지만 슈퍼요트 등 고부가가치 선박시장에서는 상당한 비중을 차지하고 있다.

네덜란드 슈퍼요트업체는 보통 1년에 1~2척 정도 생산 판매하고 있으며 가격은 최하 2,000만 유로에서 최고 8,000만 유로에 다다르고 있다. 약 170개의 조선소업체 중에서 슈퍼요트급을 생산할 수 있는 조선소는 15개에 이른다.

2.5 뉴질랜드

뉴질랜드는 항해의 도시라고 불리기도 하며 요트와 스포츠레저생활이 각광받는 곳이다. 뉴질랜드는 아주 많은 요트제조업체가 있음에도 불구하고 소량제조에 그치고 있어 대부분 수입에 의존하고 있다. 요트대회에서는 매년 우수한 성적을 거두고 있으며 바람도 좋고 해안선도 길어 요팅을 하기에 무척이나 좋은 자연환경을 가졌다.

뉴질랜드에는 요트전문기술대학인 '유니텍'이 있다. 1년제 보트빌딩코스와 보트디자인 및 프로젝트 매니저 등을 공부하는 3년제 학위과정으로 분류된다. 교육과정 중 제작된 선박은 판매가 가능하여 이를 위해 실제 상업적으로 판매되는 선박의 소재를 동일하게 사용한다. 이는 졸업 후 현업에 바로 투입되는데 지장이 없도록 하기 위한 실무위주 교육방침 때문이다.

이렇게 전문적인 요트학교가 있을 만큼 기술도 뛰어난 뉴질랜드 또한 슈퍼요트산업에서 점점 두각을 나타내고 있다.

[그림 2.5.1] 유니텍대학 요트 건조과정 모습

3. 세계의 100대 슈퍼요트 분석(The World's 100 Largest Yachts)

Ranking (순위)	Yahct Name(요트명)	ft(길이)	비고
1	DUBAI	525ft	Owned by Sheik Mohammed bin Rashid al-Maktoum.
2	AL SAID	508.5ft	Owned by sultan of Oman
3	PRINCE ABDUL AZIZ	482.4ft	Built in 1984
4	EL HORRIYA	478ft	Top speed of 16 knots
5	AL SALAMAH	459.4ft	Top speed of 21.5 knots
6	RISING SUN	452.9ft	Owned by Larry Ellison
7	SAVARONA	446.3ft	Built by Blohm+Voss
8	PROJECT MAY	437ft	Top speed of 20 knots/ cruising speed 18 knots
9	OCTOPUS	420ft	Shipyard in Bremen(Lürssen Yachts)
10	ALEXANDER	397.3ft	1 Master suite, 18 Double cabins, 7 Twin cabins, 1 Single cabin
11	TURAMA	382ft	Shipyard in Rauma(Rauma Shipyard)
12	ATLANTIS Ⅱ	380ft	Built in Greece
13	ISSHAM AL BAHER	379.1ft	Built in Greece
14	PELORUS	375.8ft	Launched in 2003
15	LE GRAND BLEU	349ft	Launched in 2000
16	LADY MOURA	344ft	Owned by Dr. Nasser al-Rashid
17	AL SAID	340.9ft	Top speed 18 knots
18	CHRISTINA O	325.3ft	reBuilt 1954
19	CARINTHIA Ⅶ	318.3ft	maximum speed : 26 knots
20	SEA CLOUD	316.7ft	reBuilt 1978
21	LIMITLESS	315.9ft	Owned by Leslie Wexner
22	INDIAN EMPRESS	311.8ft	Shipyard in Alblasserdam(oceAnco)
23	PROJECT SAFARI	305.11ft	designed by Tim Heywood
24	TATOOSH	303.2ft	Shipyard in Rendsburg(Nobiskrug)
25	ATTESSA IV	302.2ft	Shipyard in Nagasaki (Evergreen Shipyard)
26	NAHLIN	300ft	completed in 2009/2010
27	ICE	295.7ft	2006 world superyacht Awards
28	NERO	295.3ft	Built by Corsair Yachts within the Yantai Raffles Shipyard
29	ASEAN LADY	289.2ft	Owned by Brian chang

Ranking (순위)	Yahct Name(요트명)	ft(길이)	비고
30	MALTESE FALCON	288.9ft	Owned by Tom perkins/Top speed : 24 knots
31	ARCTIC P	287.4ft	Built in 1969
32	KINGDOM 5KR	282.2ft	Shipyard in Viareggio(Benetti SpA)
33	ECSTASEA	282ft	Top speed : 35 knots
34	ALYSIA	279.1ft	Launched in 2005
35	DELMA	279.1ft	Launched in 2004
36	EOS	271ft	Built in Germany(Lürssen Yachts)
37	O'MEGA	270.8ft	Built in Japan(Mitsubishi Heavy Industries Ltd.)
38	OCEAN BREEZE	269.2ft	Owned by Saddam Hussein (president of Iraq)
39	ALFA NERO	269ft	1 Master suite, 2 double VIP cabins, 2 double guest cabins, 1 twin guest cabin
40	BART ROBERTS	264.11ft	Built in 1963/ 1 Owner's cabin, 7 Double cabins, 1 Twin cabin
41	NORGE	263ft	Owned by Thomas Sopwith
42	GOLDEN ODYSSEY	262.11ft	Owned by Khaled bin Sultan (Saudi Arabian Prince)
43	AMEVI	262.6ft	Top speed : 20 knots/cruising speed : 14 knots
44	CONSTELLATION	262.6ft	Top speed : 23 knots/Built in Durban(south Africa)
45	STARGATE	262.6ft	4 VIP suits, 6 guestrooms
46	ATHENA	260ft	Built by Royal Huisman/Shipyard in Holland
47	AL DIRIYAH	258ft	Owned by Sheik Ahmed Yamani
48	DELPHINE	257.11ft	tip speed : 15 knots
49	PRINCESS MARIANA	257.1ft	6 decks/1 Owner's cabin, 2 VIP cabins, 2 Double cabins, 1 Twin cabin
50	TUEQ	257.5ft	Owned by Salman/Top speed : 19 knots/cruising speed : 16 knots
51	EMINENCE	257.2ft	Owned by Horb chamber
52	MONTKAJ	256.1ft	Top speed : 18 knots/cruise at 15 knots
53	LONE RANGER	256ft	1 Master cabin, 2 double cabins, 2 twin cabins

Ranking (순위)	Yahct Name(요트명)	ft(길이)	비고
54	SAMAR	252.8ft	7 Staterooms
55	LADY SARYA	250.7ft	1 Master cabin, 4 Double cabins, 1 Single cabin
56	TALITHA G	247ft	Built in 1930
57	MIRABELLA	246.9ft	Built in Thailand/Top speed : 20 knots
58	PHOCEA	249.6ft	Top speed : 26 knots
59	LEANDER	245.5ft	Owned by sir Douald Gosling
60	DANNEBROG	244.9ft	Launched in 1930
61	ENIGMA	244.5ft	Purchased by Oracle founder Larry Ellison
62	ILONA	241.9ft	uilt for Frenklowy
63	GIANTI	241.2ft	cruising speed : 14.3 knots
64	SALEM	241.2ft	Built for Dutch government in 1964
65	SLBER	240.2ft	established in 2003/cruising speed : 18 knots/132 gallons of fuel an hour
66	SIREN	240ft	Launched in 2008
67	LAUREL	240ft	Built in North America since 1921
68	QUEEN K	238.3ft	Built by Lürssen Yachts
69	RM ELEGANT	237.6ft	Built in Greece
70	CORAL ISLAND	236.3ft	owend by Al sheik Modhassan
71	KOGO	235.3ft	Owned by Mansour/Top speed : 16 knots
72	UTOPIA	234.11ft	maximum speed : 16 knots/ economic speed : 12 knots
73	THE ONE	233.2ft	Launched in 1973
74	SKAT	232ft	Owned by Charles simonyi
75	BOADICEA	231.3ft	Owned by Reg Grundy
76	SAINT NICOLAS	230.3ft	Built in Germany
77	MARTHA ANN	230.3ft	gym/spa pool/bar/VIP cabin/double guest cabin
78	AMADEUS	229.7ft	Shipyard in Wilhelmshaven(Neue Jadewerft GmbH)
79	REVERIE	229.7ft	Built by Benetti
80	SHERAKHAN	229.6ft	10 guest stater rooms/beauty salon /massage room/sauna/fitness room
81	FLORIDIAN	228.2ft	Built in 2003

Ranking (순위)	Yahct Name(요트명)	ft(길이)	비고
82	ATTESSA	225ft	Built by Feadship member Royal Van Lent & Zonen
83	LADY ANNE	224.9ft	Top speed : 17.4 knots
84	KISMET	223.6ft	Top speed : 15.5 knots
85	ALWAELI	223.1ft	Built by CRN
86	AVIVA	223.1ft	Launched in 2007
87	WHITE CLOUD	220.7ft	Launched in 1983
88	ALLURE	220ft	6double cabins/sky lounge/swimming pool/cinema/game room/library/gym /spa area
89	SIRAN	219.9ft	Built by Feadship member Koninklijke De Vries Scheepsbouw
90	ANNA	219.1ft	Designed by Michael Leach
91	APOISE	219.1ft	Top speed : 16 knots/cruising speed : 13 knots
92	AMAZON EXPRESS	219ft	1 Owner's cabin, 5 Double cabins, 1 Twin cabin
93	GOLDEN SHADOW	219ft	Shipyard in San diego(Campbell Shipyards)
94	HAIDA G	217.11ft	Launched 1929
95	TRIPLE SEVEN	217.1ft	Top speed : 17 knots/cruising speed : 15 knots
96	DILBAR	216.7ft	Owned by Alisher Usmanov
97	YAAKUN	216.5ft	Launched in 1987
98	ASTARTE II	213.1ft	1 Owner's cabin, 1 Double VIP cabin, 3 Double cabins, 5 Twin cabins
99	CALLISTO	213.1ft	Top speed : 16 knots/cruising speed 12 knots
100	CEDAR SEA II	213.7ft	Shipyard in De Kaag(Feadship)

자료 : Boat Internatoinal USA, May 2008

마리나 전문용어

- Anchor pile : 계류시키기 위한 말뚝
- Attenuator : 감쇄기
- Berth : 보트를 계류하는 장소 또는, 마리나 부잔교 등에 보관하는 것
- Bulkhead(호안 : 護岸)과 Quay wall(안벽 : 岸壁) : 두 가지 용어는 종종 혼용하여 사용된다. 양자 모두 항만 준공 후, 육지와 바다가 접하는 수역시설의 주변을 나타내는 말이다. 물론 항만 건설 전의 수제선이나 경사면은 포함되어 있지 않다. 양자 모두 방토(防土)벽을 의미하는 것도 있고, 직립(直立)벽과 경사진 벽면을 포함한 것도 있다. 이러한 단면을 가진 방파제를 가리키는 용어의 대부분도 호안 또는 안벽이라고 표현한다.
- Catwalk or finger pier : 좁은 보조의 부유식 잔교
- Channel : 하버로 들어가는 또는 하버 내의 주된 수로
- Clearance : 계류되어 있는 배 사이의 거리, 여유
- Cleats, Rings, and Bollards : 버스 내에서 보트를 확실하게 고정하는 용구, 대형선을 위한 것은 돌핀이라고 함
- Crest : 물마루
- Cribs : 방틀(강철제 틀에 돌을 채운 것)
- Current : 해류
- Decking : 잔교 및 통로(워크웨이)의 상부표현
- Dock : 안벽, 잔교
- Dredge : 준설
- Dry stack storage : 실내 선반식 보트 보관시설, 주로 모터보트용으로 건설되며 최근에는 미관과 안전성을 고려한 태풍에도 견디는 시설로 만들어지고 있음
- Fender : 잔교 및 통로의 모서리를 보호하기 위한 부속자재
- Field wave : 육지로의 파도(육풍)
- Floatation system : 부유식 장치 전체
- Gallery : 물이나 전선 등의 설비를 격납(格納)하는 배관(duct)
- Grawel : 자갈

- Guides : 부유식 잔교를 말뚝에 고정하는 방법
- Hinge : 부유시설에 설치된 것과 같은 종류로 서로 연결하기 위한 금속자재
- HWL : 만조 시 수위(High Wave Level)
- LWL : 간조 시 수위(Low Wave Level)
- Marina basin, yacht basin : 요트 정박소
- Moor : 넓은 의미의 계류, 또는 마리나 이외의 수면에 보류(保留)하는 것
- Mooring pattern : 버스(berth)의 전체적인 배열(arrange)
- Noop : 접속장치
- Orthogonals : 사선형 지도
- Park : 육지에 보관하는 것
- Pier : 계류되어 있는 배에 승선하기 위하여 설치된 고정되어 있는 또는 부유식 시설
- Pontoon or float : 부유식 잔교의 부체부(浮体部). 주잔교를 Spine, 부속잔교를 Finger라고
  도 한다.
- Ramp : 고정된 장소와 부유하는 장소 사이의 통로
- Revetment : 옹벽이라는 용어가 따로 사용되는 경우 이외에는 건설에 의해 새롭게 생긴 육
  지와 바다의 경계는 대부분의 것이 호안에 포함된다. 방파제(breakwater)와 호안은 대부분
  많은 점에서 달라지지만 양자 모두 배면보다 전면에 큰 힘이 작용하고 있다는 점은 같다.
- Riprap : 사석기초
- Rollew : 상하유동접속장치
- Sediment : 퇴적물
- Stone reserve : 돌제(突堤)라고도 하며, 물결·토사를 막거나 하역을 하기 위해 육지에서
  강이나 바다로 길게 내밀어 둑같이 만든 시설
- Stringer : 잔교 및 통로의 범위 및 가장자리
- Submergence : 침수
- Suspension : 부표
- Swirl : 소용돌이
- Tidal : 조수(간만이 있는)
- Tidal current : 조류
- Tidal wave : 해일
- Tolerance : 보트와 계류 버스(berth)와의 거리, 여유
- Traveller bar : 계류용 파일이나 Stringer에 고정되어 있는 계류용 수직 및 수평으로 된 바
- Wake : 항적
- Wind wave : 풍랑(해풍)

 용인대학교 산학협력단
부설 크루즈&요트마리나연구소

1. 조직

- 책임자 : 용인대학교 관광학과 김천중 교수
- 소재지 주소 : 경기도 용인시 처인구 삼가동 470 용인대학교
- 전화번호 : 책임자 Tel. 011-333-1681
                사무실 Tel. 031-8020-2735

2. 연구소 설립목적

- 한반도 미래 선도 산업으로서의 요트관광산업의 발전과 요트인구의 확대로 인한 국민 복지 실현

3. 주요업무

- 요트마리나 설계 및 프로젝트 수행
- 요트 마리나 운영·관리
- 요트항해 교육 및 스쿨운영
- 요트의 수·출입 및 정비관리 대행
- 요트의 부품 개발 및 판매
- 요트산업 컨설팅
- 요트관련 외자유치 업무
- 요트관련 국제전시회(보트쇼) 및 축제기획

4. 발전 방향

- 요트산업관련 창업시스템구축
- 요트와 관광사업의 효율적 네트워크 실현
- 해양관광산업의 발전모색

마리나항만의 조성 및 관리 등에 관한 법률

[시행 2015.6.4.] [법률 제12738호, 2014.6.3., 타법개정]

제1장 총칙

제1조(목적) 이 법은 마리나항만 및 관련 시설의 개발·이용과 마리나 관련 산업의 육성에 관한 사항을 규정함으로써 해양스포츠의 보급 및 진흥을 촉진하고, 국민의 삶의 질 향상에 이바지 하는 것을 목적으로 한다.

제2조(정의) 이 법에서 사용하는 용어의 뜻은 다음과 같다. 〈개정 2015.1.6., 2015.2.3.〉
  1. "마리나항만"이란 마리나선박의 출입 및 보관, 사람의 승선과 하선 등을 위한 시설과 이를 이용하는 자에게 편의를 제공하기 위한 서비스시설이 갖추어진 곳으로서 제10조에 따라 지 정·고시한 마리나항만구역을 말한다.
  2. "마리나항만시설"이란 마리나선박의 정박시설 또는 계류장 등 마리나선박의 출입 및 보관, 사람의 승선과 하선 등을 위한 기반시설과 이를 이용하는 자에게 편의를 제공하기 위한 서 비스시설 및 주거시설(「하천법」이 적용되거나 준용되는 하천구역을 제외한 마리나항만구 역의 주거시설을 말한다)로서 대통령령으로 정하는 것을 말한다.
  3. "마리나선박"이란 유람, 스포츠 또는 여가용으로 제공 및 이용하는 선박(보트 및 요트를 포 함한다)으로서 대통령령으로 정하는 것을 말한다.
  4. "마리나산업단지"란 마리나항만시설 또는 마리나선박 등 관련 산업 및 기술의 연구·개발 등 마리나항만 관련 상품의 개발·제작과 전문인력 양성 등을 통하여 관련 산업을 효율적 으로 진흥하기 위하여 조성하는 것으로서 「산업입지 및 개발에 관한 법률」에 따른 국가산 업단지, 일반산업단지, 도시첨단산업단지 및 농공단지를 말한다.
  5. "마리나업"이란 마리나선박을 대여하거나, 마리나선박의 보관·계류에 필요한 시설을 제공 하거나, 그 밖에 마리나선박 등의 이용자에게 물품이나 서비스를 공급하는 업을 말한다.
  [시행일 : 2015.7.7.] 제2조

제3조(다른 법률과의 관계) 이 법 중 마리나항만 및 관련 시설의 개발·이용과 관련 산업의 육성 등에 적용되는 규제에 관한 특례는 다른 법률에 우선하여 적용한다. 다만, 다른 법률에 이 법의 규제에 관한 특례보다 완화된 규정이 있으면 그 법률에서 정하는 바에 따른다.

제2장 마리나항만에 관한 기본계획

제4조(기본계획의 수립 등) ① 해양수산부장관은 마리나항만의 합리적인 개발 및 이용을 위하여 10년마다 「항만법」 제4조에 따른 중앙항만정책심의회(이하 "심의회"라 한다)의 심의를 거쳐 마리나항만에 관한 기본계획(이하 "기본계획"이라 한다)을 수립하여야 한다. 〈개정 2013.3.23.〉

② 해양수산부장관은 기본계획을 수립하고자 하는 때에는 관계 중앙행정기관의 장 및 관계 특별시장·광역시장·도지사 또는 특별자치도지사(이하 "시·도지사"라 한다)와 협의하여야 한다. 다만, 협의과정에서 시·도지사가 제출하는 의견에는 기본계획과 관련된 시장·군수 또는 구청장(자치구의 구청장을 말한다. 이하 같다)의 의견을 첨부하여야 한다. 〈개정 2013.3.23.〉

③ 기본계획에는 다음 각 호의 사항이 포함되어야 한다.

1. 마리나항만의 중·장기 정책방향에 관한 사항
2. 마리나항만의 입지지표 등 마리나항만구역 선정기준 및 개발 수요 등에 관한 사항
3. 마리나항만의 지정·변경 및 해제에 관한 사항
4. 마리나 관련 산업의 육성에 관한 사항
5. 그 밖에 대통령령으로 정하는 사항

제5조(기본계획의 변경 등) ① 해양수산부장관은 기본계획에 대하여 5년마다 그 타당성을 검토하고, 그 결과를 기본계획에 반영하여야 한다. 〈개정 2013.3.23.〉

② 제1항에도 불구하고 해양수산부장관은 기본계획을 변경할 필요가 있다고 인정되거나 관계 중앙행정기관의 장 및 관계 시·도지사가 그 변경을 요청하는 때에는 이를 검토하여 변경할 수 있다. 〈개정 2013.3.23.〉

③ 제1항 및 제2항에 따른 기본계획의 변경에 관하여는 제4조를 준용한다. 다만, 대통령령으로 정하는 경미한 사항을 변경하는 경우에는 그러하지 아니하다.

제6조(기본계획의 고시 등) 해양수산부장관은 제4조와 제5조에 따라 기본계획을 수립하거나 변경한 경우에는 해양수산부령으로 정하는 바에 따라 그 사실을 고시하여야 한다. 〈개정 2013.3.23.〉

제7조(기초조사) ① 해양수산부장관은 제4조 및 제5조에 따라 기본계획을 수립하거나 변경하려는 경우에는 미리 마리나항만의 조성 및 개발 등에 필요한 자연적·사회적 환경에 관한 기초조사를 실시하여야 한다. 〈개정 2013.3.23.〉

② 해양수산부장관은 제1항에 따른 기초조사를 하기 위하여 필요한 경우 소속 공무원으로 하여금 타인의 토지·어장 등에 출입하여 조사하게 할 수 있다. 〈개정 2013.3.23.〉

③ 제2항에 따라 타인의 토지·어장 등을 출입하는 공무원은 그 권한을 표시하는 증표를 지니고 이를 관계인에게 내보여야 한다.

④ 제1항에 따른 기초조사의 내용·방법 등에 필요한 사항은 대통령령으로 정한다.

제3장 마리나항만의 개발

제8조(사업계획의 수립 등) ① 해양수산부장관은 마리나항만의 개발사업(이하 "개발사업"이라 한다)을 시행하려는 때에는 기본계획에 적합한 범위 안에서 마리나항만의 조성 및 개발 등에 관한 사업계획(이하 "사업계획"이라 한다)을 직접 또는 공모를 실시하여 수립할 수 있다. 이 경우 관계 중앙행정기관의 장 및 시·도지사와 협의를 거쳐야 하며, 관계 중앙행정기관의 장과 협의하는 때에는 「환경영향평가법」 제16조에 따른 전략환경영향평가서의 작성 및 협의를 실시하여야 한다. 〈개정 2011.7.21., 2013.3.23.〉

② 사업계획에는 다음 각 호의 사항이 포함되어야 한다. 〈개정 2013.3.23.〉

1. 개발사업의 명칭
2. 개발사업의 대상 지역 및 그 면적
3. 경관과 환경보전 및 재난방지에 관한 계획
4. 토지이용계획·교통계획 및 공원녹지계획
5. 개발사업 시행기간
6. 재원조달계획
7. 마리나항만의 관리·운영 계획
8. 그 밖에 해양수산부령으로 정하는 사항

③ 지방자치단체 및 제9조제1항제2호부터 제7호까지의 어느 하나에 해당하는 자는 기본계획에 적합한 범위 안에서 제2항 각 호의 사항이 포함된 사업계획을 작성하여 해양수산부장관에게 제안할 수 있다. 〈개정 2013.3.23.〉

④ 해양수산부장관은 제3항에 따라 사업계획의 제안을 받은 때에는 기본계획과의 적합성, 재원조달계획의 실현 가능성 등 대통령령으로 정하는 요건을 갖춘 경우에 제5항에 따라 이를 승인할 수 있다. 이 경우 제1항 후단에 따른 협의를 실시하여야 한다. 〈개정 2013.3.23.〉

⑤ 제1항, 제3항 및 제4항에 따른 사업계획의 작성, 공모, 제안 및 승인 절차 등에 필요한 사항

은 대통령령으로 정한다.

⑥ 해양수산부장관은 사업계획을 수립하거나 승인한 경우에는 해양수산부령으로 정하는 바에 따라 이를 고시하여야 한다. 수립하거나 승인한 사업계획을 변경한 경우에도 또한 같다. 〈개정 2013.3.23.〉

제9조(사업시행자의 지정 등) ① 해양수산부장관은 다음 각 호의 어느 하나에 해당하는 자 중에서 개발사업의 시행자(이하 "사업시행자"라 한다)를 지정하여야 한다. 〈개정 2013.3.23.〉

1. 국가 또는 지방자치단체
2. 「항만공사법」에 따른 항만공사
3. 삭제 〈2011.5.18.〉
4. 「공공기관의 운영에 관한 법률」에 따른 공공기관 중 대통령령으로 정하는 공공기관
5. 「지방공기업법」에 따른 지방공기업
6. 자본금 등 대통령령으로 정하는 자격요건에 해당하는 민간투자자
7. 제1호부터 제6호까지의 규정에 해당하는 자 둘 이상이 개발사업을 시행할 목적으로 출자하여 설립한 법인 또는 공사

② 제8조제4항에 따라 승인을 받은 자는 사업시행자로 지정된 것으로 본다.

③ 해양수산부장관은 사업시행자가 다음 각 호의 어느 하나에 해당하는 경우에는 사업시행자를 변경하거나 그 지정을 취소할 수 있다. 〈개정 2013.3.23.〉

1. 제1항에 따라 사업시행자로 지정된 날부터 제13조제5항에 따른 승인신청 기간까지 같은 조 제1항에 따른 실시계획의 승인을 신청하지 아니한 경우
2. 제13조제1항에 따른 실시계획의 승인을 받은 후 1년 이내에 개발사업을 착수하지 아니한 경우
3. 제13조제1항에 따른 실시계획의 승인이 취소된 경우
4. 천재지변이나 사업시행자의 파산, 그 밖에 대통령령으로 정하는 사유로 개발사업의 목적을 달성하기 어렵다고 인정되는 경우(심의회의 심의를 거쳐 사업의 지속 전망이 없는 것으로 인정되는 경우로 한정한다)

④ 해양수산부장관은 제1항·제2항 또는 제3항에 따라 사업시행자를 지정하거나 변경 또는 취소한 경우에는 해양수산부령으로 정하는 바에 따라 이를 고시하여야 한다. 〈개정 2013.3.23.〉

제10조(마리나항만구역의 지정 등) ① 해양수산부장관은 제8조에 따라 수립하거나 승인한 사업계획에 의하여 마리나항만구역을 지정하거나 변경하고 이를 고시하여야 한다. 이 경우 고시에 관하여는 「토지이용규제 기본법」 제8조를 준용한다. 〈개정 2013.3.23., 2015.2.3.〉

② 해양수산부장관은 제1항에 따라 마리나항만구역을 지정하고자 하는 경우에는 관계 중앙행

정기관의 장 및 시·도지사와 협의한 후 심의회의 심의를 거쳐야 한다. 지정된 마리나항만 구역을 변경하려는 경우에도 또한 같다. 다만, 대통령령으로 정하는 경미한 사항을 변경하는 경우에는 그러하지 아니하다. 〈개정 2013.3.23.〉

제11조(마리나항만구역 지정의 해제) ① 해양수산부장관은 제10조제1항에 따라 지정·고시된 마리나항만구역의 전부 또는 일부에 대하여 다음 각 호의 어느 하나에 해당하는 때에는 그 지정을 해제할 수 있다. 〈개정 2013.3.23.〉

1. 사업시행자가 마리나항만구역으로 지정된 날부터 제13조제5항에 따른 승인신청 기간까지 실시계획의 승인을 신청하지 아니한 경우
2. 사업시행자가 제13조제1항에 따른 실시계획의 승인을 받고 1년 이내에 개발사업을 착수하지 아니한 경우

② 해양수산부장관은 제1항에 따라 마리나항만구역의 지정을 해제한 경우에는 그 사실을 사업시행자 및 관계 행정기관의 장에게 통보하고, 해양수산부령으로 정하는 바에 따라 그 사실을 고시하여야 한다. 〈개정 2013.3.23.〉

제12조(행위 등의 제한) ① 제10조에 따라 마리나항만구역으로 지정·고시된 구역에서 건축물의 건축, 공작물의 설치, 토지의 형질변경, 토석의 채취, 토지분할, 물건을 쌓아놓는 행위, 수산동식물의 포획·양식 등 대통령령으로 정하는 행위를 하려는 자는 해양수산부장관(「공유수면 관리 및 매립에 관한 법률」에 따라 해양수산부장관이 관리하는 공유수면에서의 행위로 한정한다. 이하 이 조에서 같다)이나 관할 특별자치도지사·시장·군수·구청장의 허가를 받아야 한다. 허가받은 사항을 변경하려는 경우에도 또한 같다. 〈개정 2010.4.15., 2013.3.23.〉

② 재해복구 또는 재난수습에 필요한 응급조치를 위하여 하는 행위는 제1항에도 불구하고 허가를 받지 아니하고 이를 할 수 있다.

③ 제1항에 따라 허가를 받아야 하는 행위로서 제10조에 따라 마리나항만구역이 지정·고시된 당시 이미 관계 법령에 따라 허가·인가·승인 등을 받았거나 허가·인가·승인 등을 받을 필요가 없는 행위에 관하여, 그 공사 또는 사업에 착수한 자는 대통령령으로 정하는 바에 따라 해양수산부장관 또는 관할 특별자치도지사·시장·군수·구청장에게 신고한 후 계속 시행할 수 있다. 〈개정 2013.3.23.〉

④ 해양수산부장관 또는 관할 특별자치도지사·시장·군수·구청장은 제1항을 위반한 자에 대하여 원상회복을 명할 수 있다. 이 경우 명령을 받은 자가 그 의무를 이행하지 아니하는 때에는 해양수산부장관 또는 관할 특별자치도지사·시장·군수·구청장은 「행정대집행법」에 따라 대집행할 수 있다. 〈개정 2013.3.23.〉

⑤ 제1항에 따른 허가에 관하여 이 법에서 규정한 사항 외에는 「국토의 계획 및 이용에 관한 법률」 제57조부터 제60조까지 및 제62조를 준용한다.

⑥ 제1항에 따라 허가를 받은 경우에는 「국토의 계획 및 이용에 관한 법률」 제56조에 따른 허가를 받은 것으로 본다.

제13조(실시계획의 수립 및 승인 등) ① 사업시행자가 개발사업을 시행하려는 경우에는 대통령령으로 정하는 바에 따라 개발사업의 실시계획(이하 "실시계획"이라 한다)을 작성하여 해양수산부장관의 승인을 받아야 한다. 승인받은 내용을 변경하려는 경우에도 또한 같다. 다만, 대통령령으로 정하는 경미한 사항에 대하여는 그러하지 아니하다. 〈개정 2013.3.23.〉

② 실시계획에는 사업계획의 내용이 반영되어야 하며, 다음 각 호의 사항이 포함되어야 한다.

1. 실시계획의 대상 구역 및 면적

2. 사업시행에 필요한 토지 및 공유수면의 확보 및 이용계획

3. 재원조달계획 및 연차별 투자계획

4. 환경보전 및 재난방지계획

5. 그 밖에 대통령령으로 정하는 사항

③ 해양수산부장관은 실시계획을 승인하려는 때에는 대통령령으로 정하는 바에 따라 관할 시·도지사 및 시장·군수·구청장의 의견을 들어야 한다. 〈개정 2013.3.23.〉

④ 해양수산부장관은 실시계획을 승인한 때에는 대통령령으로 정하는 바에 따라 관보에 고시하고, 관할 시·도지사 및 시장·군수·구청장에게 관계 서류의 사본을 송부하여야 한다. 이 경우 관계 서류의 사본을 송부받은 시·도지사 및 시장·군수·구청장은 이를 14일 이상 일반인이 열람할 수 있도록 하여야 한다. 〈개정 2013.3.23.〉

⑤ 제1항에 따른 승인의 신청은 제9조에 따라 사업시행자로 지정된 날부터 2년 이내에 하여야 한다. 다만, 대통령령으로 정하는 사유가 있으면 1년의 범위에서 1회에 한하여 연장할 수 있다.

제14조(타인 토지에의 출입 등) ① 사업시행자는 실시계획의 작성 등을 위한 조사·측량 또는 개발사업의 시행을 위하여 필요한 경우에는 타인이 소유하거나 점유하는 토지에 출입하거나 타인이 소유하거나 점유하는 토지를 재료적치장·임시통로 또는 임시도로로 일시 사용할 수 있으며, 특히 필요한 경우에는 나무·흙·돌이나 그 밖의 장애물을 변경하거나 제거할 수 있다. 이 경우 토지의 점유자 또는 소유자는 정당한 사유 없이 이를 방해하거나 거부할 수 없다.

② 제1항에 따라 타인의 토지에 출입하려는 자와 타인의 토지를 일시 사용하거나 장애물을 변경 또는 제거하려는 자는 7일 전까지 해당 토지의 소유자 또는 점유자에게 출입 및 일시 사용하는 자 등의 인적사항, 출입시간, 출입목적 등을 서면으로 알리고 동의를 받아야 한다. 다만, 해당 토지의 소유자 또는 점유자의 부재나 주소불명 등으로 동의를 받을 수 없는 때에는 관할 특별자치도지사·시장·군수·구청장의 허가를 받아 출입하여야 한다.

③ 해 뜨기 전 또는 해 진 후에는 해당 토지의 소유자 또는 점유자의 승낙 없이 택지 또는 담

으로 둘러싸인 타인의 토지에 출입할 수 없다.

④ 제1항에 따라 타인의 토지에 출입하려는 자는 그 권한을 표시하는 증표를 지니고 이를 관계인에게 내보여야 한다.

⑤ 사업시행자는 마리나항만구역에 있는 공유수면에 출입하거나 이를 일시 사용할 수 있다. 이 경우 「수산업법」 등 다른 법률에 따라 공유수면에 대한 권리를 가진 자는 정당한 사유 없이 해당 수면에 대한 사업시행자의 출입 또는 일시 사용을 가로막거나 방해하여서는 아니 된다.

⑥ 제4항에 따른 증표에 필요한 사항은 해양수산부령으로 정한다. 〈개정 2013.3.23.〉

제15조(토지 출입 등에 따른 손실보상) ① 제14조에 따른 토지 출입 등의 행위로 인하여 손실을 받은 자가 있는 때에는 사업시행자가 그 손실을 보상하여야 한다.

② 제1항에 따른 손실보상에 관하여는 사업시행자와 손실을 받은 자가 협의하여야 한다.

③ 사업시행자 또는 손실을 받은 자는 제2항에 따른 협의가 성립되지 아니하거나 협의를 할 수 없는 때에는 토지·물건 등에 관하여 관할 토지수용위원회에 재결을 신청할 수 있다. 이 경우 재결의 신청은 「공익사업을 위한 토지 등의 취득 및 보상에 관한 법률」 제23조제1항 및 같은 법 제28조제1항에도 불구하고 해당 개발사업의 시행기간 안에 할 수 있다.

④ 제3항에도 불구하고 「수산업법」 제8조에 따른 면허어업, 같은 법 제43조에 따른 허가어업 및 같은 법 제46조에 따른 신고어업에 관한 권리에 관하여는 같은 법 제79조부터 제85조까지의 규정에 따른 보상 규정을 적용한다.

제16조(인·허가등의 의제) ① 해양수산부장관은 실시계획의 승인 또는 변경승인을 함에 있어서 그 실시계획에 대한 다음 각 호의 허가·인가·결정·면허·협의·동의·승인·신고 또는 해제 등(이하 "인·허가등"이라 한다)에 관하여 제3항에 따라 관계 행정기관의 장과 협의한 사항에 대하여는 해당 인·허가등을 받은 것으로 보며, 제13조제4항에 따라 실시계획이 고시된 때에는 다음 각 호의 법률에 따른 인·허가등이 고시 또는 공고된 것으로 본다. 〈개정 2010.4.15., 2010.5.31., 2011.4.14., 2013.3.23., 2014.1.14., 2014.6.3.〉

1. 「건축법」 제11조에 따른 건축허가, 같은 법 제14조에 따른 건축신고, 같은 법 제16조에 따른 허가·신고사항의 변경, 같은 법 제20조에 따른 가설건축물의 허가·신고 및 같은 법 제29조에 따른 건축협의

2. 「국토의 계획 및 이용에 관한 법률」 제30조에 따른 도시·군관리계획의 결정(도시·군기본계획에 부합하는 경우에 한한다), 같은 법 제56조에 따른 토지의 분할·형질변경의 허가, 같은 법 제86조에 따른 도시·군계획시설사업의 시행자 지정 및 같은 법 제88조에 따른 도시·군계획시설사업실시계획의 인가

3. 「골재채취법」 제22조에 따른 골재채취의 허가

4. 「공유수면 관리 및 매립에 관한 법률」 제8조에 따른 공유수면의 점용·사용허가, 같은 법 제17조에 따른 실시계획의 승인·신고, 같은 법 제28조에 따른 공유수면의 매립면허, 같은 법 제35조제1항에 따른 협의 또는 승인 및 같은 법 제38조에 따른 공유수면매립실시계획의 승인·고시

5. 삭제 〈2010.4.15.〉

6. 「관광진흥법」 제15조에 따른 사업계획의 승인

7. 「농어촌정비법」 제23조에 따른 농업생산기반시설의 목적 외 사용승인 및 같은 법 제82조제2항에 따른 농어촌 관광휴양단지 개발사업계획의 승인

8. 「농지법」 제34조에 따른 농지의 전용허가 또는 협의

9. 「도로법」 제107조에 따른 도로관리청과의 협의 또는 승인(같은 법 제19조에 따른 도로 노선의 지정·고시, 같은 법 제25조에 따른 도로구역의 결정, 같은 법 제36조에 따른 도로관리청이 아닌 자에 대한 도로공사 시행의 허가 및 같은 법 제61조에 따른 도로의 점용 허가에 관한 것으로 한정한다)

10. 「도시 및 주거환경정비법」 제28조에 따른 사업시행인가

11. 「사도법」 제4조에 따른 사도개설의 허가

12. 「사방사업법」 제14조에 따른 벌채, 토석의 채취 등의 허가 및 같은 법 제20조에 따른 사방지의 지정 해제

13. 「산지관리법」 제14조에 따른 산지전용의 허가 및 같은 법 제15조에 따른 산지전용신고, 같은 법 제15조의2에 따른 산지일시사용허가·신고

14. 「소방시설설치유지 및 안전관리에 관한 법률」 제7조제1항에 따른 건축허가등의 동의, 「소방시설공사업법」 제13조제1항에 따른 소방시설공사의 신고 및 「위험물안전관리법」 제6조제1항에 따른 제조소등의 설치허가

15. 「소하천정비법」 제10조에 따른 소하천공사의 시행허가 및 같은 법 제14조에 따른 소하천 점용 등의 허가

16. 「수도법」 제17조제1항에 따른 일반수도사업의 인가, 같은 법 제49조에 따른 공업용수도사업의 인가, 같은 법 제52조에 따른 전용상수도설치의 인가 및 같은 법 제54조에 따른 전용공업용수도설치의 인가

17. 「수산업법」 제67조에 따른 보호수면 안에서의 공사시행의 승인

18. 「장사 등에 관한 법률」 제27조에 따른 분묘의 개장 허가

19. 「전기사업법」 제62조에 따른 자가용전기설비 공사계획의 인가 또는 신고

20. 「주택법」 제16조에 따른 사업계획의 승인

21. 「공간정보의 구축 및 관리 등에 관한 법률」 제86조제1항에 따른 사업의 착수·변경 또는 완료의 신고

22. 「초지법」 제21조의2에 따른 토지의 형질변경 등의 허가 및 같은 법 제23조에 따른 초지전

용의 허가·신고 또는 협의

23. 「택지개발촉진법」 제8조에 따른 택지개발계획의 수립 및 같은 법 제9조에 따른 택지개발 사업실시계획의 승인

24. 「폐기물관리법」 제29조에 따른 폐기물처리시설의 설치승인 또는 신고

25. 「하수도법」 제11조에 따른 공공하수도(공공하수도 분뇨처리시설에 한한다)의 설치인가, 같은 법 제16조에 따른 공공하수도공사의 시행허가 및 같은 법 제24조에 따른 공공하수도 의 점용허가

26. 「하천법」 제6조에 따른 하천관리청과의 협의 또는 승인, 같은 법 제30조에 따른 하천공사 시행의 허가 및 같은 법 제33조에 따른 하천점용 등의 허가

27. 「항만법」 제5조 및 제7조에 따른 항만기본계획 수립 및 변경, 같은 법 제9조제2항에 따른 항만공사시행의 허가, 같은 법 제10조제2항에 따른 항만공사실시계획의 승인

② 제1항에 따른 인·허가등의 의제를 받으려는 사업시행자가 실시계획의 승인 또는 변경승 인의 신청을 하는 때에는 해당 법률에서 정하는 관련 서류를 함께 제출하여야 한다.

③ 해양수산부장관은 제13조제1항에 따라 실시계획의 승인 또는 변경승인을 함에 있어서 그 내용에 제1항 각 호의 어느 하나에 해당되는 사항이 포함되어 있는 경우에는 관계 행정기 관의 장과 미리 협의하여야 한다. 〈개정 2013.3.23.〉

④ 제3항에 따라 해양수산부장관으로부터 협의를 요청받은 관계 행정기관의 장은 협의요청을 받은 날부터 20일 이내에 의견을 제출하여야 한다. 〈개정 2013.3.23.〉

제17조(토지 등의 수용·사용) ① 사업시행자는 개발사업의 시행을 위하여 필요한 경우 「공익사 업을 위한 토지 등의 취득 및 보상에 관한 법률」 제3조에 따른 토지·물건 또는 권리(「수산업 법」 제8조에 따른 면허어업, 같은 법 제43조에 따른 허가어업 및 같은 법 제46조에 따른 신고 어업에 관한 권리를 포함한다)를 수용 또는 사용할 수 있다. 다만, 제9조제1항제6호의 사업시 행자는 개발대상 토지면적 3분의 2 이상에 해당하는 토지를 매입하고 토지소유자 총수의 2분 의 1 이상에 해당하는 자의 동의를 받아야 한다.

② 제10조제1항에 따른 마리나항만구역의 지정·고시가 있는 때에는 「공익사업을 위한 토지 등의 취득 및 보상에 관한 법률」 제20조제1항 및 제22조에 따른 사업인정 및 그 고시가 있 는 것으로 본다. 다만, 재결의 신청은 같은 법 제23조제1항 및 제28조제1항에도 불구하고 해당 개발사업의 시행기간 안에 할 수 있다.

③ 제1항에 따른 토지 등의 수용 또는 사용 등에 관하여 이 법에 특별한 규정이 있는 것을 제 외하고는 「공익사업을 위한 토지 등의 취득 및 보상에 관한 법률」을 준용한다.

제17조의2(「공유수면 관리 및 매립에 관한 법률」의 적용 특례) 제4조부터 제6조까지의 규정에 따라 기본계획을 수립하거나 변경하여 고시하고, 제8조에 따라 그 기본계획에 적합한 범위 에서 사업계획을 수립하거나 승인 또는 변경하여 고시한 후 제10조에 따라 마리나항만구역

을 지정 또는 변경하여 고시한 경우에는 그 범위에서 「공유수면 관리 및 매립에 관한 법률」 제22조 및 제27조에 따라 공유수면매립 기본계획을 수립하거나 변경하여 같은 법 제26조에 따라 고시한 것으로 본다.

[본조신설 2015.2.3.]

제18조(준공확인) ① 사업시행자는 개발공사를 끝내면 지체 없이 공사준공 보고서를 해양수산부장관에게 제출하고, 준공확인을 받아야 한다. 〈개정 2013.3.23.〉

② 제1항에 따른 준공확인의 신청을 받은 해양수산부장관은 대통령령으로 정하는 바에 따라 준공검사를 실시한 후 그 공사가 지정한 내용대로 시행되었다고 인정되면 해양수산부령으로 정하는 준공확인증명서를 내주어야 한다. 〈개정 2013.3.23.〉

③ 해양수산부장관이 제2항에 따른 준공확인증명서를 내준 경우에는 제16조제1항 각 호에 따른 인·허가등의 준공검사나 준공인가를 받은 것으로 본다. 〈개정 2013.3.23.〉

④ 제2항에 따른 준공확인증명서를 받기 전에는 개발공사로 조성되거나 설치된 토지 및 시설을 사용할 수 없다. 다만, 대통령령으로 정하는 바에 따라 해양수산부장관에게 준공 전 사용의 신고를 한 경우에는 그러하지 아니하다. 〈개정 2013.3.23.〉

제19조(공사완료의 공고 등) 해양수산부장관은 제18조제2항에 따른 준공검사를 한 결과 개발사업이 실시계획대로 완료되었다고 인정되는 때에는 공사완료의 공고를 하여야 하며, 실시계획대로 완료되지 아니한 때에는 지체 없이 보완시공 등 필요한 조치를 명하여야 한다. 〈개정 2013.3.23.〉

제20조(마리나항만시설의 귀속) ① 사업시행자가 국가 또는 지방자치단체인 경우 개발사업으로 조성 또는 설치된 토지 및 시설은 준공과 동시에 국가 또는 해당 지방자치단체에 귀속된다.

② 사업시행자가 국가 또는 지방자치단체가 아닌 경우 개발사업으로 조성 또는 설치된 토지 및 시설은 준공과 동시에 투자한 총사업비의 범위에서 해당 사업시행자가 소유권을 취득한다. 다만, 대통령령으로 정하는 공공용 토지 및 시설은 준공과 동시에 국가 또는 지방자치단체에 귀속한다.

③ 제2항에 따른 총사업비 및 사업시행자가 취득하는 토지 등 가액의 산정방법은 대통령령으로 정한다.

④ 제2항 단서에 따라 국가 또는 지방자치단체에 귀속되는 토지 및 시설은 그 사업에 투자된 금액의 범위에서 대통령령으로 정하는 바에 따라 해당 사업시행자로 하여금 무상으로 사용·수익하게 할 수 있다. 이 경우 무상으로 사용·수익하는 자는 타인에게 그 토지 및 시설의 일부를 사용·수익하게 할 수 있다.

⑤ 제4항 후단에 따라 타인에게 사용·수익하게 하는 경우 그 사용·수익기간은 그 토지 및

시설의 무상 사용·수익기간을 초과할 수 없다.

제21조(시설관리권의 설정 및 성질 등) ① 해양수산부장관 또는 지방자치단체의 장은 제20조제4항에 따라 마리나항만시설을 무상으로 사용·수익할 수 있는 기간 동안 이를 유지·관리하고, 해당 마리나항만시설의 사용자로부터 사용료를 받을 수 있는 권리(이하 "시설관리권"이라 한다)를 해당 사업시행자에게 설정할 수 있다. 〈개정 2013.3.23.〉
② 시설관리권은 물권으로 보며, 이 법에 특별한 규정이 없으면 「민법」에 관한 규정을 준용한다.

제22조(시설관리권의 등록 등) ① 시설관리권 또는 시설관리권을 목적으로 하는 저당권의 설정·변경·소멸 및 처분의 제한에 관한 사항은 해양수산부장관 또는 지방자치단체의 장이 비치하는 시설관리권 등록원부에 등록함으로써 그 효력을 발생한다. 〈개정 2013.3.23.〉
② 제1항에 따른 시설관리권의 등록에 필요한 사항은 대통령령으로 정한다.
③ 시설관리권의 등록에 관하여 이 법에 특별한 규정이 있는 경우를 제외하고는 「부동산등기법」을 준용한다.
④ 시설관리권의 등록에 관한 송달은 「민사소송법」을 준용하고, 이의(異議)비용에 관하여는 「비송사건절차법」을 준용한다.

제23조(시설관리권처분의 특례) 저당권이 설정된 시설관리권은 저당권자의 동의가 없으면 이를 처분할 수 없다.

제4장 마리나항만의 관리 및 운영

제24조(관리규정) ① 마리나항만시설을 유지 및 관리·운영하는 자와 국가 또는 지방자치단체로부터 마리나항만시설의 운영을 위임받거나 위탁받은 자(이하 "관리운영권자"라 한다)는 해양수산부령으로 정하는 바에 따라 마리나항만관리규정(이하 "관리규정"이라 한다)을 정하여야 한다. 〈개정 2013.3.23.〉
② 관리운영권자는 관리규정을 정하거나 변경한 때에는 지체 없이 그 내용을 해양수산부장관에게 통보하여야 한다. 〈개정 2013.3.23.〉
③ 해양수산부장관은 관리규정의 내용이 현저히 공익에 반하거나 법령에 위반되는 경우에는 그 내용을 변경하도록 요청할 수 있다. 〈개정 2013.3.23.〉

제25조(마리나항만시설의 훼손 등의 비용부담) 관리운영권자는 개발사업이 아닌 다른 공사 또는 마리나항만시설을 손괴·변형시키는 행위로 인하여 필요하게 된 마리나항만시설의 보수·

보강사업을 그 공사의 시행자 또는 행위자로 하여금 시행하게 할 수 있다. 이 경우 소요되는 경비는 그 공사의 시행자 또는 행위자의 부담으로 한다.

제26조(마리나항만시설의 사용 및 사용료 등) ① 마리나항만시설을 사용하려는 자는 대통령령으로 정하는 바에 따라 관리운영권자의 허가를 받아야 한다. 다만, 관리운영권자가 국가 또는 지방자치단체가 아닌 경우에는 그 관리운영권자와 임대계약을 체결하거나 관리운영권자로부터 사용의 승인을 받아 마리나항만시설을 사용할 수 있다.

② 관리운영권자는 제1항에 따른 마리나항만시설의 사용허가 또는 임대계약 등 사용신청이 있는 때에는 그 사용으로 인하여 마리나항만의 개발계획 및 관리·운영에 지장이 없는 범위 안에서 마리나항만시설의 사용허가 등을 할 수 있다.

③ 관리운영권자는 제1항에 따라 마리나항만시설을 사용하는 자로부터 사용료를 징수할 수 있다. 다만, 국가 및 지방자치단체 등 대통령령으로 정하는 자에 대하여는 그 사용료의 전부나 일부를 면제할 수 있다.

④ 국가 또는 지방자치단체가 아닌 관리운영권자는 제3항에 따른 사용료의 요율과 징수방법 등에 관한 사항을 미리 해양수산부장관에게 신고하여야 한다. 〈개정 2013.3.23.〉

⑤ 해양수산부장관은 제4항에 따른 사용료의 요율, 징수방법이 사용자의 편익을 해칠 우려가 있다고 인정되는 경우에는 그 사용료의 요율의 변경과 그 밖에 마리나항만시설의 관리·운영에 필요한 사항을 명할 수 있다. 〈개정 2013.3.23.〉

제27조(행위의 금지) 누구든지 정당한 사유 없이 마리나항만시설 또는 마리나항만구역 안에서 다음 각 호의 어느 하나에 해당하는 행위를 하여서는 아니 된다.
1. 마리나항만시설을 훼손하거나 기능을 저해하는 행위
2. 마리나항만시설의 구조를 개조하거나 위치를 변경하는 행위
3. 폐선을 방치하는 행위
4. 마리나항만구역을 매립하거나 굴착하는 행위
5. 마리나항만구역 안에 장애물을 방치하거나 마리나항만구역을 무단으로 점유하는 행위
6. 마리나항만구역 안의 수역에서 수산동식물을 양식하는 행위
7. 그 밖에 마리나항만의 보전 또는 그 사용에 지장을 줄 우려가 있는 것으로 대통령령으로 정하는 행위

제28조(원상회복 등) ① 관계 행정기관의 장 또는 지방자치단체의 장은 마리나항만의 기능을 보전하기 위하여 제27조를 위반한 자에게 3개월 이내의 기간을 정하여 원상회복하거나 제거하도록 명할 수 있다. 다만, 제27조제2호를 위반한 자에게 원상회복하거나 제거하도록 명하는 경우에는 그 기간을 1년 이내로 한다. 〈개정 2012.12.18.〉

② 관계 행정기관의 장 또는 지방자치단체의 장은 제27조를 위반한 자를 알 수 없거나 그 소재를 알 수 없는 등의 사유로 제1항에 따른 명령을 할 수 없을 때 또는 마리나항만의 기능을 보전하기 위하여 긴급한 필요가 있을 때에는 제1항에도 불구하고 폐선·장애물·폐기물의 제거 등 필요한 조치를 할 수 있다.

③ 제1항에 따른 원상회복이나 제거명령의 구체적 기간과 제2항에 따른 조치에 필요한 사항은 대통령령으로 정한다. 〈개정 2012.12.18.〉

제28조의2(마리나업의 등록 등) ① 마리나업 중 다음 각 호의 업을 하려는 자는 대통령령으로 정하는 기준을 갖추어 해양수산부장관에게 등록하여야 한다. 등록사항 중 대통령령으로 정하는 중요한 사항을 변경하려는 경우에도 또한 같다.

1. 마리나선박 대여업: 5톤 이상의 마리나선박을 빌려주는 업(마리나선박을 빌린 자의 요청으로 해당 선박의 운항을 대행하는 경우를 포함한다)

2. 마리나선박 보관·계류업: 마리나선박을 육상에 보관하거나 해상에 계류할 수 있도록 시설을 제공하는 업

② 제1항에 따른 등록의 유효기간은 등록일부터 3년으로 하고, 계속하여 영업을 하려는 자는 등록의 유효기간이 끝나기 전에 해양수산부령으로 정하는 바에 따라 그 등록을 갱신하여야 한다.

③ 제1항에 따른 등록의 방법 및 절차, 제2항에 따른 갱신절차, 그 밖에 필요한 사항은 해양수산부령으로 정한다.

[본조신설 2015.1.6.][시행일 : 2015.7.7.] 제28조의2

제28조의3(마리나업의 승계 등) ① 제28조의2제1항에 따라 등록한 자(이하 "등록사업자"라 한다)가 그 영업을 양도하거나 사망한 때 또는 법인의 합병이 있는 때에는 그 양수인·상속인 또는 합병 후 존속하는 법인이나 합병으로 설립되는 법인은 그 등록사업자의 지위를 승계한다.

② 다음 각 호의 어느 하나에 해당하는 절차에 따라 등록사업의 시설·장비(대통령령으로 정하는 주요시설 및 장비를 말한다)의 전부를 인수한 자는 종전 등록사업자의 지위를 승계한다.

1. 「민사집행법」에 따른 경매

2. 「채무자 회생 및 파산에 관한 법률」에 따른 환가

3. 「국세징수법」·「관세법」 또는 「지방세기본법」에 따른 압류재산의 매각

4. 그 밖에 제1호부터 제3호까지에 준하는 절차

③ 제1항 또는 제2항에 따라 등록사업자의 지위를 승계한 자는 해양수산부령으로 정하는 바에 따라 해양수산부장관에게 신고하여야 한다.

[본조신설 2015.1.6.][시행일 : 2015.7.7.] 제28조의3

제28조의4(휴업 또는 폐업의 신고) 등록사업자가 그 영업의 전부 또는 일부를 휴업 · 재개업 또는 폐업하려는 경우에는 해양수산부령으로 정하는 바에 따라 해양수산부장관에게 신고하여야 한다. 다만, 15일 이내의 휴업의 경우에는 그러하지 아니하다.

[본조신설 2015.1.6.][시행일 : 2015.7.7.] 제28조의4

제28조의5(등록사업자의 의무) ① 등록사업자는 해양수산부령으로 정하는 바에 따라 이용요금 및 이용조건 등(이하 "이용약관"이라 한다)을 정하여 해양수산부장관에게 신고하여야 하며, 이용요금 및 이용자가 지켜야 할 사항을 영업장 안의 잘 보이는 장소에 게시하여야 한다. 이를 변경하는 때에도 또한 같다.

② 등록사업자는 다음 각 호의 행위를 하여서는 아니 된다.

1. 다른 사람에게 자신의 명의로 영업을 하게 하는 행위
2. 요금 외의 금품을 요구하는 행위
3. 정당한 사유 없이 마리나선박의 대여를 거부하거나 마리나선박의 보관 · 계류를 위한 시설의 제공을 거부하는 행위
4. 신고 · 게시한 이용요금을 초과하는 요금을 받는 행위

③ 마리나선박 보관 · 계류업을 등록한 자는 보관 · 계류를 의뢰한 자의 요구 또는 동의 없이 임의로 마리나선박의 보관 · 계류의 장소 및 방식을 바꾸어서는 아니 된다.

[본조신설 2015.1.6.][시행일 : 2015.7.7.] 제28조의5

제28조의6(시정명령) 해양수산부장관은 등록사업자가 다음 각 호의 어느 하나에 해당하는 경우에는 요금반환, 위반행위 중지, 그 밖에 시정에 필요한 조치를 명할 수 있다.

1. 제28조의5제1항에 따른 신고 · 게시의무를 위반한 경우
2. 제28조의5제2항제2호부터 제4호까지의 의무를 위반한 경우
3. 제28조의8에 따른 보험가입의무를 위반한 경우

[본조신설 2015.1.6.][시행일 : 2015.7.7.] 제28조의6

제28조의7(등록취소 등) ① 해양수산부장관은 등록사업자가 다음 각 호의 어느 하나에 해당하는 경우에는 등록을 취소하거나 6개월 이내의 기간을 정하여 그 영업의 전부 또는 일부의 정지를 명할 수 있다. 다만, 제1호 또는 제9호에 해당하는 경우에는 그 등록을 취소하여야 한다.

1. 거짓이나 그 밖의 부정한 방법으로 등록 · 변경등록을 한 경우
2. 사업수행 실적이 1년 이상 없는 경우
3. 제28조의2제1항에 따른 등록기준에 미달하게 된 경우
4. 제28조의5제2항제1호를 위반하여 다른 사람에게 자신의 명의로 영업을 하게 한 경우
5. 제28조의6에 따른 시정조치의 명령에 따르지 아니한 경우

6. 제28조의8에 따른 보험가입의무를 위반한 경우

7. 제28조의9제2항부터 제4항까지의 의무를 위반한 경우

8. 현저한 경영의 부실 또는 재무구조의 악화, 그 밖의 사유로 그 영업을 계속하는 것이 적합하지 아니하다고 인정될 경우

9. 영업정지명령을 위반하여 영업정지기간 중에 영업을 한 경우

② 제1항에 따른 행정처분의 기준 및 절차에 필요한 사항은 해양수산부령으로 정한다.

[본조신설 2015.1.6.][시행일 : 2015.7.7.] 제28조의7

제28조의8(보험 가입) 등록사업자는 그 종사자와 이용자의 피해를 보전하기 위하여 대통령령으로 정하는 바에 따라 보험에 가입하여야 한다.

[본조신설 2015.1.6.][시행일 : 2015.7.7.] 제28조의8

제28조의9(분양 및 회원 모집) ① 등록사업자는 마리나선박이나 그 보관·계류시설에 대하여 분양 또는 회원 모집을 할 수 있다.

② 누구든지 다음 각 호의 어느 하나에 해당하는 행위를 하여서는 아니 된다.

1. 제1항에 따른 분양 또는 회원 모집을 할 수 없는 자가 마리나선박 대여업이나 마리나선박 보관·계류업 또는 이와 유사한 명칭을 사용하여 분양 또는 회원 모집을 하는 행위

2. 마리나업 관련 시설과 마리나업 관련 시설이 아닌 시설을 혼합 또는 연계하여 이를 분양하거나 회원을 모집하는 행위

3. 공유자 또는 회원으로부터 제1항에 따른 마리나선박 또는 보관·계류시설에 관한 이용권리를 양도받아 이를 이용할 수 있는 회원을 모집하는 행위

③ 분양 또는 회원 모집을 한 자는 공유자·회원의 권익을 보호하기 위하여 다음 각 호의 사항에 관하여 대통령령으로 정하는 사항을 지켜야 한다.

1. 공유지분(共有持分) 또는 회원자격의 양도·양수

2. 마리나선박 또는 보관·계류시설의 이용

3. 마리나선박 또는 보관·계류시설의 유지·관리에 필요한 비용의 징수

4. 회원 입회금의 반환

5. 회원증의 발급과 확인

6. 공유자·회원의 대표기구 구성

7. 그 밖에 공유자·회원의 권익 보호에 필요한 사항

④ 제1항에 따라 분양 또는 회원 모집을 하려는 자는 대통령령으로 정하는 기준 및 절차에 따라 분양 또는 회원 모집을 하여야 한다.

[본조신설 2015.1.6.][시행일 : 2015.7.7.] 제28조의9

제28조의10(마리나업 전문인력 양성기관의 지정 등) ① 해양수산부장관은 마리나업의 지속적인 발전과 경쟁력 강화를 위하여 대통령령으로 정하는 바에 따라 관련 기관 또는 단체를 마리나업 전문인력 양성기관(이하 "전문인력 양성기관"이라 한다)으로 지정할 수 있다.

② 전문인력 양성기관은 다음 각 호의 사업을 수행한다.

1. 마리나업 관련 전문인력 양성

2. 마리나업의 경쟁력 강화를 위한 선진기법, 교육프로그램, 교육과정 및 교육교재의 개발과 운영

3. 그 밖에 마리나업 전문인력 양성 및 교육을 위하여 필요한 사업

③ 해양수산부장관은 전문인력 양성기관에 대하여 예산의 범위에서 필요한 비용의 전부 또는 일부를 지원할 수 있다.

④ 해양수산부장관은 전문인력 양성기관이 다음 각 호의 어느 하나에 해당하는 경우에는 해양수산부령으로 정하는 바에 따라 지정을 취소하거나 6개월 이내의 기간을 정하여 업무정지를 명할 수 있다. 다만, 제1호에 해당하는 경우에는 지정을 취소하여야 한다.

1. 거짓이나 그 밖의 부정한 방법으로 지정을 받은 경우

2. 지정요건에 적합하지 아니하게 된 경우

3. 정당한 사유 없이 전문인력 양성을 시작하지 아니하거나 지연한 경우

4. 정당한 사유 없이 1년 이상 계속하여 전문인력 양성업무를 하지 아니한 경우

⑤ 제1항에 따른 전문인력 양성기관의 지정기준, 제4항에 따른 처분의 세부기준 및 절차, 그 밖에 필요한 사항은 해양수산부령으로 정한다.

[본조신설 2015.1.6.][시행일 : 2015.7.7.] 제28조의10

제5장 보칙

제29조(마리나산업단지의 조성) ① 국가 또는 지방자치단체는 마리나 관련 산업을 효율적으로 진흥하기 위하여 마리나산업단지를 조성할 수 있다.

② 제1항에 따른 마리나산업단지의 조성은 「산업입지 및 개발에 관한 법률」에 따른 국가산업단지, 일반산업단지, 도시첨단산업단지 및 농공단지의 지정·개발절차에 따른다.

제30조(국·공유재산의 대부·사용 등) ① 국가 또는 지방자치단체는 개발사업 또는 마리나산업단지의 조성 및 운영을 위하여 필요하다고 인정하는 경우에는 「국유재산법」 또는 「공유재산 및 물품 관리법」에도 불구하고 국·공유재산을 수의계약으로 대부·사용·수익하게 하거나 매각할 수 있다.

② 제1항에 따른 국·공유재산의 대부·사용·수익·매각 등의 내용 및 조건에 관하여는 「국

유재산법」 또는 「공유재산 및 물품 관리법」에서 정하는 바에 따른다.

제31조(각종 부담금 등의 감면) ① 개발사업 또는 마리나산업단지 조성사업을 원활히 시행하기 위하여 농지 또는 산지의 전용이 필요한 경우에는 사업시행자에게 「농지법」 또는 「산지관리법」에서 정하는 바에 따라 농지보전부담금 또는 대체산림자원조성비를 감면할 수 있다.

② 개발사업 또는 마리나산업단지를 조성·관리하는 자에 대하여는 「공유수면 관리 및 매립에 관한 법률」에서 정하는 바에 따라 공유수면 점용료·사용료 또는 「하천법」에서 정하는 바에 따라 토지의 점용료와 하천사용료를 감면할 수 있다. 〈개정 2010.4.15., 2015.2.3.〉

제32조(비용의 지원) ① 개발사업 또는 마리나산업단지 조성사업의 시행에 사용되는 비용은 사업시행자가 부담한다.

② 국가 또는 지방자치단체는 개발사업 또는 마리나산업단지의 조성을 위하여 대통령령으로 정하는 바에 따라 예산의 범위에서 사업시행자에게 개발사업 또는 마리나산업단지의 조성에 드는 비용의 일부를 지원하거나 보조·융자할 수 있다.

③ 국가 또는 지방자치단체는 개발사업 또는 마리나산업단지의 조성사업에 필요한 방파제·도로·철도·용수시설 등 대통령령으로 정하는 기반시설을 설치하는 것을 우선적으로 지원할 수 있다.

제32조의2(마리나선박 제조사 고유식별코드) ① 해양수산부장관은 마리나선박 제조사의 신청이 있는 경우 해당하는 고유식별코드를 부여할 수 있다.

② 제1항에 따른 고유식별코드의 신청 및 부여의 절차·방법, 그 밖에 필요한 사항은 해양수산부령으로 정한다.

[본조신설 2015.1.6.][시행일 : 2015.7.7.] 제32조의2

제32조의3(한국마리나협회의 설립) ① 마리나항만 및 마리나업 관련자는 마리나 관련 산업의 건전한 발전을 위하여 해양수산부장관의 승인을 받아 한국마리나협회(이하 "협회"라 한다)를 설립할 수 있다.

② 협회는 법인으로 한다.

③ 협회는 다음 각 호의 업무를 수행한다.

1. 마리나 관련 산업에 관한 조사·연구 및 홍보
2. 마리나 관련 산업 정보의 수집·제공
3. 마리나업 종사자에 대한 교육훈련
4. 외국 마리나 관련 산업의 기관·단체와의 교류·협력
5. 국가 또는 지방자치단체로부터 위탁받은 업무

6. 제1호부터 제4호까지의 사업에 딸린 사업으로서 협회의 정관으로 정하는 사업

④ 협회의 정관·운영 및 감독 등에 필요한 사항은 대통령령으로 정한다.

⑤ 협회에 관하여 이 법에 규정된 것을 제외하고는「민법」중 사단법인에 관한 규정을 준용한다.

[본조신설 2015.1.6.][시행일 : 2015.7.7.] 제32조의3

제33조(행정처분) ① 해양수산부장관은 사업시행자가 다음 각 호의 어느 하나에 해당하는 경우에는 이 법에 따른 허가·지정 또는 승인을 취소하거나 공사의 중지·변경, 건축물 또는 장애물 등의 개축·변경 또는 이전, 그 밖에 필요한 처분을 하거나 조치를 명할 수 있다. 다만, 제1호에 해당하는 경우에는 지정 또는 승인을 취소하여야 한다. 〈개정 2013.3.23.〉

1. 거짓이나 그 밖의 부정한 방법으로 이 법에 따른 허가·지정을 받거나 승인을 받은 경우

2. 천재지변이나 그 밖에 사업시행자의 파산 등 대통령령으로 정하는 사유로 인하여 개발사업의 계속적인 시행이 불가능하게 된 경우(심의회의 심의를 거쳐 사업의 지속 전망이 없는 것으로 인정되는 경우에 한한다)

② 제1항에 따른 허가·지정 또는 승인의 취소, 공사의 중지·변경, 건축물 또는 장애물 등의 개축·변경 또는 이전, 그 밖에 필요한 처분이나 조치의 세부적인 기준은 위반행위의 유형 및 그 사유와 위반의 정도 등을 고려하여 해양수산부령으로 정한다. 〈개정 2013.3.23.〉

③ 해양수산부장관은 제1항에 따른 명령 또는 처분을 한 때에는 대통령령으로 정하는 바에 따라 이를 고시하여야 한다. 〈개정 2013.3.23.〉

제33조의2(검사·확인 등) ① 해양수산부장관은 등록기준 적합 여부 등을 판단하기 위하여 필요하다고 인정하는 경우에는 등록사업자나 그 밖의 관계인에게 출석 또는 진술을 하게 하거나 관계 서류의 제출 또는 보고를 요구할 수 있으며, 관계 공무원으로 하여금 마리나선박이나 관련 시설 등에 출입하여 장부·서류 또는 그 밖의 물건을 검사하거나 확인하게 할 수 있다.

② 제1항에 따라 출입하여 검사·확인하는 공무원은 그 권한을 표시하는 증표를 지니고 이를 관계인에게 내보여야 한다.

[본조신설 2015.1.6.][시행일 : 2015.7.7.] 제33조의2

제33조의3(수수료) ① 다음 각 호의 어느 하나에 해당하는 자는 해양수산부령으로 정하는 바에 따라 해양수산부장관에게 수수료를 내야 한다. 다만, 제35조제3항에 따라 업무가 위탁된 경우에는 해당 수탁기관이 정하는 수수료를 그 수탁기관에 납부하여야 한다.

1. 제28조의2에 따라 마리나업의 등록 또는 변경 등록을 신청하는 자

2. 제28조의3에 따라 마리나업의 양도·양수 또는 합병의 신고를 하는 자

3. 제32조의2제1항에 따라 고유식별코드를 신청하는 자

② 수탁기관은 제1항 단서에 따른 수수료를 정하려는 때에는 해양수산부령으로 정하는 절차

에 따라 그 요율 등을 정하여 미리 해양수산부장관의 승인을 받아야 한다. 승인을 받은 사항을 변경할 때에도 또한 같다.
[본조신설 2015.1.6.][시행일 : 2015.7.7.] 제33조의3

제34조(청문) 해양수산부장관은 다음 각 호의 어느 하나에 해당하는 처분을 하려면 해당 사업시행자에 대하여 청문을 하여야 한다.
 1. 제9조제3항에 따른 사업시행자의 변경 또는 그 지정의 취소
 2. 제11조제1항에 따른 마리나항만구역 지정의 해제
 3. 제33조제1항에 따른 허가·지정 또는 승인의 취소
[전문개정 2015.2.3.]

제34조(청문) 해양수산부장관 또는 지방자치단체의 장은 다음 각 호의 어느 하나에 해당하는 처분을 하려면 「행정절차법」에 따라 청문을 하여야 한다.
 1. 제9조제3항에 따른 사업시행자 변경 또는 지정 취소
 2. 제11조제1항에 따른 지정 해제
 3. 제28조의7제1항에 따른 등록 취소
 4. 제28조의10제4항에 따른 전문인력 양성기관의 지정 취소
 5. 제33조제1항에 따른 허가·지정 또는 승인의 취소
[전문개정 2015.2.3.][시행일 : 2015.7.7.] 제34조

제35조(권한의 위임·위탁) ① 이 법에 따른 해양수산부장관의 권한은 대통령령으로 정하는 바에 따라 그 일부를 지방해양항만청장 또는 시·도지사에게 위임할 수 있다. 〈개정 2013.3.23.〉
 ② 제1항에 따라 권한을 위임받은 시·도지사는 그 권한의 일부를 해양수산부장관의 승인을 받아 시장·군수·구청장에게 재위임할 수 있다. 〈개정 2013.3.23.〉
 ③ 이 법에 따른 해양수산부장관의 업무 중 그 일부를 대통령령으로 정하는 바에 따라 마리나항만의 진흥을 목적으로 설립된 협회 등에 위탁할 수 있다. 〈개정 2013.3.23.〉

제35조(권한의 위임·위탁) ① 이 법에 따른 해양수산부장관의 권한은 대통령령으로 정하는 바에 따라 그 일부를 지방해양항만청장 또는 시·도지사에게 위임할 수 있다. 〈개정 2013.3.23.〉
 ② 제1항에 따라 권한을 위임받은 시·도지사는 그 권한의 일부를 해양수산부장관의 승인을 받아 시장·군수·구청장에게 재위임할 수 있다. 〈개정 2013.3.23.〉
 ③ 이 법에 따른 해양수산부장관의 업무 중 그 일부를 대통령령으로 정하는 바에 따라 제32조의3에 따른 협회 또는 「선박안전법」 제45조에 따른 선박안전기술공단 등에 위탁할 수 있다. 〈개정 2013.3.23., 2015.1.6.〉

④ 해양수산부장관은 제3항에 따라 위탁한 업무의 원활한 수행을 위하여 필요하다고 인정하는 때에는 그에 소요되는 비용을 보조할 수 있다. 〈신설 2015.1.6.〉

[시행일 : 2015.7.7.] 제35조

제36조(벌칙 적용에 있어서의 공무원 의제) 제35조제3항에 따른 위탁사무에 종사하는 자는「형법」제127조 및 제129조부터 제132조까지의 규정에 따른 벌칙의 적용에 있어서는 이를 공무원으로 본다.

제6장 벌칙

제37조(벌칙) 다음 각 호의 어느 하나에 해당하는 자는 3년 이하의 징역 또는 3천만원 이하의 벌금에 처한다.
1. 거짓이나 그 밖의 부정한 방법으로 제9조에 따른 사업시행자로 지정을 받은 자
2. 거짓이나 그 밖의 부정한 방법으로 제13조제1항에 따른 실시계획의 승인을 받은 자

제38조(벌칙) 다음 각 호의 어느 하나에 해당하는 자는 2년 이하의 징역 또는 2천만원 이하의 벌금에 처한다. 〈개정 2015.1.6.〉
1. 제13조제1항에 따른 실시계획의 승인을 받지 아니하고 사업을 시행하는 자
2. 제18조제4항에 따른 준공 전 사용의 신고를 하지 아니하고 토지나 시설을 사용한 자
3. 제28조의2제1항을 위반하여 해양수산부장관에게 등록을 하지 아니하고 마리나업을 하거나 거짓이나 그 밖의 부정한 방법으로 등록한 자
4. 제28조의9제2항을 위반하여 분양 또는 회원을 모집한 자

[시행일 : 2015.7.7.] 제38조

제39조(벌칙) 다음 각 호의 어느 하나에 해당하는 자는 1년 이하의 징역 또는 1천만원 이하의 벌금에 처한다. 〈개정 2015.1.6.〉
1. 마리나항만구역에서 제12조제1항에 따른 허가를 받지 아니하고 건축물의 건축 등의 행위를 한 자
2. 제28조제1항에 따른 원상회복 또는 제거 명령을 위반한 자
3. 제33조제1항에 따른 공사의 중지·변경, 건축물 또는 장애물 등의 개축·변경 또는 이전, 그 밖에 필요한 처분이나 조치의 명령을 위반한 자
4. 제28조의5제2항제1호를 위반하여 다른 사람에게 자신의 명의로 영업을 하게 한 자

[시행일 : 2015.7.7.] 제39조

제40조(양벌규정) 법인의 대표자나 법인 또는 개인의 대리인, 사용인, 그 밖의 종업원이 그 법인 또는 개인의 업무에 관하여 제37조부터 제39조까지의 어느 하나에 해당하는 위반행위를 하면 그 행위자를 벌하는 외에 그 법인 또는 개인에게도 해당 조문의 벌금형을 과(科)한다. 다만, 법인 또는 개인이 그 위반행위를 방지하기 위하여 해당 업무에 관하여 상당한 주의와 감독을 게을리하지 아니한 경우에는 그러하지 아니하다.

제41조(과태료) ① 다음 각 호의 어느 하나에 해당하는 자에게는 200만원 이하의 과태료를 부과한다. 〈개정 2015.1.6.〉

1. 제14조제1항 후단 및 제5항 후단을 위반하여 사업시행자의 토지에의 출입 또는 일시 사용을 가로막거나 방해한 자
2. 제14조제3항을 위반하여 토지의 소유자 또는 점유자의 승낙 없이 토지를 출입한 자
3. 제14조제4항을 위반하여 증표를 지니지 아니하고 토지를 출입한 자
4. 제28조의2제1항을 위반하여 변경등록을 하지 아니하고 마리나업을 한 자
5. 제28조의3제3항을 위반하여 마리나업의 양도·양수, 합병(법인인 경우만 해당한다) 신고를 하지 아니한 자
6. 제28조의4를 위반하여 휴업·재개업·폐업 신고를 하지 아니한 자
7. 제28조의5제1항을 위반하여 이용약관을 신고하지 아니하거나 이용요금 등을 게시하지 아니한 자
8. 제28조의5제2항제2호부터 제4호까지를 위반하여 요금 외의 금품을 요구하는 행위 등을 한 자
9. 제28조의8을 위반하여 보험에 가입하지 아니한 자

② 제1항에 따른 과태료는 대통령령으로 정하는 바에 따라 해양수산부장관이 부과·징수한다.〈개정 2013.3.23.〉[시행일 : 2015.7.7.] 제41조

부칙 〈제13185호,2015.2.3.〉

제1조(시행일) 이 법은 공포 후 3개월이 경과한 날부터 시행한다. 다만, 법률 제12998호 마리나항만의 조성 및 관리 등에 관한 법률 일부개정법률 제34조의 개정규정은 2015년 7월 7일부터 시행한다.

제2조(「공유수면 관리 및 매립에 관한 법률」의 적용 특례에 관한 적용례) 제17조의2의 개정규정은 이 법 시행 후 마리나항만구역을 지정 또는 변경하여 고시한 경우부터 적용한다.

1) 외국문헌

(1) 요트/보트분야

Casey, Don, *Inspecting The Aging Sailboat*, The International Marine Sailboat Library, 2005.

Creagh-osborne, Richard, *The yacht racing rules*, John de Graff Inc., 1969.

Fishwick, Mark, *West Country Cruising*, Yachting Monthly, 1996.

Gleckler, Walt, *All About Cruising*, Passagemaker Productions, 1998.

Goss, Pete, *Top Yacht Races of The World*, Tien Wah Press(PTE) LTD, 2000.

Harand, Joseph, *The Coastal Cruising Handbook*, Hollis & Carter, 1977.

Harle Philippe, *The Glenans Sailing Manual*, Granada Publishing Limited, 1972.

J.J., and Isler, Peter, *Sailing for Dummies*, Wiley Publishing, Inc., 1997.

Johnson, Peter, *The Encyclopedia of Yachting*, A Dorling Kindersley Book, 1989.

Jones, Charles, *Glass Fibre Yachts Improvement and Repair*, Nautical Publishing Company, 1972.

Larsen, Paul, *Americas Cup 2000*, Hodder moa Beckett Publishers Limited, 1999.

Lindsey, Sandy, *Quick & Easy Boat Maintenance*, International Marine / McGraw-Hill, 1999.

Maloney, Elbert S., *Chapman Piloting & Seamanship 64th edition*, New York : Hearst Books, 2003.

Ramsay, Ray, *The Complete Book of America's Cup Defence*, Wilke and Company Limited, 1987.

Rayner, Ranulf, *The Story of The America's Cup 1851-1995*, David bateman, 1995.

Rhodes, Bernard, *High Tide, HarperCollins Publishers*, 2002.

Ryan, Pat, *The America's Cup, Creative Education*, Inc., 1993.

Scanlan, Mike, *Coastal navigation*, Reed, 2001.

Scanlan, Mike, *Safety in small craft*, NZ Coastguard Federation, 1989.

Slight, Steve, *The New Complete Sailing Manual*, London : DK London, 2005.

Spurr, Daniel, *Your First Sailboat*, International Marine/McGraw-Hill, 2004.

Steve, and Colgate, Doris, *Fast Track to Cruising*, International Marine/McGraw-Hill, 2005.

Vigor, John, *The Practical Encyclopedia of Boating*, International Marine/McGraw-Hill, 2004.

Whiting, Penny, *Penny Whiting's guide to The America's Cup*, Reed, 2002.

Whiting, Penny, *Sailing with PennyWhiting*, Reed, 2002.

(2) 마리나분야

가. 영어문헌

Agerschou, Hans. Ect All, *Planning and Design of Ports and Marine Terminals*, Thomas Telford, 2004.

Allan, Mark, *Ect All*, *Waterfront Spectacular*, Entcom, 2005.

American Society of Civil Engineers, Planning and Design Guidelines for Small Craft Harbors, American Society of Civil Engineers, 2000.

Bruce O., and Tobiasson, P.E., *Marinas and Small Craft Harbors*, Westviking Press, 2000.

Couper, A.D., *Shipping and Port in the Twenty-first Century*, Routledge, 2004.

Doson, Paul E., *Practices & Products For Clean Marinas*, International Marina, 1994.

Gaythwaite, John W., *Design of Facilities for the Berthing, Mooring, and Repair of Vessels*, ASCE Press, 2004.

Gold, Seymour M., *Recreation Planning and Design*, McGraw-Hill, 1980.

LLP, and Moss Adams, *The 2000 Financial & Operational Benchmark Study For Marina Operators*, International Marina, 1999.

Peter, A.G., *Glass Fibre Yachts*, Nautical Publishing Company, 1972.

Ross, Neil W., *Auto Parking in Marinas*, Association of Marina, 2001.

Ross, Neil W., *Marina Operations Manual*, International Marina Institute, 1991.

Sleight, Steve, *Go Sail*, DK, 2006.

Wild, G.P., *International Ports*, LLP, 1995.

나. 일어문헌

Adie, Donald W., アリーナ, 舵社, 1998.

Japan marina & beach association, 全國アリーナ ガイドブック, 新版, 平成 7年.

KAZIムシク, *Boating Guide*, KAZIムシク, 2003.

KAZIムシク, *Boating Guide*, KAZIムシク, 2004.

日本海洋開発建設協会, 人と自然に優しい海洋施設をめざして, 日本海洋開発建設協会, 平成 7年.

2) 국내문헌

김천중, *요트와 보트*, 미세움, 2014.

김천중, *마리나의 이해와 경영*, 백산출판사, 2010.

김천중(공저), *관광학 제4판*, 백산출판사, 2008.

김천중, *요트관광의 이해*, 백산출판사, 2008.

김천중, *요트항해 입문*, 백산출판사, 2008.

김천중, *여행안전과 관광정보*, 대왕사, 2008.

김천중, *크루즈관광의 이해*, 백산출판사, 2008.

김천중, *요트의 이해와 항해술*, 상지피앤아니, 2007.

김천중, *여행과 관광정보*, 대왕사, 2003.

김천중, *최신 관광정보시스템*, 대왕사, 2003.

김천중, *관광상품론*, 학문사, 2002.

김천중, *여행업－창업과 경영실무－*, 대왕사, 2002.

김천중, *현대 관광상품론*, 백산출판사, 2002.

김천중, *21세기신여행업*, 학문사, 1999.

김천중, *크루즈사업론*, 학문사, 1999.

김천중, *관광사업론*, 대왕사, 1998.

김천중, *관광정보론*, 대왕사, 1998.

김천중, *관광정보시스템*, 대왕사, 1998.

김천중, *관광학*, 백산출판사, 1997.

찾아보기

저자약력

김천중 金天中

용인대학교 관광학과 교수
산학협력단 부설
크루즈&요트마리나 연구소 소장

_ 주요 경력 및 자격

중앙항만정책 심의위원회 위원(해양수산부)
대한요트협회 이사(마리나산업 위원장)

_ 면허 및 자격

요트/보트 조종면허 취득(2005)
뉴질랜드 요트학교 수료(2004)
국외여행안내사(1981)
영어통역안내사(1979)

_ 주요저서

요트와 보트(2014, 미세움)
해양관광과 마리나산업(2012, 백산)
해양관광과 크루즈산업(2012, 백산)
요트항해입문(2008, 백산)
요트관광의 이해(2008, 백산)
요트의 이해와 항해술(2007, 상지)
크루즈사업론(1999, 학문사)

_ 이메일 및 도메인

centersky@hanmail.net
www.yacht-cruise.com
www.요트관광.com
www.yachttour.net

마리나와 해양관광산업

2015년 8월 15일 초판 1쇄 인쇄
2015년 8월 20일 초판 1쇄 발행

지은이 김천중
펴낸이 진욱상 · 진성원
펴낸곳 백산출판사
교 정 편집부
본문디자인 오양현
표지디자인 오정은

등 록 1974년 1월 9일 제1-72호
주 소 경기도 파주시 회동길 370(백산빌딩 3층)
전 화 02-914-1621(代)
팩 스 031-955-9911
이메일 editbsp@naver.com
홈페이지 www.ibaeksan.kr

ISBN 979-11-5763-085-1
값 30,000원